互联网 + 职业技能系列微课版创新教材

3ds Max 建筑效果图表现技法

沙 旭 徐 虹 程华安 编著

北京希望电子出版社
Beijing Hope Electronic Press
www.bhp.com.cn

内容简介

本教材以建筑效果图表现的关键流程和基本技法为主要内容，重点讲解整体画面感觉的把握、色彩的搭配使用、摄影机构图的角度设置以及材质/灯光的氛围营造等内容。本教材共分7个项目，包括徽派建筑小景、荷塘别墅、静谧黄昏、夜景别墅、售楼部、宁静水乡和鸟瞰图。

本教材配套提供所有案例的场景文件、贴图文件、效果文件，以及视频教学文件，用于帮助读者提高学习效率。读者可通过扫描书中二维码下载相关文件进行学习。

本教材案例典型，讲解到位，实用性较强，适合3ds Max软件初、中级用户及各类三维动画制作人员阅读学习，也可作为技工院校、职业学校及各类社会培训机构的教材。

本书入选人力资源和社会保障部国家级技工教育和职业培训教材目录。

图书在版编目（CIP）数据

3ds Max建筑效果图表现技法/沙旭，徐虹，程华安编著 . --北京：北京希望电子出版社, 2019.3

互联网+职业技能系列微课版创新教材

ISBN 978-7-83002-664-6

I. ①3… II. ①沙… ②徐… ③程… III. ①建筑设计－计算机辅助设计－三维动画软件－教材 IV. ①TU201.4

中国版本图书馆 CIP 数据核字（2019）第 032187 号

出版：北京希望电子出版社
地址：北京市海淀区中关村大街 22 号
中科大厦 A 座 10 层
邮编：100190
网址：www.bhp.com.cn
电话：010-82626227
传真：010-62543892
经销：各地新华书店

封面：汉字风
编辑：李小楠
校对：周卓琳
开本：787mm×1092mm 1/16
印张：17.75
字数：406 千字
印刷：北京市密东印刷有限公司
版次：2023 年 8 月 1 版 6 次印刷

定价：49.80 元

编　委　会

前　言

Preface

如今，建筑效果图表现领域已经发展得十分成熟。随着制作软件及硬件的性能不断提升，表现效果越来越真实，从业人员也越来越多。为了顺应市场发展的需要，基于目前广大环艺等相关专业学生缺乏针对性强的学习用书，我们编写了这本建筑效果图表现实训教材。本教材主要以建筑效果图表现的全套流程和基本技法为主要内容，要求学习本教材的读者具有一定的三维软件操作基础。

本教材共分为 7 个项目，由易到难，针对不同建筑模型、不同时间节点的表现效果逐一讲解。

项目 1　徽派建筑小景：表现的是徽派院落的日景效果，通过灯光和材质的运用，营造出午后宁静、祥和的氛围。

项目 2　荷塘别墅：表现的是荷塘别墅效果，重点讲解 VRaySun（VRay 太阳）、VRayDisplacementMod（VRay 置换）修改器、水体材质的运用。

项目 3　静谧黄昏：表现的是黄昏的建筑效果，除了基础的冷色调天光照明之外，还引入了一定数量的暖色调光源以实现黄昏时分建筑室内的照明效果，从而达到冷暖呼应的目的。

项目 4　夜景别墅：表现的是私人别墅的夜景效果，重点在于环境天空的把握和夜景灯光的塑造。

项目 5　售楼部：表现的是售楼部的日景效果，重点讲解如何制作色彩通道图，以及如何利用色彩通道图和原始效果图进行简单的 Photoshop 后期处理。

项目 6　宁静水乡：表现的是水乡院落效果，重点在于灯光氛围的营造，冷暖对比的色彩变化既提升了画面层次，也为质感的再现提供了丰富的环境细节。

项目 7　鸟瞰图：表现的是建筑鸟瞰图效果，在总结前面项目案例制作要点的基础上，补充了光子图的保存和调用技巧、AO（阴影）通道图的合成方法等相关知识。

此外，我们还提供了以下一些建议，希望对读者今后的学习有所助益。

（1）要想制作出一幅比较真实的建筑效果图，需要注意：建筑体量关系的塑造，整体画面感觉的把握，色彩的搭配使用，摄影机视图的角度设置，以及材质、灯光的氛围营造。

（2）平时应多留意观察身边的事物。要想制作出较为真实的效果图，需要对场景灯光和材质有较为深入的理解。

本教材采用 3ds Max 2016、VRay Adv 3.60.03、Photoshop CS5 编写，请读者选择适合版本进行学习。

在本教材的编写过程中，编委会的领导和专家们给予了大力支持和指导，在此衷心表示感谢！

由于水平有限，书中难免有不妥之处，恳请广大读者谅解并提出宝贵的意见。

编　者

目 录

Contents

徽派建筑小景

项目目标

本项目案例是一个徽派建筑效果图的表现方案，要求营造出午后宁静、祥和的氛围；材质运用上主要包括石材、瓦片、木纹、河水等常用材质；在布光时还应注意体现建筑前后的层次关系，并运用暖色调突出画面中的意境。

技能要点

◎ 摄影机校正：为摄影机添加该修改器，可以对摄影机的观察角度进行正确的修正。

◎ 环境背景：在“环境和效果”面板中添加环境贴图，配合GI（全局光照）引擎，可以模拟室外天光的照明效果。

◎ 覆盖材质：通过在基础材质上叠加该材质，可以改善全局光照过程中大面积高饱和度对象可能出现的色溢现象。

◎ 不透明度贴图：在“不透明度”通道中指定黑白贴图，可以使对象产生漏空效果。白色像素所对应的区域会保留，黑色像素所对应的区域会漏空。

◎ 掌握测试和出图渲染参数的设置方法。

效果欣赏

配套文件

任务一　设置测试渲染参数

1. 创建摄影机

1）打开“项目一\场景文件\初始.max”文件，效果如图1-1所示。

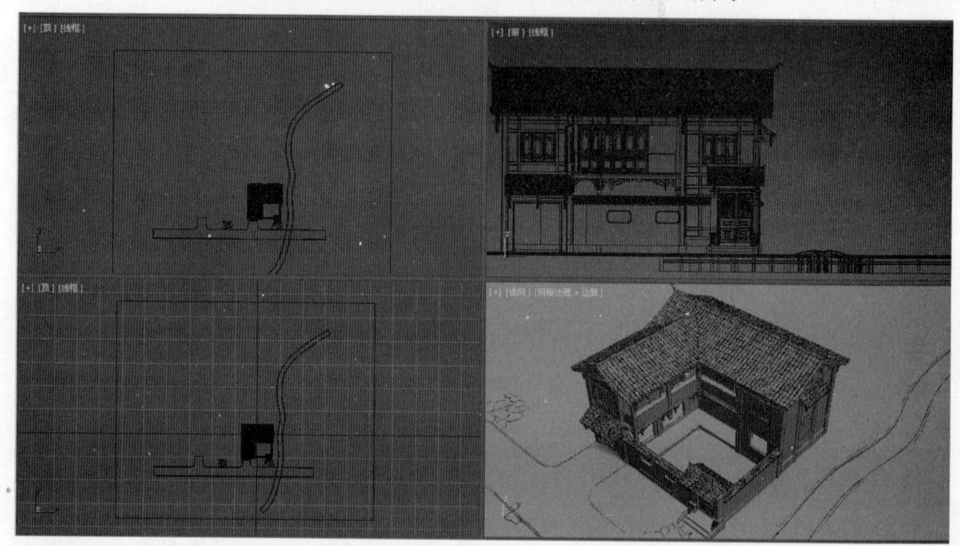

图 1-1

2）按快捷键T激活顶视图，按快捷键Alt＋W将视图最大化显示，效果如图1-2所示。

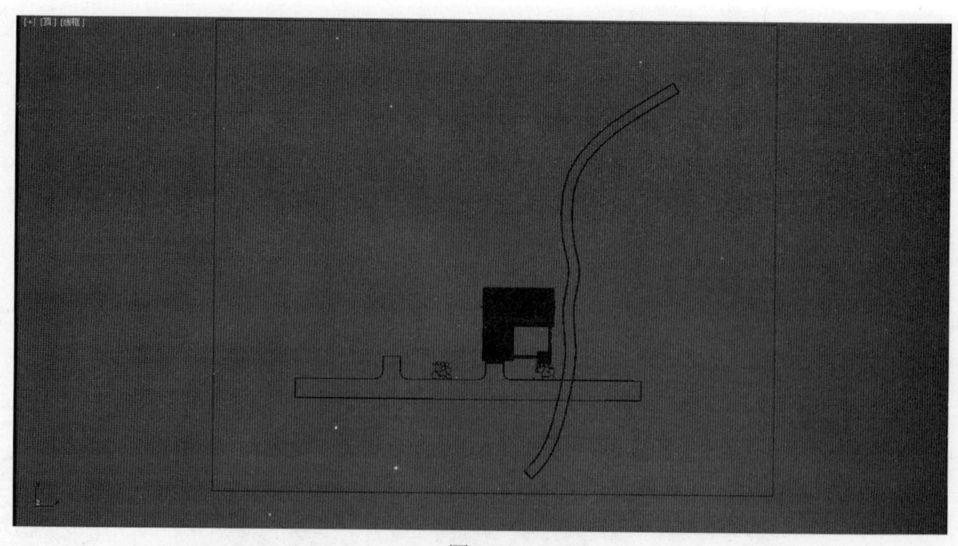

图 1-2

3）进入“创建”面板，切换到“摄影机”选项卡，在其下拉列表框中选择“标准”选项，单击“目标”按钮，在顶视图中创建一架目标摄影机，效果如图1-3所示。

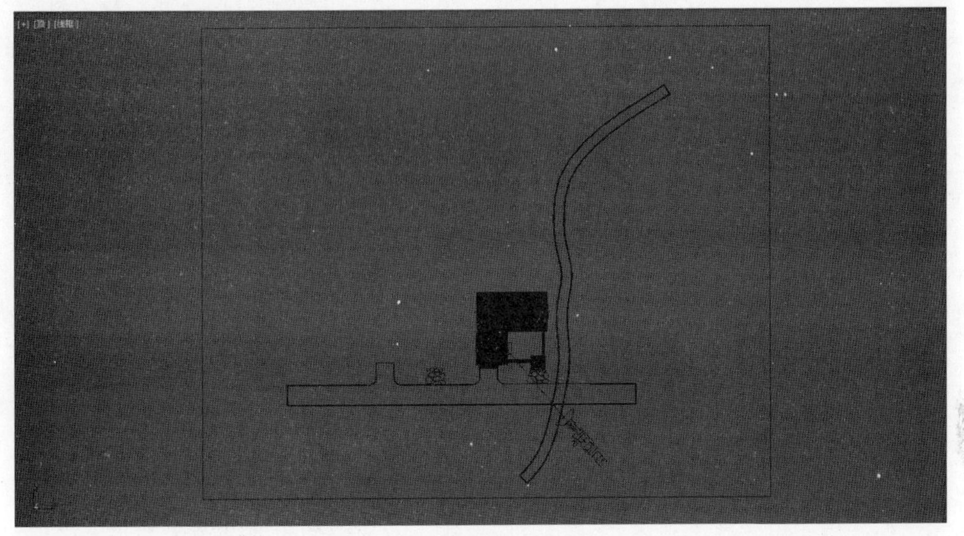

图 1-3

4）按快捷键F激活前视图，单击主工具栏中的“选择并移动”按钮，选择刚才创建的摄影机，将其沿y轴向上提升一定的高度，按快捷键G取消栅格显示，效果如图1-4所示。

图 1-4

5）选择摄影机的目标点，将其沿y轴继续向上调整一定的高度，调整后的效果如图1-5所示。

图 1-5

6）选择摄影机，进入“修改”面板。展开“参数”卷展栏，设置“镜头”为35.0mm。保持摄影机的选中状态，单击鼠标右键，在弹出的快捷菜单中选择“应用摄影机校正修改器”命令。按快捷键C激活摄影机视图，观察效果，如图1-6所示。

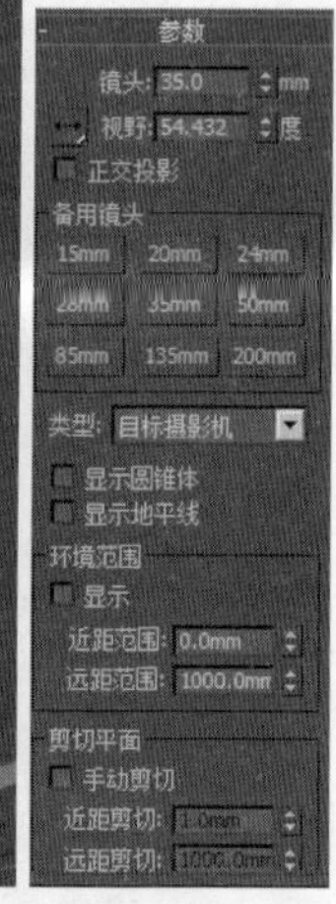

图 1-6

在进行画面构图时，经常会将观察角度设置为略微仰视的效果，以使建筑看上去更加宏伟、大气。在将观察角度设置为仰视效果后，摄影机视图会呈现出一定程度的透视变形，需要手动添加“摄影机校正”修改器进行校正。

2. 设置测试渲染参数

1）按快捷键F10弹出“渲染设置”面板，如图1-7所示。

2）在“公用”选项卡中展开“指定渲染器”卷展栏，单击“产品级”右侧的按钮，

在弹出的“选择渲染器”对话框中选择“V-Ray Adv 3.60.03”作为当前渲染器，如图1-8所示，单击“确定”按钮。

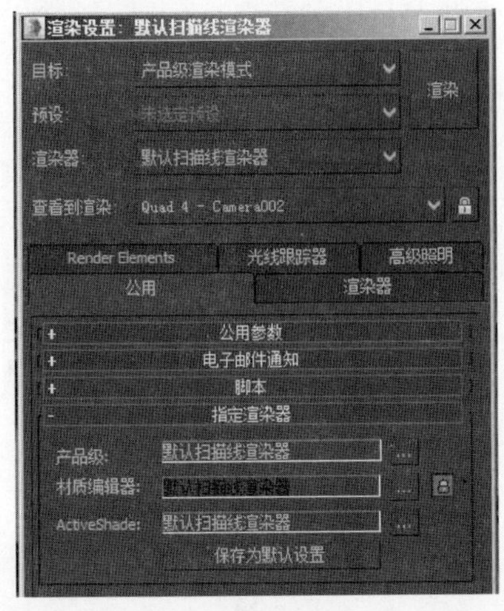

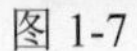
图 1-7

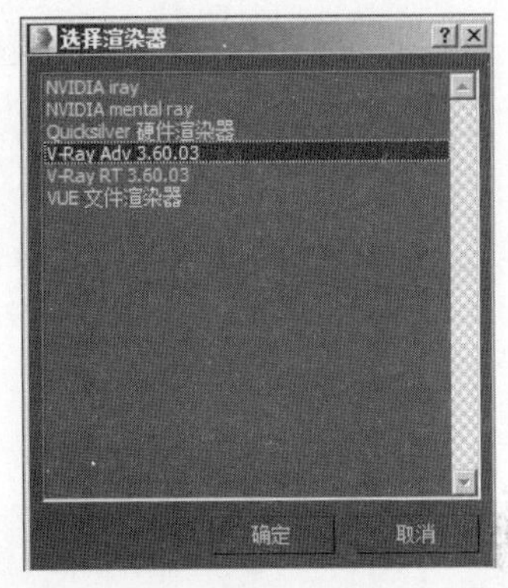

图 1-8

目前在建筑室内外效果图表现或工业产品渲染中，通常的做法是：采用3ds Max或草图大师等软件构建场景模型，然后利用VRay渲染器进行材质、灯光的设置并进行渲染。VRay渲染器的功能非常强大，正确掌握材质和灯光的调整技巧，可以得到接近照片级的渲染效果。

3）展开“公用参数”卷展栏，在“输出大小”选项组中设置“宽度”为500，“高度”为375，单击锁定“图像纵横比”🔒，参数设置如图1-9所示。

在此设置较小的图像分辨率，可以加快测试渲染的速度。

4）切换到“V-Ray”选项卡，展开“全局开关”卷展栏，参数设置如图1-10所示。

图 1-9

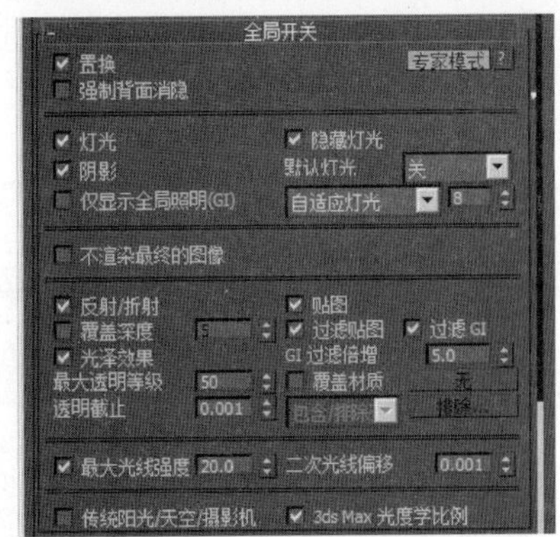

图 1-10

5）展开“图像采样（抗锯齿）”卷展栏，在“类型”下拉列表框中选择“块”选项。

6）展开“图像过滤”卷展栏，在“过滤”下拉列表框中选择“区域”选项，参数设置如图1-11所示。

·区域：是一种非常快速的抗锯齿采样方式，有利于提高渲染速度。

7）展开“全局DMC”卷展栏，参数设置如图1-12所示。

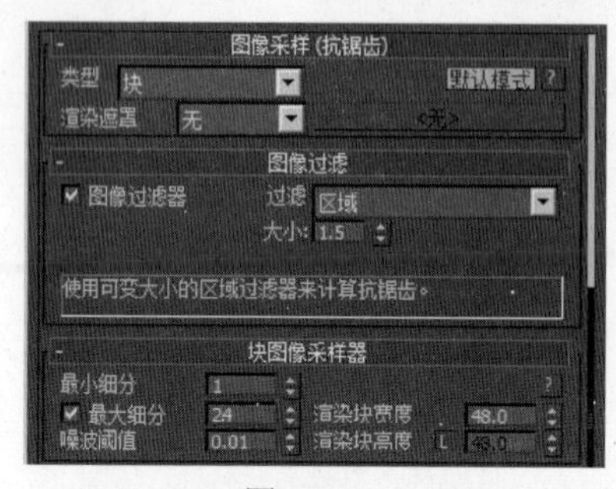

图 1-11

图 1-12

8）展开“颜色贴图”卷展栏，参数设置如图1-13所示。

·指数：是一种比较柔和的曝光方式，不易产生画面曝光，方便进行Photoshop后期处理。

9）切换到“GI”选项卡。展开“全局光照”卷展栏，选中“启用GI”复选框，在“首次引擎”下拉列表框中选择“发光贴图”选项，在“二次引擎”下拉列表框中选择“灯光缓存”选项，参数设置如图1-14所示。

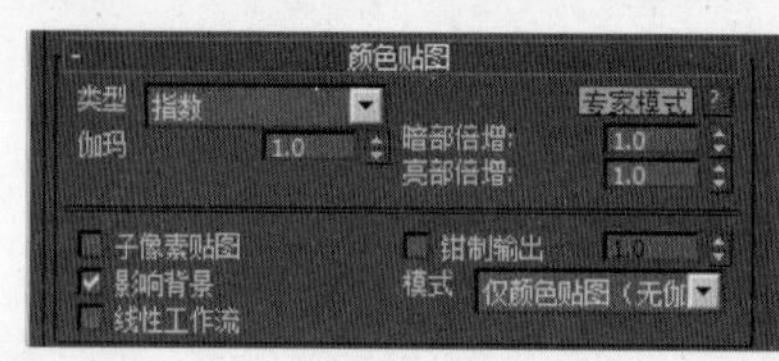

图 1-13

图 1-14

10）展开“发光贴图”卷展栏，在“当前预设”下拉列表框中选择“非常低”选项，设置“细分”为35，“插值采样”为25，选中“显示计算阶段”复选框，参数设置如图1-15所示。

11）展开“灯光缓存”卷展栏，设置“细分”为200，参数设置如图1-16所示。至此，测试渲染参数设置完毕。

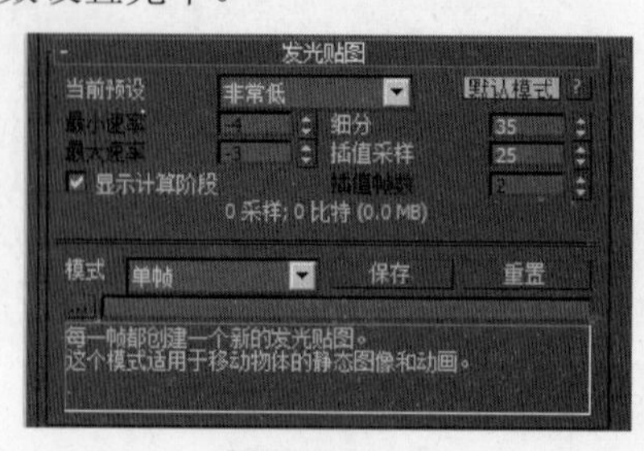

图 1-15

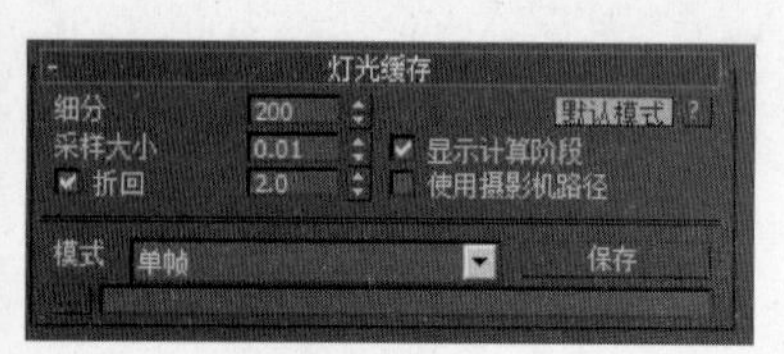

图 1-16

在测试渲染阶段并不要求过高的渲染质量，主要是需要加快渲染速度，以便快速调整灯光。

3. 设置场景中的灯光

1）按快捷键T激活顶视图，进入“创建”面板，切换到“灯光”选项卡，在其下拉列表框中选择“标准”选项，单击“目标平行光”按钮，在顶视图中创建一个目标平行光，以表现太阳光的照射效果，灯光位置如图1-17所示。

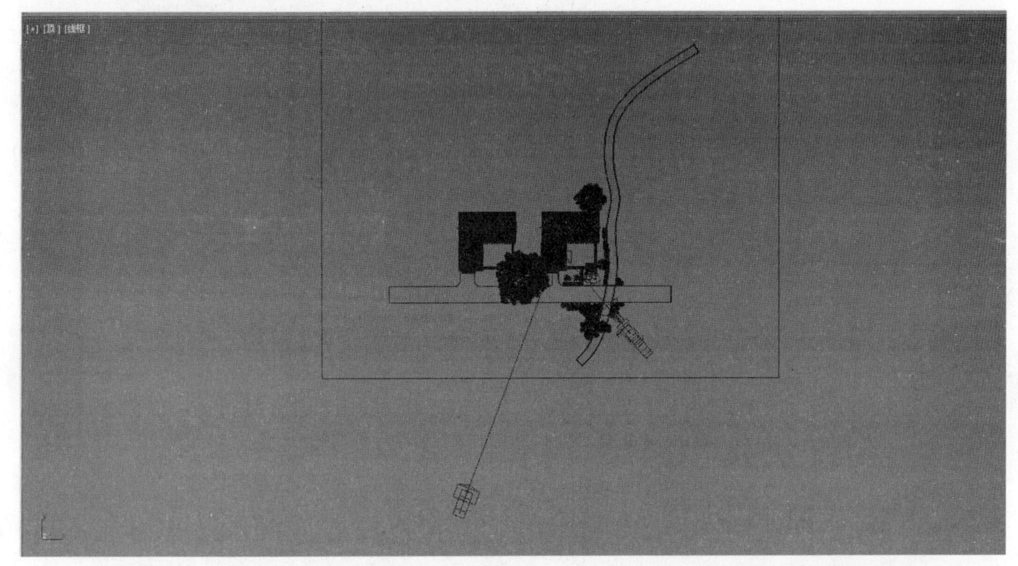

图 1-17

2）按快捷键F激活前视图，单击主工具栏中的“选择并移动”按钮，将光源沿*y*轴向上移动一定的高度，以模拟太阳光自上而下照射的效果，如图1-18所示。

图 1-18

3）选择光源，进入“修改”面板。展开“常规参数”卷展栏，参数设置如图1-19所示。

4）展开“强度/颜色/衰减”卷展栏，设置“倍增”为1.8，单击其右侧的色块，在弹出的“颜色选择器”对话框中设置颜色为暖黄色，参数设置如图1-20所示，单击“确定”按钮。

图 1-19

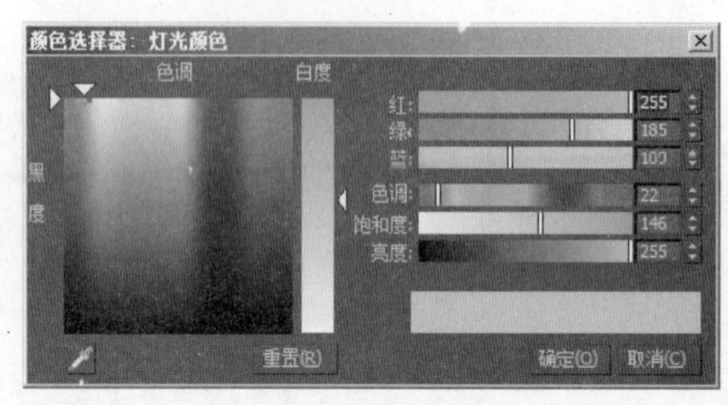

图 1-20

5）展开“平行光参数”卷展栏，设置“聚光区/光束”为36410.0mm，选中“显示光锥”复选框，以随时观察目标平行光的照射范围，参数设置如图1-21所示。

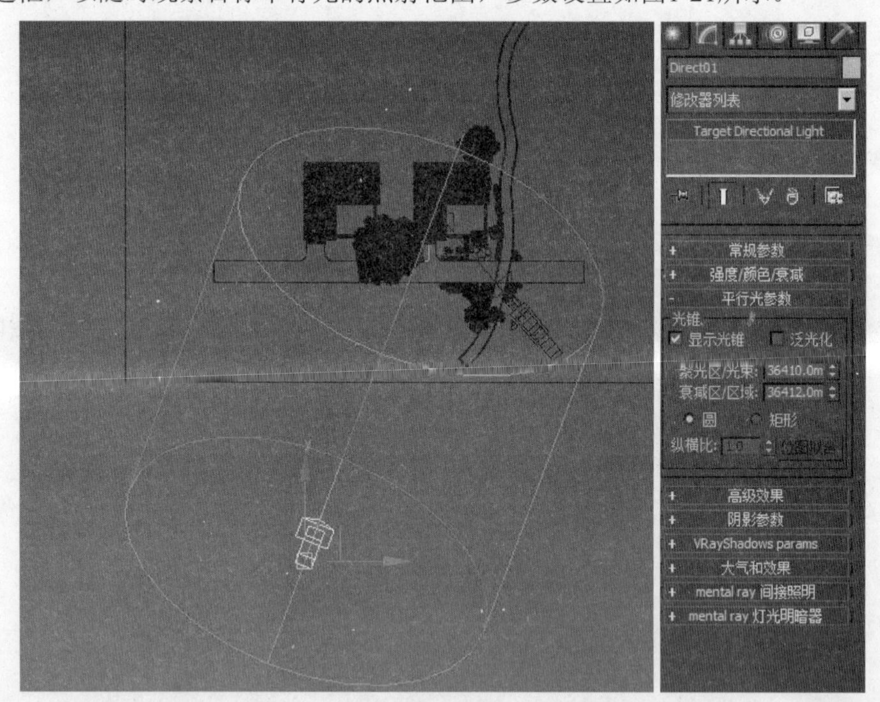

图 1-21

·聚光区/光束：在此区域内的灯光亮度最强。通常将该数值设置得足够大，以覆盖整个场景。

·衰减区/区域：灯光自聚光区开始产生衰减，到达此区域时强度衰减为0。正确设置该数值，可以使灯光产生柔和的明暗过渡。

6）按快捷键Shift＋F显示安全框，单击主工具栏中的“渲染产品”按钮，对场景进行测试渲染，效果如图1-22所示。

图 1-22

此时会弹出“V-Ray messages”对话框。它是VRay渲染器自带的渲染信息对话框，通常的做法是将其关闭。

方法是：按快捷键F10弹出“渲染设置”面板，切换到“设置”选项卡，如图1-23所示。展开“系统”卷展栏，在“日志窗口”下拉列表框中选择“从不”选项，如图1-24所示。

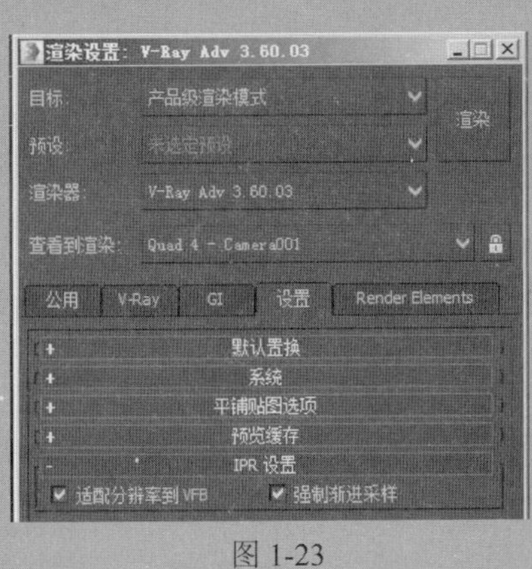

图 1-23

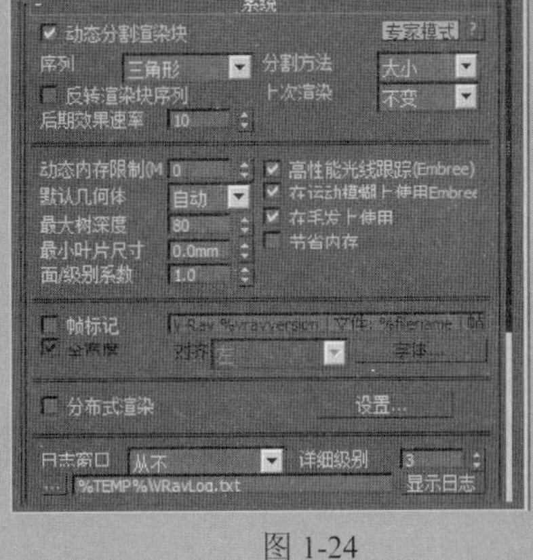

图 1-24

观察渲染效果，发现场景中的照明并不充足且暖色偏重，画面中没有冷色的天光进行色彩平衡，环境背景也是一片单调的黑色，不符合表现要求。下面为场景添加环境贴图，以进一步完善场景环境。

7）按快捷键8弹出“环境和效果”面板。展开“公用参数”卷展栏，单击“背景”选

项组中的按钮 无 ，在弹出的“材质/贴图浏览器”对话框中选择“标准”卷展栏中的“位图”贴图，如图1-25所示，单击“确定”按钮。

8）在弹出的“选择位图图像文件”对话框中选择“项目一\贴图\环境背景.jpg”文件，如图1-26所示，单击“打开”按钮。

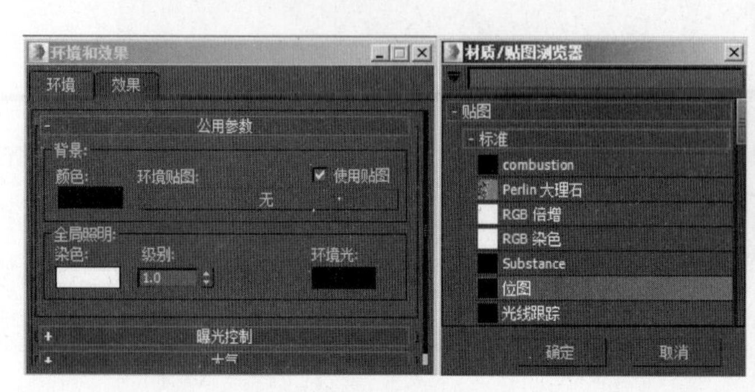

图1-25

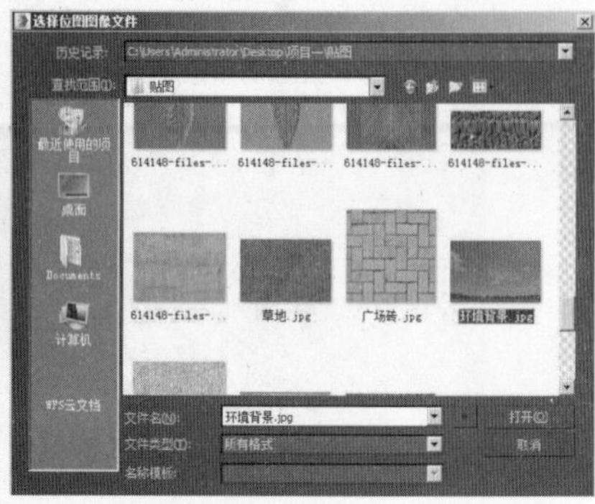

图1-26

9）由于环境贴图默认无法正常显示，在此按快捷键Alt＋B，在弹出的“视口配置”对话框中切换到“背景”选项卡，单击“使用环境背景”单选按钮，如图1-27所示，单击“确定”按钮。

10）按快捷键Shift＋Q，对摄影机视图再次进行渲染，效果如图1-28所示。

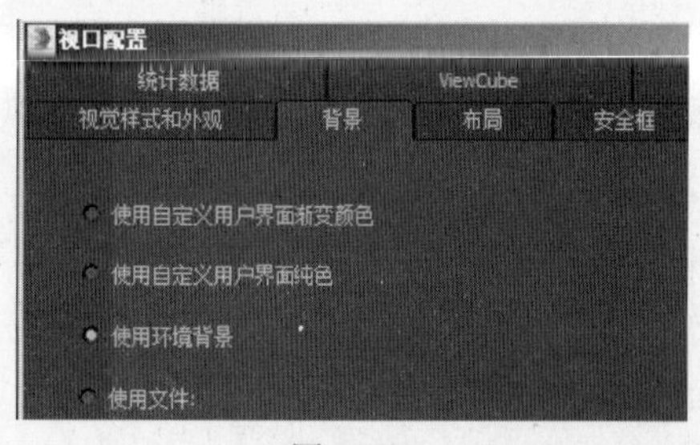

图 1-27

图 1-28

观察渲染效果，发现太阳光和天光的照明效果基本令人满意，但是亮度稍显不足，在后面的步骤中会分别加强太阳光和天光的亮度。天光照明是由“环境和效果”面板中添加的环境贴图配合GI（全局光照）引擎产生的。如果需要进一步增强天光的光照亮度，可以将其拖动到“材质编辑器”面板中建立材质实例关联，具体操作请参考下面步骤。

11）选择目标平行光，进入“修改”面板。在“强度/颜色/衰减”卷展栏中，设置“倍增”为2.2，参数设置如图1-29所示。

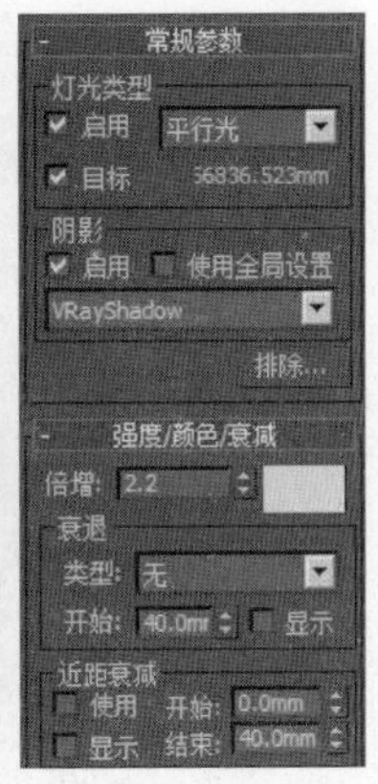

图 1-29

12）依次按快捷键8和快捷键M，先后弹出“环境和效果”面板及“材质编辑器”面板。将环境贴图拖动复制到“材质编辑器”面板中任意一个空白的材质示例球上，在弹出的“实例（副本）贴图”对话框中单击“实例”单选按钮，如图1-30所示，单击“确定”按钮。

建立材质实例关联后，在“材质编辑器”面板中的调整效果会同步影响在“环境和效果”面板中的环境贴图。

图 1-30

13）将贴图命名为“环境背景”，展开“输出”卷展栏，设置“输出量”为1.5，参数设置如图1-31所示。

至此，场景灯光设置完毕。利用目标平行光模拟太阳光的照射效果以产生暖色的主基调，同时在“环境和效果”面板中添加环境贴图以体现天空环境，场景素模（即没有指定任何材质的模型）效果如图1-32所示。

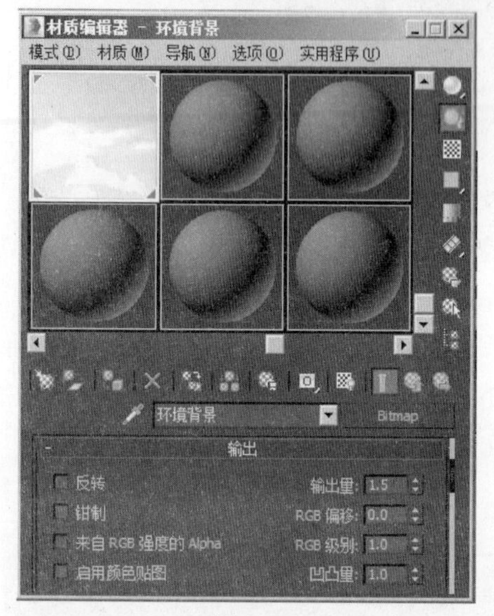

图 1-31

图 1-32

任务二　设置场景的主要材质

场景中的对象和与其相对应的材质已经事先命名好，制作时只需找到相应材质进行调整即可，在此不再赘述。

1. 设置路面砖材质

1）为方便观察材质的调整效果，先取消视口背景的显示。按快捷键Alt＋B，在弹出的“视口配置”对话框中切换到“背景”选项卡，单击“使用自定义用户界面渐变颜色”单选按钮，如图1-33所示，单击“确定”按钮。

2）按快捷键M弹出“材质编辑器”面板。

“材质编辑器”面板的默认模式为“Slate材质编辑器”模式。该模式初学者使用起来不太方便，执行“模式”→“精简材质编辑器”命令（如图1-34所示），将其转换为精简模式。

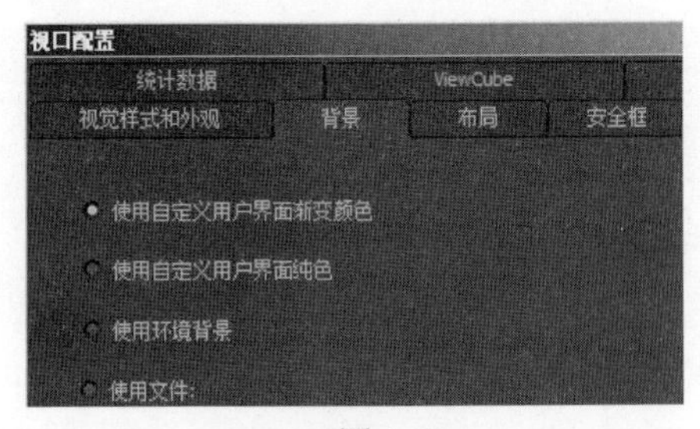

图 1-33

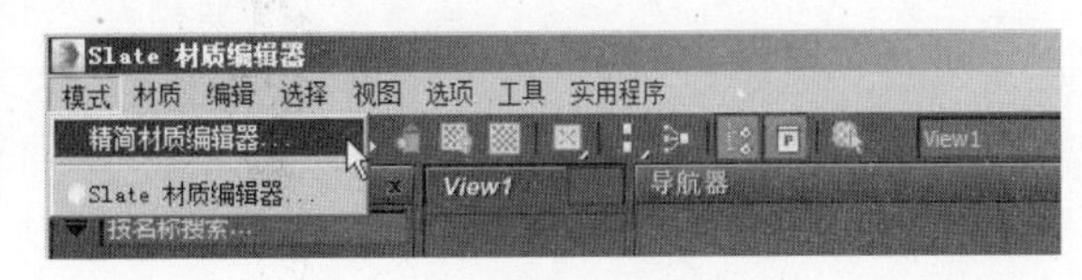

图 1-34

3）在“材质编辑器”面板中激活路面砖材质，展开“Blinn基本参数”卷展栏，单击“漫反射”右侧的按钮■，在弹出的“材质/贴图浏览器”对话框中选择“标准”卷展栏中的“位图”贴图，如图1-35所示，单击“确定”按钮。

4）在弹出的“选择位图图像文件”对话框中选择“项目一\贴图\路面砖.jpg”文件，如图1-36所示，单击“打开”按钮。

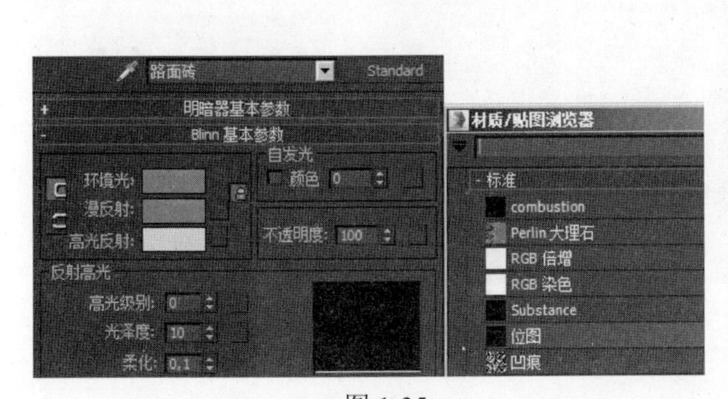

图 1-35

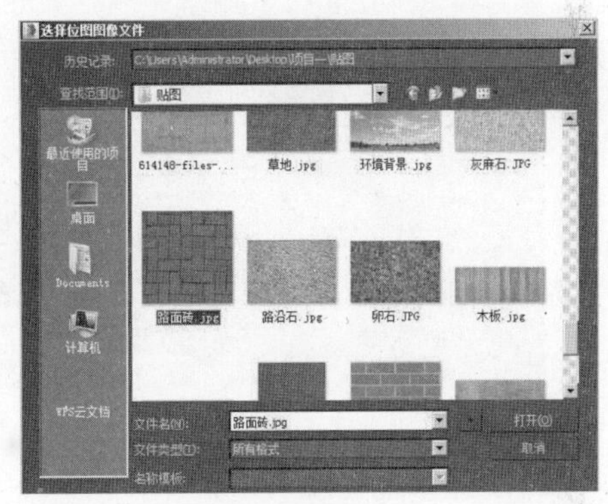

图 1-36

5）单击“视口中显示明暗处理材质”按钮■，使贴图在场景中正确显示。单击“转到父对象”按钮■，回到上级面板。展开“贴图”卷展栏，将“漫反射颜色”通道右侧的贴图拖动复制到“凹凸”通道右侧的按钮 无 上，在弹出的“复制（实例）贴图”对话框中单击“实例”单选按钮，如图1-37所示，单击“确定”按钮完成贴图的复制，参数设置如图1-38所示。

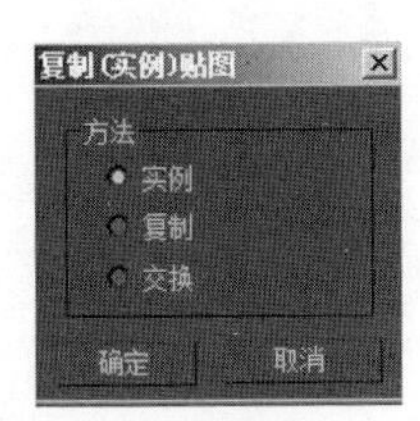

图 1-37

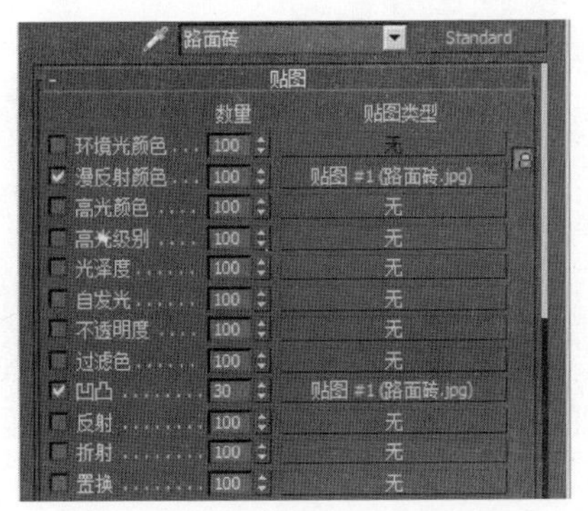

图 1-38

"复制（实例）贴图"对话框中各参数讲解如下。

· 实例：源贴图和副本贴图之间存在关联关系。调整其中任意一个，会同步影响另一个的效果。

· 复制：源贴图和副本贴图之间不存在关联关系。

· 交换：使两个贴图通道上的贴图实现位置上的交换。

6）进入"修改"面板，在"修改器列表"下拉列表框中选择添加"UVW贴图"修改器。展开"参数"卷展栏，在"贴图"选项组中单击"长方体"单选按钮，设置"长度"为1000.0mm，"宽度"和"高度"均为800.0mm。路面砖材质的显示效果如图1-39所示。

7）调整完成的路面砖材质的最终效果如图1-40所示。

图1-39

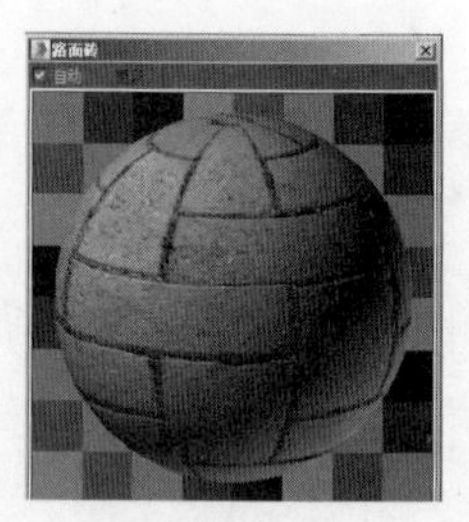

图1-40

2. 设置草地材质

1） 在"材质编辑器"面板中激活草地材质，展开"Blinn基本参数"卷展栏，单击"漫反射"右侧的按钮，在弹出的"材质/贴图浏览器"对话框中选择"标准"卷展栏中的"位图"贴图，如图1-41所示，单击"确定"按钮。

2）在弹出的"选择位图图像文件"对话框中选择"项目一\贴图\草地.jpg"文件，如图1-42所示，单击"打开"按钮。

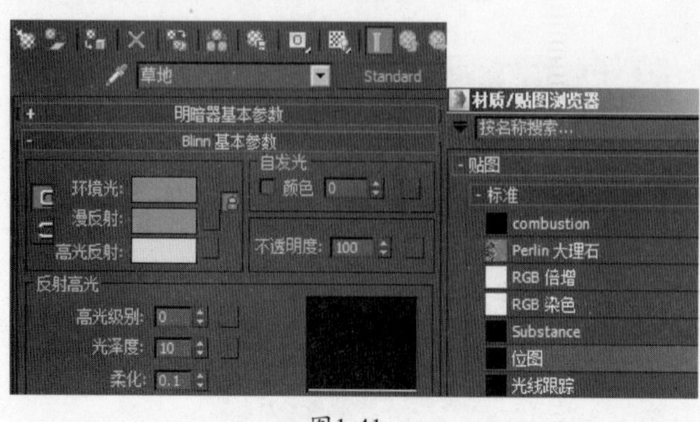

图1-41

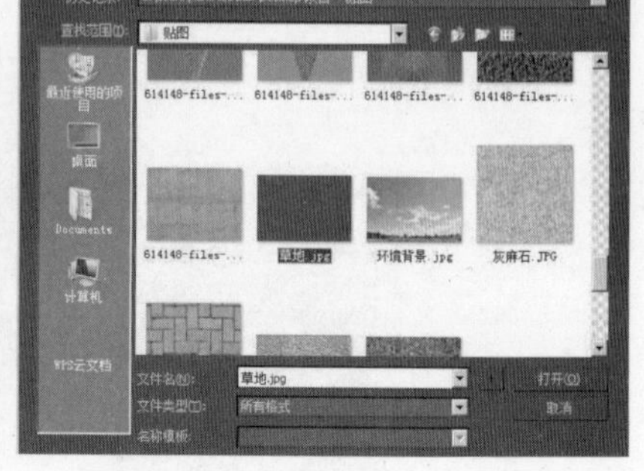

图1-42

3）单击"视口中显示明暗处理材质"按钮，使贴图在场景中正确显示。进入"修改"面板，在"修改器列表"下拉列表框中选择添加"UVW贴图"修改器。展开"参

数”卷展栏，在“贴图”选项组中单击“长方体”单选按钮，设置“长度”“宽度”“高度”均为3000.0mm，参数设置及效果如图1-43所示。

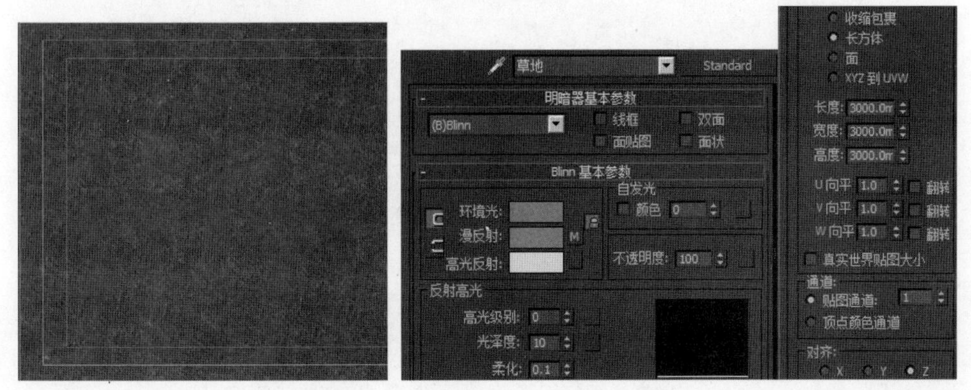

图 1-43

4）在“材质编辑器”面板中单击“Standard”（标准）按钮，在弹出的“材质/贴图浏览器”对话框中选择“V-Ray”卷展栏中的“覆盖材质”，如图1-44所示，单击“确定”按钮。

5）在弹出的“替换材质”对话框中单击“将旧材质保存为子材质？”单选按钮，如图1-45所示，单击“确定”按钮，将刚才制作的草地材质作为该覆盖材质的子材质。

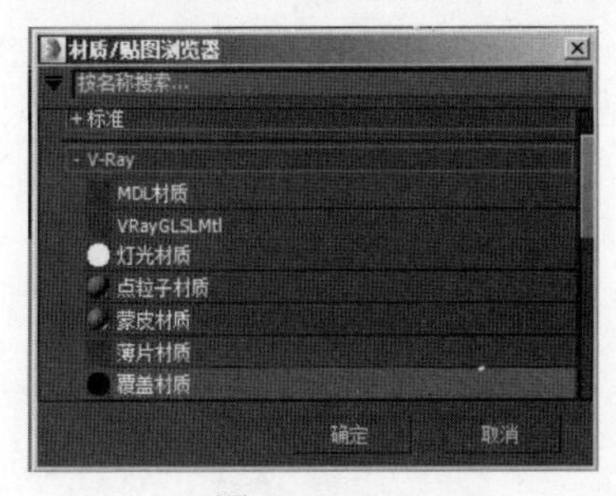

图 1-44

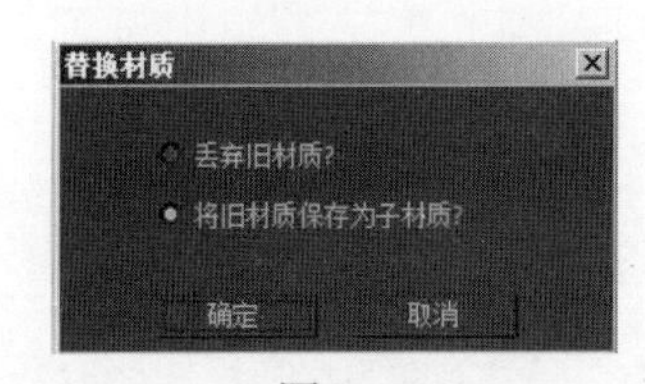

图 1-45

6）展开“VRay覆盖”卷展栏。单击“GI材质”右侧的按钮 无 ，在弹出的“材质/贴图浏览器”对话框中选择“标准”卷展栏中的“标准”材质，如图1-46所示，单击“确定”按钮。

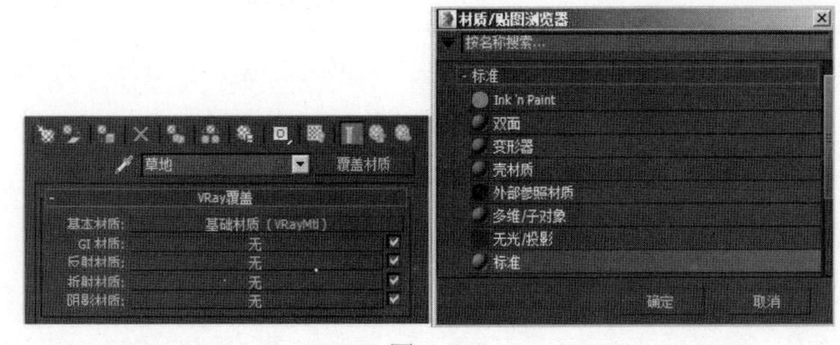

图 1-46

7）单击“漫反射”右侧的色块，在弹出的“颜色选择器”对话框中设置颜色为灰色，参数设置如图1-47所示，单击“确定”按钮。

8）调整完成的草地材质的最终效果如图1-48所示。

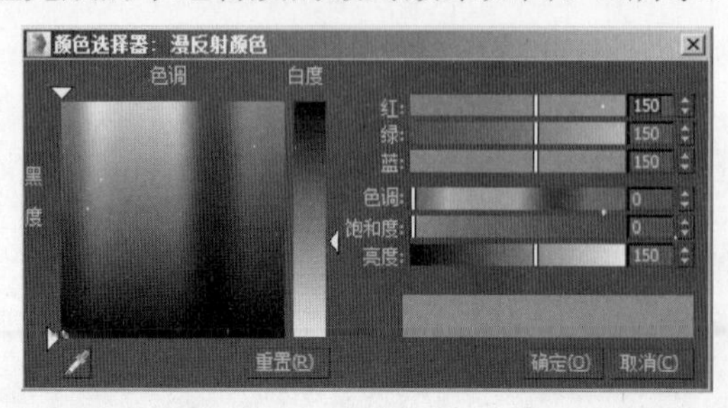

图1-47

图1-48

有时在场景中会存在一些面积较大、色彩饱和度较高的对象，这些对象在参与全局光照计算时由于场景中的光子来回反弹，在传递光能的同时也传递颜色信息，可能会造成色溢现象（即饱和度高、面积大的对象对其他饱和度低的对象进行染色）。

这一问题利用VRay覆盖材质即可解决，只需将“GI材质”设置为一个无颜色信息的灰度材质即可。该材质的颜色越趋向于白色，场景相应越亮；越趋向于黑色，则场景相应越暗。

3. 设置水材质

1）在“材质编辑器”面板中激活水材质，展开“Blinn基本参数”卷展栏，单击“漫反射”右侧的色块，在弹出的“颜色选择器”对话框中设置颜色为灰蓝色，参数设置如图1-49所示，单击“确定”按钮。

2）在“反射高光”选项组中设置“高光级别”为96，“光泽度”为36；设置“不透明度”为45，参数设置如图1-50所示。

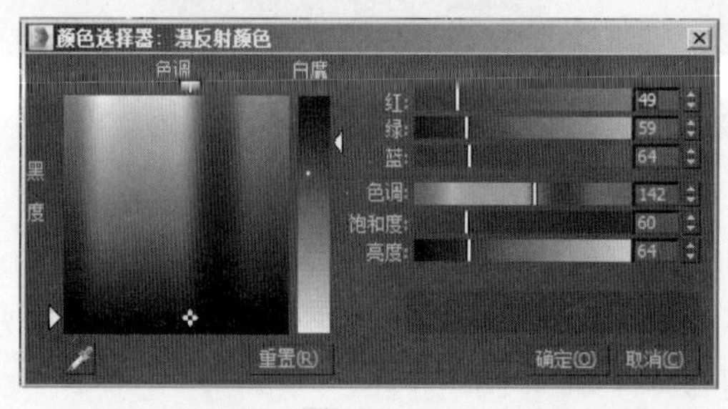

图 1-49

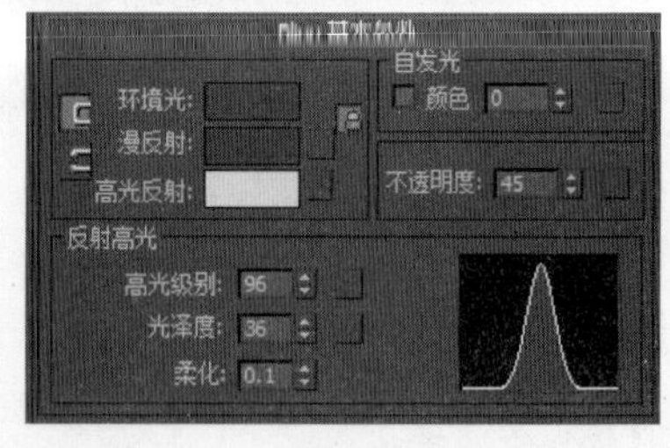

图 1-50

3）展开“扩展参数”卷展栏，在“高级透明”选项组中单击“过滤”右侧的色块，在弹出的“颜色选择器”对话框中设置颜色为浅绿色，参数设置如图1-51所示，单击“确定”按钮。

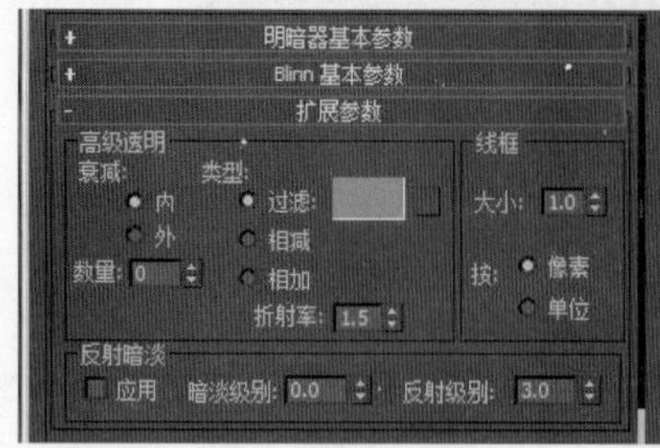

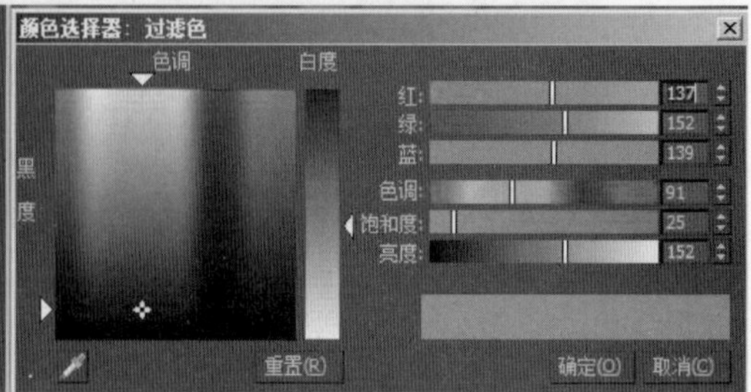

图 1-51

4）展开“贴图”卷展栏，单击“凹凸”通道右侧的按钮 无 ，在弹出的“材质/贴图浏览器”对话框中选择“标准”卷展栏中的“噪波”贴图，如图1-52所示，单击“确定”按钮。

5）展开“噪波参数”卷展栏，设置“大小”为80.0，参数设置如图1-53所示。

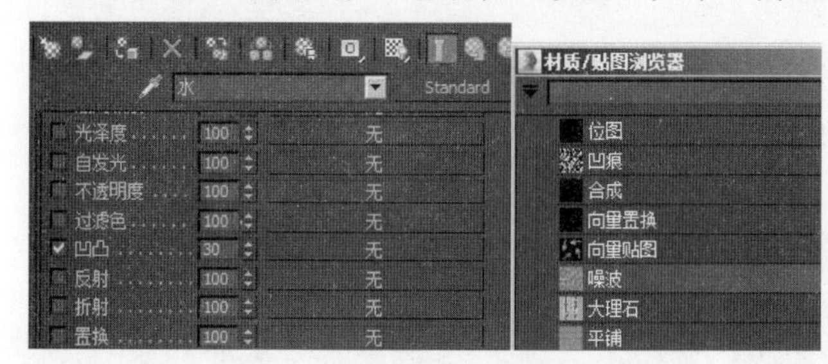

图 1-52

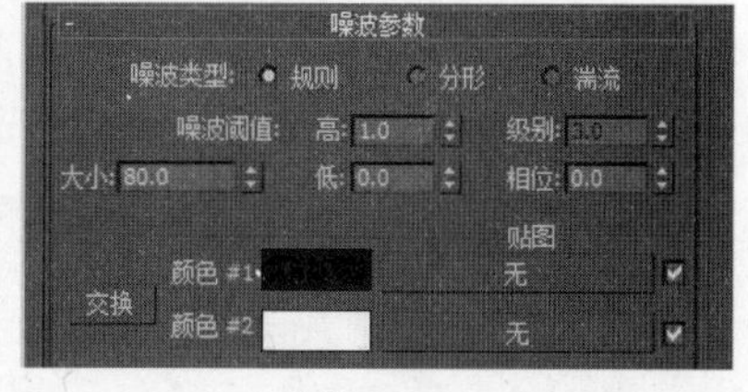

图 1-53

6）单击“转到父对象”按钮，回到上级面板。设置“凹凸”的“数量”为300，以使水波效果更加明显，参数设置如图1-54所示。

7）单击“反射”通道右侧的按钮 无 ，在弹出的“材质/贴图浏览器”对话框中选择“V-Ray”卷展栏中的“VRayMap”贴图，单击“确定”按钮。展开“参数”卷展栏，设置“细分”为50，参数设置如图1-55所示。

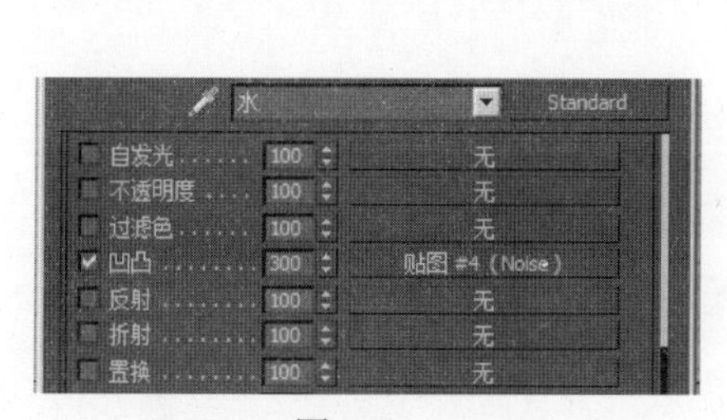

图 1-54

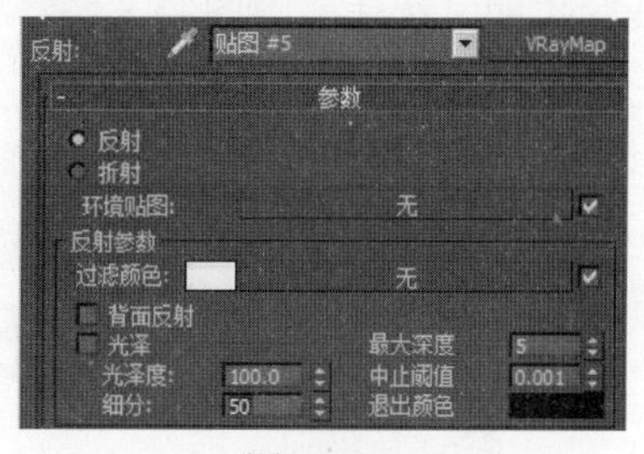

图 1-55

8）单击“转到父对象”按钮，回到上级面板。设置“反射”的“数量”为45，参数设置如图1-56所示。

9）调整完成的水材质的最终效果如图1-57所示。

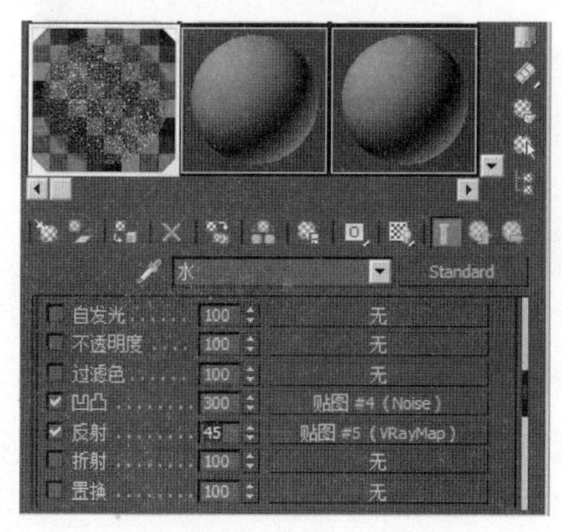

图 1-56

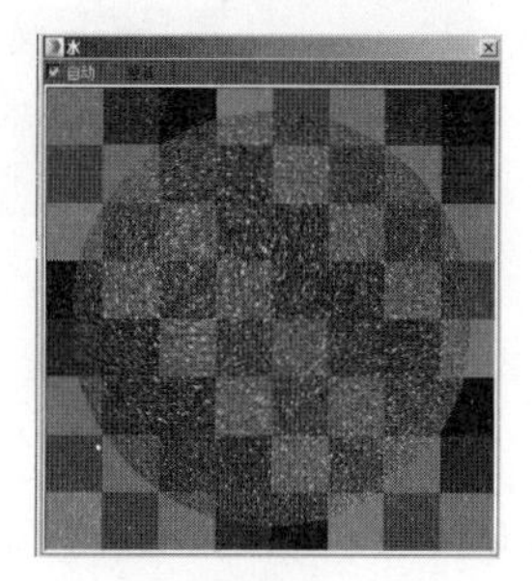

图 1-57

4. 设置卵石材质

1）选择水面对象，单击鼠标右键，在弹出的快捷菜单中选择“隐藏选定对象”命令，如图1-58所示。

在此将水面对象暂时隐藏，以便于选择其下方的卵石对象。

2）在“材质编辑器”面板中激活卵石材质，展开“Blinn基本参数”卷展栏，单击“漫反射”右侧的按钮■，在弹出的“材质/贴图浏览器”对话框中选择“标准”卷展栏中的“位图”贴图，如图1-59所示，单击“确定”按钮。

图 1-58

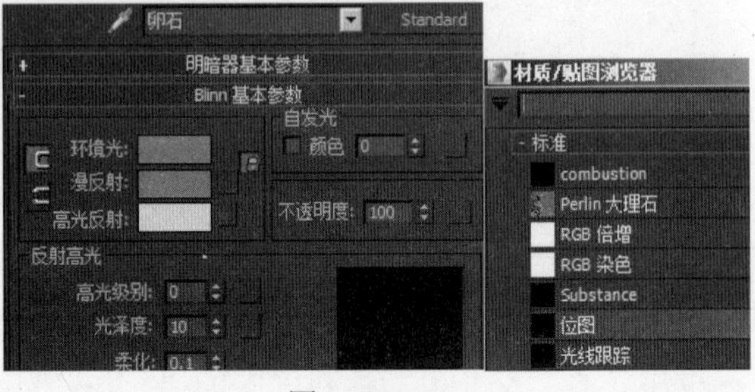

图 1-59

3）在弹出的“选择位图图像文件”对话框中选择“项目一\贴图\卵石.jpg”文件，如图1-60所示，单击“确定”按钮。

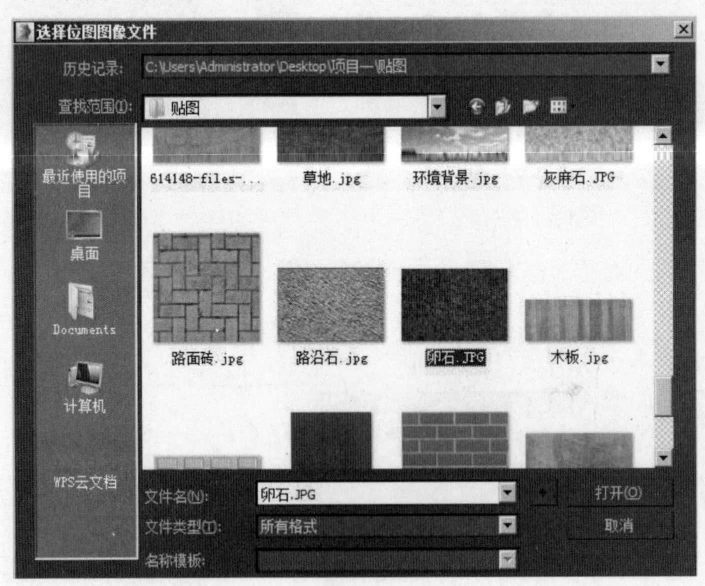

图 1-60

4）选择卵石对象，进入“修改”面板■，在“修改器列表”下拉列表框中选择添加“UVW贴图”修改器。展开“参数”卷展栏，在“贴图”选项组中单击“长方体”单选按钮，设置“长度”“宽度”“高度”均为1000.0mm，参数设置及效果如图1-61所示。

5）调整完成的卵石材质的最终效果如图1-62所示。

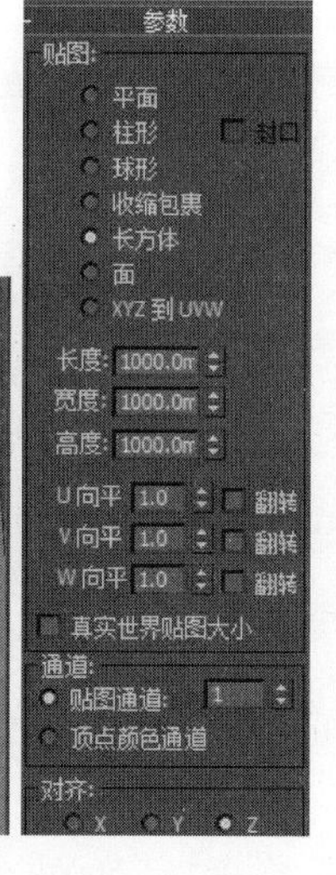

图 1-61

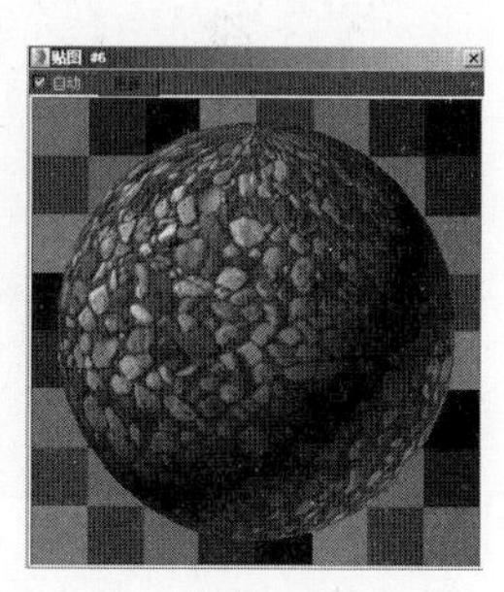

图 1-62

5. 设置路沿石材质

1）在“材质编辑器”面板中激活路沿石材质，展开“Blinn基本参数”卷展栏，单击“漫反射”右侧的按钮■，在弹出的“材质/贴图浏览器”对话框中选择“标准”卷展栏中的“位图”贴图，如图1-63所示，单击“确定”按钮。

2）在弹出的“选择位图图像文件”对话框中选择“项目一\贴图\路沿石.jpg”文件，如图1-64所示，单击“打开”按钮。

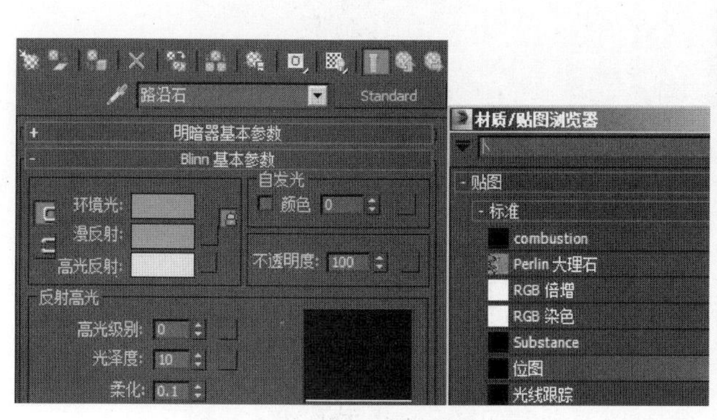

图 1-63

图 1-64

3）单击“转到父对象”按钮■，回到上级面板。展开“贴图”卷展栏，将“漫反射颜色”通道右侧的贴图拖动复制到“凹凸”通道右侧的按钮 无 上，在弹出的“复制（实例）贴图”对话框中单击“实例”单选按钮，单击“确定”按钮完成贴图的复制。设置“凹凸”的“数量”为60，参数设置如图1-65所示。

4）选择路沿石对象，进入“修改”面板■，在“修改器列表”下拉列表框中选择添加“UVW贴图”修改器。展开“参数”卷展栏，在“贴图”选项组中单击“长方体”单选按钮，设置“长度”“宽度”“高度”均为1000.0mm，参数设置如图1-66所示。

5）调整完成的路沿石材质的最终效果如图1-67所示。

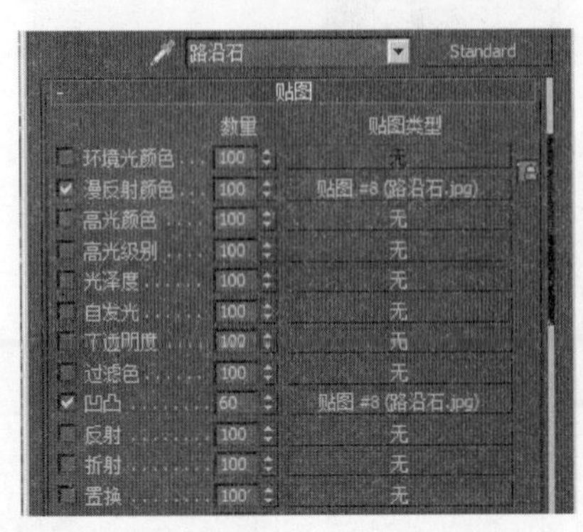

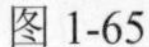
图 1-65

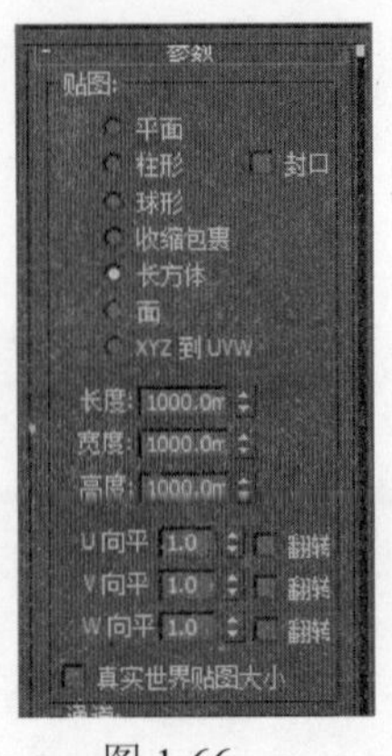

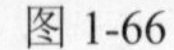
图 1-66

图 1-67

6. 设置木纹材质

1）在“材质编辑器”面板中激活木纹材质，单击“Standard”（标准）按钮，在弹出的“材质/贴图浏览器”对话框中选择“V-Ray”卷展栏中的“VRayMtl”材质，如图1-68所示，单击“确定”按钮。

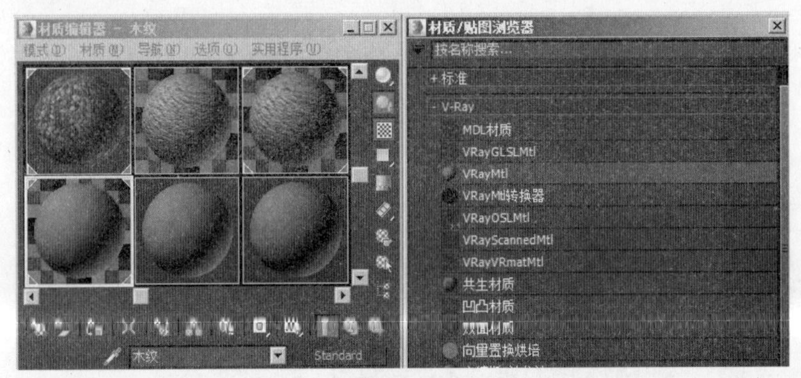

图 1-68

2）展开“基本参数”卷展栏，单击“漫反射”右侧的按钮■，在弹出的“材质/贴图浏览器”对话框中选择“标准”卷展栏中的“位图”贴图，如图1-69所示，单击“确定”按钮。

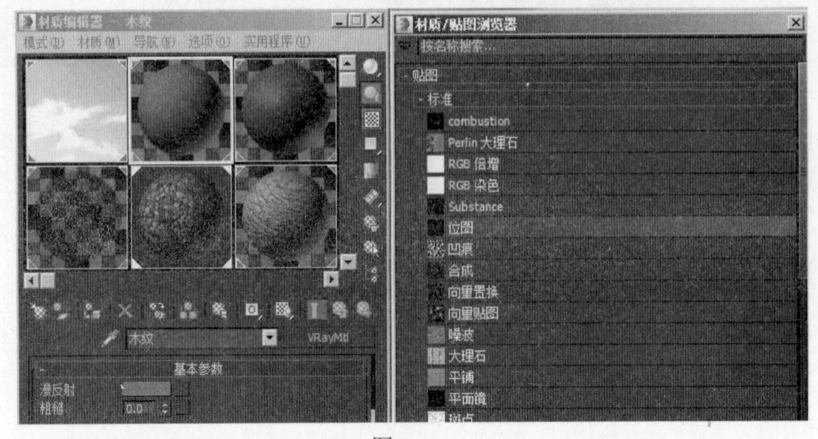

图 1-69

3）在弹出的“选择位图图像文件”对话框中选择“项目一\贴图\木纹.jpg”文件，如图1-70所示，单击“打开”按钮。

4）单击“视口中显示明暗处理材质”按钮，使贴图在场景中正确显示。单击“转到父对象”按钮，返回上级面板。单击“反射”右侧的色块，在弹出的“颜色选择器”对话框中设置颜色为灰色，参数设置如图1-71所示，单击“确定”按钮。

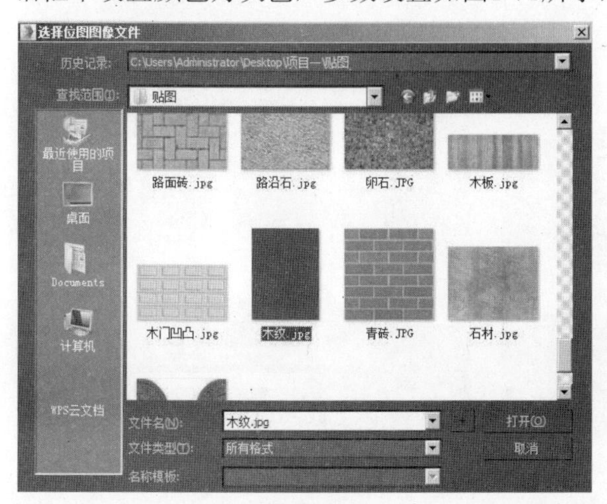

图 1-70

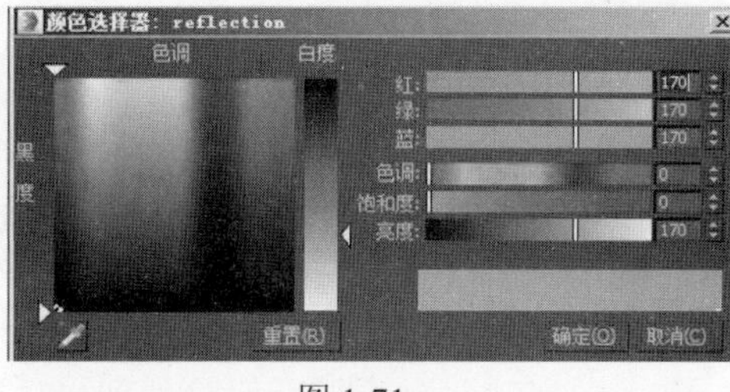

图 1-71

在VRay渲染器中衡量反射和折射强度的标准是：纯黑色表示物体完全没有反射或折射属性；纯白色表示物体具有完全的反射或折射属性；当颜色为灰色时，可根据灰度值来判断反射或折射的程度，趋向于白色时表示反射（折射）的程度较强，趋向于黑色时表示反射（折射）的程度较弱。

反射可以被简单地理解为倒影效果，而折射可以被理解为透明效果。

5）单击“高光光泽”右侧的按钮解除高光的锁定状态，设置“高光光泽”为0.6，“反射光泽”为0.8，“细分”为25，参数设置如图1-72所示。

6）选择木纹对象，进入“修改”面板，在“修改器列表”下拉列表框中选择添加“UVW贴图”修改器。展开“参数”卷展栏，在“贴图”选项组中单击“长方体”单选按钮，设置“长度”“宽度”“高度”均为600.0mm，参数设置如图1-73所示。

7）调整完成的木纹材质的最终效果如图1-74所示。

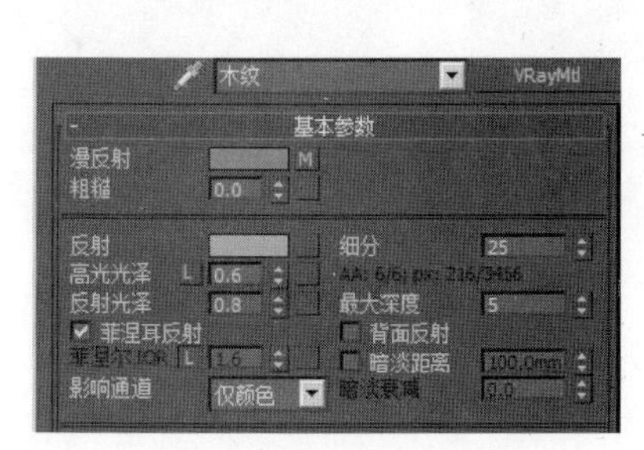

图 1-72

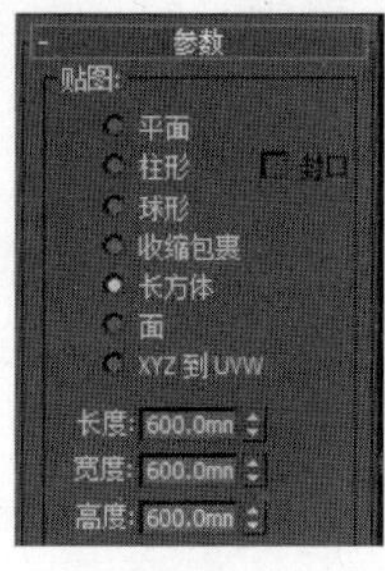

图 1-73

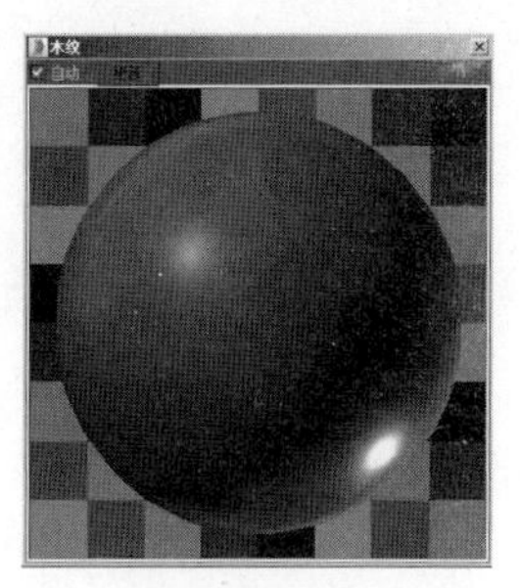

图 1-74

7. 设置瓦片材质

1）在“材质编辑器”面板中激活瓦片材质，展开“Blinn基本参数”卷展栏，单击“漫反射”右侧的按钮▣，在弹出的“材质/贴图浏览器”对话框中选择“标准”卷展栏中的“位图”贴图，如图1-75所示，单击“确定”按钮。

2）在弹出的“选择位图图像文件”对话框中选择“项目一\贴图\瓦片.jpg”文件，如图1-76所示，单击“打开”按钮。

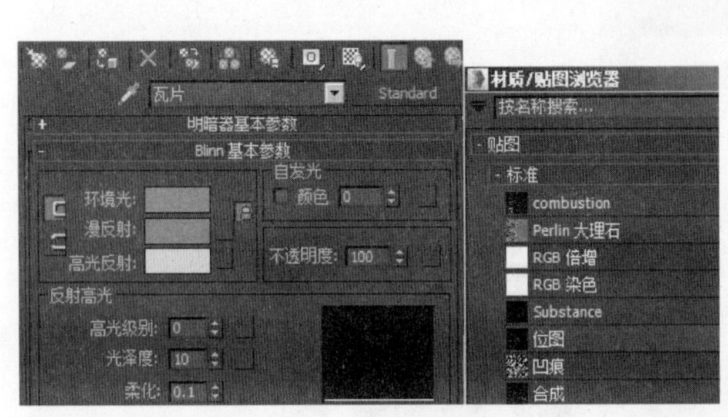

图 1-75　　　　图 1-76

3）单击“视口中显示明暗处理材质”按钮▣，使贴图在场景中正确显示。单击“转到父对象”按钮▣，回到上级面板。在“反射高光”选项组中设置“高光级别”为20，“光泽度”为20，参数设置如图1-77所示。

4）选择瓦片对象，进入“修改”面板▣，在“修改器列表”下拉列表框中选择添加“UVW贴图”修改器。展开“参数”卷展栏，在“贴图”选项组中单击“长方体”单选按钮，设置“长度”“宽度”“高度”均为1000.0mm，参数设置如图1-78所示。

5）调整完成的瓦片材质的最终效果如图1-79所示。

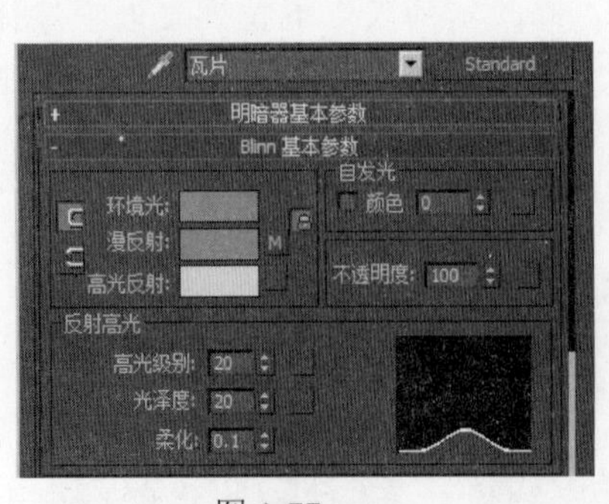

图 1-77

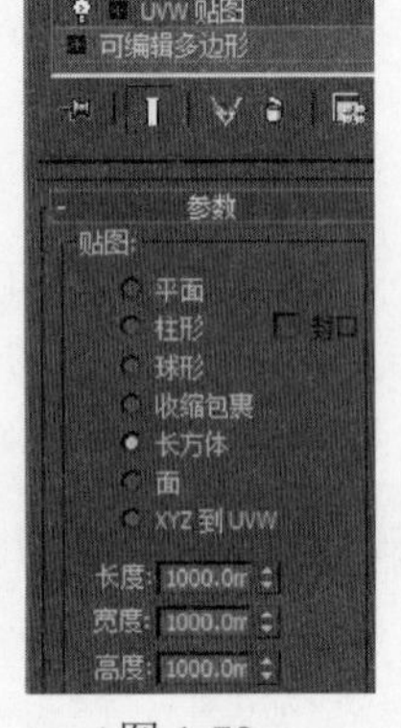

图 1-78

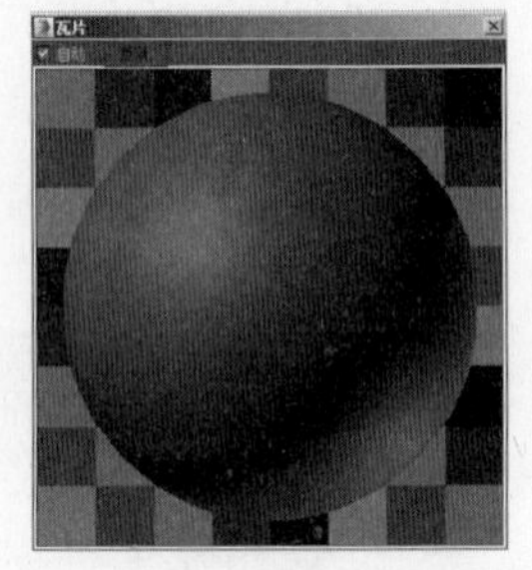

图 1-79

8. 设置木花格材质

1）在“材质编辑器”面板中激活木花格材质，展开“Blinn基本参数”卷展栏，单击“漫反射”右侧的色块，在弹出的“颜色选择器”对话框中设置颜色为咖啡色，参数设置

如图1-80所示，单击“确定”按钮。

2）在“反射高光”选项组中设置“高光级别”和“光泽度”均为20，参数设置如图1-81所示。

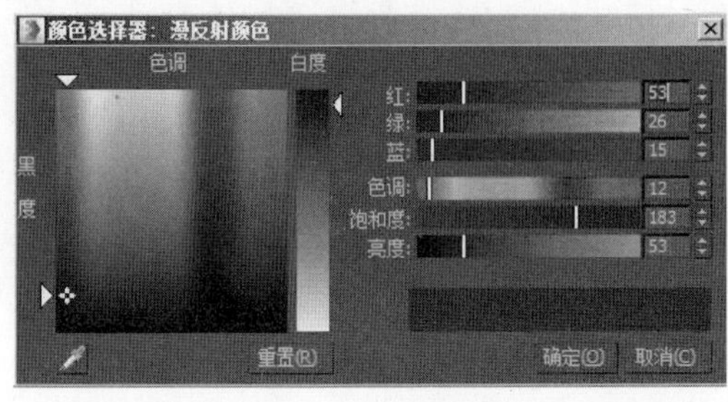

图 1-80

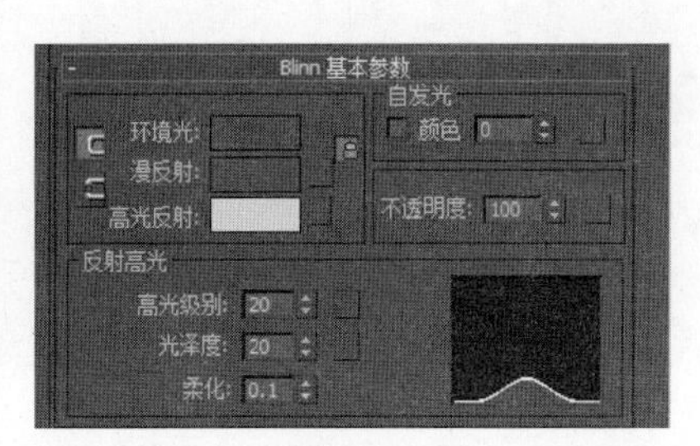

图 1-81

3）单击“不透明度”右侧的按钮■，在弹出的“材质/贴图浏览器”对话框中选择“标准”卷展栏中的“位图”贴图，如图1-82所示，单击“确定”按钮。

4）在弹出的“选择位图图像文件”对话框中选择“项目一\贴图\中式花格.jpg”文件，如图1-83所示，单击“打开”按钮。

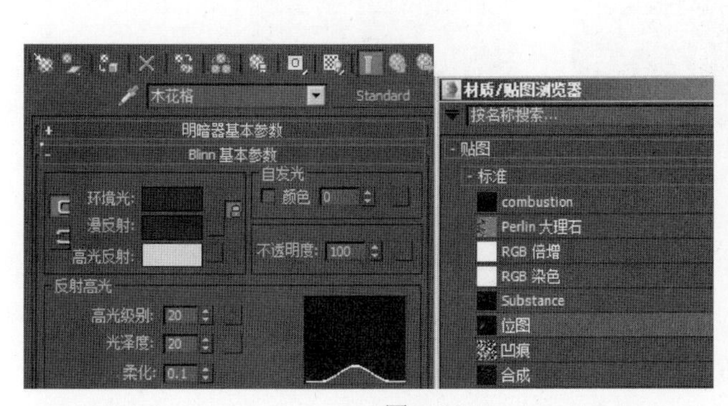

图 1-82

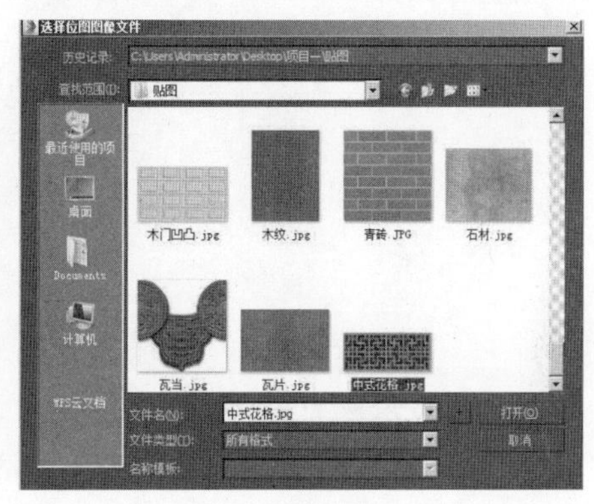

图 1-83

在“不透明度”通道中应指定黑白贴图。贴图中白色像素所对应的区域会保留，黑色像素所对应的区域则会漏空。通常利用该通道制作一些具有漏空性质的对象，如树叶的叶片、栅栏、中式或欧式的花格等。优点是：渲染速度快；缺点是：三维立体光影效果的真实度不如真正的三维模型。

5）单击“视口中显示明暗处理材质”按钮■，使贴图在场景中正确显示。选择木花格对象，进入“修改”面板■，在“修改器列表”下拉列表框中选择添加“UVW贴图”修改器。展开“参数”卷展栏，在“贴图”选项组中单击“长方体”单选按钮，设置“长度”“宽度”均为2000.0mm，“高度”为900.0mm。观察木花格对象，发现贴图坐标的位置并不合理，效果如图1-84所示。

6）展开“UVW贴图”修改器的子层级，选择子层级Gizmo，将其在透视视图中沿z轴向上移动到合适位置，效果如图1-85所示。

图 1-84

图 1-85

7）按快捷键Alt＋Q，将木花格对象孤立显示。调整观察角度至合适位置后，按快捷键Shift＋Q，对木花格对象进行测试渲染，效果如图1-86所示。

8）调整完成的木花格材质的最终效果如图1-87所示。

图 1-86

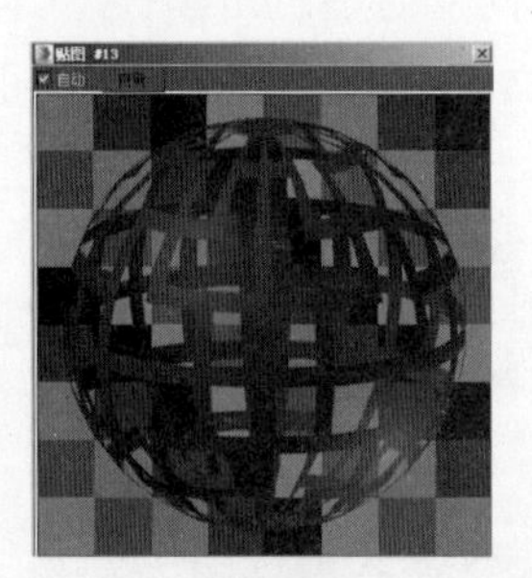

图 1-87

9. 设置灰麻石材质

1）在“材质编辑器”面板中激活灰麻石材质，展开“Blinn基本参数”卷展栏，单击“漫反射”右侧的按钮■，在弹出的“材质/贴图浏览器”对话框中选择“标准”卷展栏中的“位图”贴图，如图1-88所示，单击“确定”按钮。

2）在弹出的“选择位图图像文件”对话框中选择“项目一\贴图\灰麻石.jpg”文件，如图1-89所示，单击“打开”按钮。

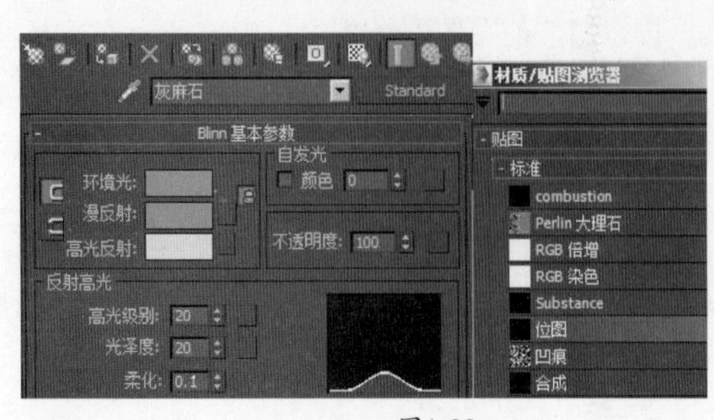

图1-88

图1-89

3）单击“视口中显示明暗处理材质”按钮，使贴图在场景中正确显示。单击“转到父对象”按钮，回到上级面板。在“反射高光”选项组中设置“高光级别”和“光泽度”均为20，参数设置如图1-90所示。

4）展开“贴图”卷展栏，将“漫反射颜色”通道右侧的贴图拖动复制到“凹凸”通道右侧的按钮 无 上，在弹出的“复制（实例）贴图”对话框中单击“实例”单选按钮，如图1-91所示，单击“确定”按钮完成贴图的复制。

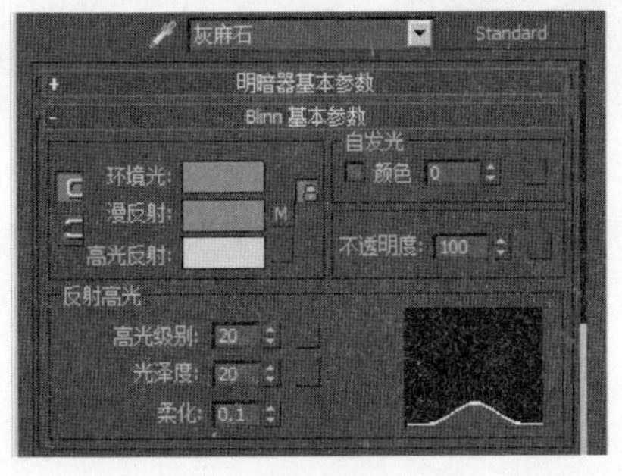

图1-90

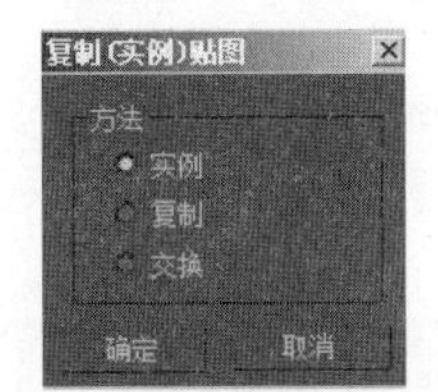

图1-91

5）选择灰麻石对象，进入“修改”面板，在“修改器列表”下拉列表框中选择添加“UVW贴图”修改器。展开“参数”卷展栏，在“贴图”选项组中单击“长方体”单选按钮，设置“长度”“宽度”“高度”均为500.0mm，参数设置及效果如图1-92所示。

6）调整完成的灰麻石材质的最终效果如图1-93所示。

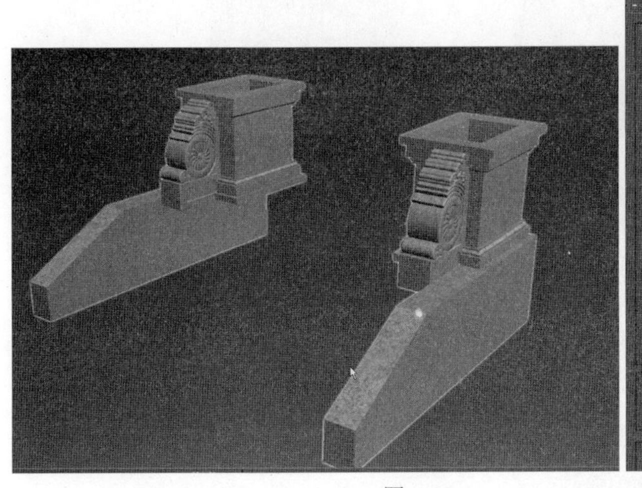

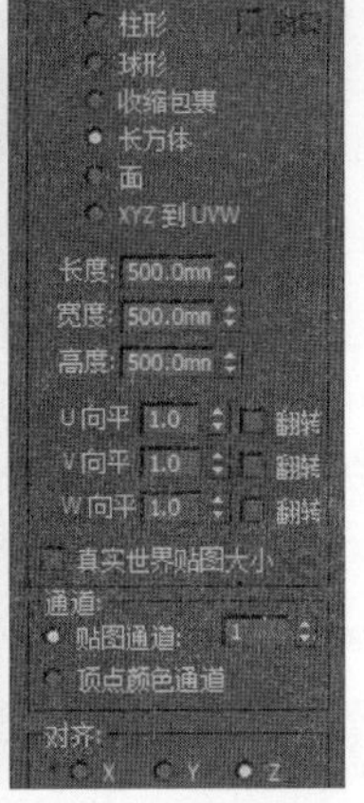

图 1-92

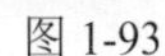

图 1-93

10. 设置青砖材质

1）在“材质编辑器”面板中激活青砖材质，展开“Blinn基本参数”卷展栏，单击“漫反射”右侧的按钮，在弹出的“材质/贴图浏览器”对话框中选择“标准”卷展栏中的“位图”贴图，如图1-94所示，单击“确定”按钮。

2）在弹出的“选择位图图像文件”对话框中选择“项目一\贴图\青砖.jpg”文件，如图1-95所示，单击“打开”按钮。

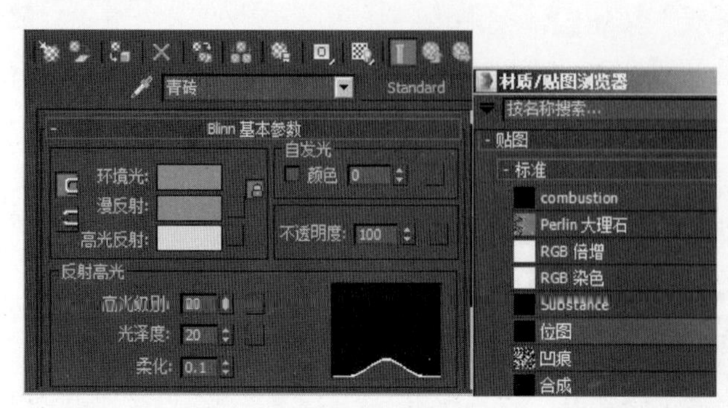

图 1-94

图 1-95

3）单击“视口中显示明暗处理材质”按钮，使贴图在场景中正确显示。单击“转到父对象”按钮，回到上级面板。在“反射高光”选项组中设置“高光级别”和“光泽度”均为20，参数设置如图1-96所示。

4）展开“贴图”卷展栏，将“漫反射颜色”通道右侧的贴图拖动复制到“凹凸”通道右侧的按钮 无 上，在弹出的“复制（实例）贴图”对话框中单击“实例”单选按钮，如图1-97所示，单击“确定”按钮完成贴图的复制。

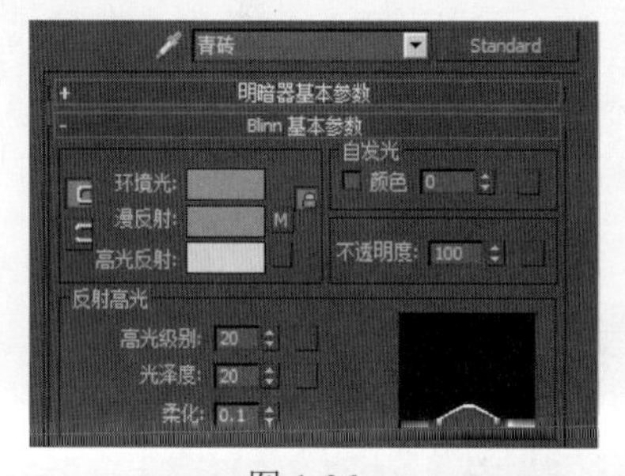

图 1-96

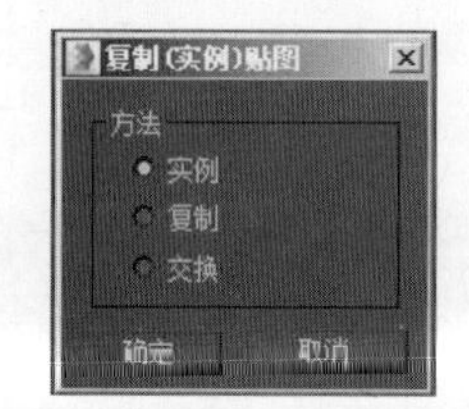

图 1-97

5）选择青砖对象，进入“修改”面板，在“修改器列表”下拉列表框中选择添加“UVW贴图”修改器。展开“参数”卷展栏，在“贴图”选项组中单击“长方体”单选按钮，设置“长度”“宽度”“高度”均为1000.0mm。在“对齐”选项组中单击“Y”单选按钮，参数设置如图1-98所示。

6）调整完成的青砖材质的最终效果如图1-99所示。

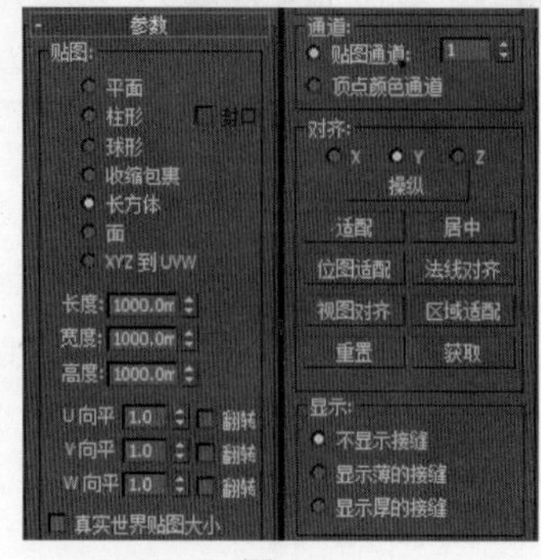

图 1-98

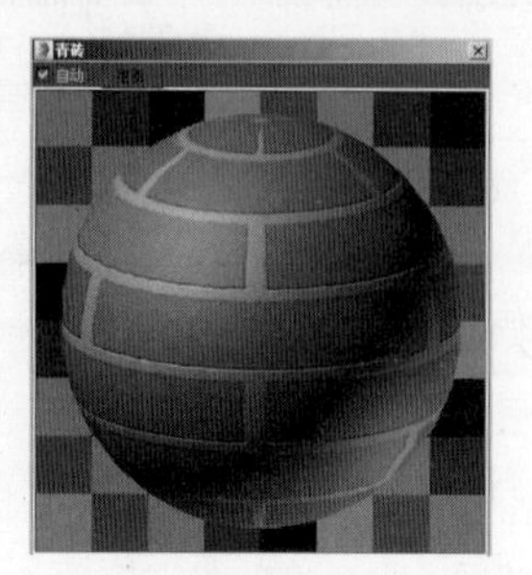

图 1-99

11. 设置木板材质

1）在“材质编辑器”面板中激活木板材质，展开“Blinn基本参数”卷展栏，单击“漫反射”右侧的按钮■，在弹出的“材质/贴图浏览器”对话框中选择“标准”卷展栏中的“位图”贴图，如图1-100所示，单击“确定”按钮。

2）在弹出的“选择位图图像文件”对话框中选择“项目一\贴图\木板.jpg”文件，如图1-101所示，单击“打开”按钮。

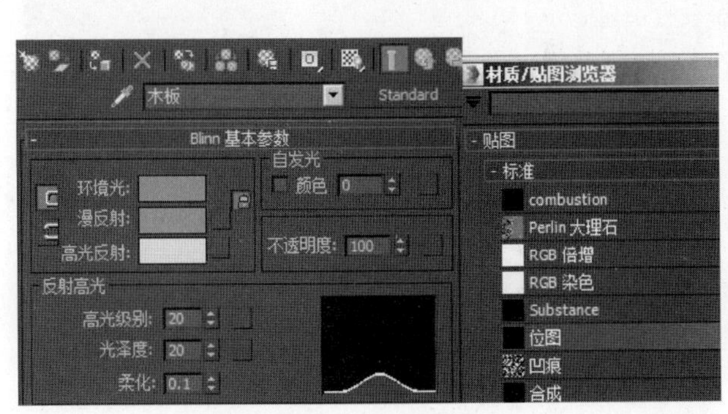

图 1-100

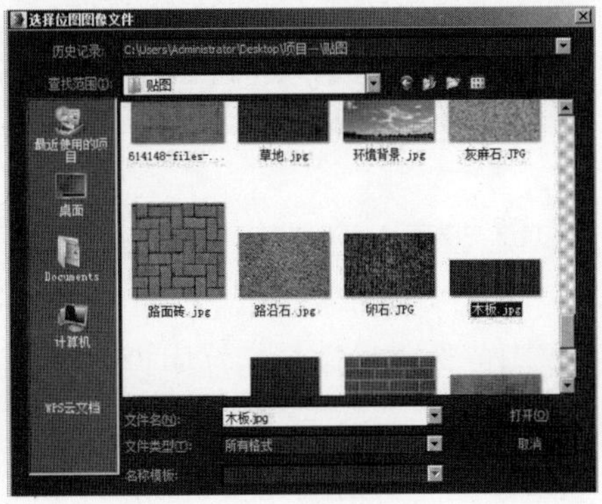

图 1-101

3）单击“视口中显示明暗处理材质”按钮■，使贴图在场景中正确显示。单击“转到父对象”按钮■，回到上级面板。在“反射高光”选项组中设置“高光级别”和“光泽度”均为20，参数设置如图1-102所示。

4）展开“贴图”卷展栏，将“漫反射颜色”通道右侧的贴图拖动复制到“凹凸”通道右侧的按钮［无］上，在弹出的“复制（实例）贴图”对话框中单击“实例”单选按钮，如图1-103所示，单击“确定”按钮完成贴图的复制。

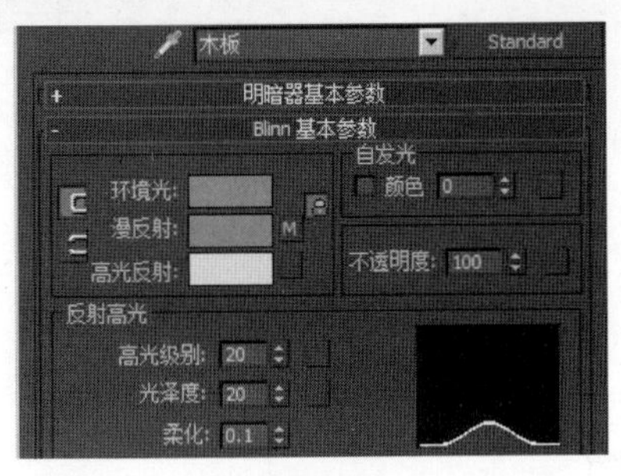

图 1-102

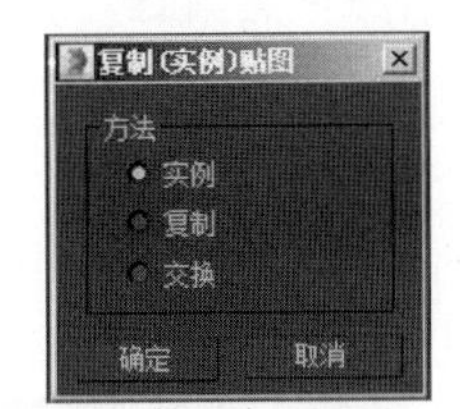

图 1-103

5）选择木板对象，进入“修改”面板■，在“修改器列表”下拉列表框中选择添加“UVW贴图”修改器。展开“参数”卷展栏，在“贴图”选项组中单击“长方体”单选按钮，设置“长度”“宽度”“高度”均为1000.0mm，参数设置如图1-104所示。

6）调整完成的木纹材质的最终效果如图1-105所示。

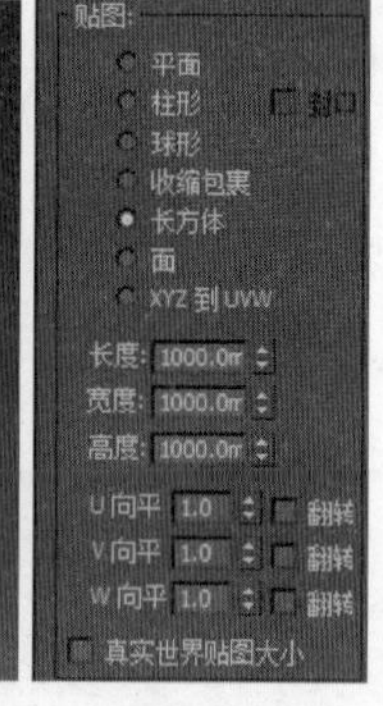

图 1-104

图 1-105

12. 设置木门材质

1）在“材质编辑器”面板中激活木门材质，单击“漫反射”右侧的色块，在弹出的“颜色选择器”对话框中设置颜色为咖啡色，参数设置如图1-106所示，单击“确定”按钮。

2）在“反射高光”选项组中设置“高光级别”为36，“光泽度”为30，参数设置如图1-107所示。

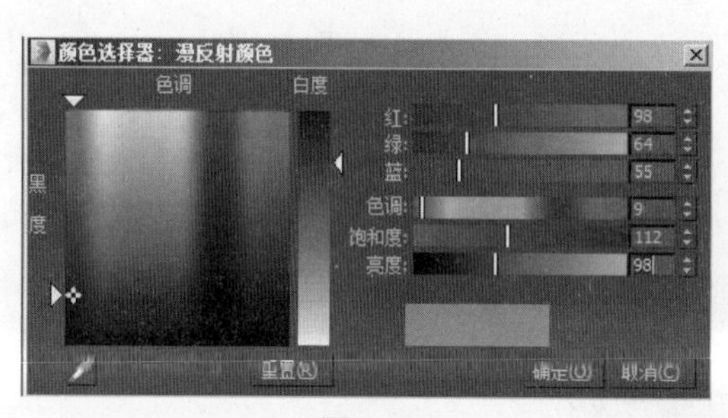

图 1-106

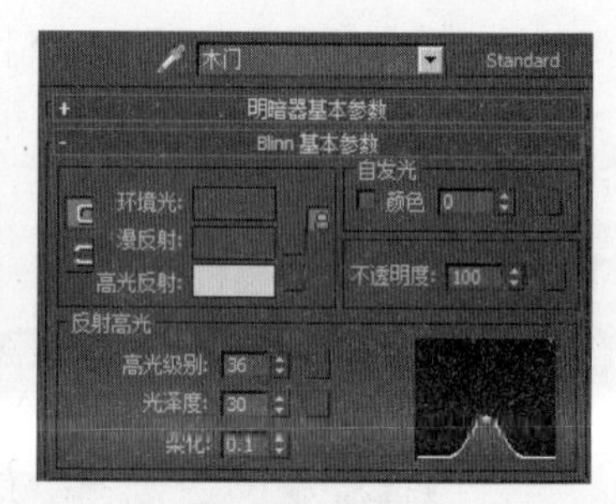

图 1-107

3）展开“贴图”卷展栏，单击“凹凸”通道右侧的按钮 无 ，在弹出的“材质/贴图浏览器”对话框中选择“标准”卷展栏中的“位图”贴图，如图1-108所示，单击“确定”按钮。

4）在弹出的“选择位图图像文件”对话框中选择“项目一\贴图\木门凹凸.jpg”文件，如图1-109所示，单击“打开”按钮。

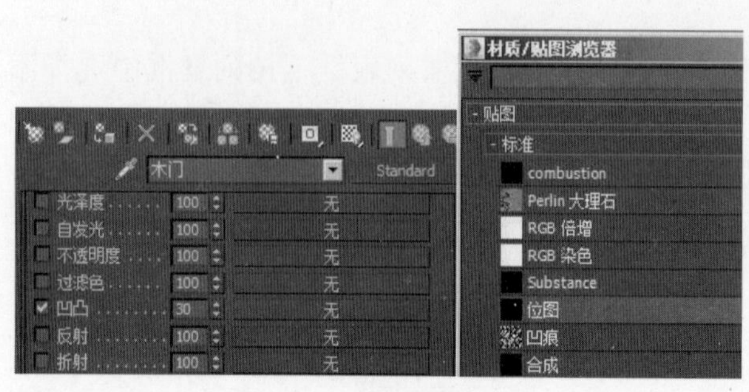

图 1-108

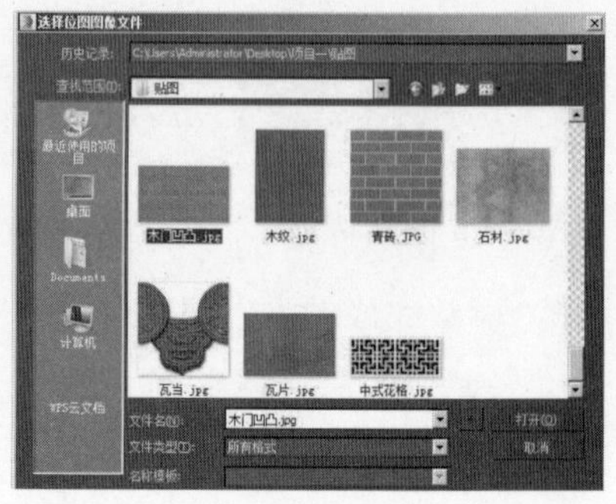

图 1-109

5）单击“视口中显示明暗处理材质”按钮，使贴图在场景中正确显示。单击“转到父对象”按钮，回到上级面板。设置“凹凸”的“数量”为200，参数设置如图1-110所示。

6）选择木门对象，进入“修改”面板，在“修改器列表”下拉列表框中选择添加“UVW贴图”修改器。展开“参数”卷展栏，在“贴图”选项组中单击“长方体”单选按钮，设置“长度”“宽度”“高度”均为1800.0mm，参数设置如图1-111所示。

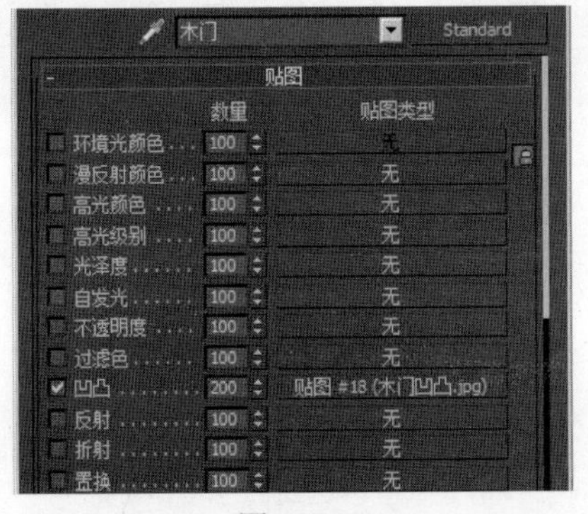

图 1-110

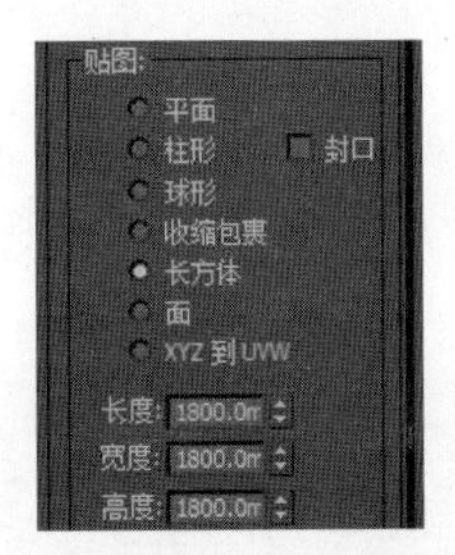

图 1-111

7）展开Gizmo子层级，利用主工具栏中的“选择并移动”按钮进行坐标位置的调整，使贴图坐标在横向和纵向上的排列更加均匀，孤立测试渲染效果如图1-112所示。

8）调整完成的木门材质的最终效果如图1-113所示。

图 1-112

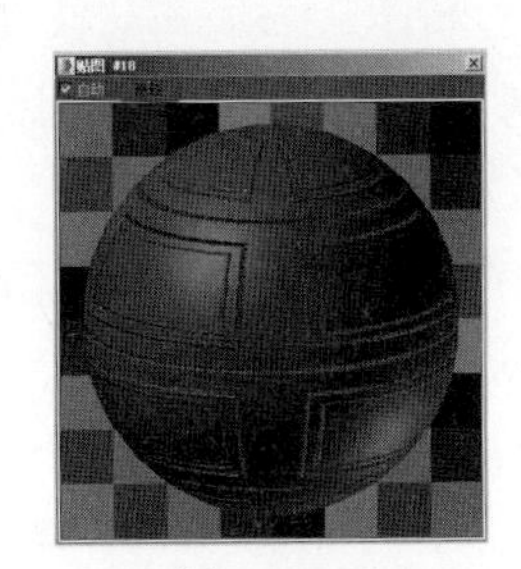

图 1-113

在“凹凸”通道中通常使用黑白贴图。贴图中的白色像素区域在渲染中会产生视觉上的凸起效果；贴图中的黑色像素区域会相应产生视觉上的凹陷效果。优点是：渲染速度非常快；缺点是：三维立体光影效果的真实度不如真正的三维模型。

13. 设置玻璃材质

1）在“材质编辑器”面板中激活玻璃材质，展开“Blinn基本参数”卷展栏，单击“漫反射”右侧的色块，在弹出的“颜色选择器”对话框中设置颜色为灰蓝色，参数设置如图1-114所示，单击“确定”按钮。

2）在“反射高光”选项组中设置“高光级别”为96，“光泽度”为36；设置“不透明度”为36，参数设置如图1-115所示。

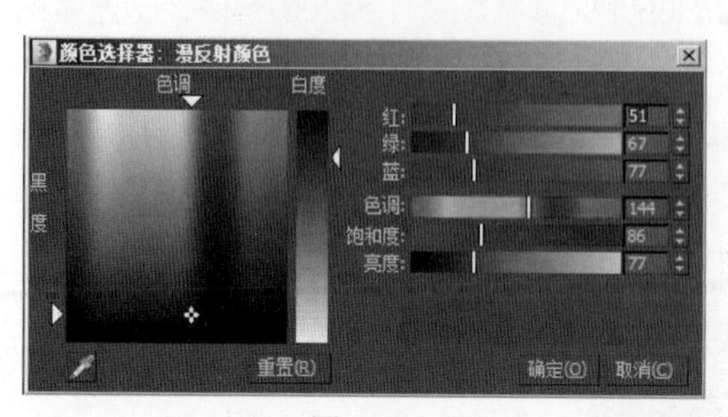

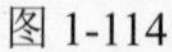
图 1-114

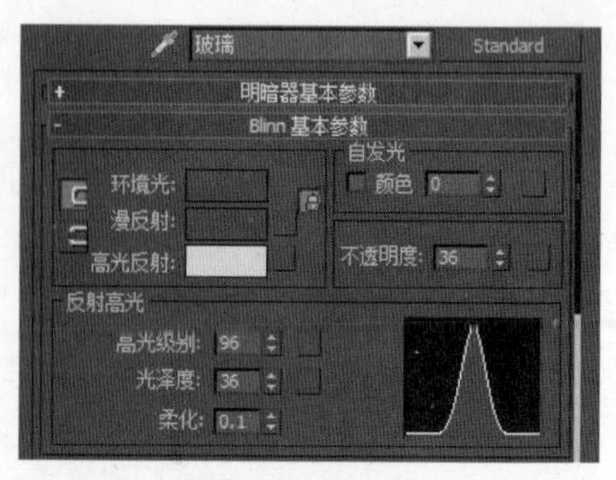

图 1-115

3）展开“扩展参数”卷展栏，在“高级透明”选项组中单击“过滤”右侧的色块，在弹出的“颜色选择器”对话框中设置颜色为墨绿色，参数设置如图1-116所示，单击“确定”按钮。

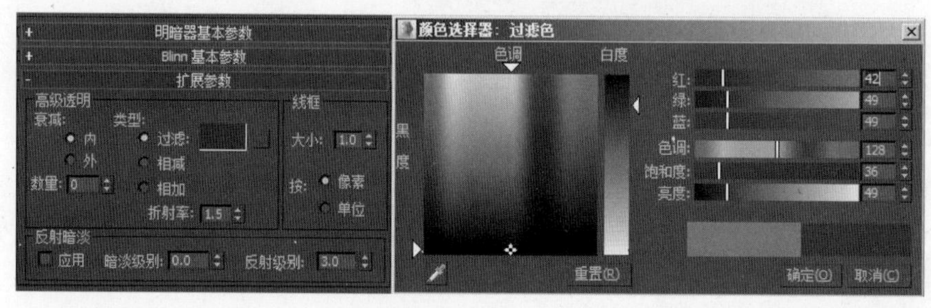

图 1-116

4）展开“贴图”卷展栏，单击“反射”通道右侧的按钮［无］，在弹出的“材质/贴图浏览器”对话框中选择“V-Ray”卷展栏中的“VRayMap”贴图，如图1-117所示，单击“确定”按钮。

5）单击“转到父对象”按钮，回到上级面板。设置“反射”的“数量”为45，参数设置如图1-118所示。

6）调整完成的玻璃材质的最终效果如图1-119所示。

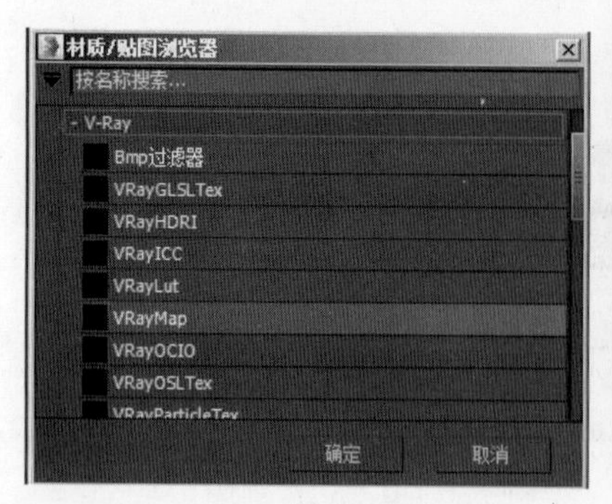

图 1-117

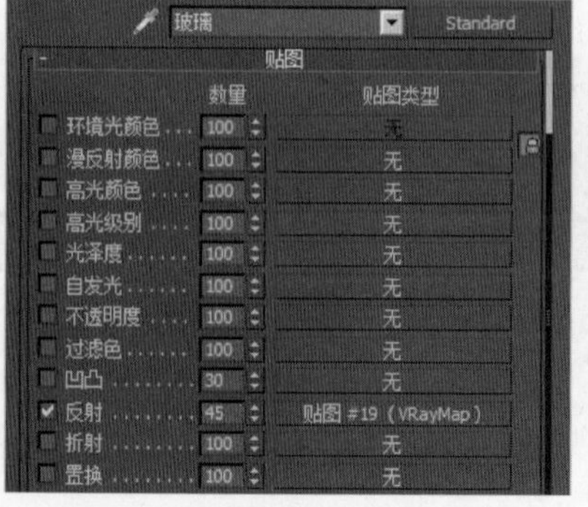

图 1-118

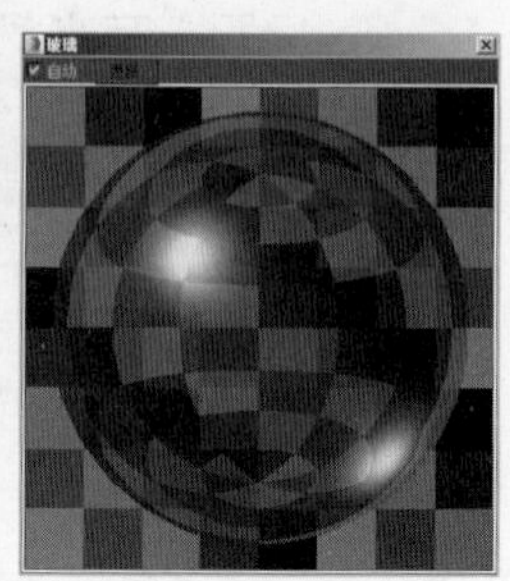

图 1-119

14. 设置下瓦当材质

1）在“材质编辑器”面板中激活下瓦当材质，展开“Blinn基本参数”卷展栏，单击“漫反射”右侧的按钮■，在弹出的“材质/贴图浏览器”对话框中选择“标准”卷展栏中的“位图”贴图，如图1-120所示，单击“确定”按钮。

2）在弹出的“选择位图图像文件”对话框中选择“项目一\贴图\瓦当.jpg”文件，如图1-121所示，单击“打开”按钮。

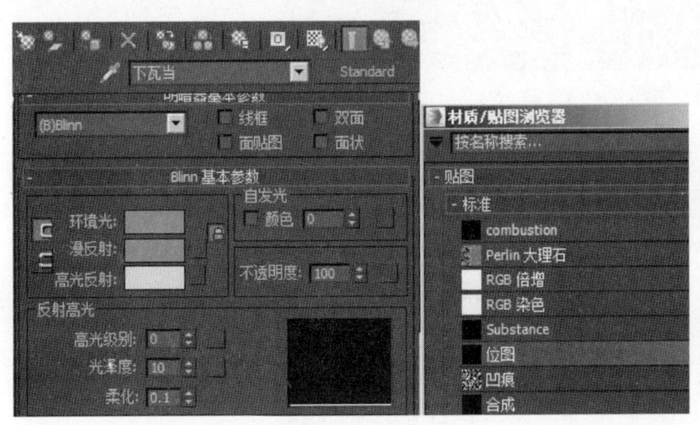

图 1-120

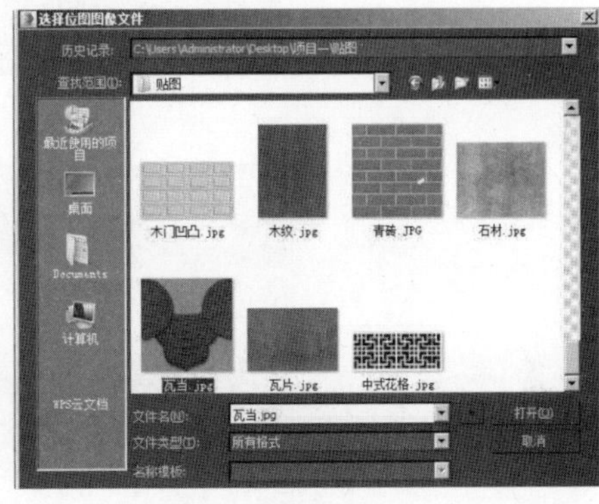

图 1-121

3）展开“位图参数”卷展栏，在“裁剪/放置”选项组中单击“查看图像”按钮，在弹出的“指定裁剪/放置”面板中拖动红色的边框以确定贴图的裁剪范围，在“裁剪/放置”选项组中选中“应用”复选框，参数设置如图1-122所示。

4）调整完成的下瓦当材质的最终效果如图1-123所示。

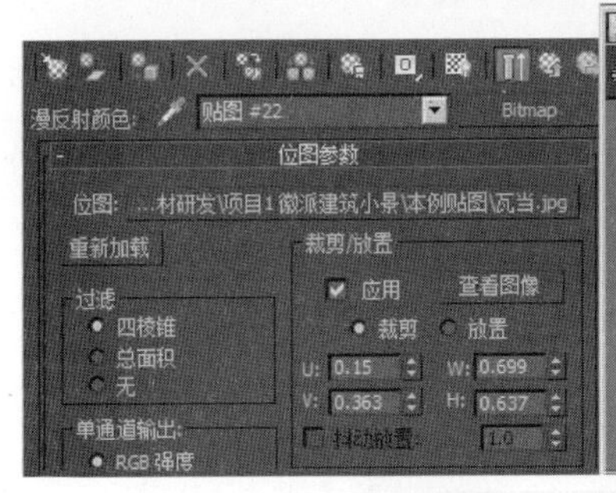

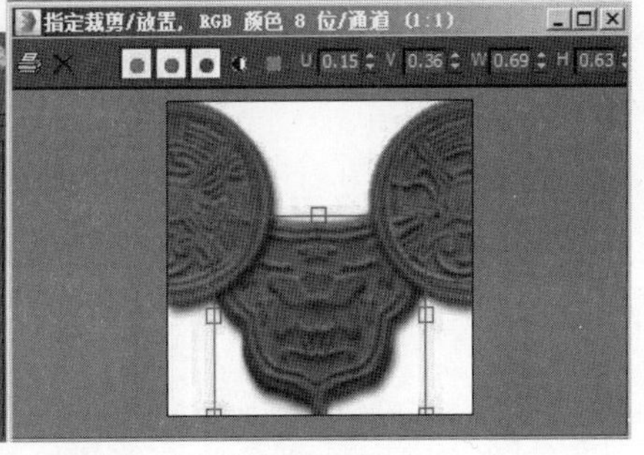

图 1-122

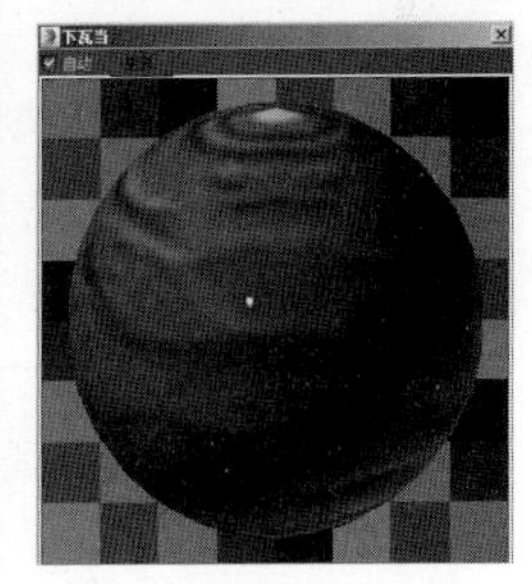

图 1-123

15. 设置上瓦当材质

1）在“材质编辑器”面板中激活上瓦当材质，展开“Blinn基本参数”卷展栏，单击“漫反射”右侧的按钮■，在弹出的“材质/贴图浏览器”对话框中选择“标准”卷展栏中的“位图”贴图，如图1-124所示，单击“确定”按钮。

2）在弹出的“选择位图图像文件”对话框中选择“项目一\贴图\瓦当.jpg”文件，如图1-125所示，单击“打开”按钮。

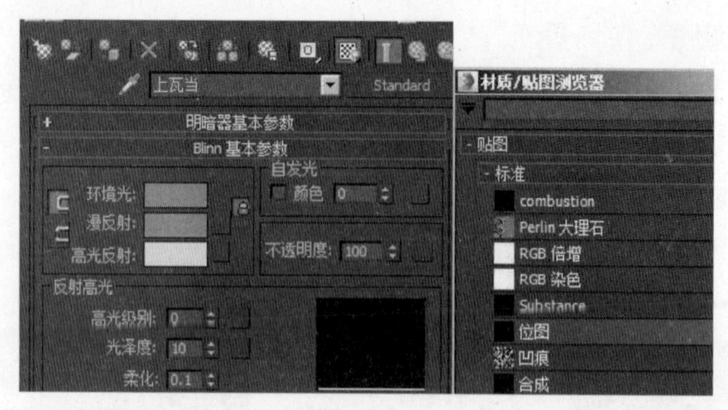

图 1-124

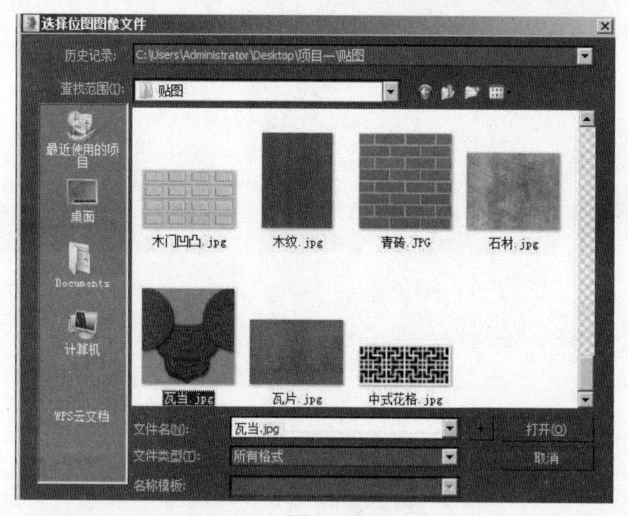

图 1-125

3）展开“位图参数”卷展栏，单击“裁剪/放置”选项组中的“查看图像”按钮，在弹出的“指定裁剪/放置”面板中拖动红色的边框以确定贴图的裁剪范围，在“裁剪/放置”选项组中选中“应用”复选框，参数设置如图1-126所示。

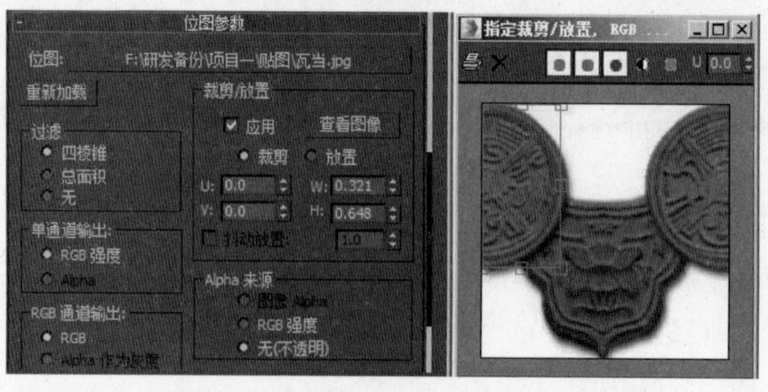

图 1-126

至此，本场景中的所有主要材质已经调整完毕。限于篇幅，还有一些较为简单的材质未能一一讲解，请读者参考“项目一\场景文件\完成.max”文件进行练习。

16. 合并植物模型并完善场景

1）单击3ds Max界面中的按钮，在弹出的面板中执行“导入”→“合并”命令，如图1-127所示。

2）在弹出的“合并文件”对话框中选择“项目一\场景文件\植物.max”文件，如图1-128所示，单击“打开”按钮。

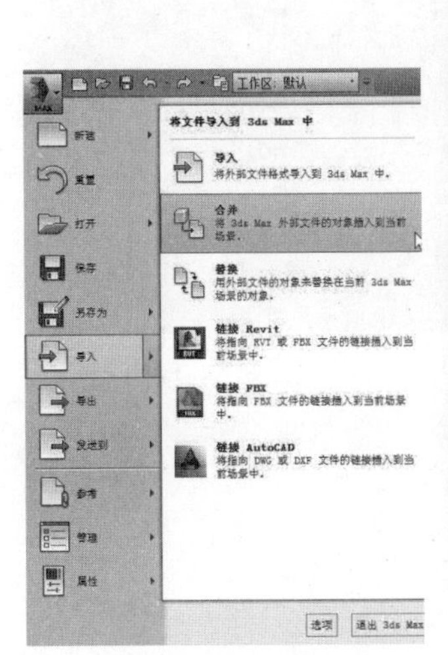

图 1-127

图 1-128

3）在弹出的“合并”对话框中选择“植物”选项，如图1-129所示，单击“确定”按钮。

4）选择所有住宅结构对象，执行“组”→“组”命令，如图1-130所示，将其整体编组。按住Shift键，配合主工具栏中的“选择并移动”按钮，将住宅模型在场景中复制一份，使场景环境看上去更加丰富。

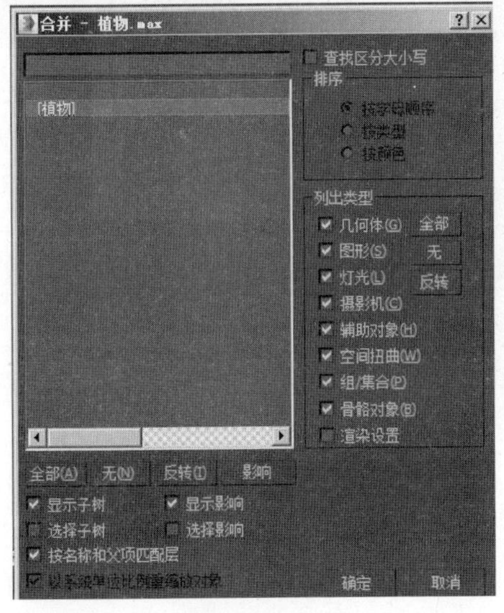

图 1-129

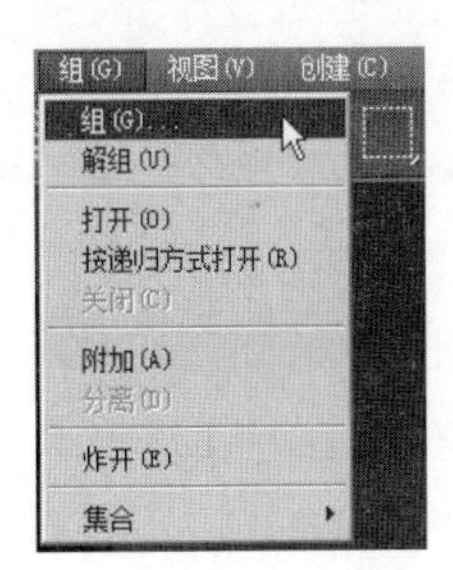

图 1-130

5）按快捷键Alt＋B，在弹出的“视口配置”对话框中激活“背景”选项卡，单击“使用环境背景”单选按钮，如图1-131所示，单击“确定”按钮，在视图中显示环境背景，场景的最终完成效果如图1-132所示。

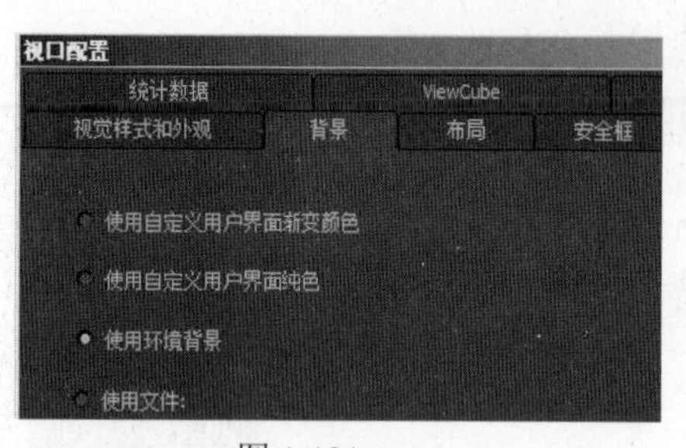

图 1-131

图 1-132

任务三　最终渲染设置

1. 设置渲染输出参数

1）按快捷键F10弹出“渲染设置”面板。在“公用”选项卡中展开“公用参数”卷展栏，在“输出大小”选项组中设置“宽度”为2000，“高度”为1500，单击锁定“图像纵横比”，参数设置如图1-133所示。

2）切换到“V-Ray”选项卡，展开“全局开关”卷展栏，参数设置如图1-134所示。

图 1-133

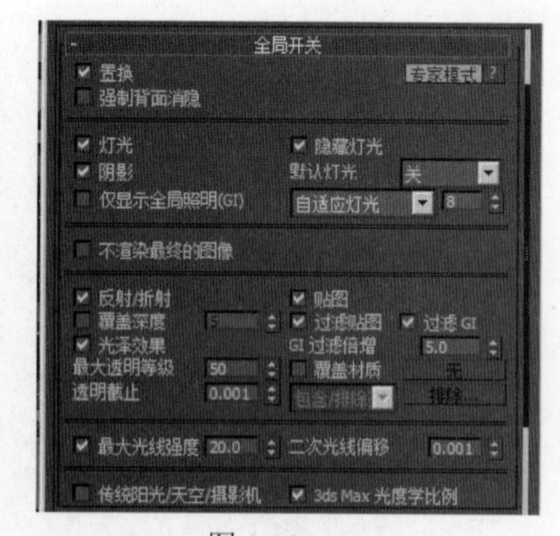

图 1-134

3）设置“图像采样（抗锯齿）”卷展栏、“图像过滤”卷展栏、“块图像采样器”卷展栏中的参数，如图1-135所示。

4）设置“全局DMC”卷展栏、“颜色贴图”卷展栏中的参数，如图1-136所示。

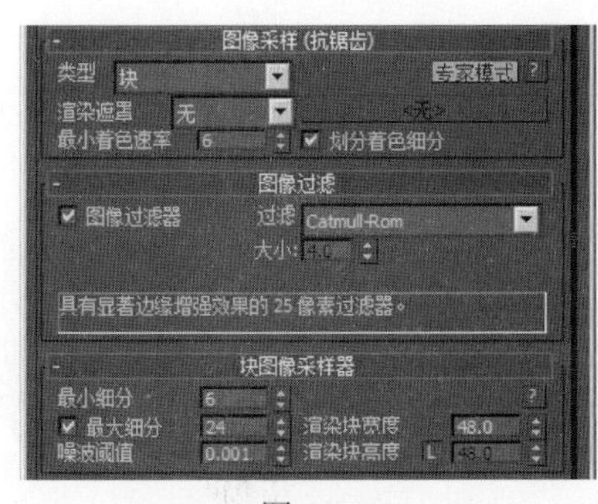

图 1-135

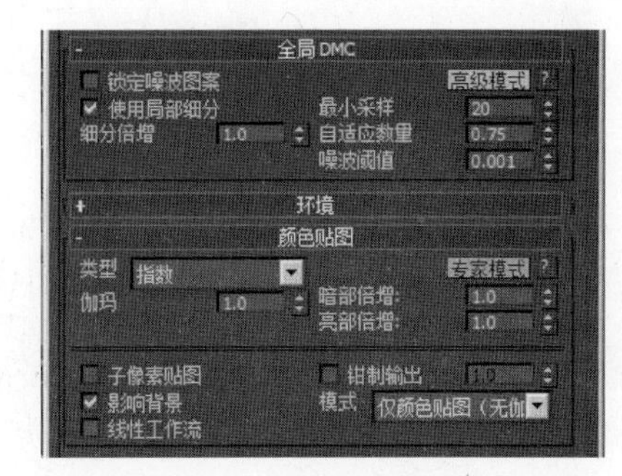

图 1-136

5）切换到“GI”选项卡，设置“全局光照”卷展栏、“发光贴图”卷展栏、“灯光缓存”卷展栏中的参数，如图1-137所示。至此，正式渲染输出参数设置完毕。

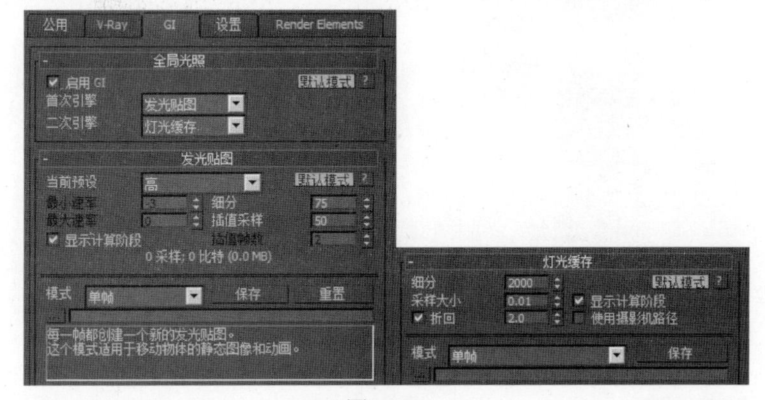

图 1-137

2. 渲染成品效果图

确认当前视图为摄影机视图，按快捷键Shift＋Q，对当前场景进行渲染。经过一段时间的渲染，成品效果如图1-138所示。保存该文件，将其命名为“项目一\效果文件\初始.jpg”。

图 1-138

任务四　效果图精修

1. 打开文件

1）启动Adobe Photoshop软件。

软件版本不作限制，本书均采用Adobe Photoshop CS5。

2）执行“文件”→“打开”命令，在弹出的“打开”对话框中选择“项目一\效果文件\初始.jpg”文件，如图1-139所示，单击“打开”按钮。

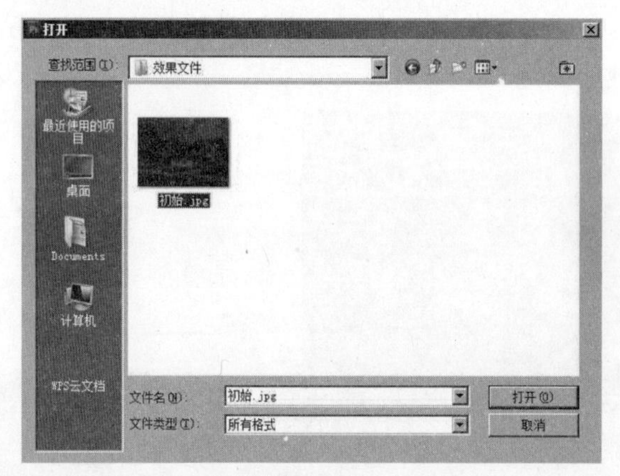

图 1-139

2. 调整亮度/对比度

执行“图像”→“调整”→“亮度/对比度”命令，在弹出的“亮度/对比度”对话框中设置“亮度”为20，“对比度”为20，参数设置如图1-140所示，单击“确定”按钮。

图 1-140

3. 调整色相/饱和度

执行“图像”→“调整”→“色相/饱和度”命令，在弹出的“色相/饱和度”对话框中设置“饱和度”为-10，参数设置如图1-141所示，单击“确定”按钮。

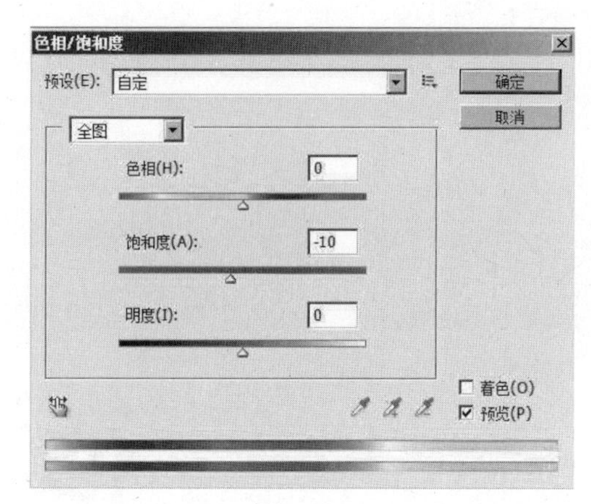

图 1-141

4. 调整曲线

执行“图像”→“调整”→“曲线”命令，在弹出的“曲线”对话框中调整曲线，参数设置如图1-142所示，单击“确定”按钮。

至此，本项目案例“徽派建筑小景”全部完成，最终效果如图1-143所示。

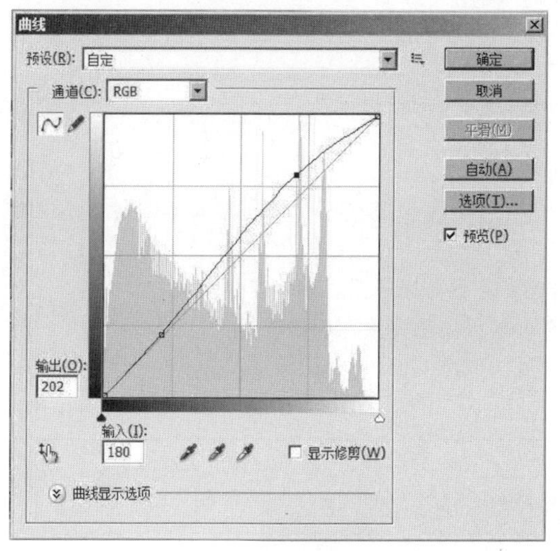

图 1-142

图 1-143

视频文件

视频文件

视频文件

荷塘别墅

项目目标

本项目案例是一个联排别墅效果图的表现方案。在别墅的四周环绕着一片荷塘，荷花、荷叶、山石点缀其中，景色怡人。本项目案例涉及到的材质类型较为丰富，请读者在学习时认真体会、掌握。此外，本项目案例在太阳光的表现上引入了VRaySun（VRay太阳），请对比理解其与项目1案例中所讲解的目标平行光之间的区别。

技能要点

◎ VRaySun（VRay太阳）：掌握常用的调整参数并理解其含义。

◎ VRayDisplacementMod（VRay置换）修改器：添加该修改器，可以使模型的三维立体感更加突出。

◎ 菲涅耳效应：是指对象表面的反射强度会随着观察视角的不同而呈现衰减变化。

◎ VRay混合材质：可以实现两种或多种材质的融合效果，详见楼板材质的讲解。

◎ 熟悉并理解VRayProxy（VRay代理）的概念。

效果欣赏

配套文件

任务一 设置测试渲染参数

1. 创建摄影机

1）打开“项目二\场景文件\初始.max”场景文件，效果如图2-1所示。

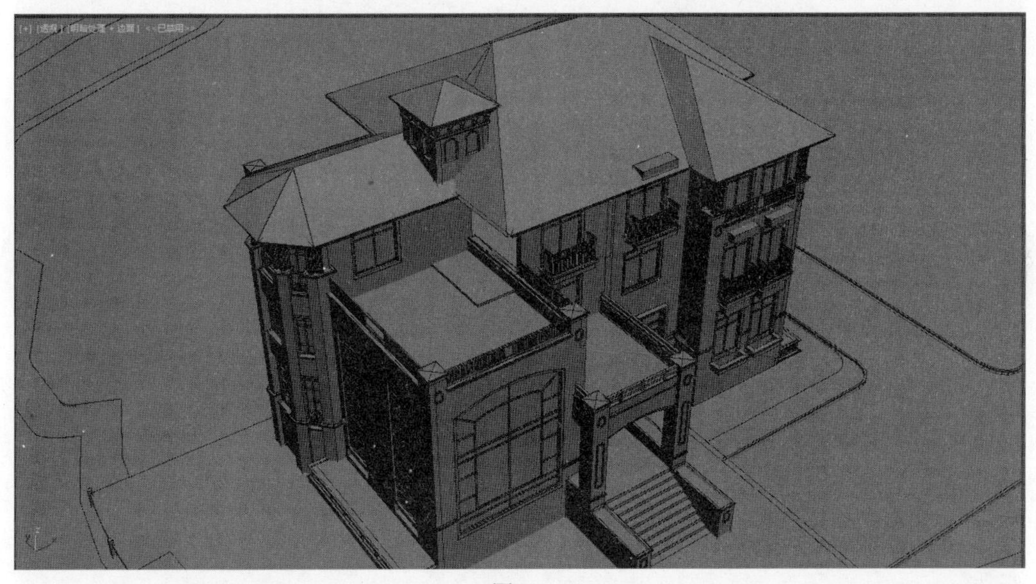

图 2-1

2）按快捷键T激活顶视图，按快捷键Alt＋W将视图最大化显示，效果如图2-2所示。

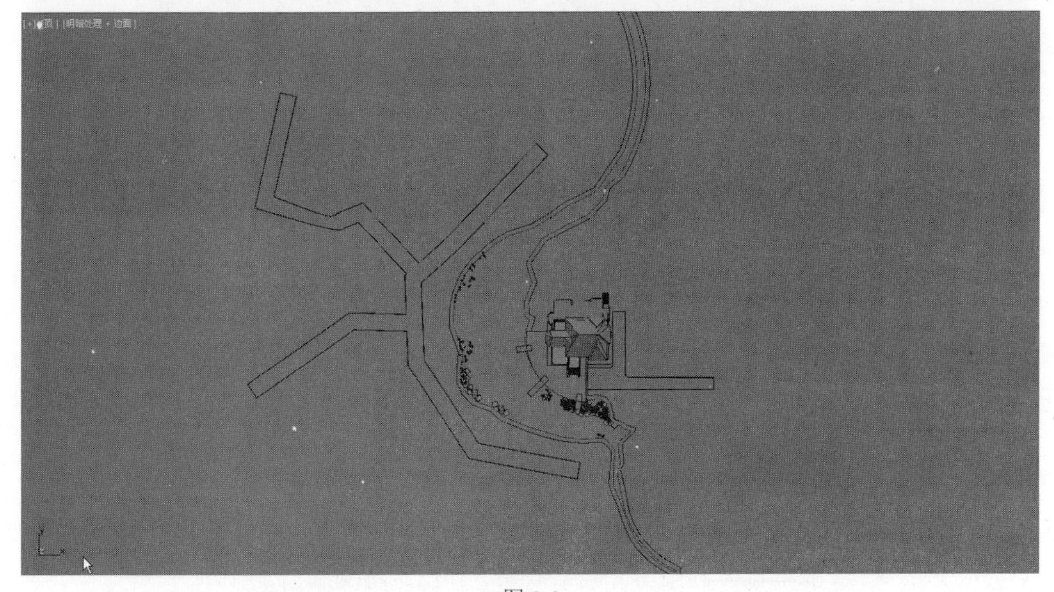

图 2-2

3）进入“创建”面板，切换到“摄影机”选项卡，在其下拉列表框中选择“标准”选项，单击“目标”按钮，在顶视图中创建一架目标摄影机，效果如图2-3所示。

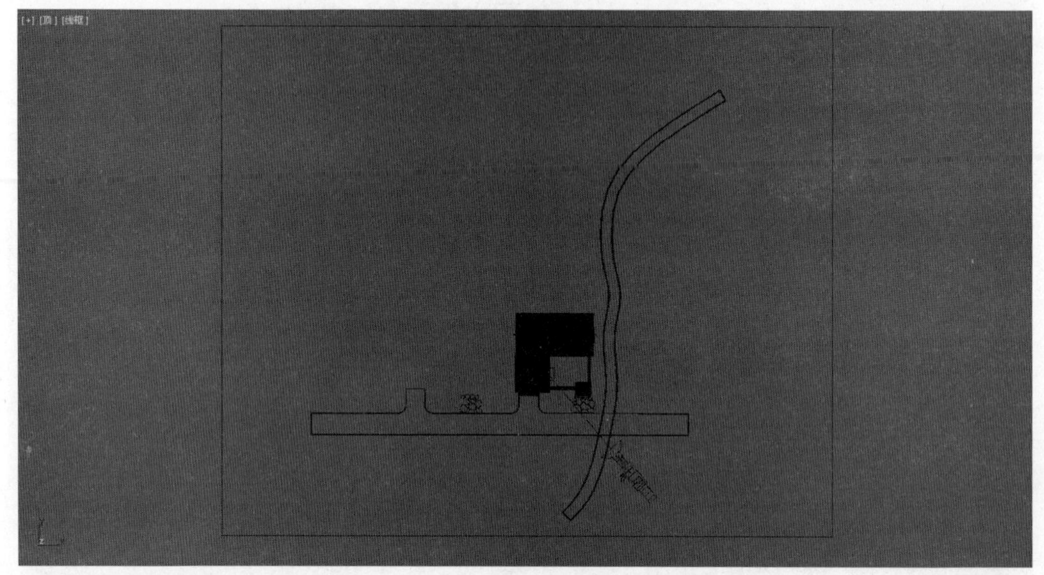

图 2-3

4）按快捷键F激活前视图，单击主工具栏中的“选择并移动”按钮，选择刚才创建的摄影机，将其沿y轴向上提升一定的高度，效果如图2-4所示，按快捷键G取消栅格显示。

图 2-4

5）选择摄影机，进入“修改”面板。展开“参数”卷展栏，设置“镜头”为24.0mm。按快捷键C激活摄影机视图，观察效果，如图2-5所示。

图 2-5

·镜头：可以通过调整该数值来调整摄影机的观察范围。数值越小，摄影机的观察范围越宽广；数值越大，摄影机的观察范围越狭窄。

2. 设置测试渲染参数

1）按快捷键F10弹出“渲染设置”面板，如图2-6所示。

2）在“公用”选项卡中展开“指定渲染器”卷展栏，单击“产品级”右侧的按钮，在弹出的“选择渲染器”对话框中选择“V-Ray Adv 3.60.03”作为当前渲染器，如图2-7所示，单击“确定”按钮。

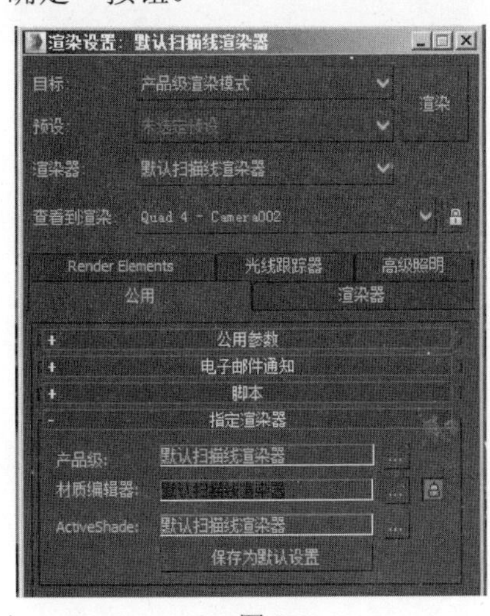

图 2-6

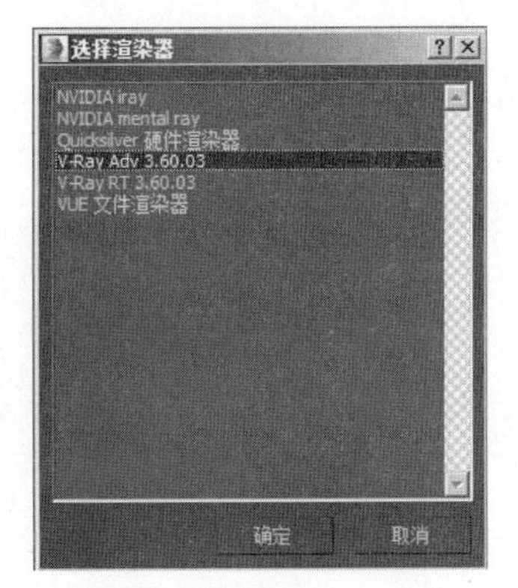

图 2-7

3）在“公用”选项卡中展开“公用参数”卷展栏，在“输出大小”选项组中设置“宽度”为500，“高度”为375，单击锁定“图像纵横比”，参数设置如图2-8所示。

4）切换到“V-Ray”选项卡，展开“全局开关”卷展栏，参数设置如图2-9所示。

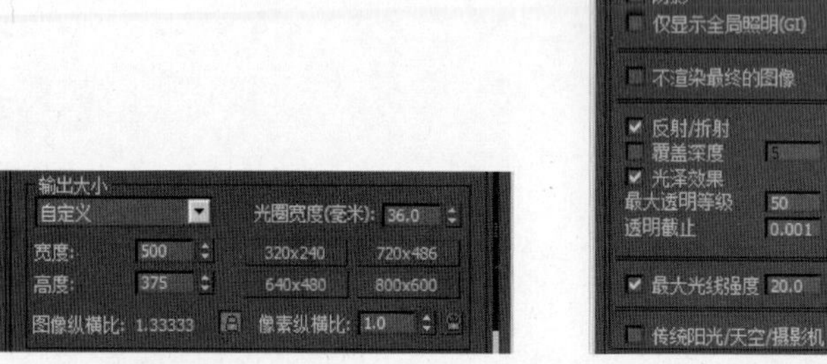

图 2-8

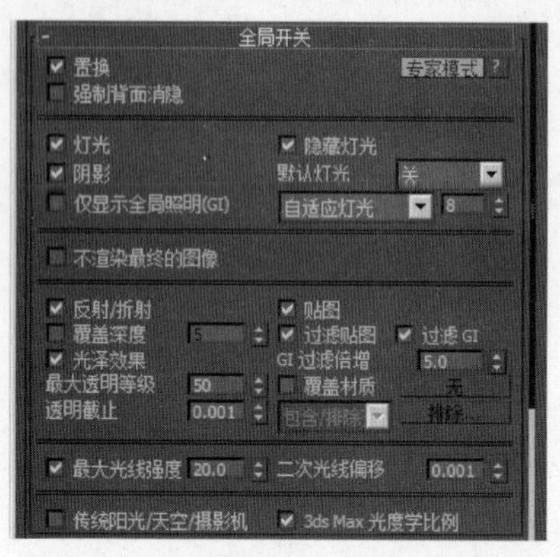

图 2-9

5）展开“图像采样（抗锯齿）”卷展栏，在“类型”下拉列表框中选择“块”选项。

6）展开“图像过滤”卷展栏，在“过滤”下拉列表框中选择“区域”选项，参数设置如图2-10所示。

7）展开“全局DMC”卷展栏，参数设置如图2-11所示。

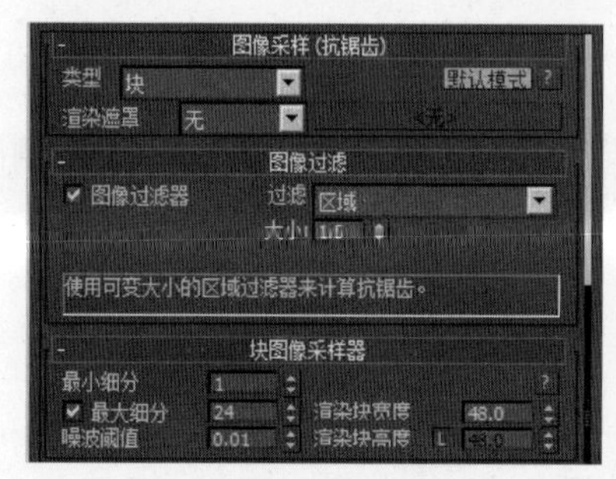

图 2-10

图 2-11

8）展开“环境”卷展栏，选中“GI环境”复选框，以启用天光照明，参数设置如图2-12所示。

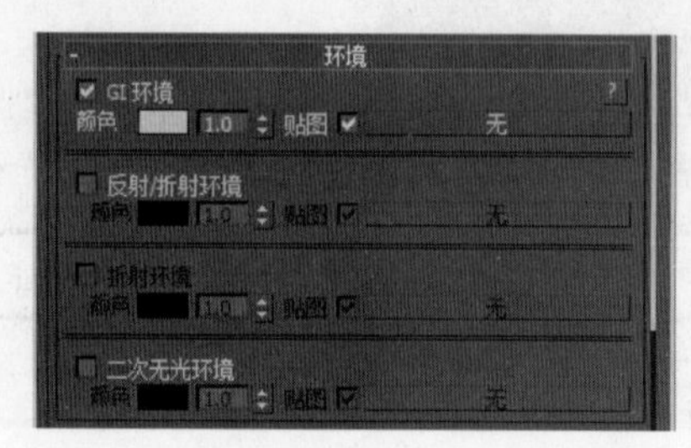

图 2-12

• GI环境：选中该复选框，可以设置其下方的“颜色”参数。单击“颜色”右侧的色块，设置一种颜色作为天光的颜色，配合GI（全局光照）引擎可以对场景产生照明效果；“颜色”右侧的数值设置得越大，表示天光的强度越大；也可以在贴图通道中指定一张贴图（如HDRI图像）以代替颜色进行照明，使获得的效果更丰富。

9）展开“颜色贴图”卷展栏，参数设置如图2-13所示。

10）切换到“GI”选项卡，展开“全局光照”卷展栏，选中“启用GI”复选框，在“首次引擎”下拉列表框中选择“发光贴图”选项，在“二次引擎”下拉列表框中选择“灯光缓存”选项，参数设置如图2-14所示。

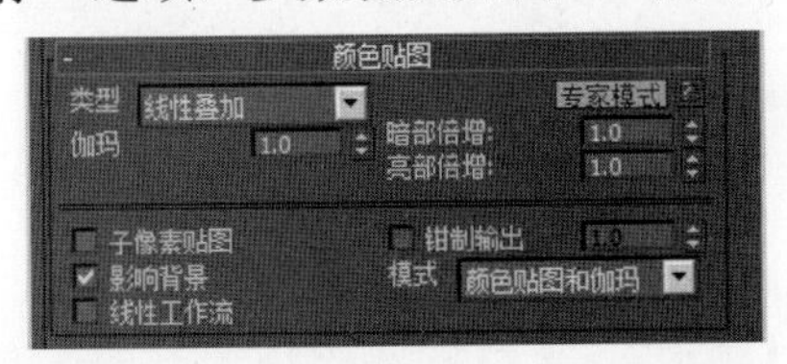

图 2-13

图 2-14

“颜色贴图”卷展栏用于控制渲染图像的曝光类型。效果图表现的常用曝光类型有“线性叠加”“指数”“莱因哈德”三种。

• 线性叠加：该类型的出图色彩明亮、浓烈，饱和度较高，对比度较强，层次轮廓清晰，但画面容易产生曝光现象。

• 指数：该类型的出图色彩柔和，饱和度较低，对比度较弱，但画面不易产生曝光现象，便于后期处理。

• 莱因哈德：可将其理解为介于前二者之间的混合曝光类型，通过“加深值”可以控制混合量。

11）展开“发光贴图”卷展栏，在“当前预设”下拉列表框中选择“非常低”选项，设置“细分”为35，“插值采样”为25，选中“显示计算阶段”复选框，参数设置如图2-15所示。

12）展开“灯光缓存”卷展栏，设置“细分”为200，参数设置如图2-16所示。至此，测试渲染参数设置完毕。

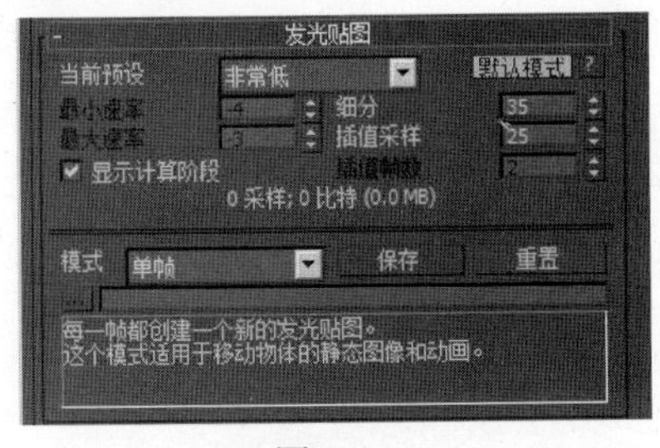

图 2-15

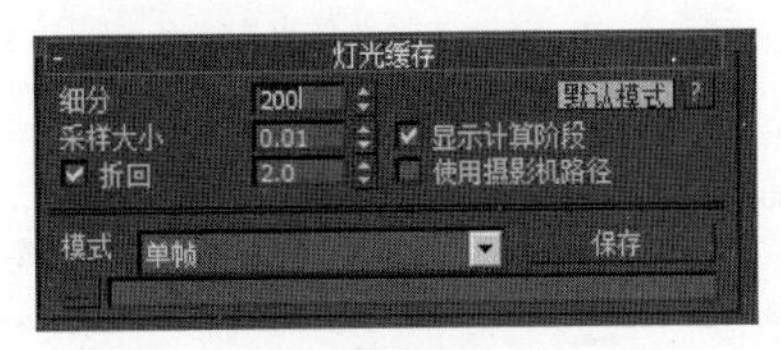

图 2-16

3.设置场景中的灯光

1）按快捷键T激活顶视图，进入“创建”面板，切换到“灯光”选项卡，在其下拉列表框中选择“VRay”选项，单击“VRaySun”（VRay太阳）按钮，在顶视图中创建

一个VRay太阳，以模拟白天太阳光的照射效果，灯光位置如图2-17所示。

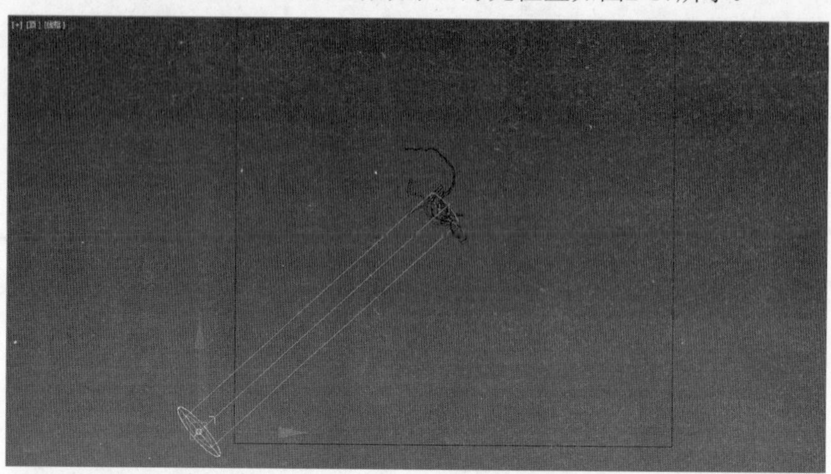

图 2-17

2）按快捷键F激活前视图，单击主工具栏中的“选择并移动”按钮，将光源点沿y轴向上移动到一定的高度，光源目标点保持不变，效果如图2-18所示。

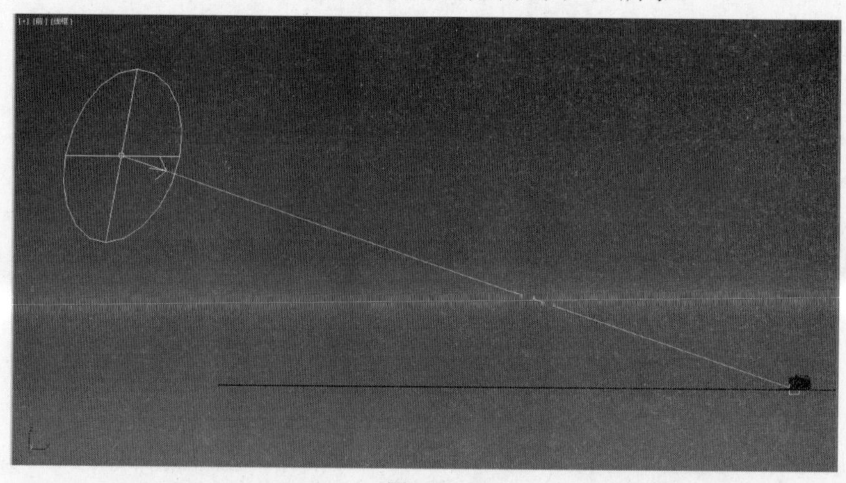

图 2-18

在创建VRay太阳时，系统会自动弹出“V-Ray太阳”对话框，在本项目案例中只需单击“否”按钮即可。如果单击“是”按钮，则系统会自动在“环境和效果”面板中添加一张DefaultVRaySky（天空）贴图，配合GI引擎也可以产生光照效果，如图2-19所示。本项目案例不需要启用该贴图，因此，单击“否”按钮。

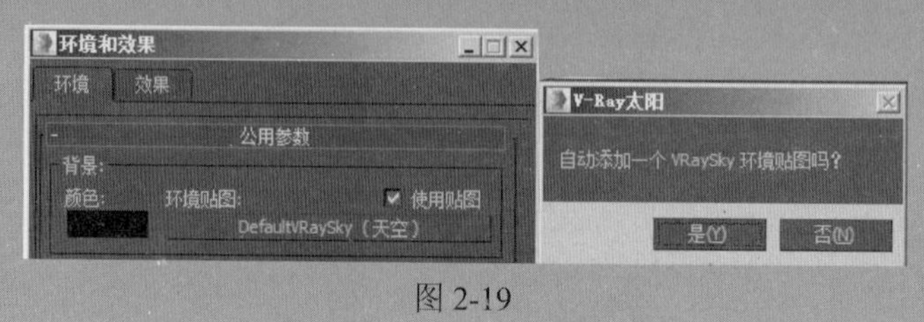

图 2-19

3）选择光源，进入“修改”面板。展开“VRay太阳参数”卷展栏，参数设置如图2-20所示。

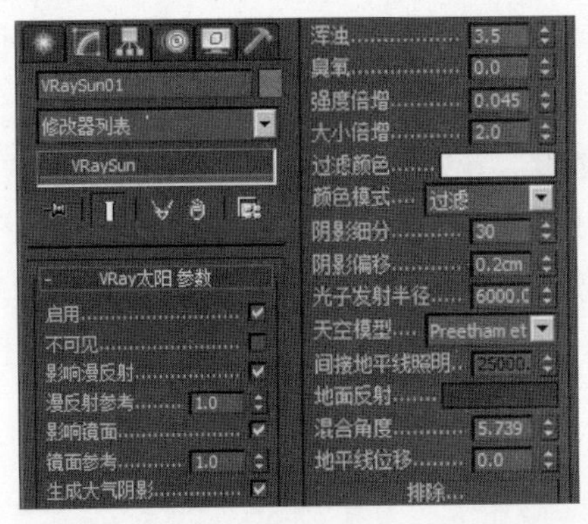

图 2-20

VRaySun（VRay太阳）的常用参数讲解如下。

• 生成大气阴影：选中该复选框，可以产生正常的投影效果。

• 浑浊：取值范围为2～20。数值越小，表示大气的浑浊度越低，空气越清新，场景效果越偏清冷色；数值越大，表示大气的浑浊度越高，类似于沙尘暴天气，场景效果越偏暖黄色，由于光线被沙尘所阻挡，场景的照明亮度会有所降低。但必须指出，以上仅是理论解释，调整后的效果并不直观，如果配合VRay物理摄影机的使用，效果可能会更理想。

• 强度倍增：用于控制光照的强度。

• 大小倍增：用于控制阴影边缘的虚化模糊程度。数值越小，阴影越清晰、锐利；数值越大，阴影越模糊、虚化。

• 阴影细分：数值越大，成图渲染时的阴影品质越好，噪点越少，但会耗费越多的计算时间。

4）按快捷键Shift＋F显示安全框，单击主工具栏中的“渲染产品”按钮，对场景进行测试渲染，效果如图2-21所示。

图 2-21

观察渲染结果不难发现，环境背景仍然一片漆黑，不够真实，在此需要为场景添加一张环境背景贴图。此外，别墅一层走廊部分的照明效果不够理想，也需要添加补光以进一步完善。

5）按快捷键8弹出“环境和效果”面板。展开“公用参数”卷展栏，在“背景”选项组中单击按钮 无 ，在弹出的“材质/贴图浏览器”对话框中选择“标准”卷展栏中的“渐变”贴图，如图2-22所示，单击“确定”按钮。

6）按快捷键M弹出“材质编辑器”面板，将环境贴图拖动复制到“材质编辑器”面板中任意一个空白的材质示例球上，在弹出的“实例（副本）贴图”对话框中单击“实例”单选按钮，如图2-23所示，单击“确定”按钮。

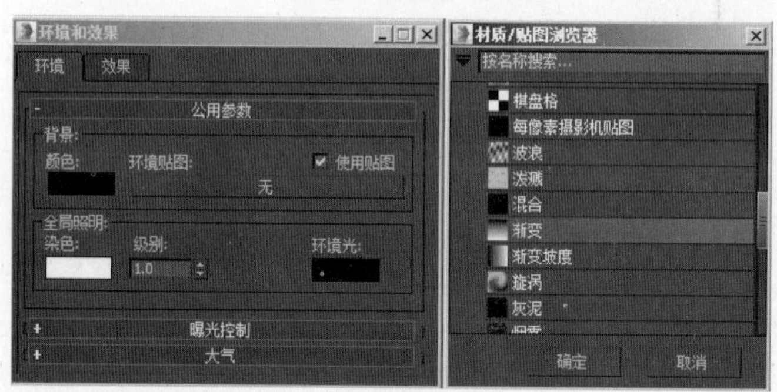

图 2-22

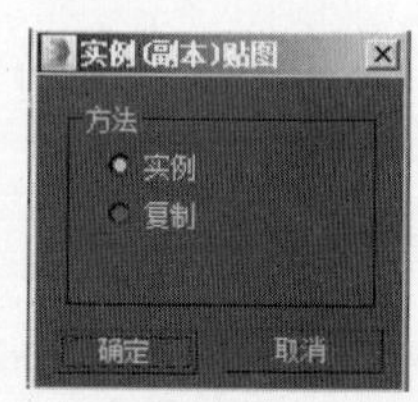

图 2-23

7）展开“渐变参数”卷展栏，设置“颜色#1”为天蓝色（R:85，G:161，B:255），设置“颜色#2”为浅蓝色（R:165，G:205，B:255），设置“颜色#3”为浅黄色（R:255，G:236，B:205），其他参数设置如图2-24所示。

R、G、B分别表示红、绿、蓝三原色。

8）按快捷键T激活顶视图，进入“创建”面板，激活“灯光”选项卡，在其下拉列表框中选择“标准”选项，单击“泛光”按钮，在顶视图中创建一个泛光灯，将其作为别墅一层的局部补充照明，设置灯光的高度为别墅整体高度的一半 ，灯光位置如图2-25所示。

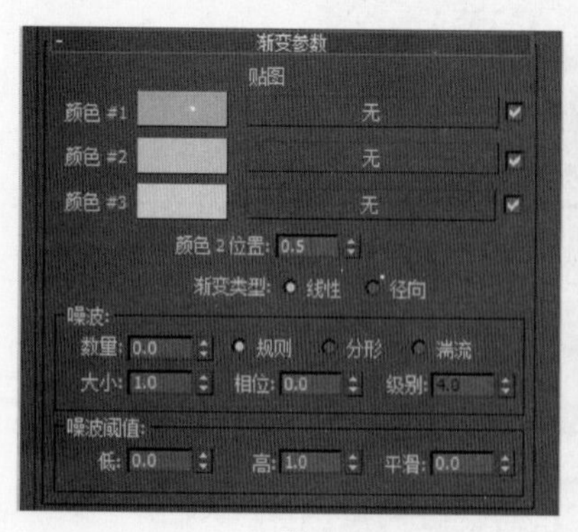

图 2-24

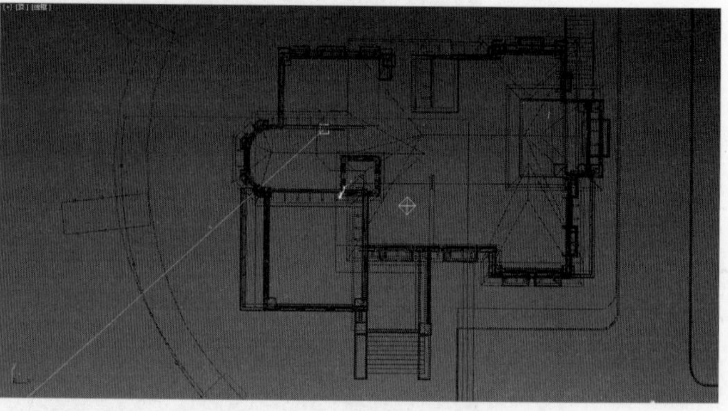

图 2-25

9）选择光源，进入“修改”面板。展开“常规参数”卷展栏，参数设置如图2-26所示。

10）展开“强度/颜色/衰减”卷展栏，单击“倍增”右侧的色块，在弹出的“颜色选择器”对话框中设置颜色为淡黄色，参数设置如图2-27所示，单击“确定”按钮。

11）在“强度/颜色/衰减”卷展栏中，设置“倍增”为0.7；在“远距衰减”选项组中选中“使用”和“显示”复选框，设置“结束”为12000.0mm，参数设置如图2-28所示。

图 2-26

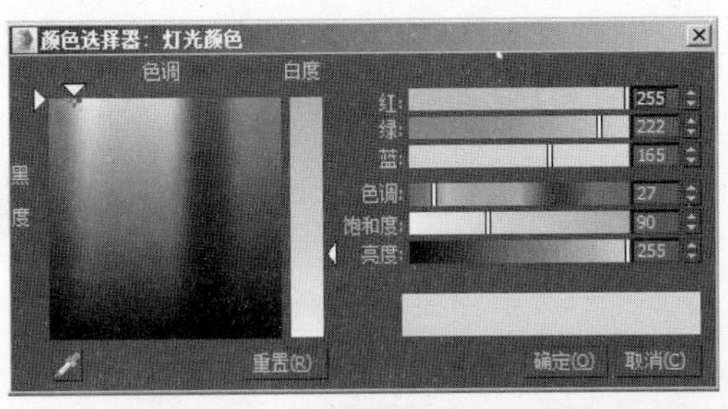

图 2-27

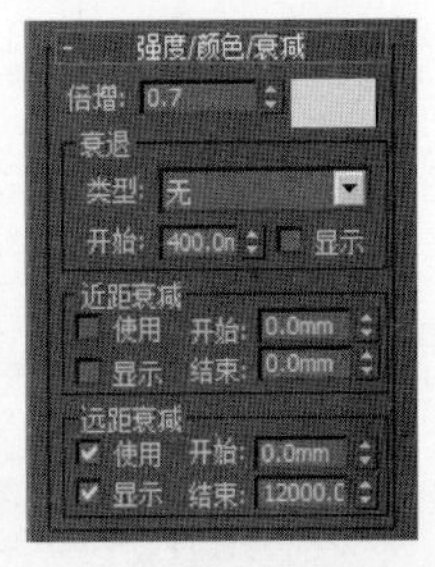

图 2-28

“近距衰减”和“远距衰减”功能在泛光灯的应用中非常重要，讲解如下。

- 近距衰减：开始，是指距光源中心处多远距离，开始产生照明；结束，是指距光源中心处多远距离，亮度达到最强。
- 远距衰减：开始，是指距光源中心处多远距离，灯光开始产生衰减；结束，是指距光源中心处多远距离，灯光亮度降低为零。

12）按快捷键Shift＋Q，对摄影机视图进行渲染，效果如图2-29所示。

图 2-29

任务二　设置场景的主要材质

1. 设置草地材质

1）在“材质编辑器”面板中激活草地材质，展开“Blinn基本参数”卷展栏，单击“漫反射”右侧的按钮，在弹出的“材质/贴图浏览器”对话框中选择“标准”卷展栏中的“位图”贴图，如图2-30所示，单击“确定”按钮。

2）在弹出的“选择位图图像文件”对话框中选择“项目二\贴图\草地.jpg”文件，如图2-31所示，单击“打开”按钮。

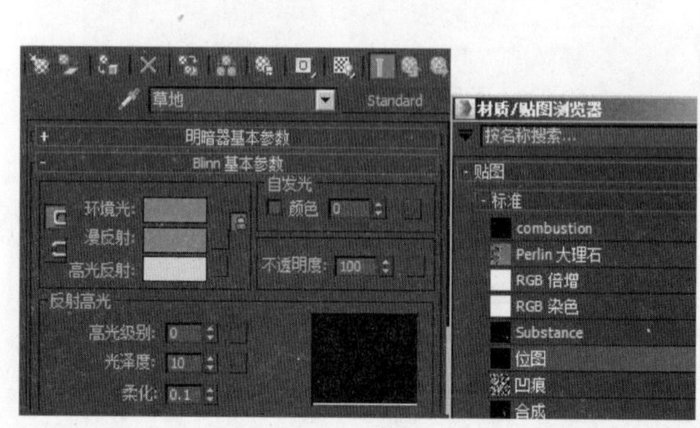

图 2-30

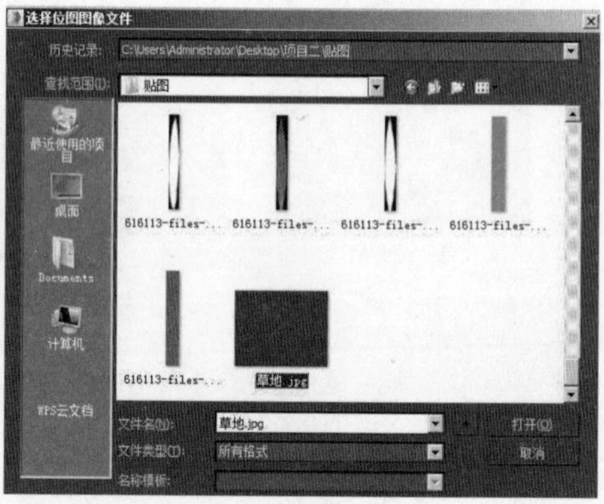

图 2-31

3）单击“视口中显示明暗处理材质”按钮，使贴图在场景中正确显示。选择草地对象，进入“修改”面板，在“修改器列表”下拉列表框中选择添加“UVW贴图”修改器。展开“参数”卷展栏，在“贴图”选项组中单击“长方体”单选按钮，设置“长度”“宽度”“高度”均为6000.0mm，参数设置如图2-32所示。

4）为了使草地对象在最终渲染时更有立体感，在“修改器列表”下拉列表框中选择添加“VRayDisplacementMod（VRay置换）”修改器。展开“参数”卷展栏，在“类型”选项组中单击“2D贴图（景观）”单选按钮；在“公用参数”选项组中设置“数量”为300.0mm，单击按钮 无 ，在弹出的“材质/贴图浏览器”对话框中选择“标准”卷展栏中的“位图”贴图，如图2-33所示，单击“确定”按钮。

图 2-32

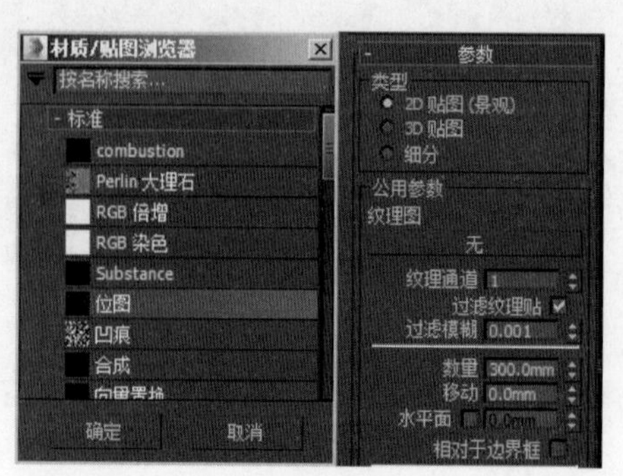

图 2-33

5）在弹出的“选择位图图像文件”对话框中选择“项目二\贴图\草地.jpg”文件，如图2-34所示，单击“打开”按钮。

6）调整完成的草地材质的最终效果如图2-35所示。

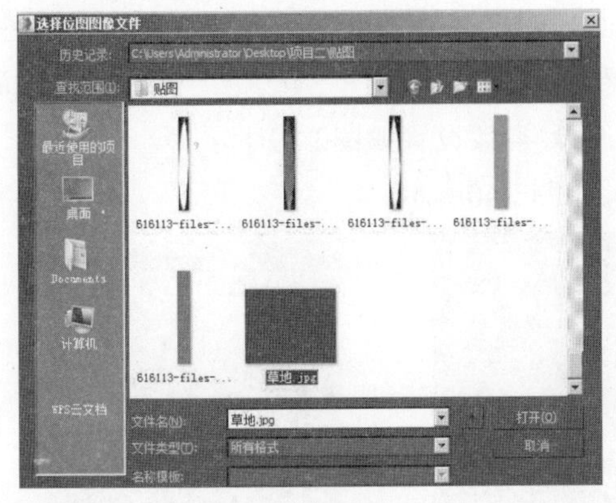

图 2-34

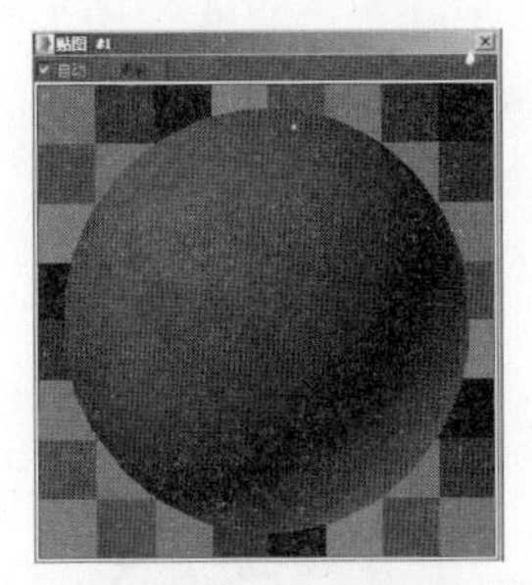

图 2-35

利用VRayDisplacementMod（VRay置换）修改器，可以获得远比凹凸贴图更为强烈的三维变形效果，只需要在该修改器中正确添加一张置换贴图，并合理设置“数量”参数即可。“数量”的数值越大，置换效果越强烈。为了节省系统资源并加快计算速度，通常采用“2D贴图（景观）”模式。

2. 设置路面材质

1）在“材质编辑器”面板中激活路面材质，展开“Blinn基本参数”卷展栏，单击“漫反射”右侧的按钮■，在弹出的“材质/贴图浏览器”对话框中选择“标准”卷展栏中的“位图”贴图，如图2-36所示，单击“确定”按钮。

2）在弹出的“选择位图图像文件”对话框中选择“项目二\贴图\路面.jpg”文件，如图2-37所示，单击“打开”按钮。

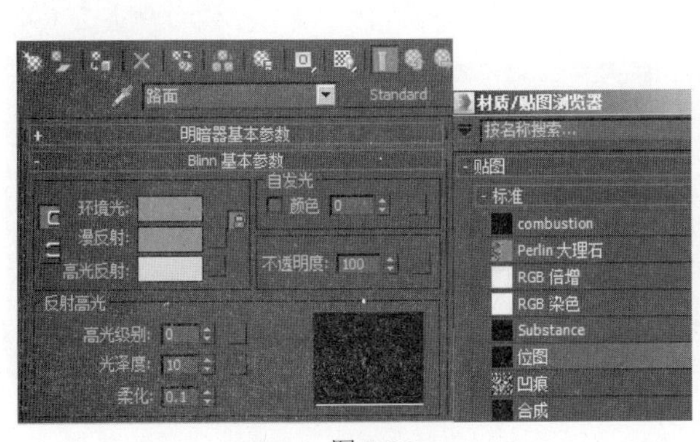

图 2-36

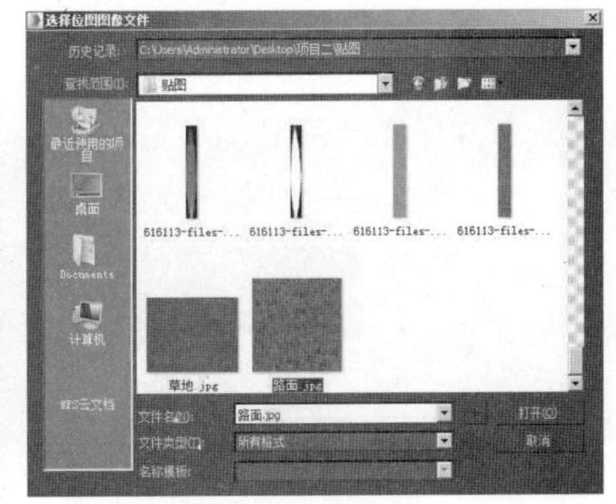

图 2-37

3）单击“视口中显示明暗处理材质”按钮■，使贴图在场景中正确显示。单击“转到父对象”按钮■，回到上级面板。展开“贴图”卷展栏，将“漫反射颜色”通道右侧的贴图拖动复制到“凹凸”通道右侧的按钮 无 上，在弹出的“复制（实例）贴图”对话框中单击“实例”单选按钮，如图2-38所示，单击“确定”按钮完成贴图的复制。

4）选择路面对象，进入“修改”面板，在“修改器列表”下拉列表框中选择添加“UVW贴图”修改器。展开“参数”卷展栏，在“贴图”选项组中单击“平面”单选按钮，设置“长度”“宽度”均为6000.0mm，参数设置如图2-39所示。

5）调整完成的路面材质的最终效果如图2-40所示。

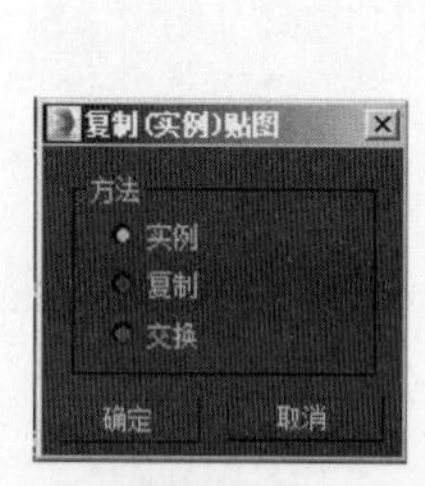

图 2-38

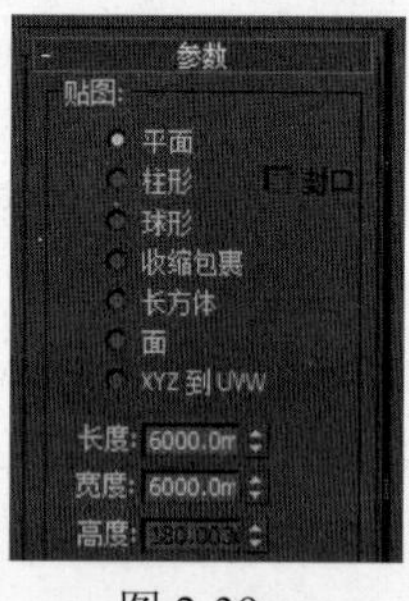

图 2-39

图 2-40

3. 设置水材质

1）在“材质编辑器”面板中激活水材质，展开“基本参数”卷展栏，单击“漫反射”右侧的色块，在弹出的“颜色选择器”对话框中设置颜色为蓝黑色，参数设置如图2-41所示，单击“确定”按钮。

2）单击“反射”右侧的按钮，在弹出的“材质/贴图浏览器”对话框中选择“标准”卷展栏中的“衰减”贴图，如图2-42所示，单击“确定”按钮。

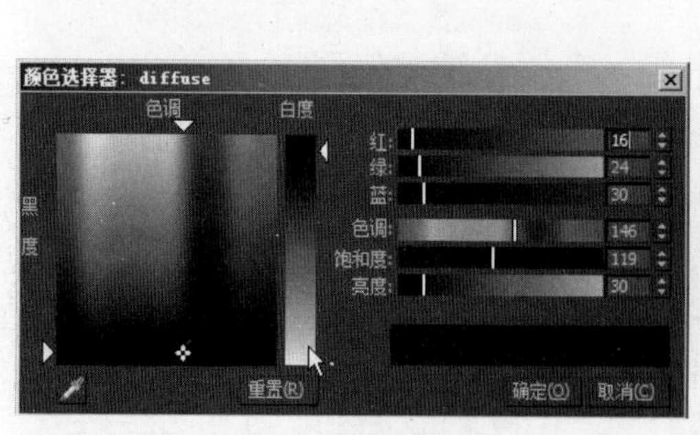

图 2-41

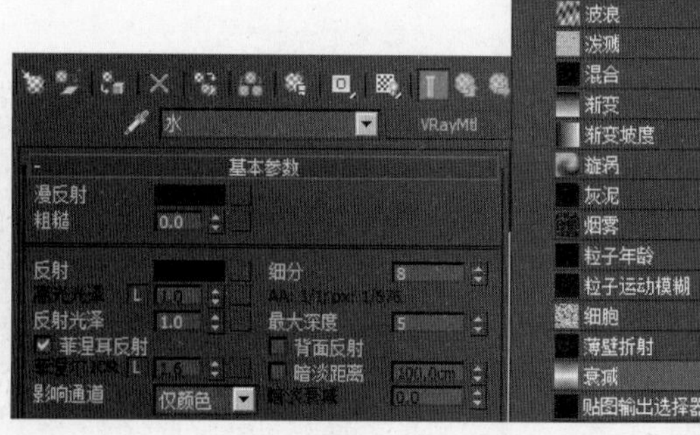

图 2-42

3）展开“衰减参数”卷展栏，在“前：侧”选项组中单击下方的白色色块，在弹出的“颜色选择器”对话框中设置颜色为灰色，参数设置如图2-43所示，单击“确定”按钮。

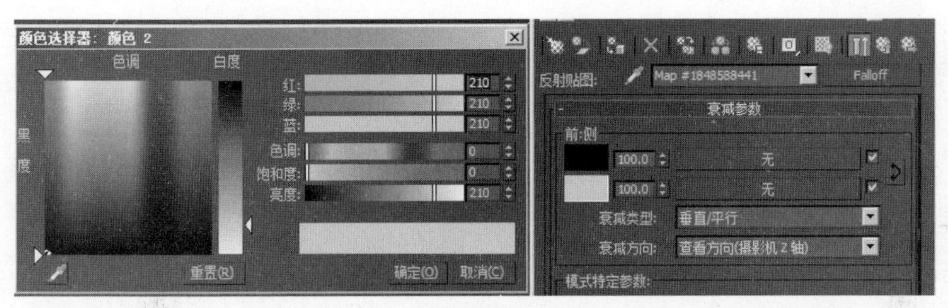

图 2-43

VRay渲染器中的反射强度默认是通过颜色进行控制的。白色表示完全反射，黑色表示完全不反射。如果仅在反射通道中指定一种纯色，则表示对象的反射强度恒定不变，无论从哪个角度来观察，反射强度都相同。

但自然界中还广泛存在着一种菲涅耳反射现象，这种反射现象是绝大多数物体正常物理反射的体现。通常是通过在反射通道中添加衰减贴图来模拟其衰减变化，原理如下：

（1）与摄影机观察方向呈垂直状态的对象表面几乎没有反射强度，通过“前：侧”选项组中上方的黑色色块来表示。

（2）与摄影机观察方向呈平行状态的对象表面的反射强度达到最强，通过“前：侧”选项组中下方的白色色块来表示。

用户可以根据实际情况对这两种颜色进行调整，以产生反射强度的衰减变化，使材质的表现更加自然。

4）单击“转到父对象”按钮，回到上级面板。单击“高光光泽”右侧的按钮解除锁定状态，设置“高光光泽”为0.8，取消“菲涅耳反射”复选框的选中状态，参数设置如图2-44所示。

5）单击“折射”右侧的按钮，在弹出的“材质/贴图浏览器”对话框中选择“标准”卷展栏中的“衰减”贴图，如图2-45所示，单击“确定”按钮。

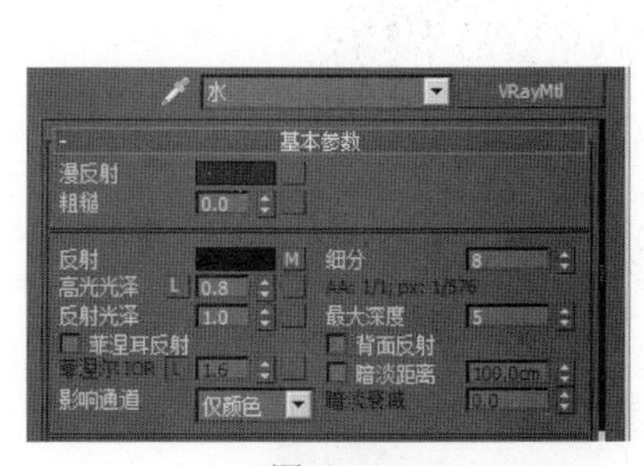

图 2-44

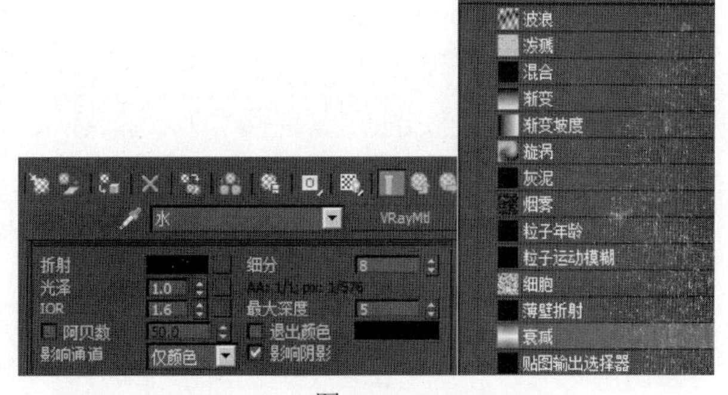

图 2-45

6）展开“衰减参数”卷展栏。在“前：侧”选项组中单击上方的黑色色块，在弹出的“颜色选择器”对话框中设置颜色为白色，参数设置如图2-46所示，单击“确定”按钮；在“前：侧”选项组中单击下方的白色色块，在弹出的“颜色选择器”对话框中设置颜色为灰色，参数设置如图2-47所示，单击“确定”按钮。

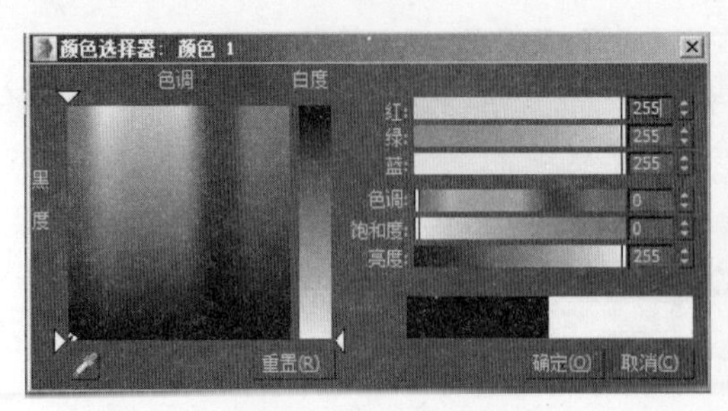

图 2-46

颜色选择器：颜色 2
色调
白度
黑
度
红：
绿：
蓝：
色调：
饱和度：
亮度：
200
200
200
0
0
200
重置(R)
确定(O)
取消(C)

图 2-47

7）单击“转到父对象”按钮，回到上级面板。展开“贴图”卷展栏，单击“凹凸”通道右侧的按钮 无 ，在弹出的“材质/贴图浏览器”对话框中选择“标准”卷展栏中的“噪波”贴图，如图2-48所示，单击“确定”按钮。

8）展开“噪波参数”卷展栏，设置“大小”为50.0，参数设置如图2-49所示。

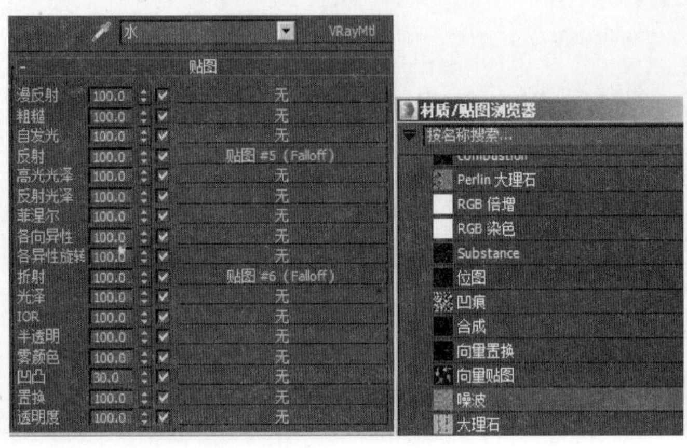

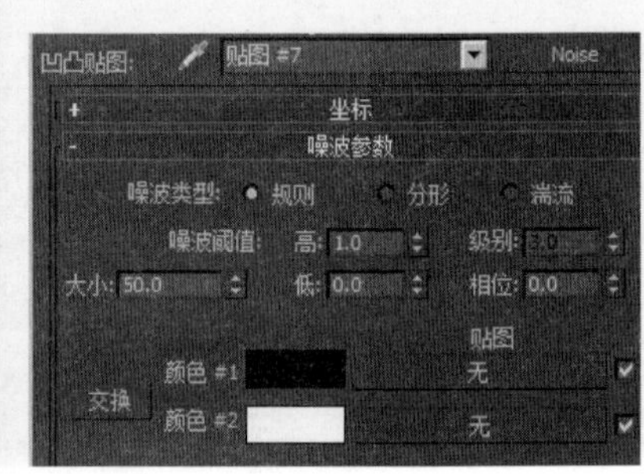

图 2-48　　图 2-49

9）单击“转到父对象”按钮，回到上级面板。设置“凹凸”的“数量”为3.0，以使水面产生轻微的波动，参数设置如图2-50所示。

10）调整完成的水材质的最终效果如图2-51所示。

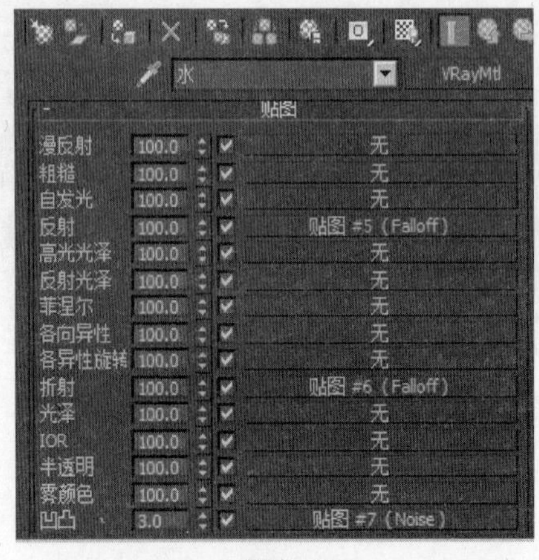

图 2-50

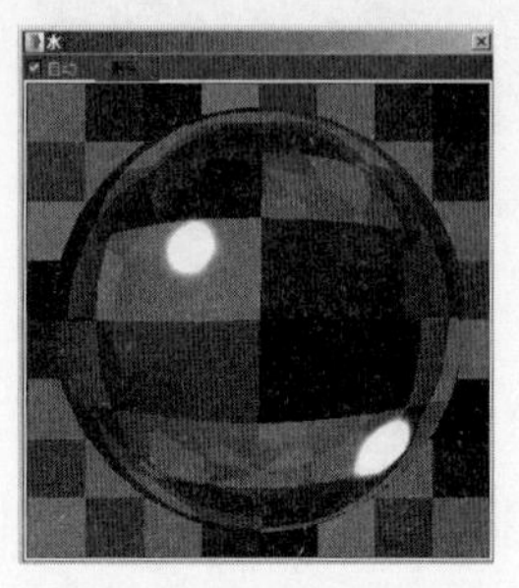

图 2-51

4. 设置路牙石材质

1）在“材质编辑器”面板中激活路牙石材质，展开“Blinn基本参数”卷展栏，单击“漫反射”右侧的按钮■，在弹出的“材质/贴图浏览器”对话框中选择“标准”卷展栏中的“位图”贴图，如图2-52所示，单击“确定”按钮。

2）在弹出的“选择位图图像文件”对话框中选择 “项目二\贴图\路牙石.jpg”文件，如图2-53所示，单击“确定”按钮。

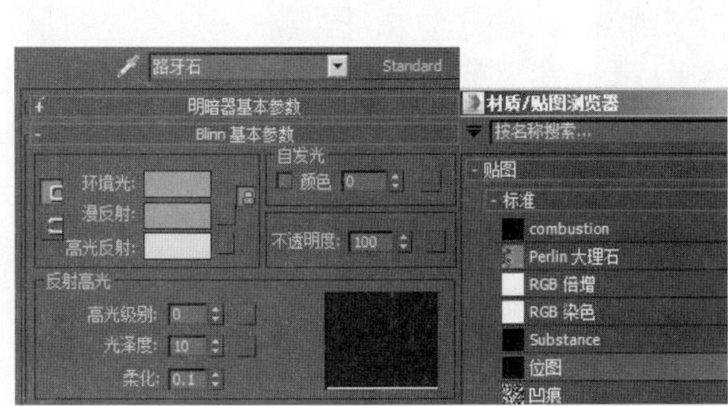

图 2-52

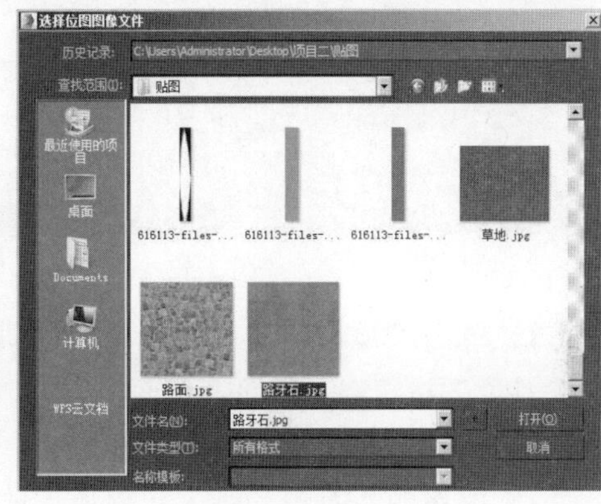

图 2-53

3）单击“视口中显示明暗处理材质”按钮■，使贴图在场景中正确显示。单击“转到父对象”按钮■，返回上级面板。在“反射高光”选项组中设置“高光级别”和“光泽度”均为20，参数设置如图2-54所示。

4）选择路牙石对象，进入“修改”面板■，在“修改器列表”下拉列表框中选择添加“UVW贴图”修改器。展开“参数”卷展栏，在“贴图”选项组中单击“长方体”单选按钮，设置“长度”“宽度”“高度”均为200.0mm，参数设置如图2-55所示。

5）调整完成的路牙石材质的最终效果如图2-56所示。

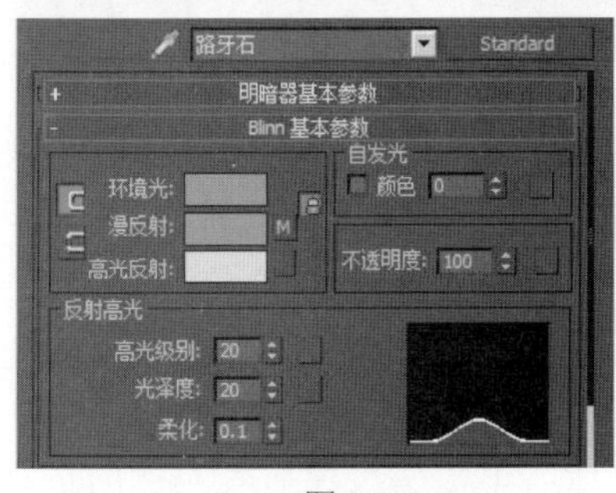

图 2-54

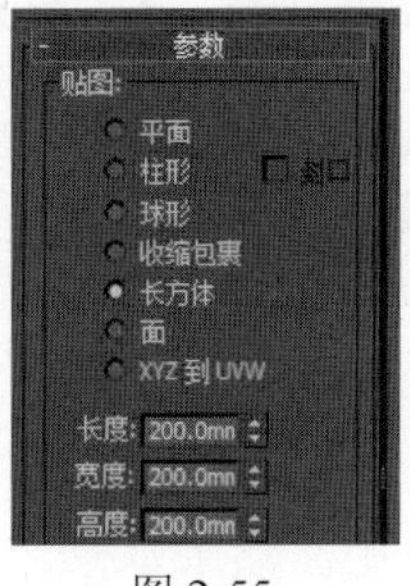

图 2-55

图 2-56

5. 设置卵石材质

1）在“材质编辑器”面板中激活卵石材质，展开“Blinn基本参数”卷展栏，单击“漫反射”右侧的按钮■，在弹出的“材质/贴图浏览器”对话框中选择“标准”卷展栏中的“位图”贴图，如图2-57所示，单击“确定”按钮。

2）在弹出的“选择位图图像文件”对话框中选择“项目二\贴图\卵石.jpg”文件，如图2-58所示，单击“打开”按钮。

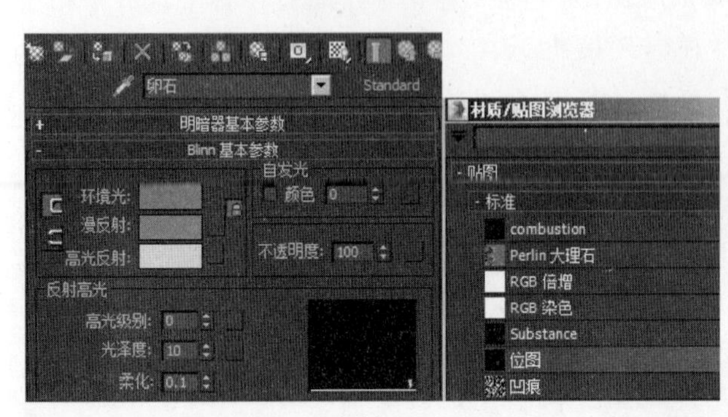

图 2-57

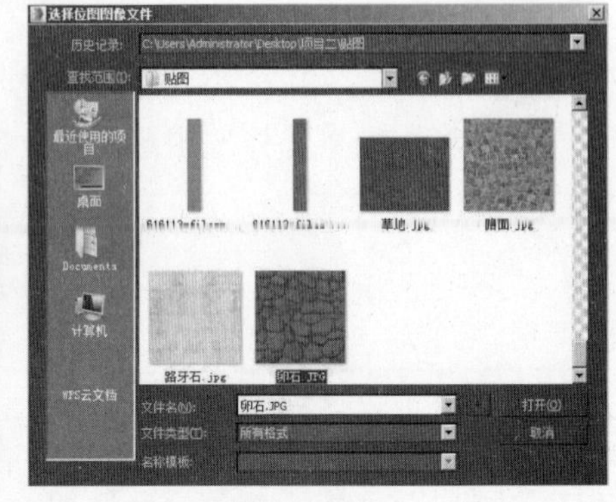

图 2-58

3）单击“视口中显示明暗处理材质”按钮，使贴图在场景中正确显示。单击“转到父对象”按钮，返回上级面板。在“反射高光”选项组中设置“高光级别”和“光泽度”均为20，参数设置如图2-59所示。

4）选择卵石对象，进入“修改”面板，在“修改器列表”下拉列表框中选择添加“UVW贴图”修改器。展开“参数”卷展栏，在“贴图”选项组中单击“长方体”单选按钮，设置“长度”“宽度”“高度”均为1000.0mm，参数设置如图2-60所示。

5）调整完成的卵石材质的最终效果如图2-61所示。

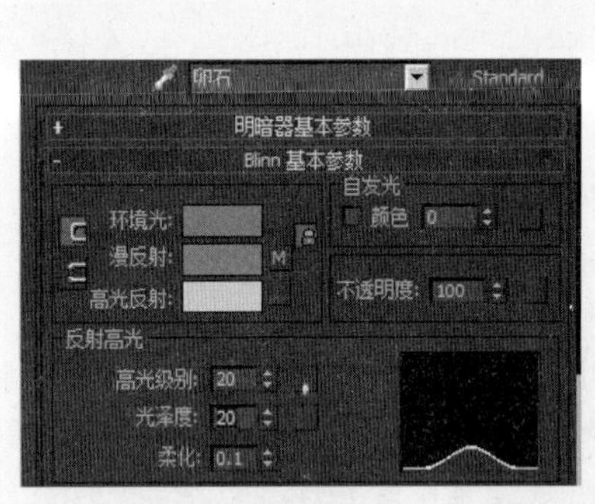

图 2-59

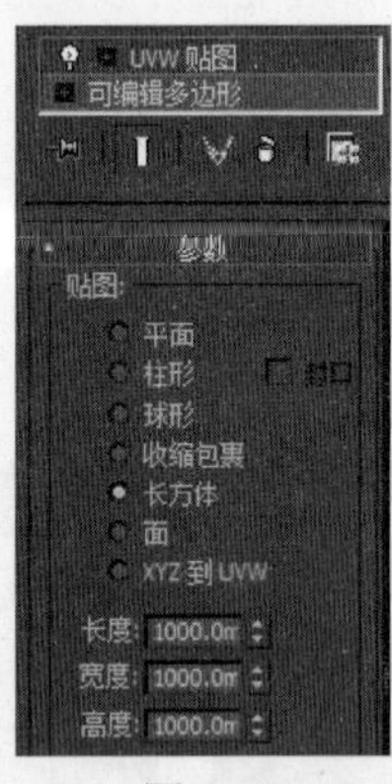

图 2-60

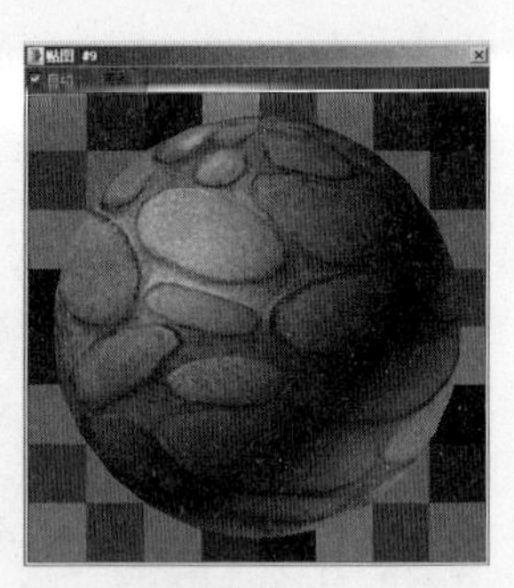

图 2-61

6. 设置亲水平台材质

1）在“材质编辑器”面板中激活亲水平台材质，单击“漫反射”右侧的按钮，在弹出的“材质/贴图浏览器”对话框中选择“标准”卷展栏中的“位图”贴图，如图2-62所示，单击“确定”按钮。

2）在弹出的“选择位图图像文件”对话框中选择“项目二\贴图\平台木纹.jpg”文件，如图2-63所示，单击“打开”按钮。

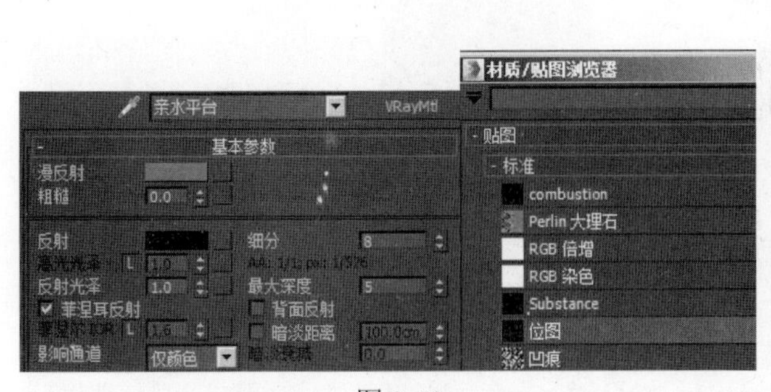

图 2-62

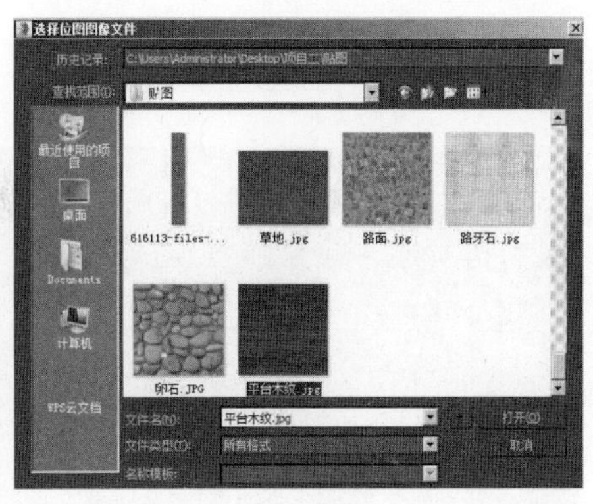

图 2-63

3）单击“视口中显示明暗处理材质”按钮，使贴图在场景中正确显示。单击“转到父对象”按钮，返回上级面板。单击“反射”右侧的色块，在弹出的“颜色选择器”对话框中设置颜色为灰色，参数设置如图2-64所示，单击“确定”按钮。

4）单击“高光光泽”右侧的按钮解除高光的锁定状态，设置“高光光泽”为0.6，“反射光泽”为0.9，“细分”为30，参数设置如图2-65所示。

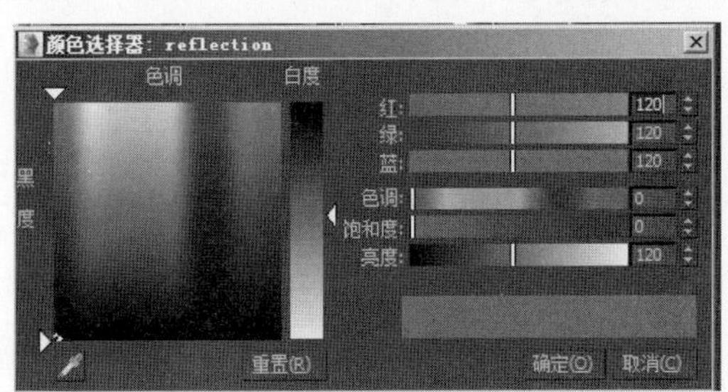

图 2-64

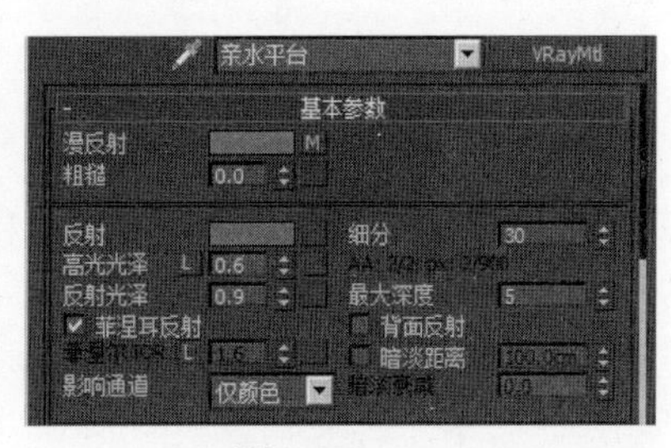

图 2-65

- 高光光泽：用于控制物体表面的高光效果，取值范围为0～1。数值越接近1，高光越呈现凝聚状态，常用于表现表面比较光滑的对象；数值越接近0，高光越呈现分散状态，常用于表现表面较为粗糙的对象。
- 反射光泽：用于控制物体表面的反射模糊程度，取值范围为0～1。数值为1时，完全没有反射模糊，呈现镜面反射效果；数值越接近0，则反射模糊程度越明显。
- 细分：当设置较大的反射模糊后，在渲染时经常会出现一些噪点，这是完全正常的。可以提高该数值，使噪点减少或消失，以表现更加细腻的反射模糊效果。

5）选择亲水平台对象，进入“修改”面板，在“修改器列表”下拉列表框中选择添加“UVW贴图”修改器。展开“参数”卷展栏，在“贴图”选项组中单击“长方体”单选按钮，设置“长度”“宽度”“高度”均为8000.0mm；展开“UVW贴图”修改器的子层级，选择子层级Gizmo，将其在透视视图中沿z轴旋转至合适的角度，效果如图2-66所示。

6）调整完成的亲水平台材质的最终效果如图2-67所示。

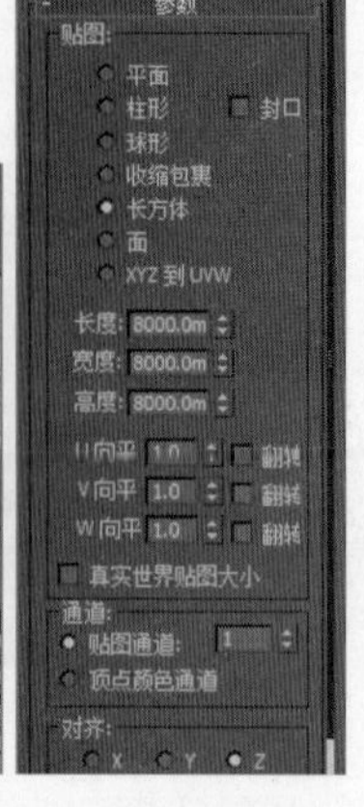

图 2-66

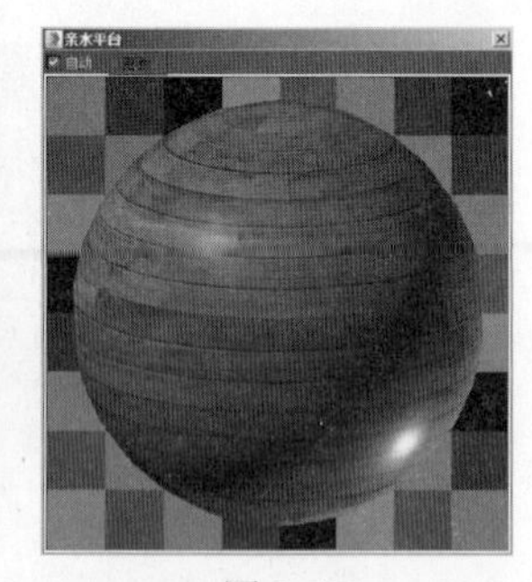

图 2-67

场景中的木板对象、木桩对象和木纹对象在制作方法上与亲水平台相似，限于篇幅，在此不再赘述，请读者参考提供的“项目二\场景文件\完成.max”文件进行学习。

下面讲解的浮叶对象、荷叶对象和荷花对象已经事先编组，由于组中每个个体在调整方法上完全相同，在此仅讲解单体的调整方法。

7. 设置浮叶材质

1）在“材质编辑器”面板中激活浮叶材质，展开“Blinn基本参数”卷展栏，单击“漫反射”右侧的按钮，在弹出的“材质/贴图浏览器”对话框中选择“标准”卷展栏中的“位图”贴图，如图2-68所示，单击“确定”按钮。

2）在弹出的“选择位图图像文件”对话框中选择“项目二\贴图\浮叶.jpg”文件，如图2-69所示，单击“打开”按钮。

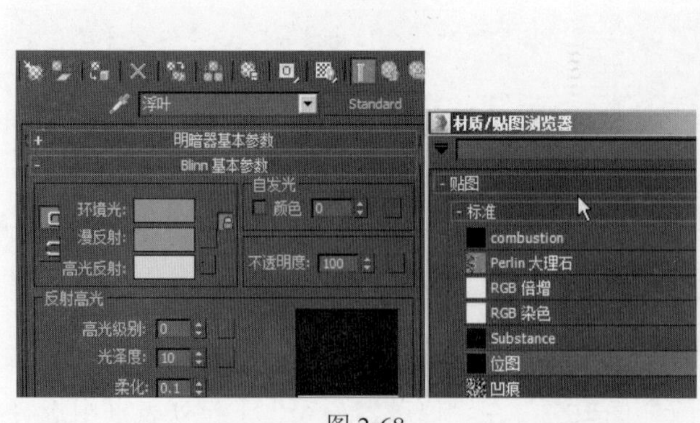

图 2-68

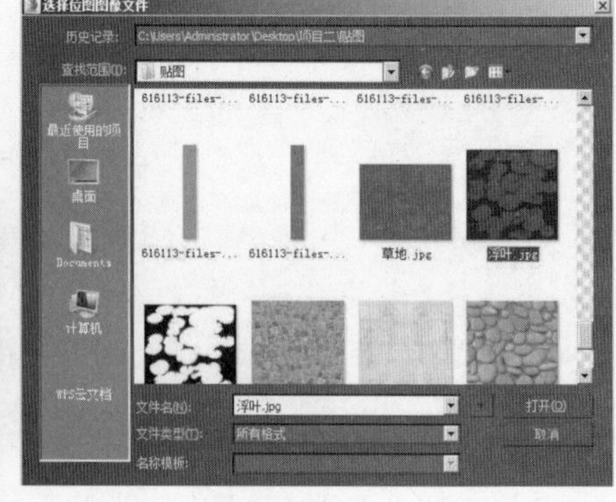

图 2-69

3）单击“视口中显示明暗处理材质”按钮，使贴图在场景中正确显示。单击“转到父对象”按钮，回到上级面板。单击“不透明度”右侧的按钮，在弹出的“材质/贴图浏览器”对话框中选择“标准”卷展栏中的“位图”贴图，如图2-70所示，单击“确定”按钮。

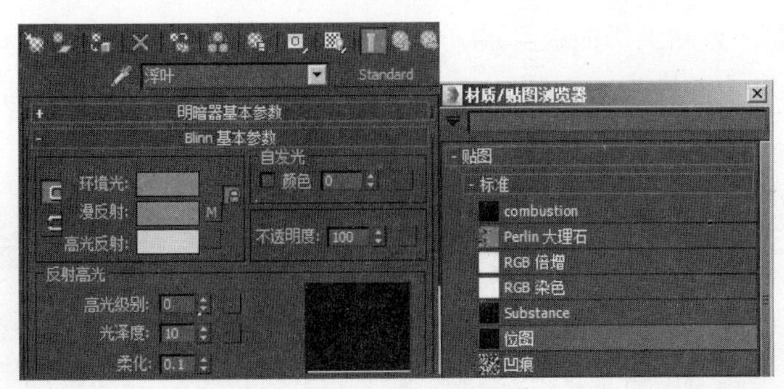

图 2-70

4）在弹出的“选择位图图像文件”对话框中选择“项目二\贴图\浮叶漏空.jpg”文件，如图2-71所示，单击“打开”按钮。

5）调整完成的浮叶材质的最终效果如图2-72所示。

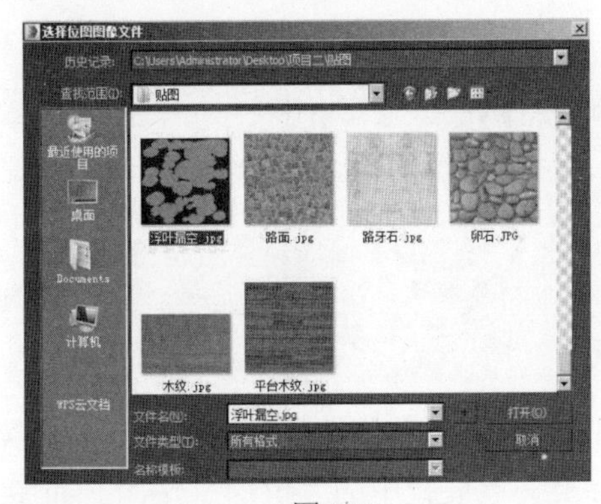

图 2-71

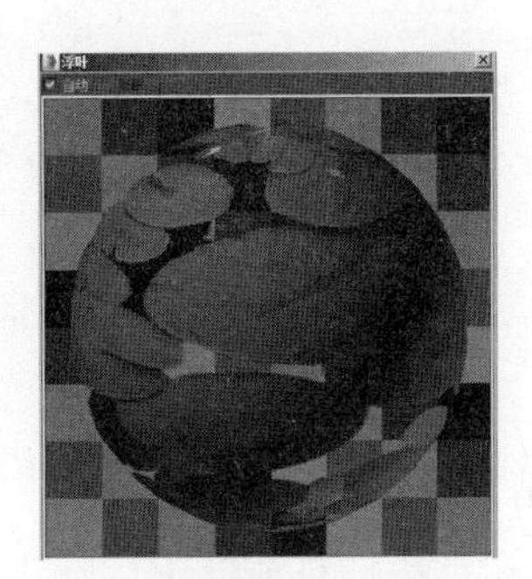

图 2-72

8. 设置荷叶材质

1）在“材质编辑器”面板中激活荷叶材质，展开“Blinn基本参数”卷展栏，单击“漫反射”右侧的按钮，在弹出的“材质/贴图浏览器”对话框中选择“标准”卷展栏中的“位图”贴图，如图2-73所示，单击“确定”按钮。

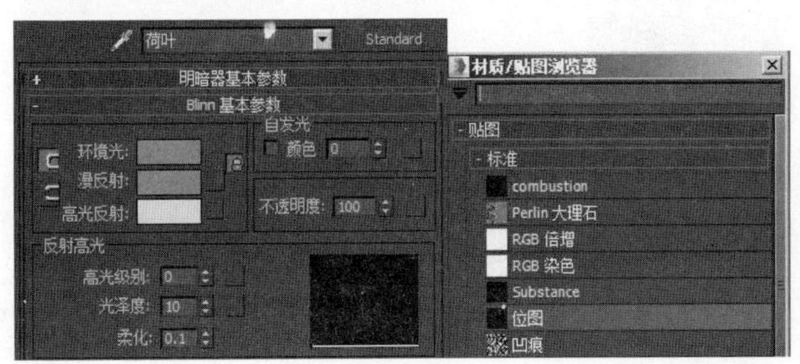

图 2-73

2）在弹出的“选择位图图像文件”对话框中选择“项目二\贴图\荷叶.jpg”文件，如图2-74所示，单击“打开”按钮。

3）单击“视口中显示明暗处理材质”按钮，使贴图在场景中正确显示。单击“转

到父对象”按钮，返回上级面板。展开“明暗器基本参数”卷展栏，选中“双面”复选框。展开“Blinn基本参数”卷展栏，在“反射高光”选项组中设置“高光级别”为60，“光泽度”为20，参数设置如图2-75所示。

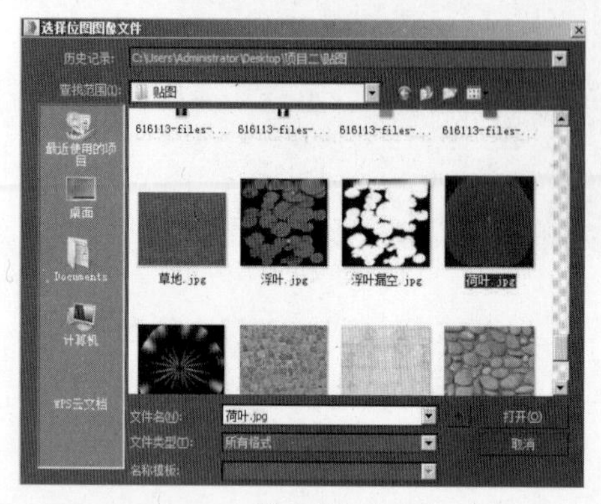

图 2-74

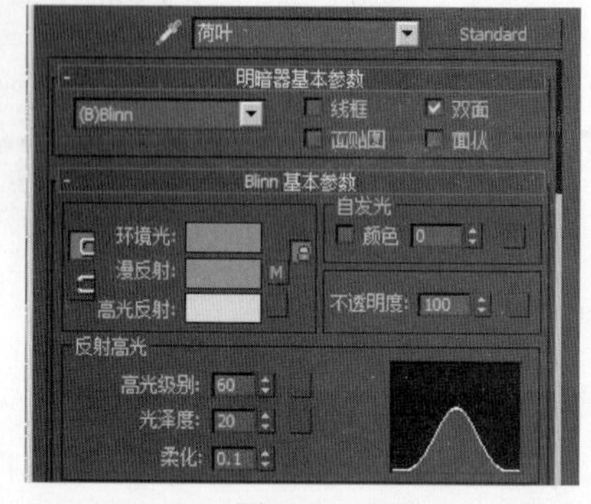

图 2-75

在3ds Max 中存在 “法线”的概念。单面对象只有在法线向外时才能被正确渲染，在法线向内时无法被观察。选中“双面”复选框后，不论法线方向如何，对象均能被正确渲染，缺点是正、反面的渲染效果完全相同。

如果需要使单面对象表现出正、反面不同的材质效果，则“双面”参数无效，必须使用“双面”材质。

4）展开“贴图”卷展栏，单击“凹凸”通道右侧的按钮 无 ，在弹出的“材质/贴图浏览器”对话框中选择“标准”卷展栏中的“位图”贴图，如图2-76所示，单击“确定”按钮。

5）在弹出的“选择位图图像文件”对话框中选择“项目二\贴图\荷叶凹凸.jpg”文件，如图2-77所示，单击“打开”按钮。

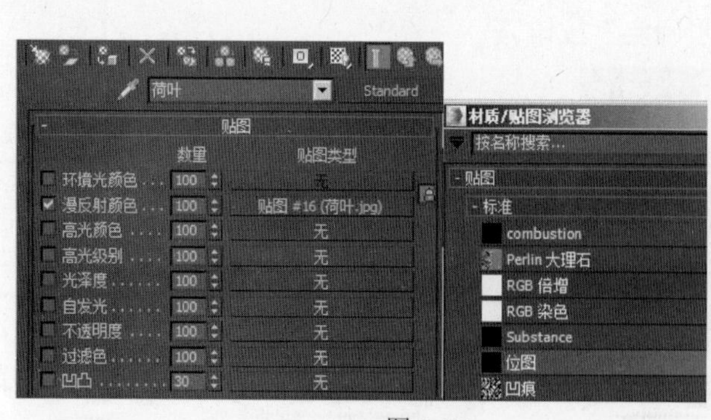

图 2-76

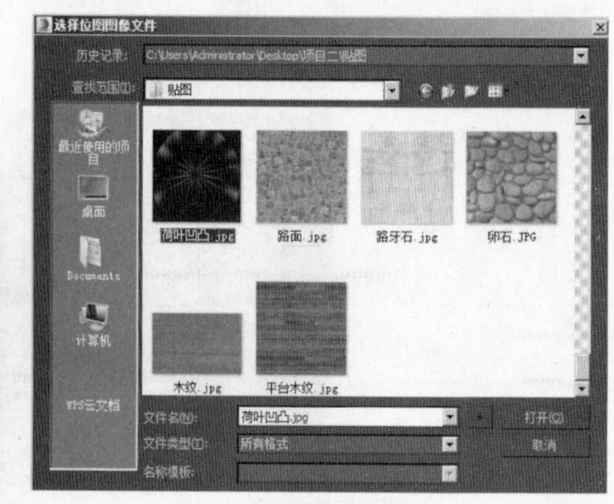

图 2-77

6）单击“转到父对象”按钮，返回上级面板。展开“贴图”卷展栏，单击“反射”通道右侧的按钮 无 ，在弹出的“材质/贴图浏览器”对话框中选择“V-Ray”卷展栏中的“VRayMap”贴图，如图2-78所示，单击“确定”按钮。

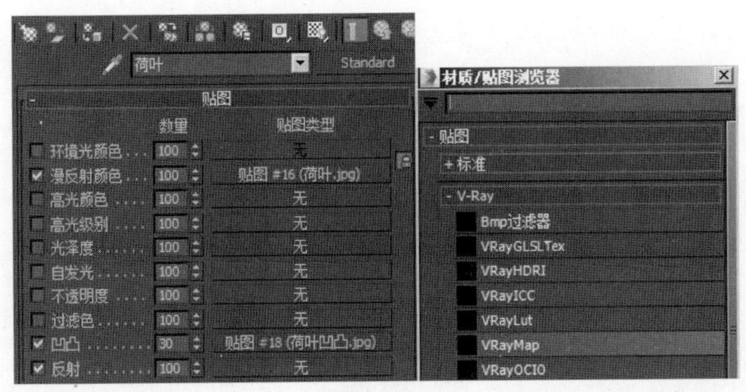

图 2-78

7）展开“参数”卷展栏，选中“光泽”复选框，设置“光泽度”为150.0，“细分”为5，参数设置如图2-79所示。

8）单击“转到父对象”按钮，返回上级面板。设置“反射”的“数量”为8。

9）调整完成的荷叶材质的最终效果如图2-80所示。

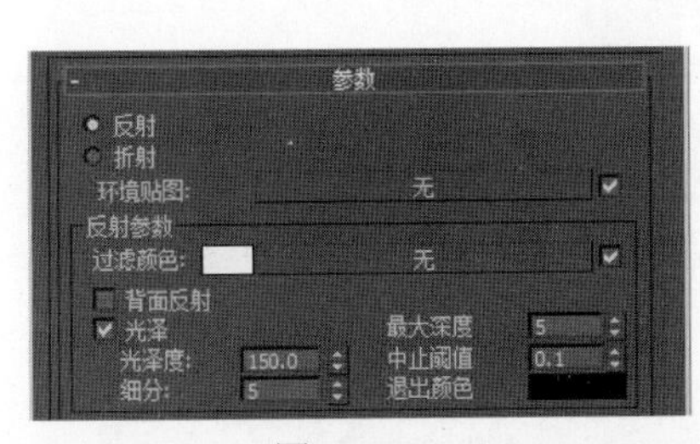

图 2-79

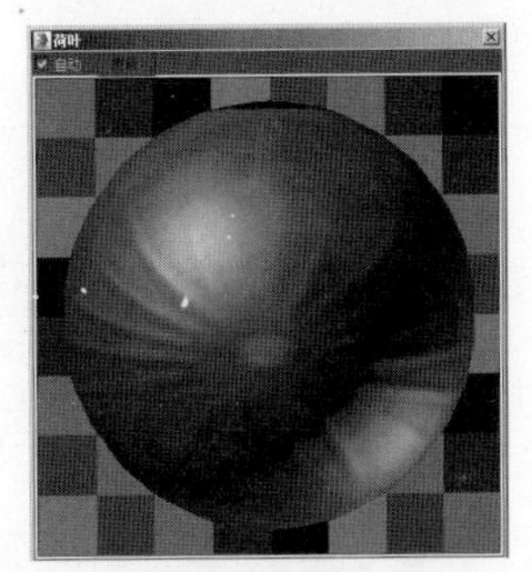

图 2-80

在VRay渲染器中表现反射效果，通常有以下两种方法。

（1）直接利用VRayMtl材质中的反射参数进行调整。

（2）使用3ds Max自带的标准材质，在“反射”通道中添加“VRayMap”贴图来实现。

以上二者原理基本相同。

• 光泽：选中该复选框，可以开启反射模糊效果。

• 光泽度：用于控制反射模糊的程度。数值越大，反射越清晰；数值越小，反射越模糊。

• 细分：数值越大，反射效果越细腻；数值越小，反射效果越粗糙，并且会产生一些噪点。

9. 设置荷花材质

1）在“材质编辑器”面板中激活荷花材质，展开“Blinn基本参数”卷展栏，单击“漫反射”右侧的按钮，在弹出的“材质/贴图浏览器”对话框中选择“标准”卷展栏中的“位图”贴图，如图2-81所示，单击“确定”按钮。

2）在弹出的“选择位图图像文件”对话框中选择“项目二\贴图\荷花.jpg”文件，如图2-82所示，单击“打开”按钮。

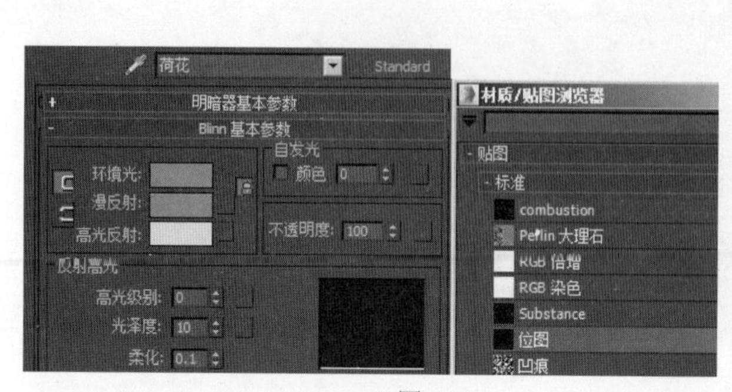

图 2-81

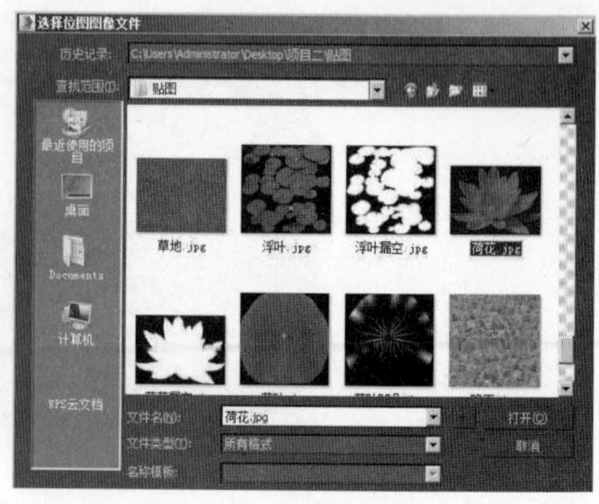

图 2-82

3）单击“视口中显示明暗处理材质”按钮，使贴图在场景中正确显示。单击“转到父对象”按钮，回到上级面板。单击“不透明度”右侧的按钮，在弹出的“材质/贴图浏览器”对话框中选择“标准”卷展栏中的“位图”贴图，如图2-83所示，单击“确定”按钮。

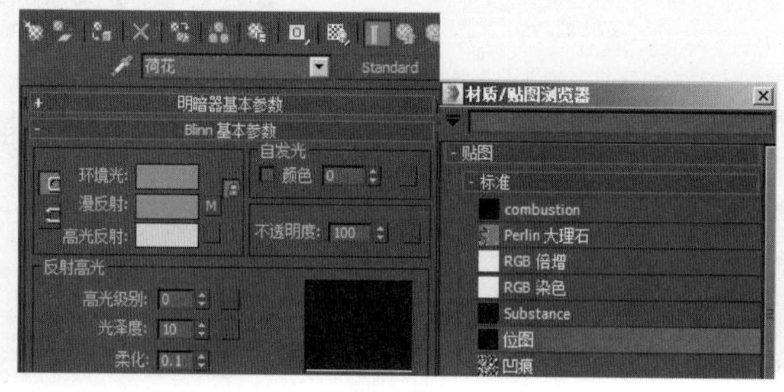

图 2-83

4）在弹出的“选择位图图像文件”对话框中选择“项目二\贴图\荷花漏空.jpg”文件，如图2-84所示，单击“打开”按钮。

5）单击“转到父对象”按钮，回到上级面板。展开“明暗器基本参数”卷展栏，选中“双面”复选框。

6）调整完成的荷花材质的最终效果如图2-85所示。

图 2-84

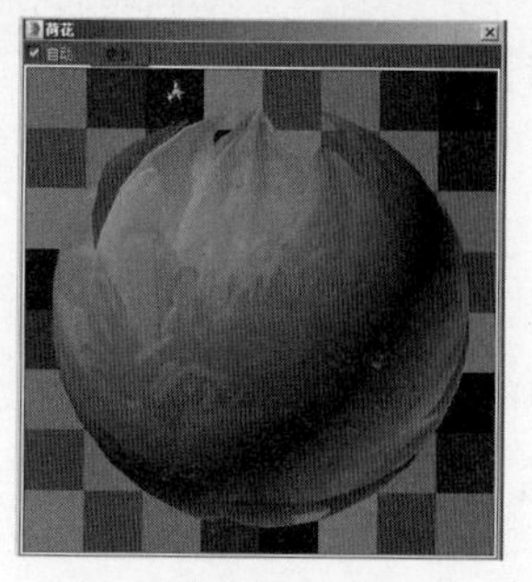

图 2-85

10. 设置瓦片材质

1）在“材质编辑器”面板中激活瓦片材质，展开“Blinn基本参数”卷展栏，单击“漫反射”右侧的按钮■，在弹出的“材质/贴图浏览器”对话框中选择“标准”卷展栏中的“位图”贴图，如图2-86所示，单击“确定”按钮。

2）在弹出的“选择位图图像文件”对话框中选择“项目二\贴图\瓦片.jpg”文件，如图2-87所示，单击“打开”按钮。

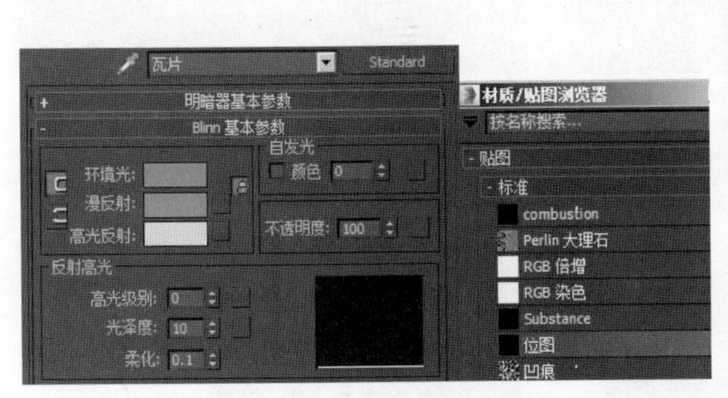

图 2-86

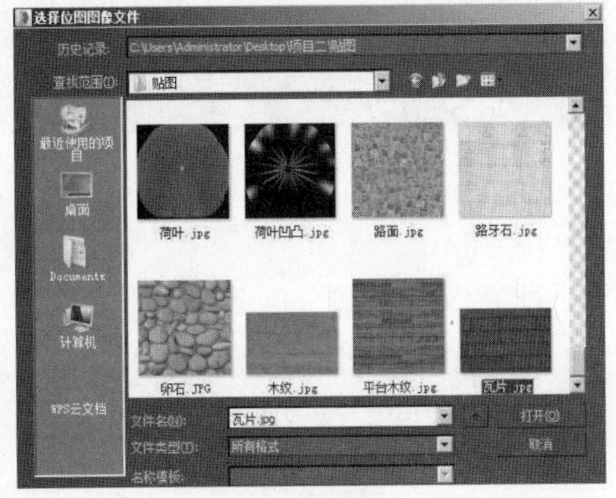

图 2-87

3）单击“视口中显示明暗处理材质”按钮■，使贴图在场景中正确显示。单击“转到父对象”按钮■，回到上级面板。在“反射高光”选项组中设置“高光级别”和“光泽度”均为20，参数设置如图2-88所示。

4）选择瓦片对象，进入“修改”面板■，在“修改器列表”下拉列表框中选择添加“UVW贴图”修改器。展开“参数”卷展栏，在“贴图”选项组中单击“长方体”单选按钮，设置“长度”“宽度”“高度”均为10000.0mm，参数设置如图2-89所示。

5）调整完成的瓦片材质的最终效果如图2-90所示。

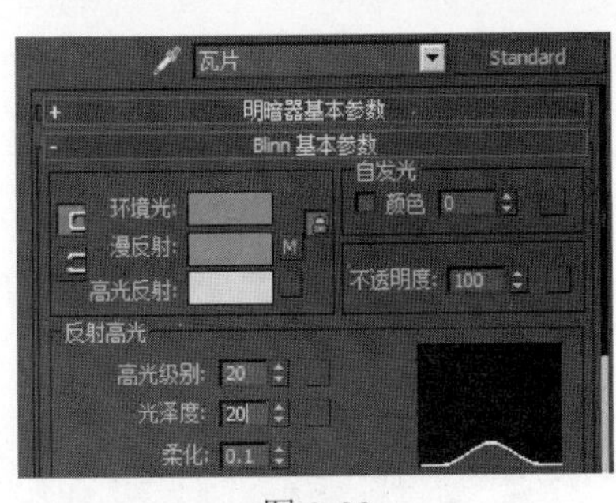

图 2-88

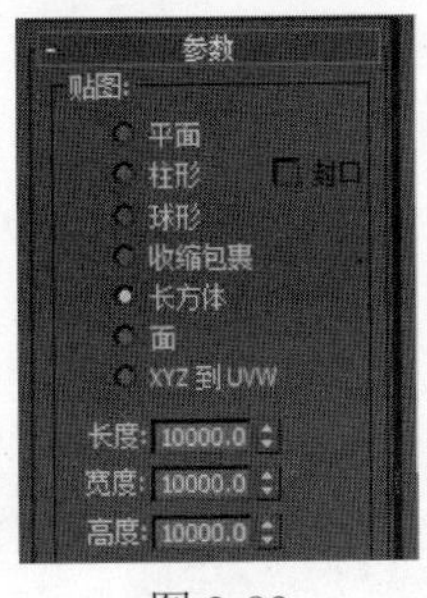

图 2-89

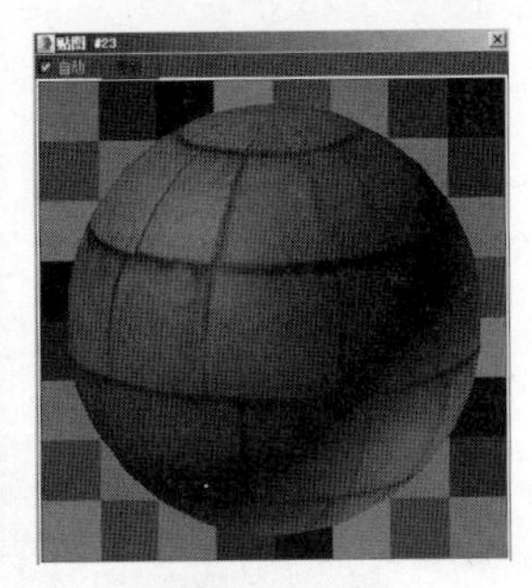
图 2-90

11. 设置文化石材质

1）在“材质编辑器”面板中激活文化石材质，展开“Blinn基本参数”卷展栏，单击“漫反射”右侧的按钮■，在弹出的“材质/贴图浏览器”对话框中选择“标准”卷展栏中的“位图”贴图，如图2-91所示，单击“确定”按钮。

2）在弹出的“选择位图图像文件”对话框中选择“项目二\贴图\文化石.jpg”文件，如图2-92所示，单击“打开”按钮。

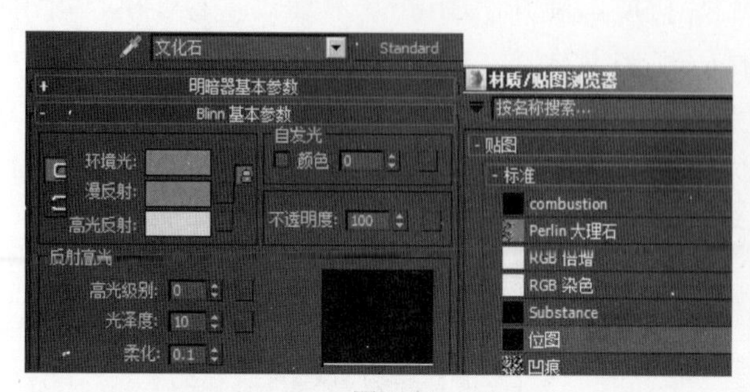

图 2-91

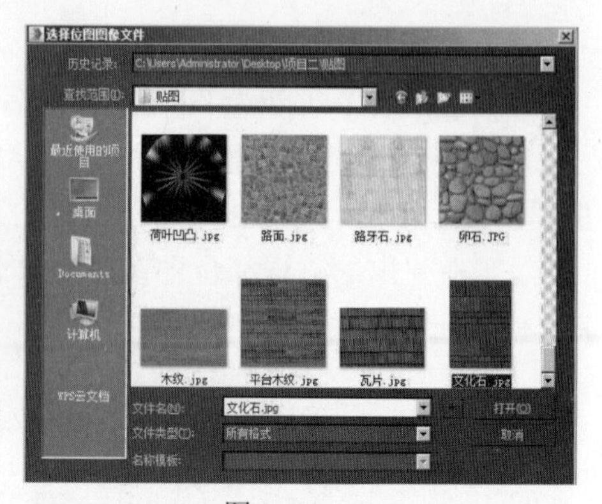

图 2-92

3）单击“视口中显示明暗处理材质”按钮，使贴图在场景中正确显示。单击“转到父对象”按钮，回到上级面板。在“反射高光”选项组中设置“高光级别”和“光泽度”均为20，参数设置如图2-93所示。

4）调整完成的文化石材质的最终效果如图2-94所示。

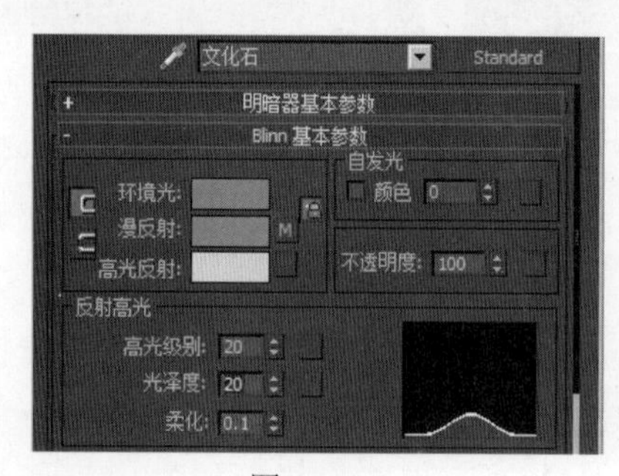

图 2-93

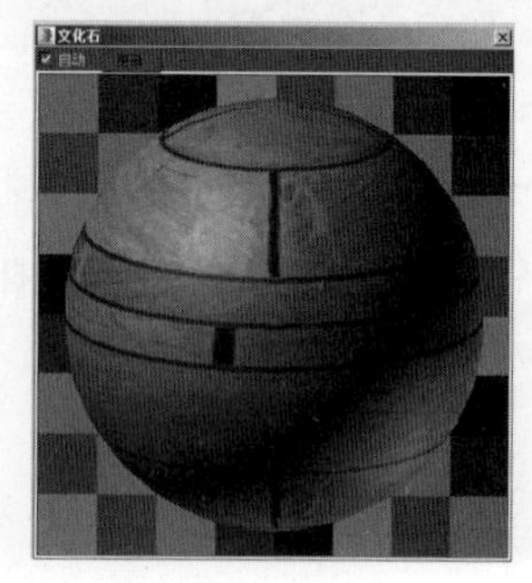

图 2-94

12. 设置窗框护栏材质

1）在“材质编辑器”面板中激活窗框护栏材质，展开“基本参数”卷展栏，单击“漫反射”右侧的色块，在弹出的“颜色选择器”对话框中设置颜色为蓝黑色，参数设置如图2-95所示，单击“确定”按钮。

2）单击“反射”右侧的色块，在弹出的“颜色选择器”对话框中设置颜色为灰色，参数设置如图2-96所示，单击“确定”按钮。

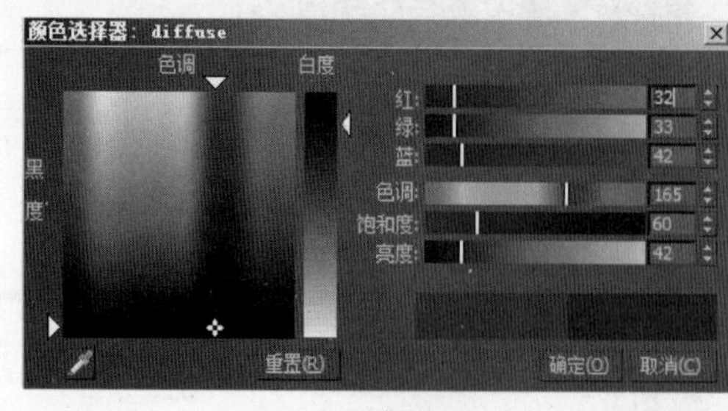

图 2-95

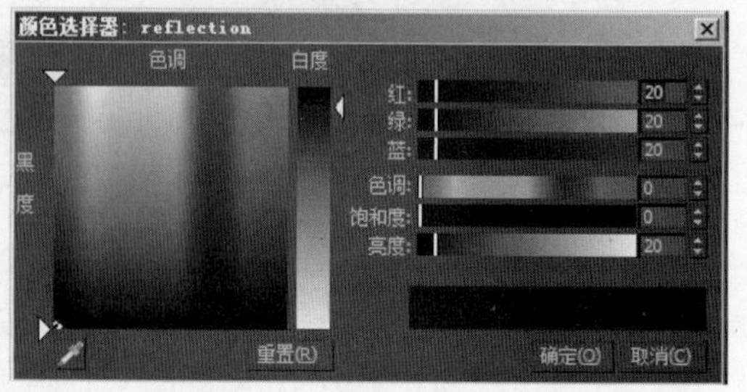

图 2-96

3）单击“高光光泽”右侧的按钮解除锁定状态，设置“高光光泽”为0.6，“反射

光泽”为0.9，取消“菲涅耳反射”复选框的选中状态，设置“细分”为20，参数设置如图2-97所示。

4）调整完成的窗框护栏材质的最终效果如图2-98所示。

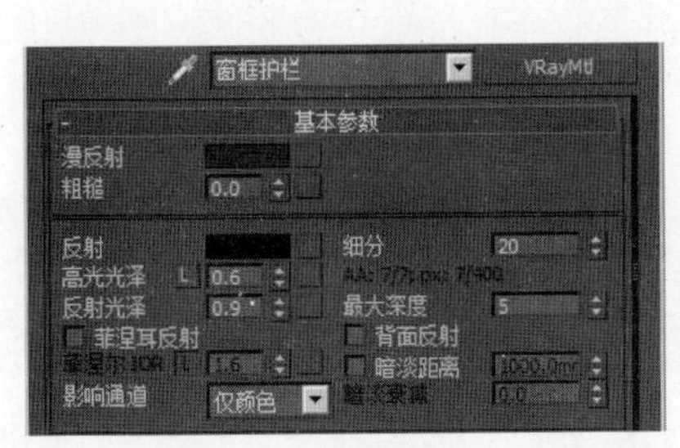

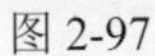
图 2-97

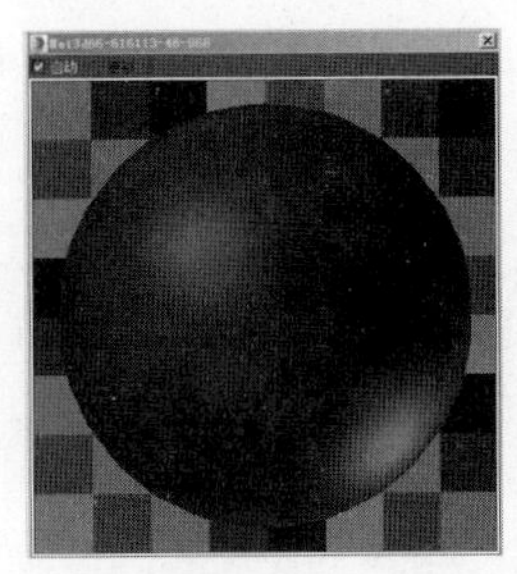
图 2-98

13. 设置玻璃材质

1）在“材质编辑器”面板中激活玻璃材质，展开“基本参数”卷展栏，单击“漫反射”右侧的色块，在弹出的“颜色选择器”对话框中设置颜色为淡蓝色，参数设置如图2-99所示，单击“确定”按钮。

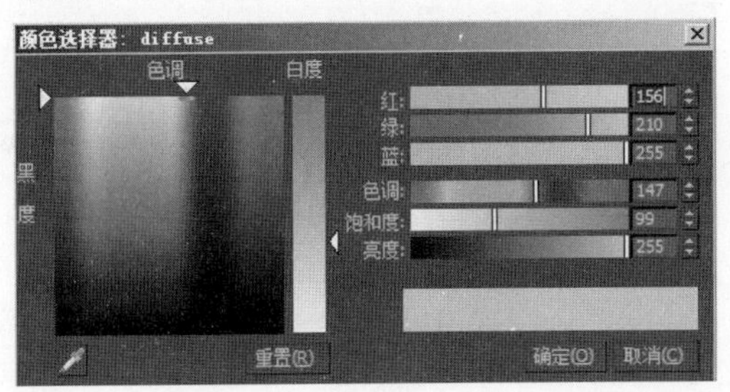

图 2-99

2）单击“反射”右侧的按钮■，在弹出的“材质/贴图浏览器”对话框中选择“标准”卷展栏中的“衰减”贴图，如图2-100所示，单击“确定”按钮。

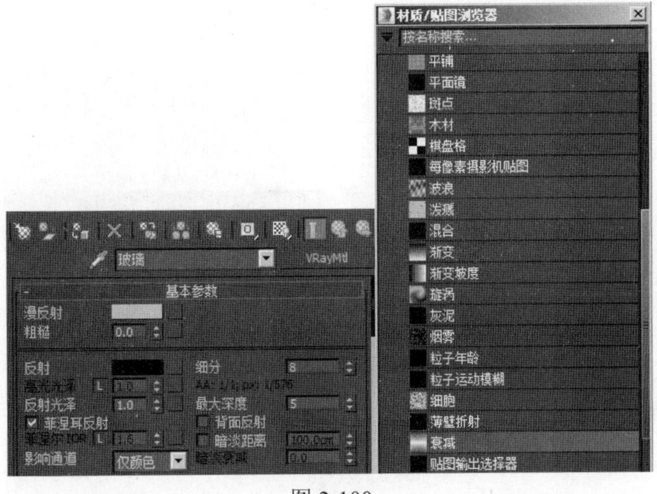

图 2-100

3）展开“衰减参数”卷展栏，在“前：侧”选项组中单击上方的黑色色块，在弹出的“颜色选择器”对话框中设置颜色为灰色，参数设置如图2-101所示，单击“确定”按钮。

4）单击“转到父对象”按钮，回到上级面板。单击“高光光泽”右侧的按钮L解除锁定状态，设置“高光光泽”为0.9，取消“菲涅耳反射”复选框的选中状态，参数设置如图2-102所示。

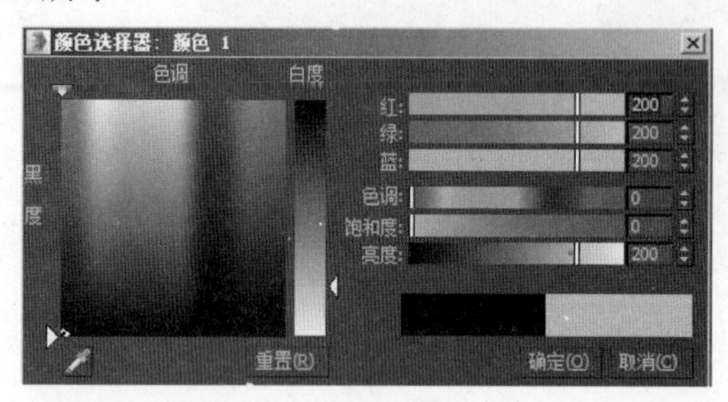

图 2-101

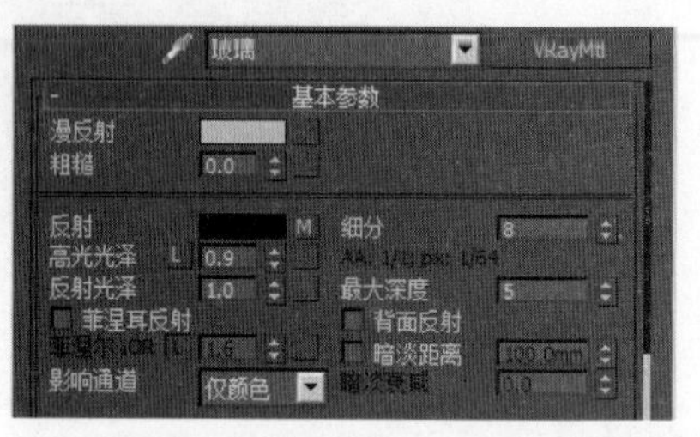

图 2-102

5）单击“折射”右侧的色块，在弹出的“颜色选择器”对话框中设置颜色为白色，参数设置如图2-103所示，单击“确定”按钮。

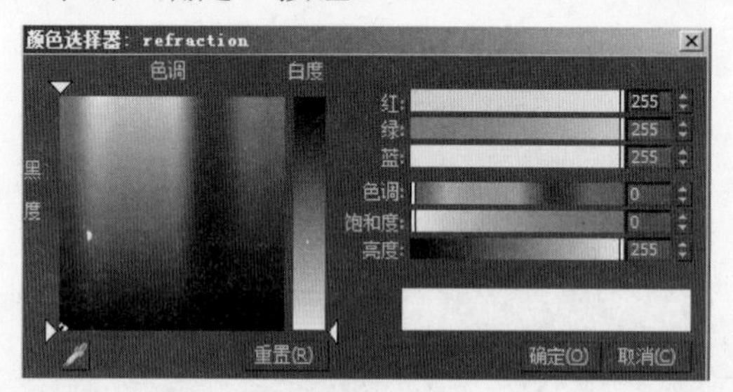

图 2-103

6）展开“贴图”卷展栏，单击“透明度”通道右侧的按钮 无 ，在弹出的“材质/贴图浏览器”对话框中选择“标准”卷展栏中的“衰减”贴图，如图2-104所示，单击“确定”按钮。

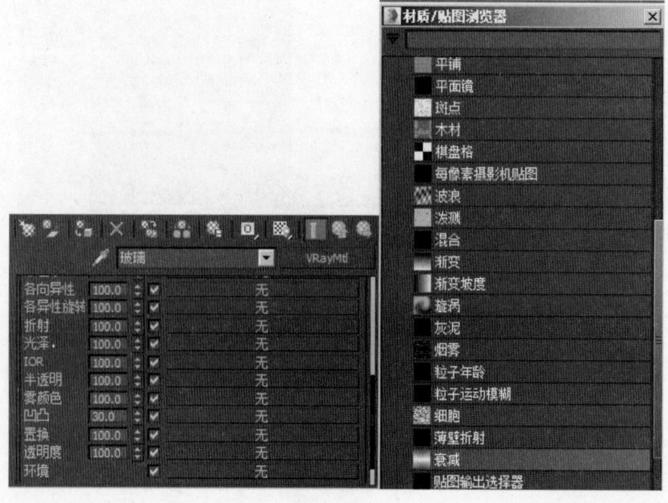

图 2-104

7）展开“衰减参数”卷展栏，在“前：侧”选项组中单击上方的黑色色块，在弹出的“颜色选择器”对话框中设置颜色为灰色，参数设置如图2-105所示，单击“确定”按钮。

8）调整完成的玻璃材质的最终效果如图2-106所示。

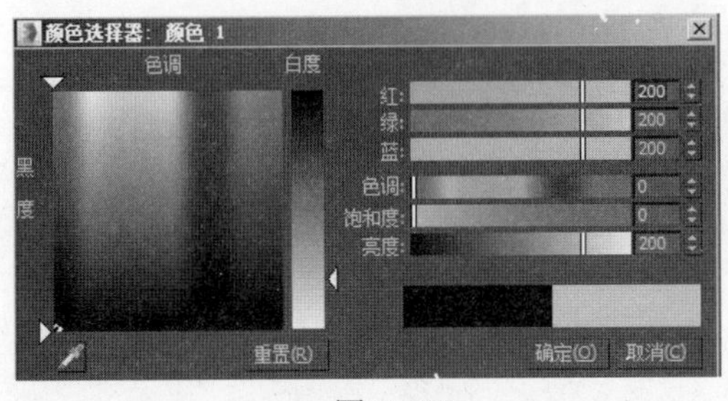

图 2-105

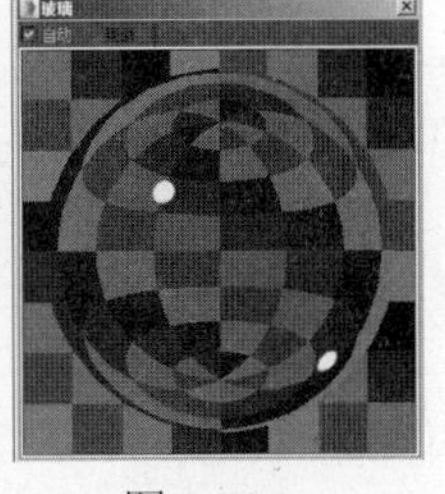

图 2-106

14. 设置楼板材质

1）在“材质编辑器”面板中激活楼板材质（已提前将其指定为VRay混合材质），单击“基本材质”右侧的按钮 无 ，在弹出的“材质/贴图浏览器”对话框中选择“V-Ray”卷展栏中的“VRayMtl”材质，如图2-107所示，单击“确定”按钮。

图 2-107

2）将该材质命名为“白色”。单击“漫反射”右侧的色块，在弹出的“颜色选择器”对话框中设置颜色为白色，参数设置如图2-108所示，单击“确定”按钮。

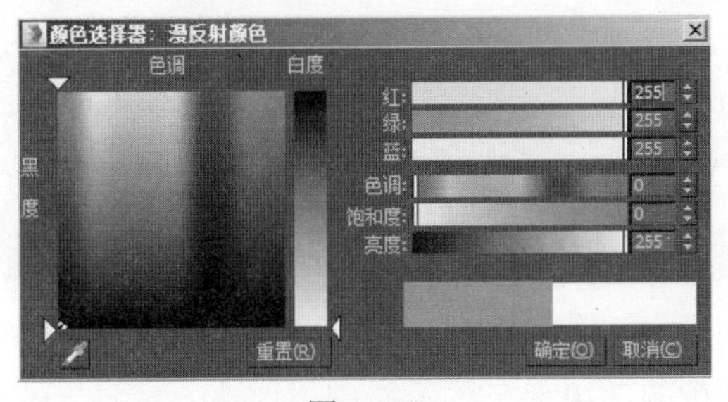

图 2-108

3）单击“转到父对象”按钮，回到上级面板。VRay混合材质默认提供九个壳材质。单击第一个壳材质右侧的按钮 无 ，在弹出的“材质/贴图浏览器”对话框中选择“V-Ray”卷展栏中的“灯光材质”，如图2-109所示，单击“确定”按钮。

4）展开“参数”卷展栏，设置“颜色”右侧的数值为1.5，参数设置如图2-110所示。

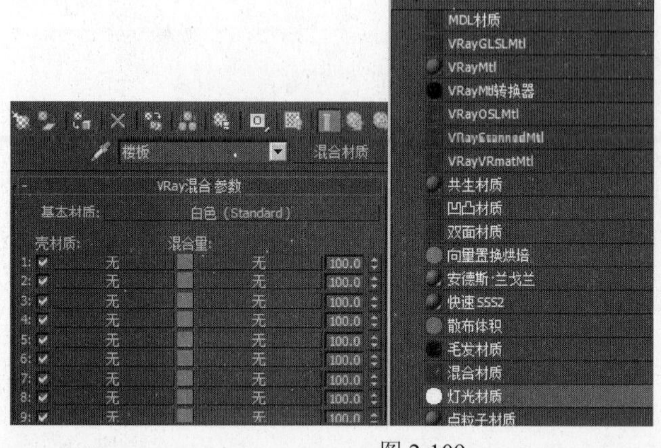

图 2-109

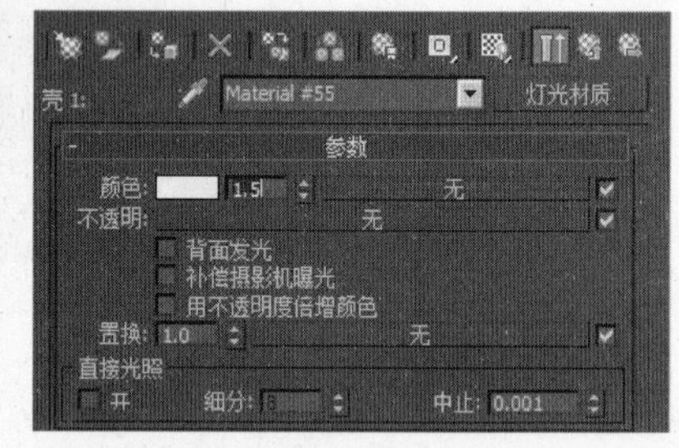

图 2-110

VRay灯光材质的用途非常广泛，常被用于模拟各类灯泡、广告灯箱、环境背景天空等。通过在其“参数”卷展栏中设置颜色，可以表现任意颜色的光线；也可以单击“颜色”右侧的按钮 无 ，指定一张贴图来模拟发光效果；“颜色”右侧的数值表示发光强度，数值越大，表示发光强度越高。添加发光贴图后，如果觉得光照的亮度不足，切不可直接大幅提高发光强度的数值，以免造成贴图曝光，可以尝试在原材质的基础上叠加“VRayMtl转换器”材质，通过提高“生成GI”数值来解决。

5）单击“转到父对象”按钮，回到上级面板。单击“混合量”右侧的按钮 无 ，在弹出的“材质/贴图浏览器”对话框中选择“标准”卷展栏中的“位图”贴图，如图2-111所示，单击“确定”按钮。

图 2-111

6）在弹出的“选择位图图像文件”对话框中选择“项目二\贴图\楼板.jpg”文件，如图2-112所示，单击“打开”按钮。

7）调整完成的楼板材质的最终效果如图2-113所示。至此，场景中的主要材质调整完毕。

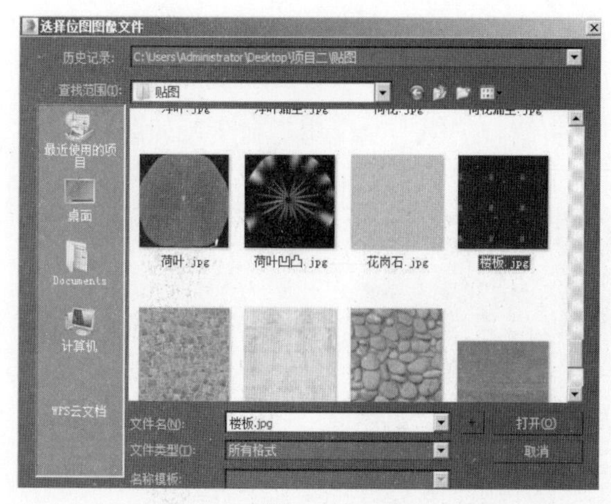

图 2-112

图 2-113

利用VRay混合材质，可以将两种或多种材质通过特定的方式进行混合，以形成特殊的材质效果。

• 基本材质：是最底层的材质，可以在其上面添加一个或多个壳材质以进行材质之间的混合。混合时既可以通过“颜色”来混合，也可以通过添加贴图来实现更为复杂的混合效果。

• 颜色混合：颜色为黑时，完全显示底层材质的效果；颜色为灰时，可以实现底层材质与上方壳材质之间的混合；颜色为白时，完全显示壳材质的效果。关键是，最底层材质与第一个壳材质叠加的效果将作为第二次混合的底层材质，依此类推……

• 贴图混合：贴图中白色像素所对应的区域表现为壳材质，黑色像素所对应的区域表现为底层材质。

15. 合并素材模型并完善场景

1）单击3ds Max界面中的按钮，在弹出的面板中执行“导入”→“合并”命令，如图2-114所示。

2）在弹出的“合并文件”对话框中选择“项目二\场景文件\素材.max”文件，如图2-115所示，单击“打开”按钮。

图 2-114

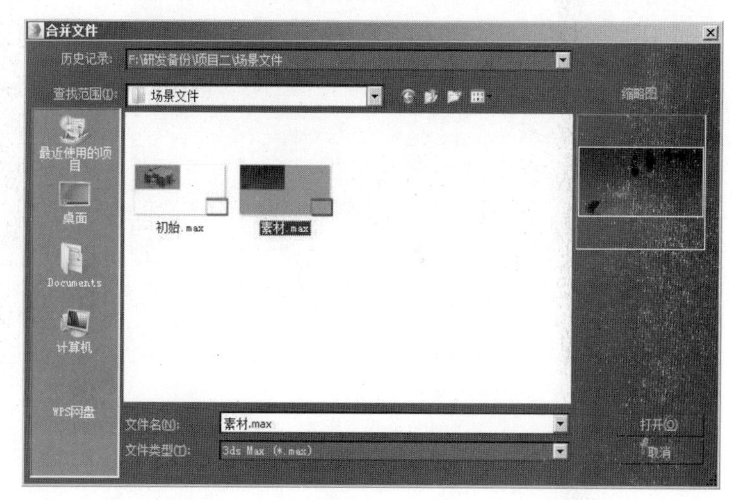

图 2-115

3）在弹出的“合并”对话框中选择所需要的模型，如图2-116所示，单击“确定”按钮。

4）选择所有构成别墅的结构对象，执行“组”→“组”命令，如图2-117所示，将其编组。

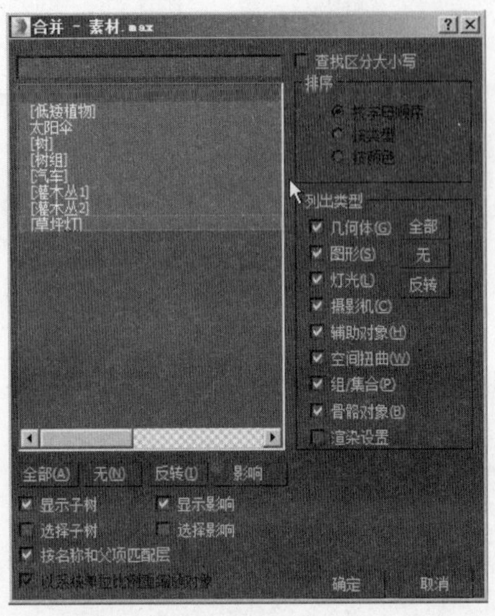

图 2-116

图 2-117

5）按快捷键T激活顶视图。选择别墅模型，按住Shift键，配合主工具栏中的“选择并移动”按钮，将别墅模型在场景中随机复制五份，配合“选择并旋转”按钮旋转一定的角度，使场景看上去更加自然，效果如图2-118所示。

6）按快捷键Alt＋B，在弹出的“视口配置”对话框中切换到“背景”选项卡，单击“使用环境背景”单选按钮，如图2-119所示，单击“确定”按钮。

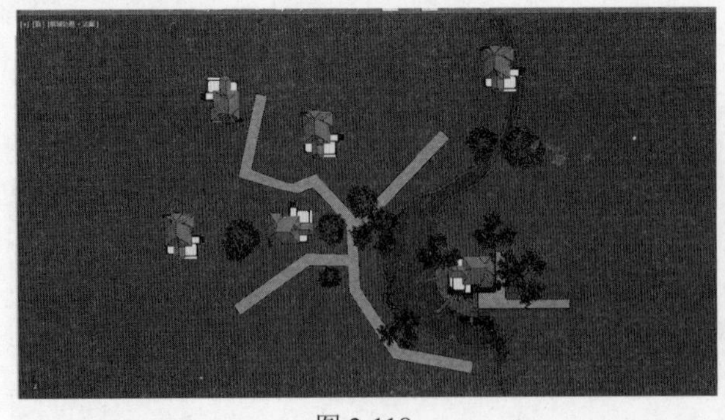

图 2-118

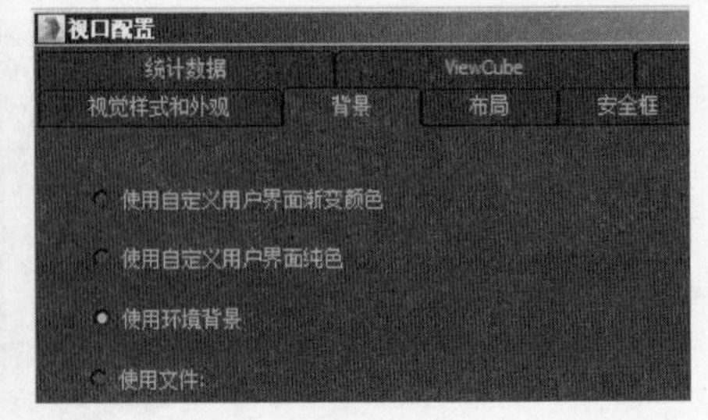

图 2-119

7）按快捷键C激活摄影机视图，场景的最终完成效果如图2-120所示。

图 2-120

在本项目案例中合并的很多树模型都采用了VRayProxy（VRay代理）对象来制作。

现在的建筑效果图为了渲染出照片级的效果，在硬件条件允许的情况下通常采用真实的三维高精度模型（如树模、车模、人模等）来代替传统的Photoshop后期处理，这样模型的三维立体感和光影关系要比传统的Photoshop后期处理显得更加自然、逼真，但采用真实模型的点、面数非常多，会导致系统的交互速度大大减缓，而采用VRay代理模型可以用非常少的点、面数来取代真实的三维模型进行场景交互，并且在材质表现和最终渲染时能真实地还原最初的模型效果。

任务三　最终渲染设置

1. 设置渲染输出参数

1）按快捷键F10弹出“渲染设置”面板。在“公用”选项卡中展开“公用参数”卷展栏，在“输出大小”选项组中设置“宽度”为2000，“高度”为1500，单击锁定“图像纵横比”，参数设置如图2-121所示。

2）切换到“V-Ray”选项卡，展开“全局开关”卷展栏，参数设置如图2-122所示。

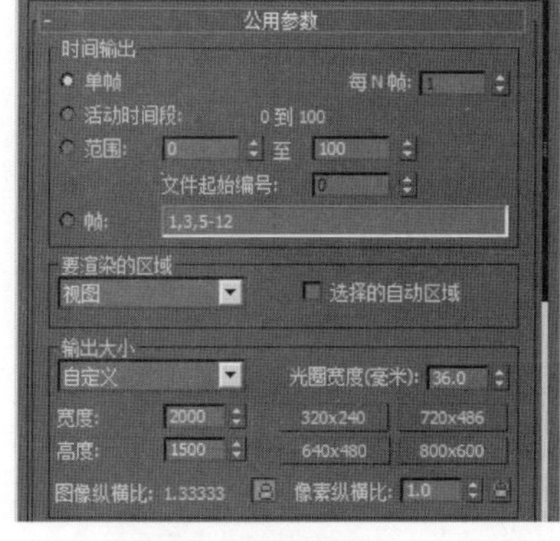

图 2-121

图 2-122

3）设置“图像采样（抗锯齿）”卷展栏、“图像过滤”卷展栏、“块图像采样器”卷展栏中的参数，如图2-123所示。

4）设置“全局DMC”卷展栏、“颜色贴图”卷展栏中的参数，如图2-124所示。

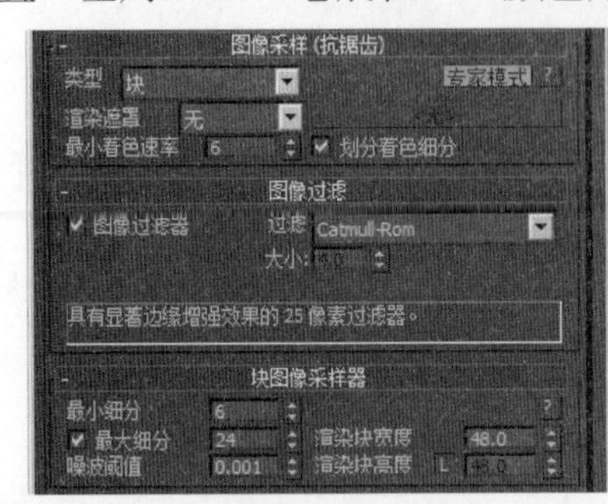

图 2-123

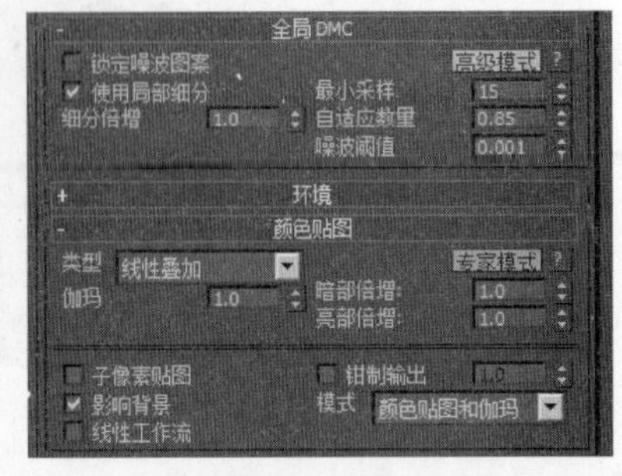

图 2-124

5）切换到“GI”选项卡，设置“全局光照”卷展栏、“灯光缓存”卷展栏、“发光贴图”卷展栏中的参数，如图2-125所示。至此，正式渲染输出参数设置完毕。

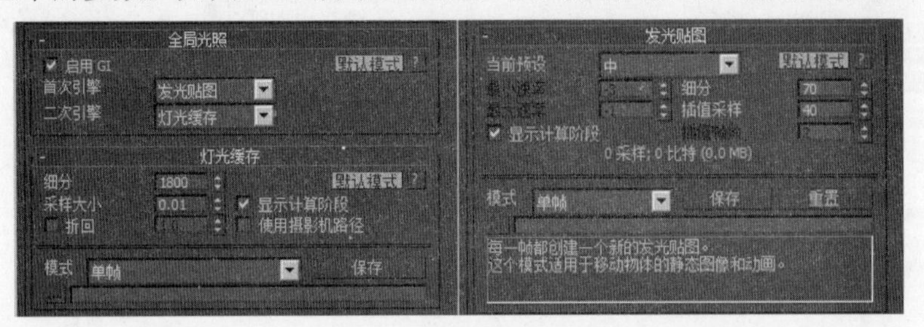

图 2-125

2. 渲染成品效果图

确认当前视图为摄影机视图，按快捷键Shift+Q，对当前场景进行渲染。经过一段时间的渲染，成品效果如图2-126所示。保存该文件，将其命名为“项目二\效果文件\初始.jpg”。

图 2-126

任务四　效果图精修

1. 打开文件

1）启动Adobe Photoshop软件。

2）执行“文件”→“打开”命令，在弹出的“打开”对话框中选择“项目二\效果文件\初始.jpg”文件，如图2-127所示，单击“打开”按钮。

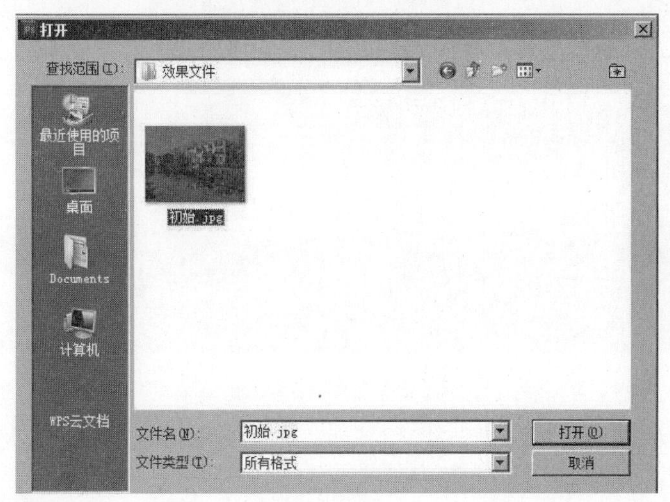

图 2-127

2. 调整亮度/对比度

执行“图像”→“调整”→“亮度/对比度”命令，在弹出的“亮度/对比度”对话框中设置“亮度”为32，“对比度”为20，参数设置如图2-128所示，单击“确定”按钮。

图 2-128

3. 调整曲线

执行“图像”→“调整”→“曲线”命令，在弹出的“曲线”对话框中调整曲线，参数设置如图2-129所示，单击“确定”按钮，使图像的层次对比更加清晰。

图 2-129

至此，本项目案例“荷塘别墅”已经全部完成，最终效果如图2-130所示。

图 2-130

视频文件

视频文件

视频文件

静谧黄昏

项目目标

本项目案例是一个黄昏时分的别墅效果图的表现方案。场景中的照明除了自然的冷色天光之外，还布置了一定数量的暖色光源以烘托黄昏时分室内的照明效果，从而达到冷暖呼应的目的；绿植、水流、配景，结合场景灯光的渲染，营造出静谧、安逸的氛围。

技能要点

◎ 环境球天：掌握利用球天模型表现场景环境的方法。
◎ VRay物理摄影机：学习VRay物理摄影机的使用并掌握其常用参数。
◎ 衰减效应：掌握利用泛光灯的衰减效应来表现室内灯光照明效果的方法。
◎ HDRI贴图：理解并掌握该类贴图的含义及使用方法。
◎ 混合（mix）贴图：掌握混合贴图的概念及使用方法。

效果欣赏

配套文件

任务一　设置测试渲染参数

1. 创建摄影机

1）打开“项目二\场景文件\初始.max”文件，效果如图3-1所示。

图 3-1

2）按快捷键T激活顶视图，按快捷键Alt＋W将视图最大化显示，效果如图3-2所示。

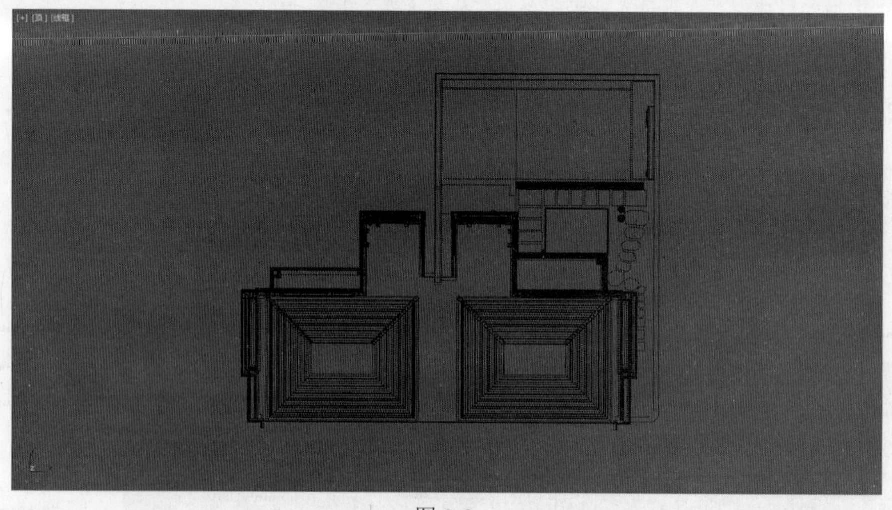

图 3-2

3）进入“创建”面板，切换到“摄影机”选项卡，在其下拉列表框中选择“标准”选项，单击“物理”按钮，在视图中创建一架目标摄影机，效果如图3-3所示。

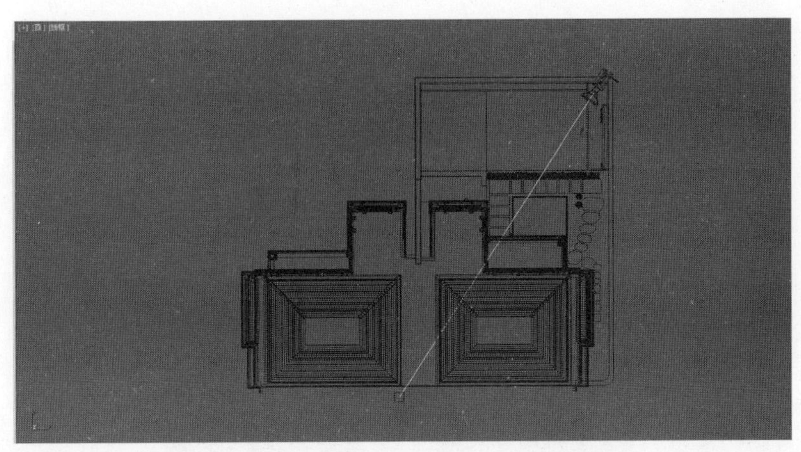

图 3-3

4）按快捷键F激活前视图，单击主工具栏中的“选择并移动”按钮，选择刚才创建的摄影机，将其沿y轴向上提升一定的高度，按快捷键G取消栅格显示，效果如图3-4所示。

图 3-4

5）选择摄影机的目标点，将其沿y轴再向上提升一定的高度，效果如图3-5所示。

图 3-5

6）选择摄影机，进入“修改”面板。展开“物理摄影机”卷展栏，在“镜头”选项组中设置“焦距”为20.0毫米，如图3-6所示；展开“透视控制”卷展栏，选中“自动垂直倾斜校正”复选框，参数设置如图3-7所示。

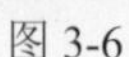
图 3-6

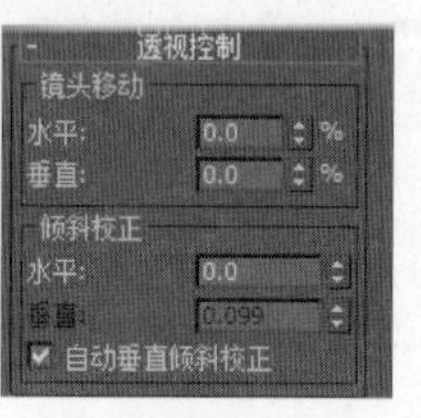

图 3-7

7）按快捷键C激活摄影机视图，观察效果如图3-8所示。

图 3-8

与早期的3ds Max版本相比，3ds Max 2016中的VRay物理摄影机在调用上有所变化，但在参数调整上大同小异。与普通摄影机相比，VRay物理摄影机具有更加灵活的调整参数，且与VRay灯光材质的配合度和兼容性更好。

“物理摄影机”卷展栏中的“宽度”“焦距”“指定视野”“缩放”这四个参数通常被用来调整摄影机的观察范围，在功能上类似，读者可以自由调整。

· 自动垂直倾斜校正：选中该复选框，可以实现摄影机的2点透视功能，使建筑的构图在视觉上横平竖直。

2. 设置测试渲染参数

1）按快捷键F10弹出“渲染设置”面板，如图3-9所示。

2）在“公用”选项卡中展开“公用参数”卷展栏，在“输出大小”选项组中设

置“宽度”为500，“高度”为300，单击锁定“图像纵横比”，参数设置如图3-10所示。

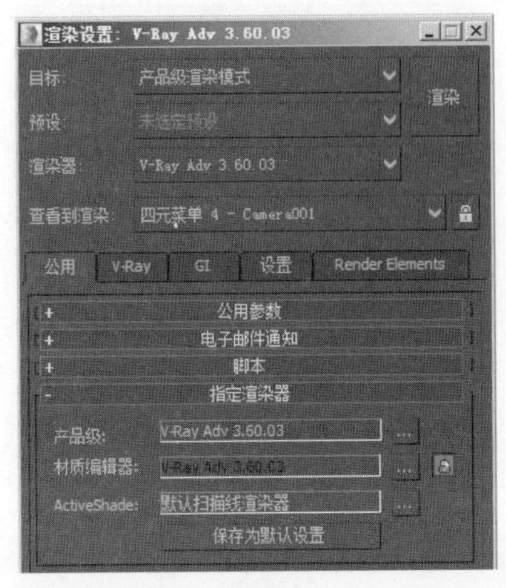

图 3-9

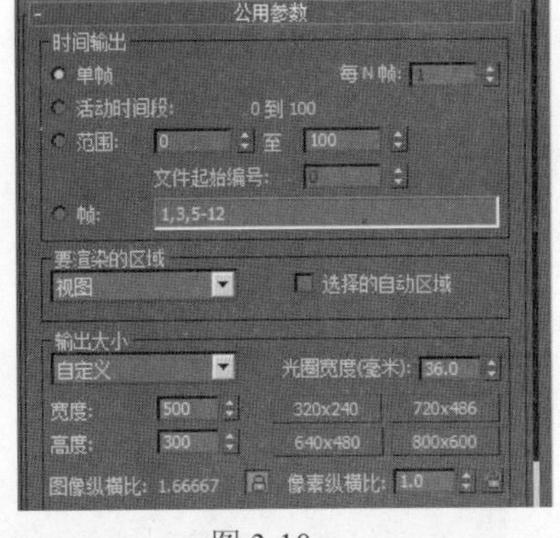

图 3-10

3）切换到“V-Ray”选项卡，展开“全局开关”卷展栏，参数设置如图3-11所示。

4）展开“图像采样（抗锯齿）”卷展栏、“图像过滤”卷展栏和“块图像采样器”卷展栏，参数设置如图3-12所示。

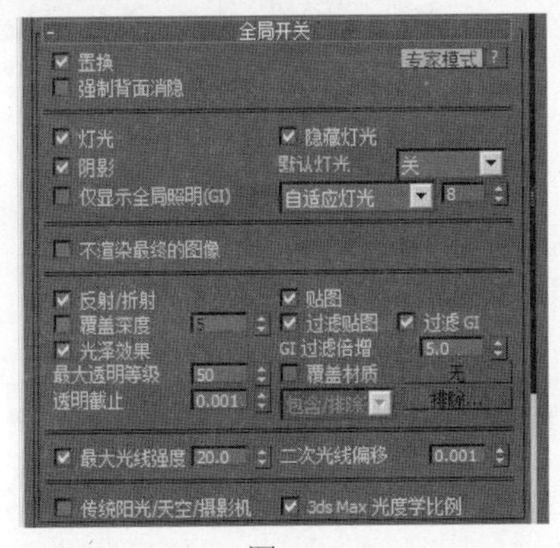

图 3-11

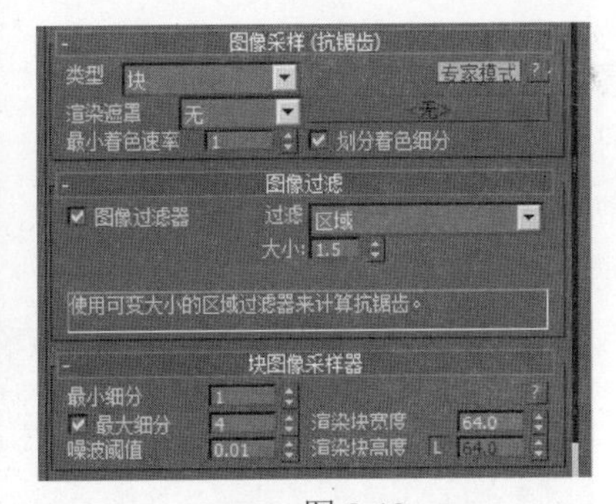

图 3-12

• 默认灯光：一般为关闭，这样不会对后续实际布光产生干扰和影响。

• 图像过滤器：在测试阶段可以不开启或将其设置为“区域”模式，以加快渲染速度；在最终出图时通常将其设置为“Catmull-rom”（锐化）或“Mitchell-Netravali”（米歇尔）模式，以得到相对比较细致的采样效果。

5）分别展开“全局DMC”卷展栏和“颜色贴图”卷展栏，参数设置如图3-13所示。

6）切换到“GI”选项卡，展开“全局光照”卷展栏，选中“启用GI”复选框，在“首次引擎”下拉列表框中选择“发光贴图”选项，在“二次引擎”下拉列表框中选择“灯光缓存”选项，参数设置如图3-14所示。

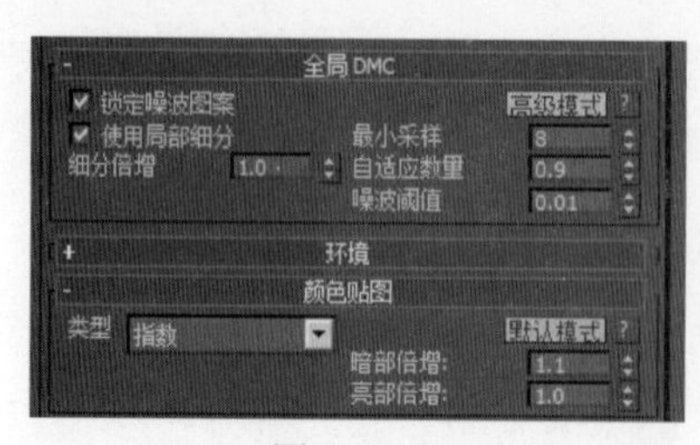

图 3-13

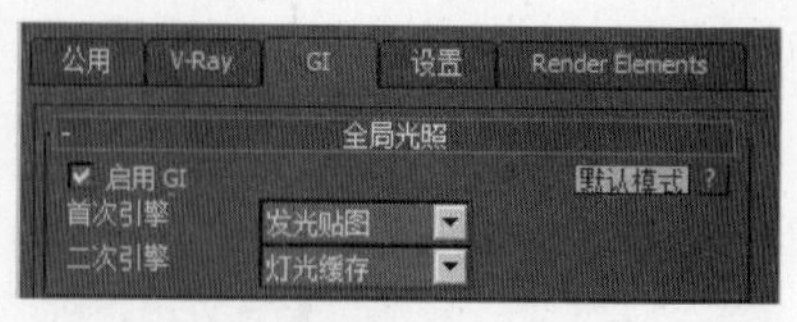

图 3-14

7）展开“发光贴图”卷展栏，在“当前预设”下拉列表框中选择“非常低”选项，设置“细分”为35，“插值采样”为25，选中“显示计算阶段”复选框，参数设置如图3-15所示。

8）展开“灯光缓存”卷展栏，设置“细分”为200，如图3-16所示。至此，测试渲染参数设置完毕。

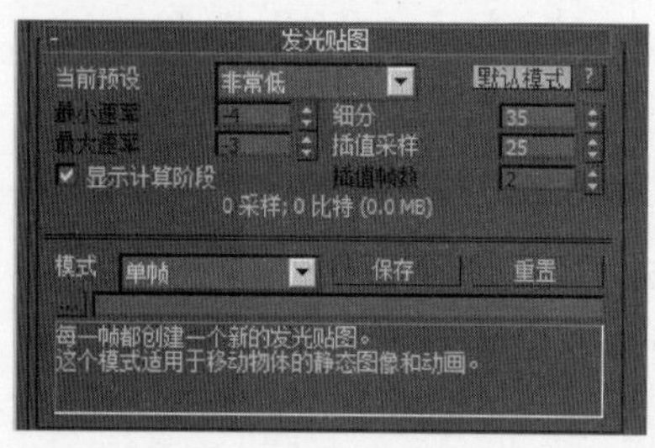

图 3-15

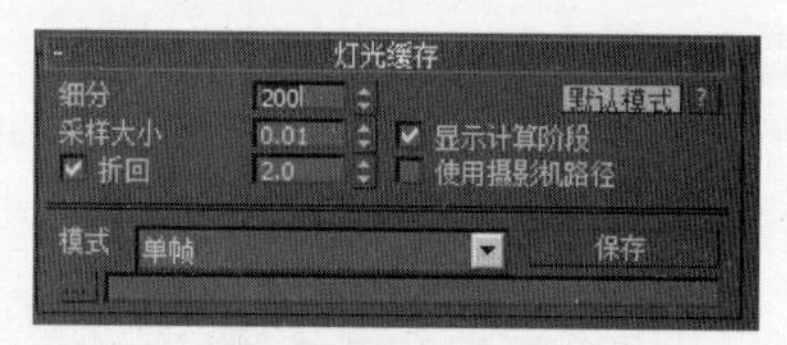

图 3-16

3. 设置场景中的灯光

1）按快捷键T激活顶视图，进入“创建”面板，切换到“灯光”选项卡，在其下拉列表框中选择“VRay”选项，单击“VRaySun”（VRay太阳）按钮，在顶视图中创建一个VRay太阳光，灯光位置如图3-17所示。

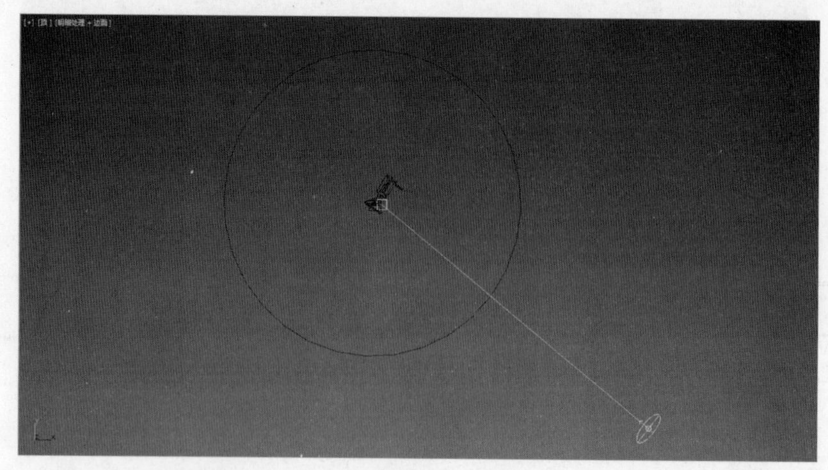

图 3-17

2）按快捷键F激活前视图，单击主工具栏中的“选择并移动”按钮，将光源沿*y*轴向上移动到合适的高度，效果如图3-18所示。

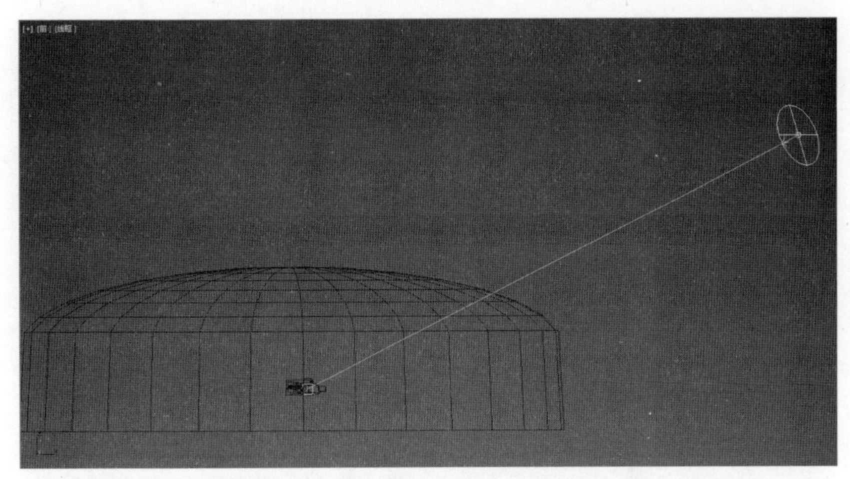

图 3-18

3）选择光源，进入“修改”面板。展开“VRay太阳参数”卷展栏，参数设置如图3-19所示。

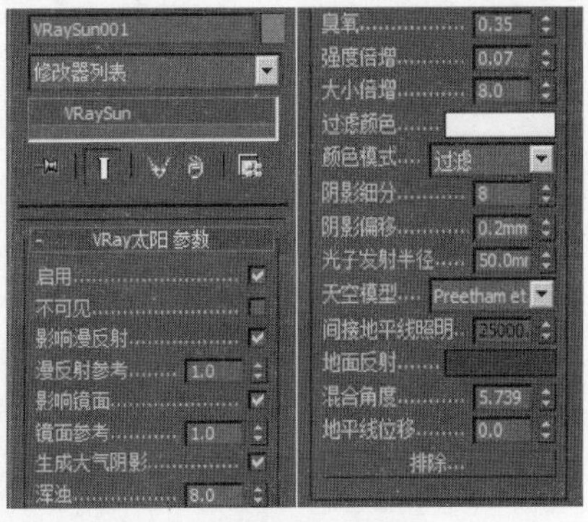

图 3-19

4）按快捷键Shift＋F显示安全框，单击主工具栏中的“渲染产品”按钮，对场景进行测试渲染，效果如图3-20所示。

图 3-20

观察渲染效果，发现场景中的曝光现象较为严重。

请读者认真思考原因：刚才设置的VRaySun（VRay太阳）的“强度倍增”只有0.07，这么低的太阳光强度，为什么渲染出来的场景效果会这么亮？如何解决呢？

5）按快捷键8弹出“环境和效果”面板，如图3-21所示。

6）展开“曝光控制”卷展栏，发现当前的曝光模式为“物理摄影机曝光控制”，如图3-22所示。

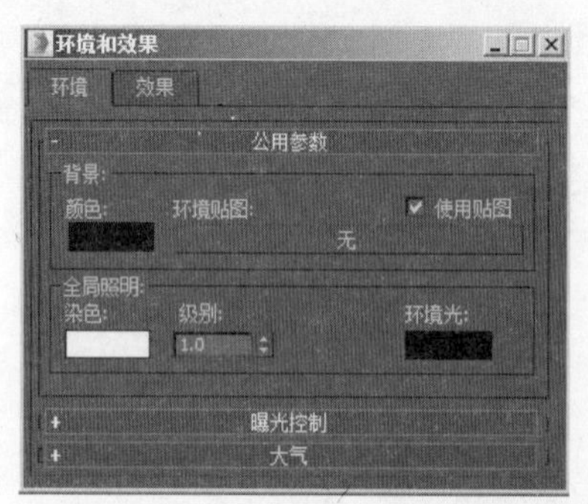

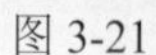

图 3-21

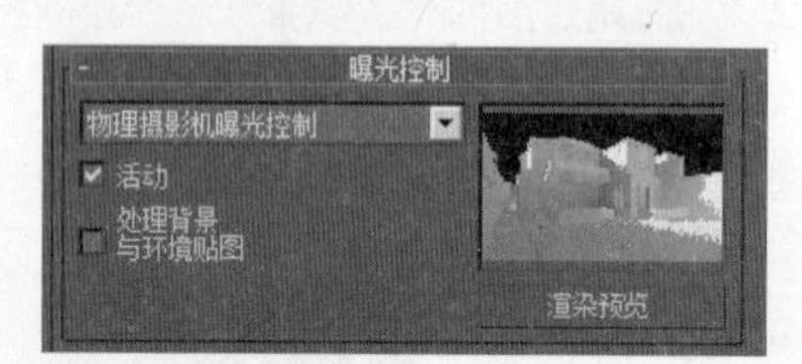

图 3-22

7）将曝光模式设置为“找不到位图代理管理器”，参数设置如图3-23所示。

8）再次按快捷键Shift＋Q，对当前场景进行渲染，效果如图3-24所示。

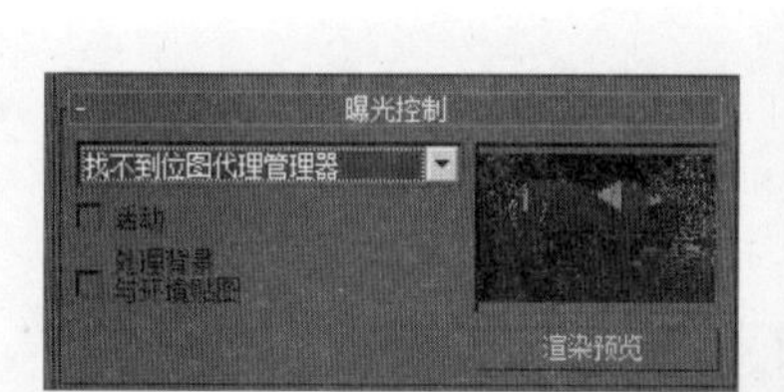

图 3-23

图 3-24

现在场景中的整体照明很暗，没有关系，为室内布光及添加天光照明后，效果会有明显的改善。黄昏或夜晚场景的室内灯光照明，通常采用标准灯光中的泛光灯或VRay球形灯光来表现。

在本项目案例中采用的是泛光灯阵列，通过控制灯光的近距或远距衰减，可以灵活地控制室内灯光的照明强度。

9）按快捷键T激活顶视图，进入“创建”面板，切换到“灯光”选项卡，在其下拉列表框中选择“标准”选项，单击“泛光”按钮，在顶视图中创建一个泛光灯，用来模拟室内灯光的照明效果，灯光位置如图3-25所示。

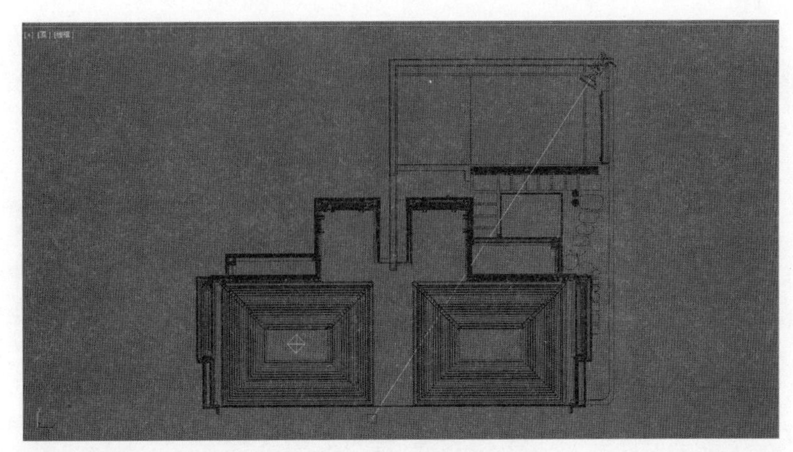

图 3-25

10）按快捷键F激活前视图，单击主工具栏中的“选择并移动”按钮，将光源沿y轴向上移动到别墅二层的房间内部，以表现二楼室内灯光的照明效果，如图3-26所示。

图 3-26

11）选择光源，进入“修改”面板。展开“常规参数”卷展栏，在“阴影”选项组中选中“启用”复选框，在其下方的下拉列表框中选择“VRayShadow”（ VRay阴影）选项，参数设置如图3-27所示。

12）展开“强度/颜色/衰减”卷展栏，单击“倍增”右侧的色块，在弹出的“颜色选择器”对话框中设置颜色为暖黄色，参数设置如图3-28所示，单击“确定”按钮。

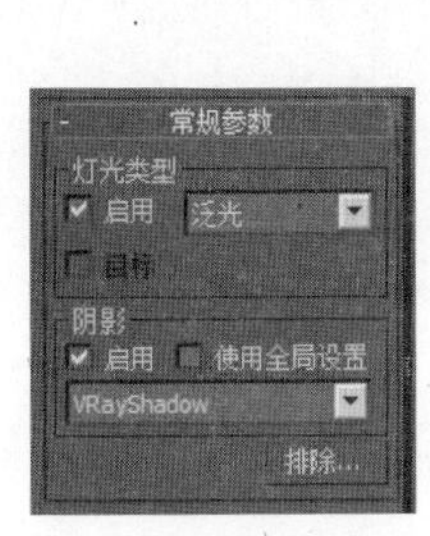

图 3-27

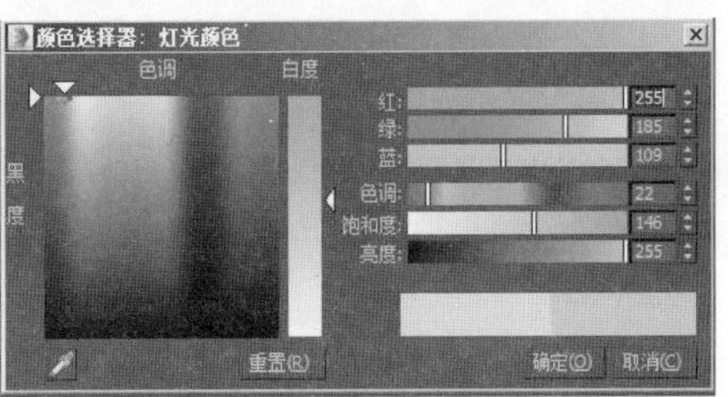

图 3-28

13）在“强度/颜色/衰减”卷展栏中设置“倍增”为0.7，选中“远距衰减”选项组中的“使用”和“显示”复选框，设置“结束”为8000.0mm，参数设置如图3-29所示。

14）按快捷键Shift+Q，对摄影机视图进行渲染，效果如图3-30所示。

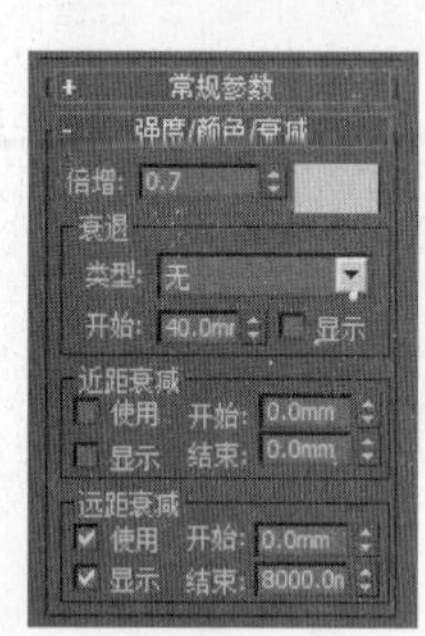

图 3-29

图 3-30

与之前的渲染效果相比，读者会发现添加泛光灯之后的渲染效果并没有太大改善，这是因为当前场景中没有指定材质。在正确指定了场景材质（特别是玻璃）后，就可以正确观察到灯光照明的效果了。

由于类似的泛光灯布置在场景中还有很多，限于篇幅不再展开讲解，请读者参考“项目三\场景文件\完成.max”文件练习。

为方便后期统一调整灯光参数，在灯光复制的过程中应尽量使用“实例”方式。

15）选择刚才创建的泛光灯，按住Shift键，配合主工具栏中的“选择并移动”按钮，根据需要将泛光灯在场景中进行相应的移动复制，效果如图3 31所示。

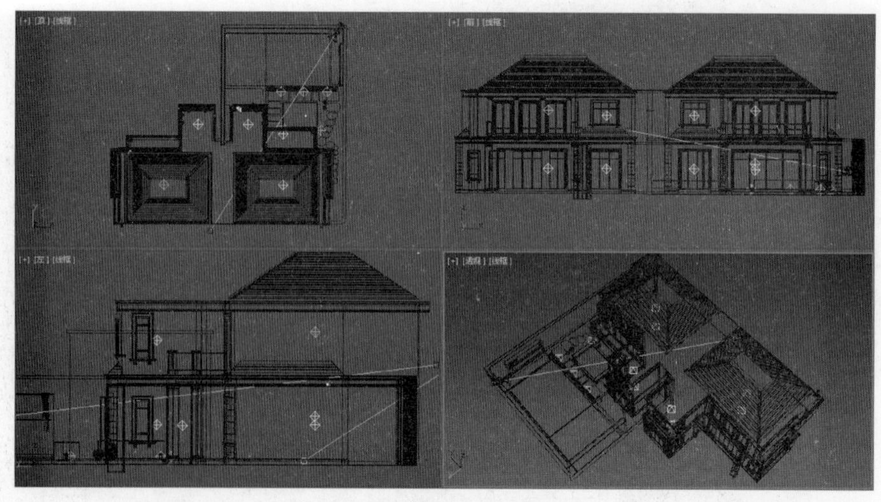

图 3-31

16）至此，场景灯光布置完毕。按快捷键Shift+Q，对摄影机视图进行渲染，效果如图3-32所示。

图 3-32

任务二　设置场景的主要材质

1. 设置瓦片材质

1）在“材质编辑器”面板中激活瓦片材质，展开“Blinn基本参数”卷展栏，单击“漫反射”右侧的按钮，在弹出的“材质/贴图浏览器”对话框中选择“标准”卷展栏中的“位图”贴图，如图3-33所示，单击“确定”按钮。

2）在弹出的“选择位图图像文件”对话框中选择“项目三\贴图\瓦片.jpg”文件，如图3-34所示，单击“打开”按钮。

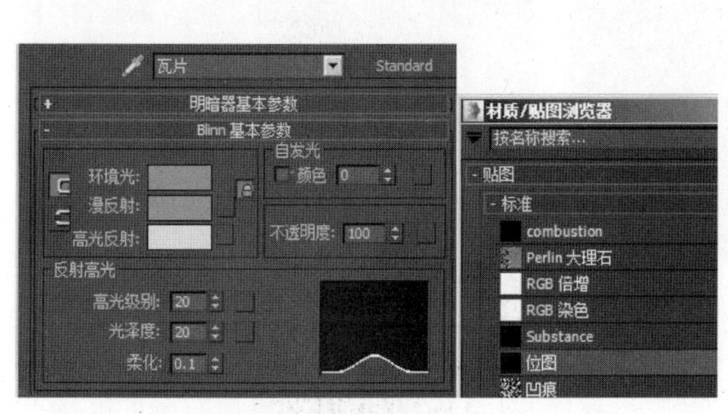

图 3-33

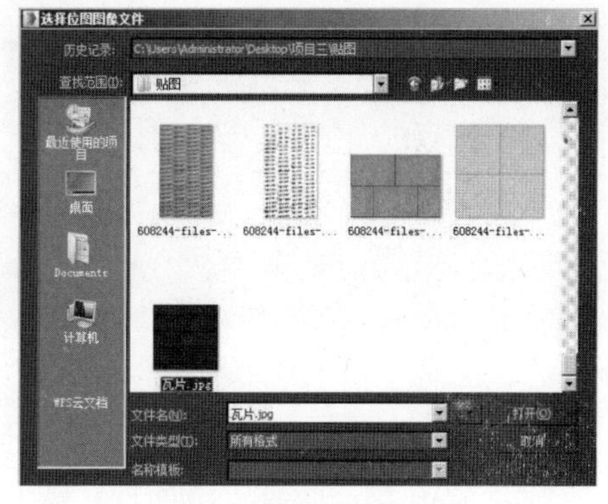

图 3-34

3）单击“视口中显示明暗处理材质”按钮，使贴图在场景中正确显示。单击“转到父对象”按钮，返回上级面板。在“反射高光”选项组中设置“高光级别”和“光泽度”均为20，参数设置如图3-35所示。

4）选择瓦片对象，进入“修改”面板，在“修改器列表”下拉列表框中选择添加“UVW贴图”修改器。展开“参数”卷展栏，在“贴图”选项组中单击“长方体”单选按钮，设置“长度”“宽度”“高度”均为800.0mm。在“对齐”选项组中单击“Z”单选按钮，参数设置如图3-36所示。

5）调整完成的瓦片材质的最终效果如图3-37所示。

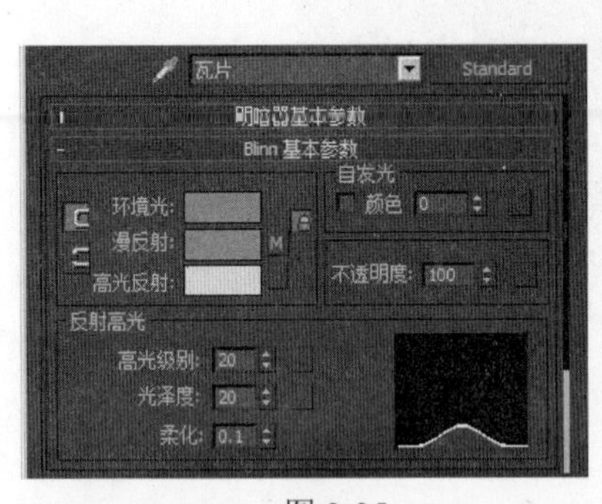

图 3-35

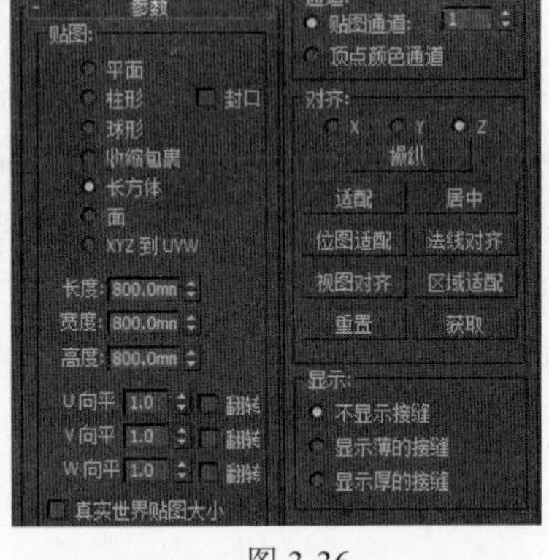

图 3-36

图 3-37

2. 设置墙面砖材质

1）在“材质编辑器”面板中激活墙面砖材质，展开“基本参数”卷展栏，单击“漫反射”右侧的按钮■，在弹出的“材质/贴图浏览器”对话框中选择“标准”卷展栏中的“位图”贴图，如图3-38所示，单击“确定”按钮。

2）在弹出的“选择位图图像文件”对话框中选择“项目三\贴图\墙面砖.jpg”文件，如图3-39所示，单击“打开”按钮。

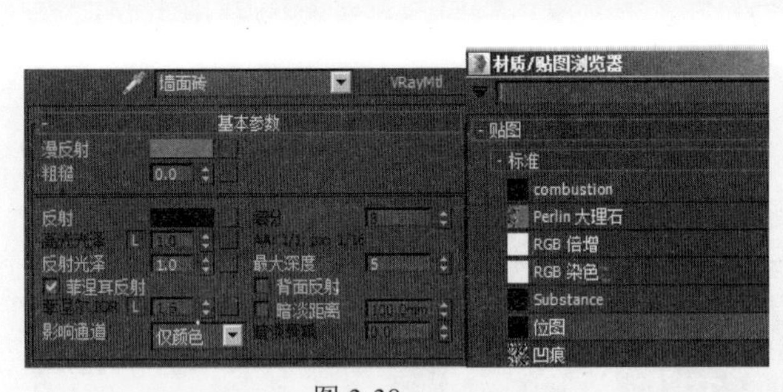

图 3-38

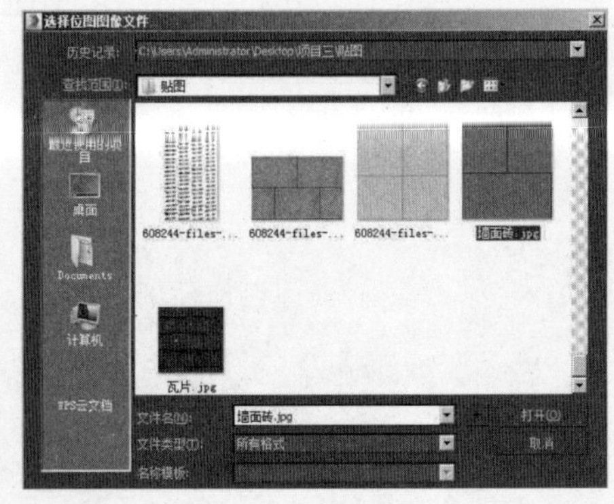

图 3-39

3）单击“视口中显示明暗处理材质”按钮，使贴图在场景中正确显示。单击“转到父对象”按钮，回到上级面板。展开“贴图”卷展栏，将“漫反射”通道右侧的贴图拖动复制到“凹凸”通道右侧的按钮 无 上，在弹出的“复制（实例）贴图”对话框中单击“实例”单选按钮，如图3-40所示，单击“确定”按钮。

4）展开“基本参数”卷展栏，单击“反射”右侧的按钮■，在弹出的“材质/贴图浏览器”对话框中选择“标准”卷展栏中的“衰减”贴图，如图3-41所示，单击“确定”按钮。

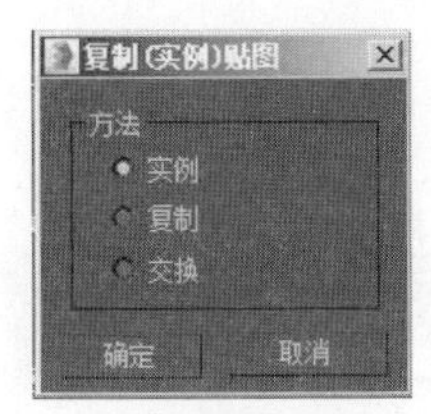

图 3-40

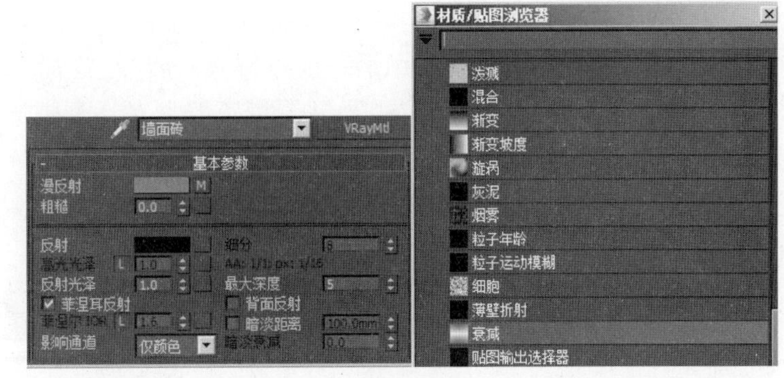

图 3-41

5）展开“衰减参数”卷展栏，在“前：侧”选项组中单击上方的黑色色块，在弹出的“颜色选择器”对话框中设置颜色为灰色，参数设置如图3-42所示，单击“确定”按钮。

6）在“前：侧”选项组中单击下方的白色色块，在弹出的“颜色选择器”对话框中设置颜色为另一种灰色，参数设置如图3-43所示，单击“确定”按钮。

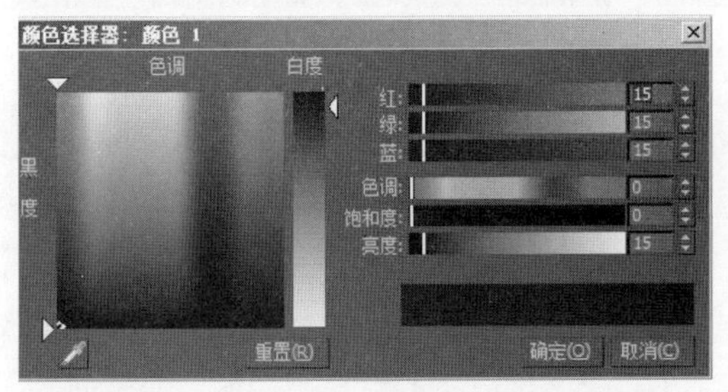

图 3-42

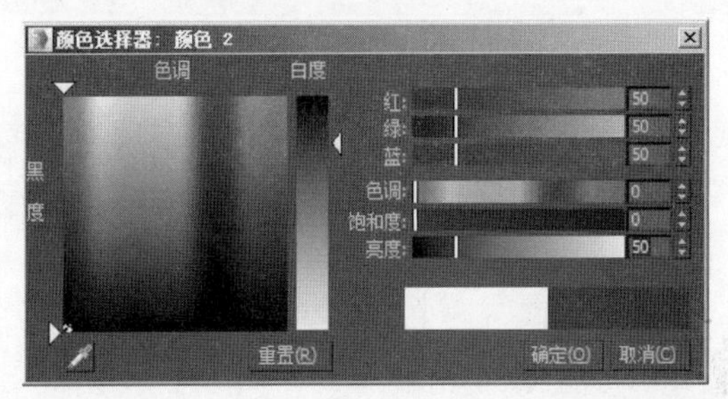

图 3-43

7）单击“转到父对象”按钮，回到上级面板。单击“高光光泽”右侧的按钮解除锁定状态，设置“高光光泽”为0.3，“反射光泽”为0.85，“细分”为20，取消“菲涅耳反射”复选框的选中状态，参数设置如图3-44所示。

8）选择墙面砖对象，进入“修改”面板，在“修改器列表”下拉列表框中选择添加“UVW贴图”修改器。展开“参数”卷展栏，在“贴图”选项组中单击“长方体”单选按钮，设置“长度”“宽度”“高度”均为600.0mm，参数设置如图3-45所示。

9）调整完成的墙面砖材质的最终效果如图3-46所示。

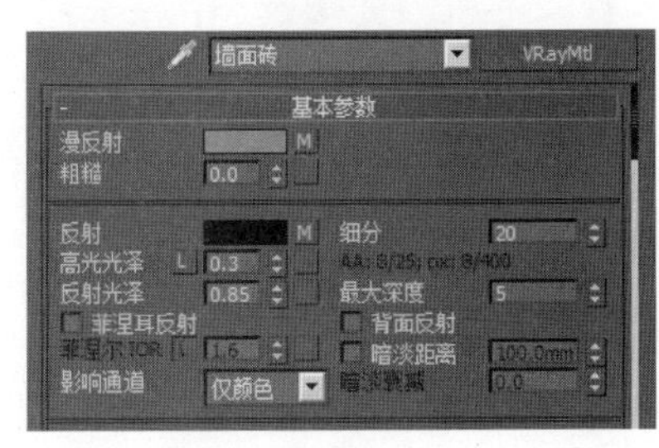

图 3-44

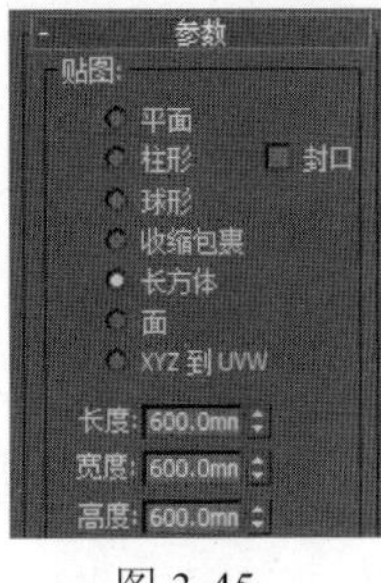

图 3-45

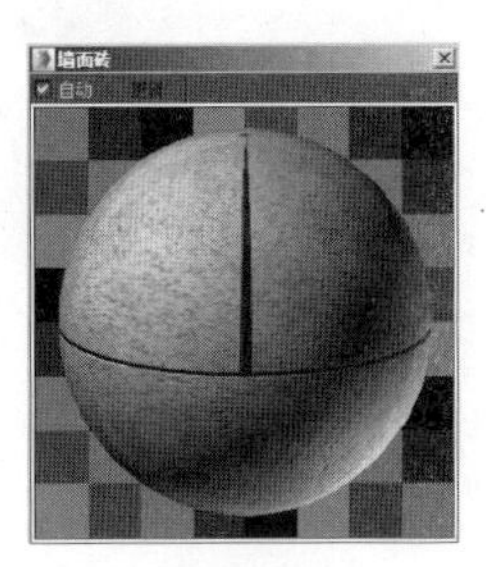

图 3-46

3. 设置花岗石材质

1） 在“材质编辑器”面板中激活花岗石材质，展开“基本参数”卷展栏，单击“漫反射”右侧的按钮■，在弹出的“材质/贴图浏览器”对话框中选择“标准”卷展栏中的“位图”贴图，如图3-47所示，单击“确定”按钮。

2）在弹出的“选择位图图像文件”对话框中选择“项目三\贴图\花岗石.jpg”文件，如图3-48所示，单击“打开”按钮。

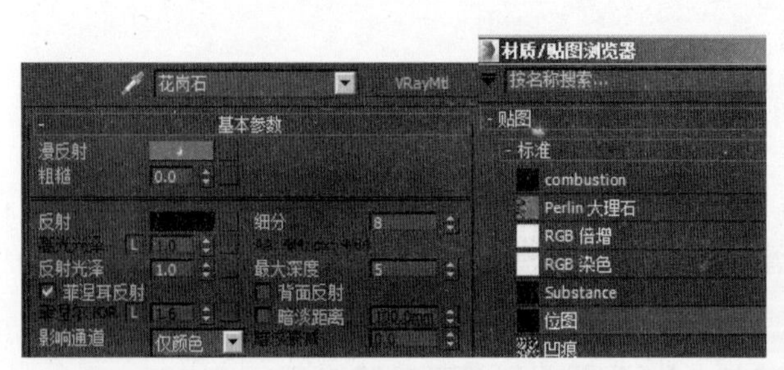

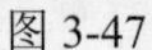
图 3-47

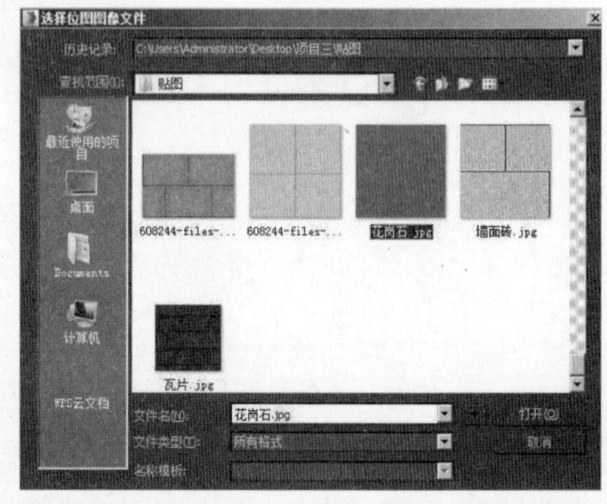

图 3-48

由于花岗石材质其他特征（如凹凸属性、反射属性、高光属性）的调整方法与之前讲解的墙面砖材质类似，在下面的步骤中不再单独讲解，请读者参考提供的“项目三\场景文件\完成.max”文件进行练习。

利用该方法，快速完成“方块砖”“文化石”“踏步石”“白麻石”“地面砖”“黄麻石”“深咖啡大理石”等材质的制作，贴图坐标可以参考提供的“项目三\场景文件\完成.max”文件。

3）选择花岗石对象，进入“修改”面板，在“修改器列表”下拉列表框中选择添加“UVW贴图”修改器。展开“参数”卷展栏，在“贴图”选项组中单击“长方体”单选按钮，设置“长度”“宽度”“高度”均为500.0mm，参数设置如图3-49所示。

4）调整完成的花岗石材质的最终效果如图3-50所示。

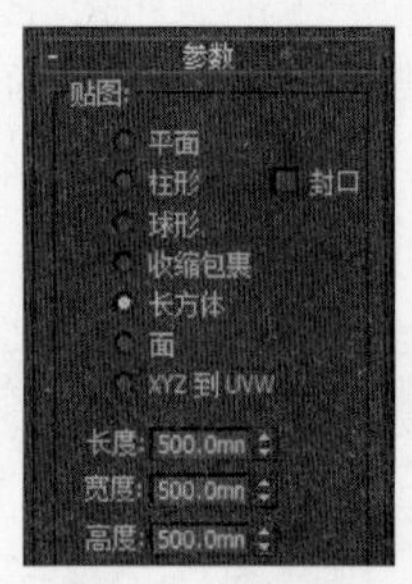

图 3-49

图 3-50

4. 设置木地板材质

1）在“材质编辑器”面板中激活木地板材质，展开“基本参数”卷展栏，单击“漫反射”右侧的按钮■，在弹出的“材质/贴图浏览器”对话框中选择“标准”卷展栏中的

“位图”贴图，如图3-51所示，单击“确定”按钮。

2）在弹出的“选择位图图像文件”对话框中选择“项目三\贴图\木地板.jpg”文件，如图3-52所示，单击“确定”按钮。

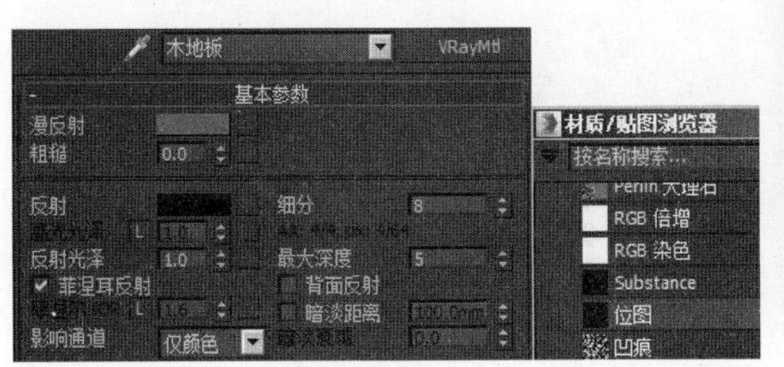

图 3-51

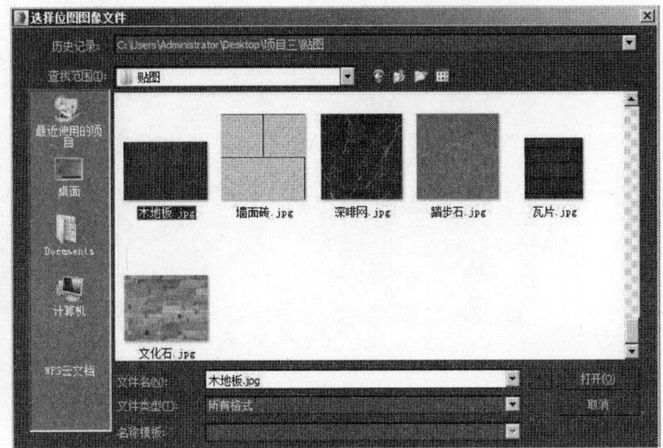

图 3-52

3）单击“视口中显示明暗处理材质”按钮，使贴图在场景中正确显示。单击“转到父对象”按钮，返回上级面板。单击“反射”右侧的色块，在弹出的“颜色选择器”对话框中设置颜色为灰色，参数设置如图3-53所示，单击“确定”按钮。

4）单击“高光光泽”右侧的按钮解除锁定状态，设置“高光光泽”为0.5，“反射光泽”为0.8，“细分”为30，取消“菲涅耳反射”复选框的选中状态，参数设置如图3-54所示。

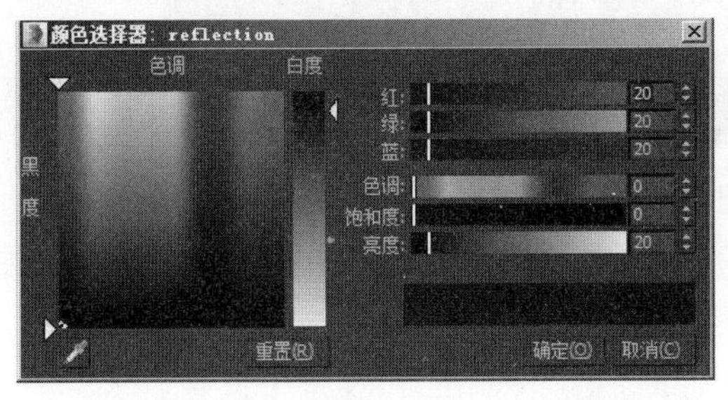

图 3-53

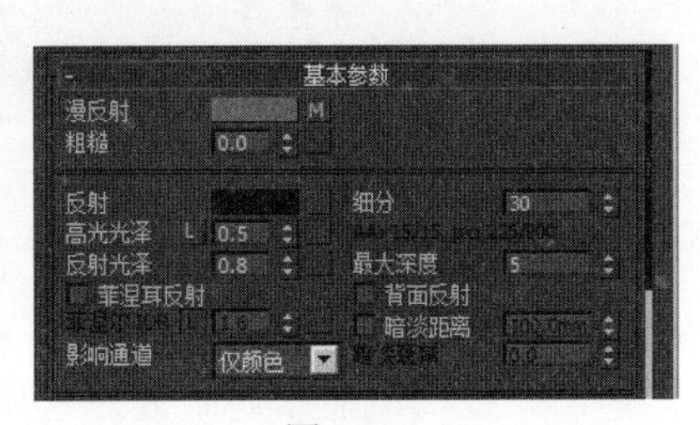

图 3-54

5）展开“贴图”卷展栏，将“漫反射”通道右侧的贴图拖动复制到“凹凸”通道右侧的按钮 无 上，在弹出的“复制（实例）贴图”对话框中单击“实例”单选按钮，单击“确定”按钮，参数设置如图3-55所示。

6）选择木地板对象，进入“修改”面板，在“修改器列表”下拉列表框中选择添加“UVW贴图”修改器。展开“参数”卷展栏，在“贴图”选项组中单击“平面”单选按钮，设置“长度”为2000.0mm，“宽度”为1500.0mm，参数设置如图3-56所示。

7）调整完成的木地板材质的最终效果如图3-57所示。

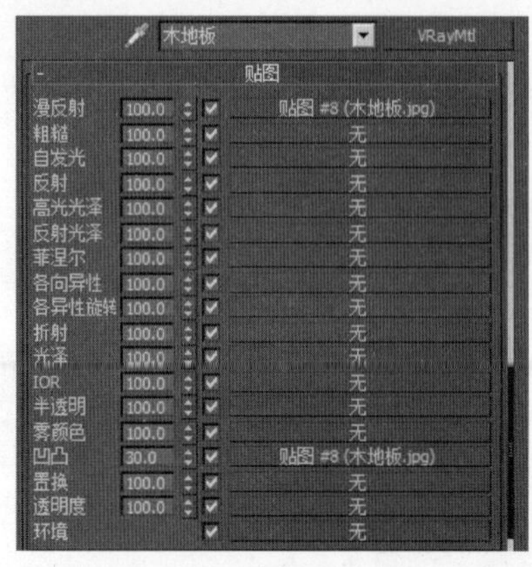

图 3-55

图 3-56

图 3-57

5. 设置卵石材质

1）在“材质编辑器”面板中激活卵石材质，展开“Blinn基本参数”卷展栏，单击“漫反射”右侧的按钮■，在弹出的“材质/贴图浏览器”对话框中选择“标准”卷展栏中的“位图”贴图，如图3-58所示，单击“确定”按钮。

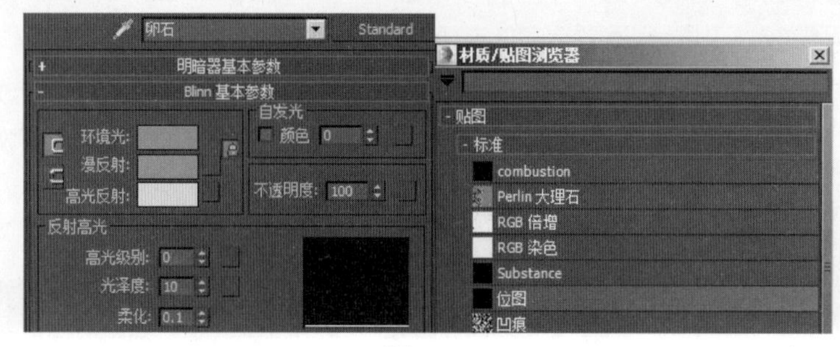

图 3-58

2）在弹出的“选择位图图像文件”对话框中选择“项目三\贴图\卵石.jpg”文件，如图3-59所示，单击“打开”按钮。

3）单击“视口中显示明暗处理材质”按钮■，使贴图在场景中正确显示。单击“转到父对象”按钮■，返回上级面板。在“反射高光”选项组中设置“高光级别”和“光泽度”均为20，参数设置如图3-60所示。

4）调整完成的卵石材质的最终效果如图3-61所示。

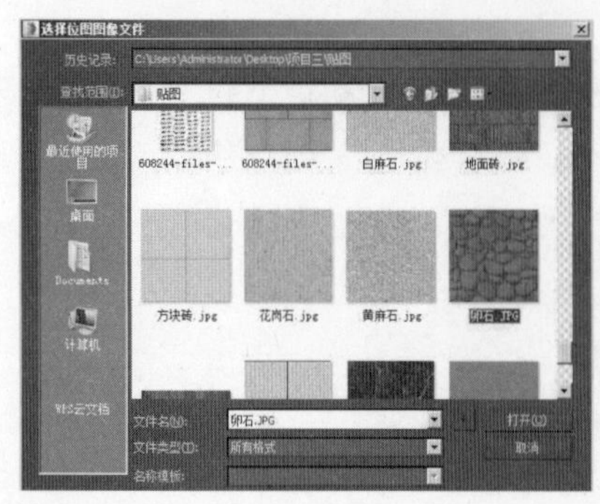

图 3-59

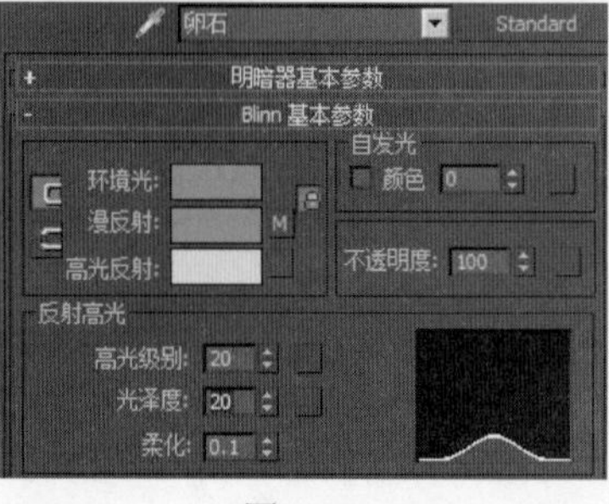

图 3-60

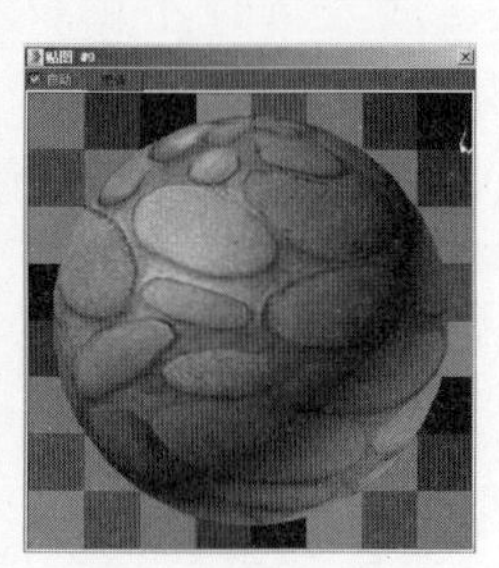

图 3-61

6. 设置草坪材质

1）在“材质编辑器”面板中激活草坪材质，展开“Blinn基本参数”卷展栏，单击“漫反射”右侧的按钮，在弹出的“材质/贴图浏览器”对话框中选择“标准”卷展栏中的“位图”贴图，如图3-62所示，单击“确定”按钮。

2）在弹出的“选择位图图像文件”对话框中选择“项目三\贴图\草坪.jpg”文件，如图3-63所示，单击“打开”按钮。

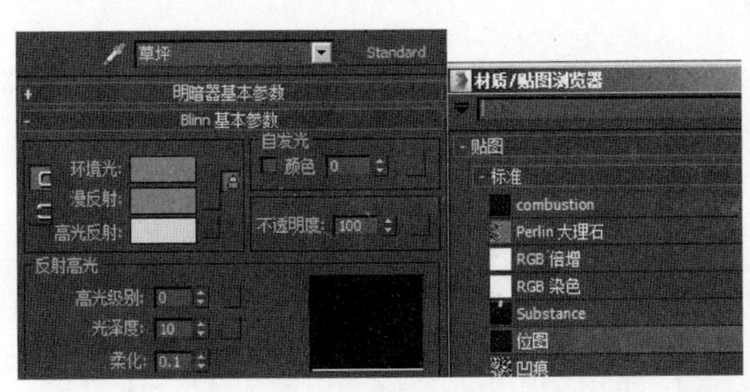

图 3-62

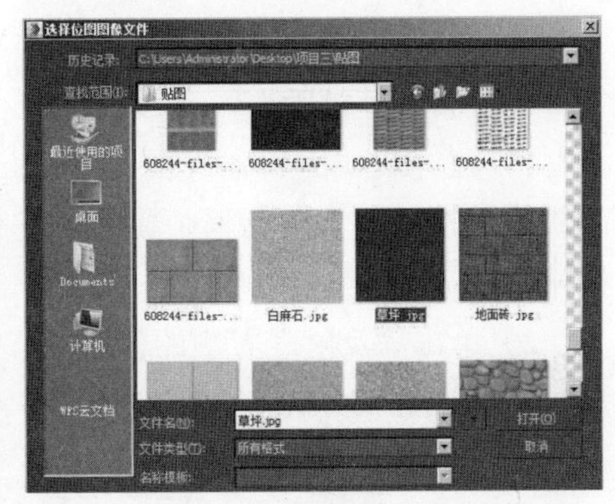

图 3-63

3）单击“视口中显示明暗处理材质”按钮，使贴图在场景中正确显示。单击“转到父对象”按钮，返回上级面板。在“反射高光”选项组中设置“高光级别”为15，“光泽度”为20，参数设置如图3-64所示。

4）选择草坪对象，进入“修改”面板，在“修改器列表”下拉列表框中选择添加“UVW贴图”修改器。展开“参数”卷展栏，在“贴图”选项组中单击“长方体”单选按钮，设置“长度”“宽度”“高度”均为2000.0mm，参数设置如图3-65所示。

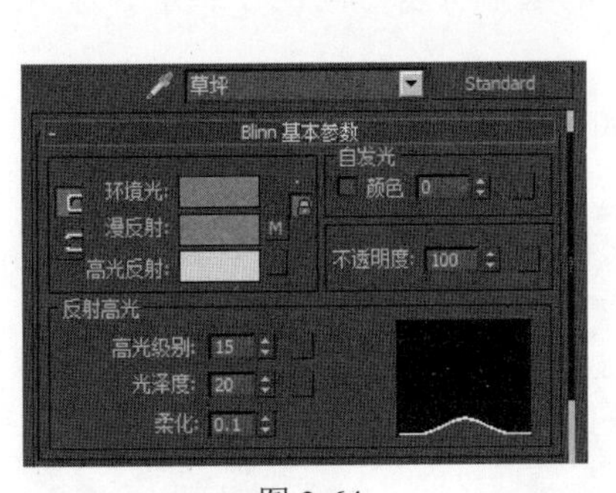

图 3-64

图 3-65

5）展开“贴图”卷展栏，将“漫反射”通道右侧的贴图拖动复制到“凹凸”通道右侧的按钮 无 上，在弹出的“复制（实例）贴图”对话框中单击“实例”单选按钮，如图3-66所示，单击“确定”按钮完成贴图的复制。

6）调整完成的草坪材质的最终效果如图3-67所示。

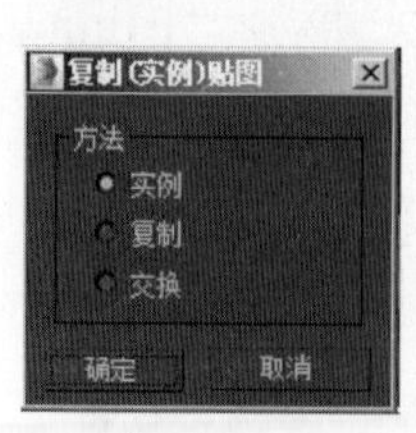

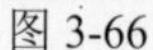
图 3-66

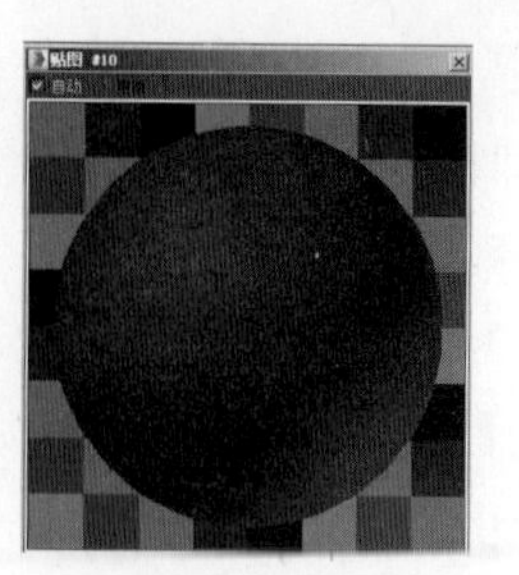
图 3-67

7. 设置窗框材质

1）在“材质编辑器”面板中激活窗框材质，单击“漫反射”右侧的色块，在弹出的“颜色选择器”对话框中设置颜色为蓝黑色，参数设置如图3-68所示，单击“确定”按钮。

2）单击“反射”右侧的色块，在弹出的“颜色选择器”对话框中设置颜色为灰色，参数设置如图3-69所示，单击“确定”按钮。

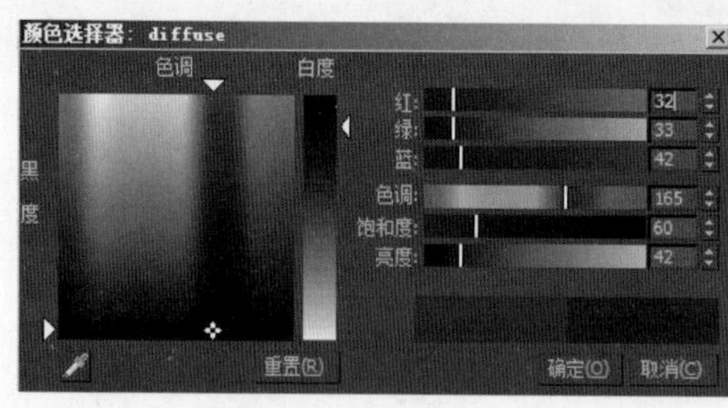

图 3-68

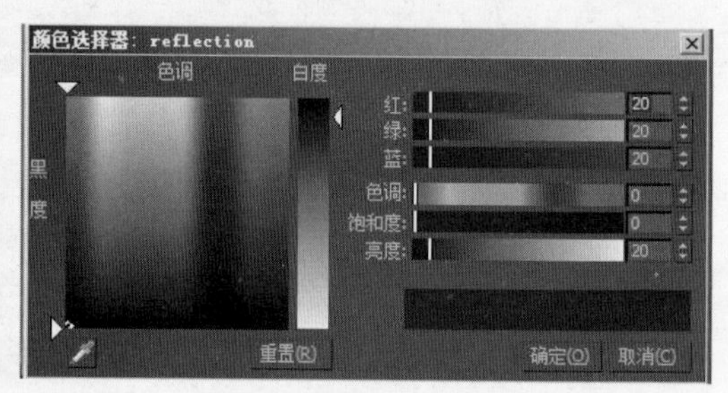

图 3-69

3）单击“高光光泽”右侧的按钮L解除锁定状态，设置“高光光泽”为0.6，“反射光泽”为0.9，取消“菲涅耳反射”复选框的选中状态，设置“细分”为20，参数设置如图3-70所示。

4）调整完成的窗框材质的最终效果如图3-71所示。

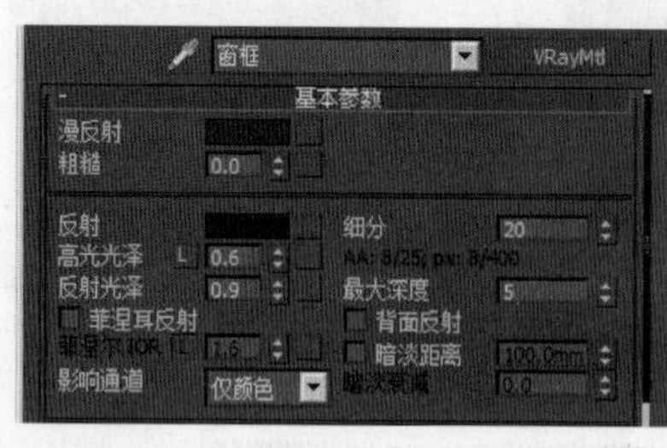

图 3-70

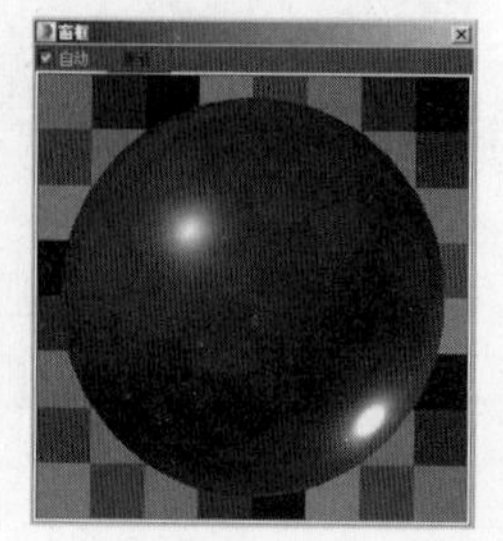

图 3-71

8. 设置玻璃材质

1）在“材质编辑器”面板中激活玻璃材质，单击“漫反射”右侧的色块，在弹出的“颜色选择器”对话框中设置颜色为偏蓝的灰色，参数设置如图3-72所示，单击“确定”按钮。

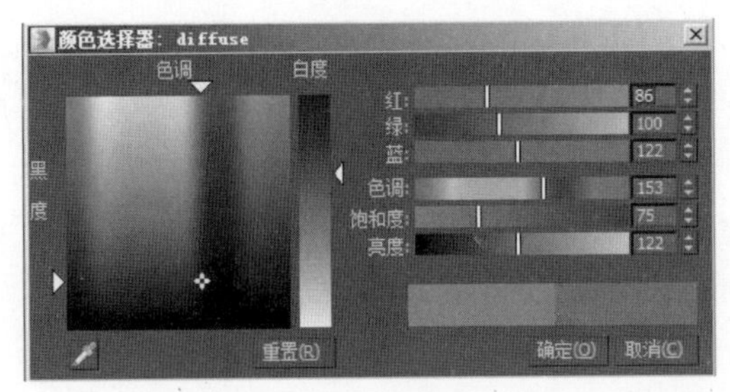

图 3-72

2）单击“反射”右侧的按钮■，在弹出的“材质/贴图浏览器”对话框中选择“标准”卷展栏中的“衰减”贴图，如图3-73所示，单击“确定”按钮。

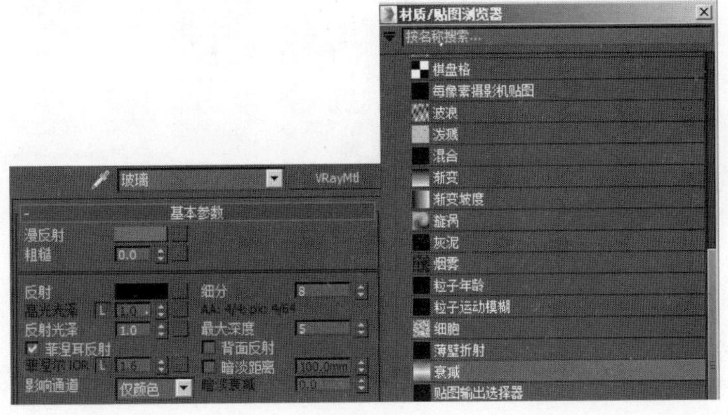

图 3-73

3）单击“转到父对象”按钮，返回上级面板。取消“菲涅耳反射”复选框的选中状态，参数设置如图3-74所示。

4）单击“折射”右侧的色块，在弹出的“颜色选择器”对话框中设置颜色为灰色，参数设置如图3-75所示，单击“确定”按钮。

5）调整完成的玻璃材质的最终效果如图3-76所示。

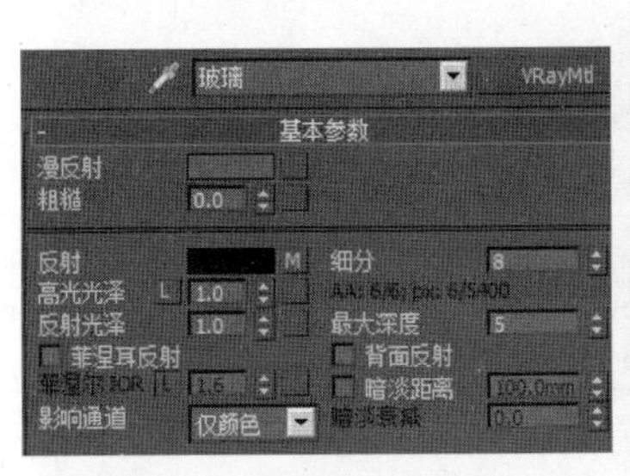

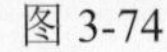

图 3-74

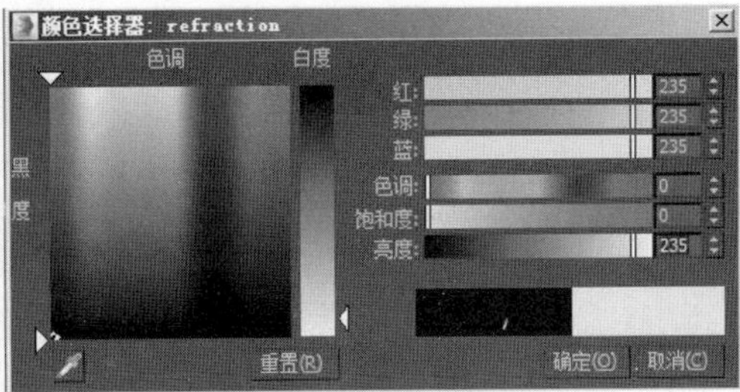

图 3-75

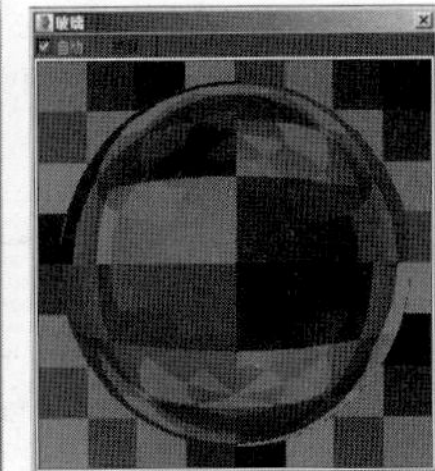

图 3-76

玻璃材质的调整方法非常简单。玻璃同时具有反射和折射两种属性。一般将“漫反射”的颜色设置为灰色；在“反射”通道中可以添加衰减贴图以模拟菲涅耳反射的效果；在“折射”通道中通常设置一种偏白的颜色，因为颜色越趋向于白色，表示折射越强，玻璃就越透明，也可以在“折射”通道中添加衰减贴图以控制折射强度的衰减变化。

9. 设置球天材质

1）在“材质编辑器”面板中激活球天材质，在“材质编辑器”面板中单击“漫反射”右侧的按钮■，在弹出的“材质/贴图浏览器”对话框中选择“标准”卷展栏中的“位图”贴图，如图3-77所示，单击“确定”按钮。

2）在弹出的“选择位图图像文件”对话框中选择“项目三\贴图\球天.jpg”文件，如图3-78所示，单击“打开”按钮。

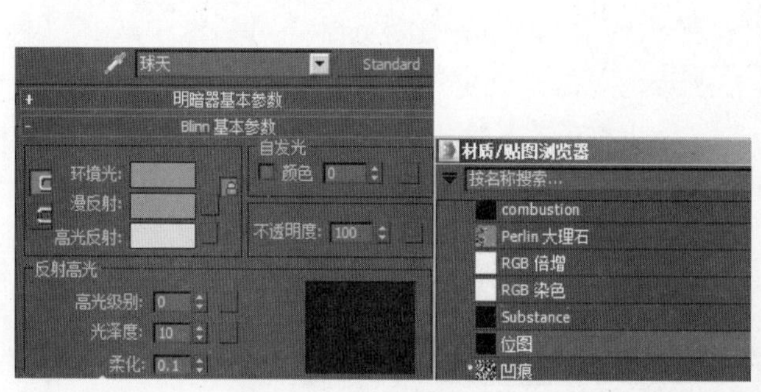

图 3-77

图 3-78

3）展开“位图参数”卷展栏，在“裁剪/放置”选项组中单击“查看图像”按钮，在弹出的“指定裁剪/放置”面板中确定贴图的裁剪范围，如图3-79所示。

4）在“位图参数”卷展栏中选中“应用”复选框，使贴图的裁剪生效，参数设置如图3-80所示。

图 3-79

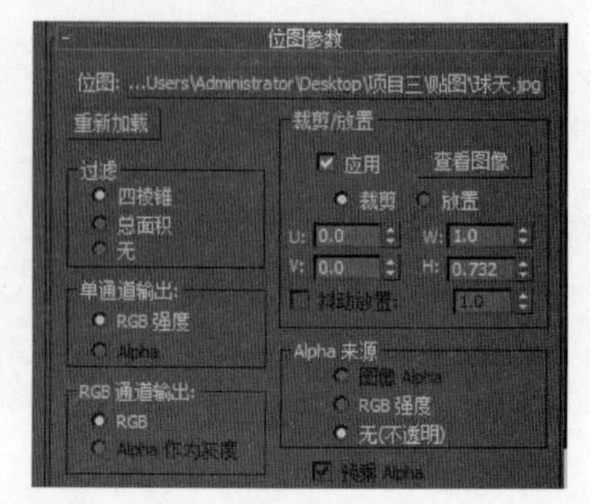

图 3-80

5）单击“视口中显示明暗处理材质”按钮■，使贴图在场景中正确显示。单击“转到父对象”按钮■，返回上级面板。在“自发光”选项组中设置“颜色”右侧的数值为100；设置“不透明度”为20，参数设置如图3-81所示。

6）展开“贴图”卷展栏，将“漫反射颜色”通道右侧的贴图拖动复制到“反射”通道右侧的按钮 无 上，在弹出的“复制（实例）贴图”对话框中单击“实例”单选按钮，如图3-82所示，单击“确定”按钮完成贴图的复制。

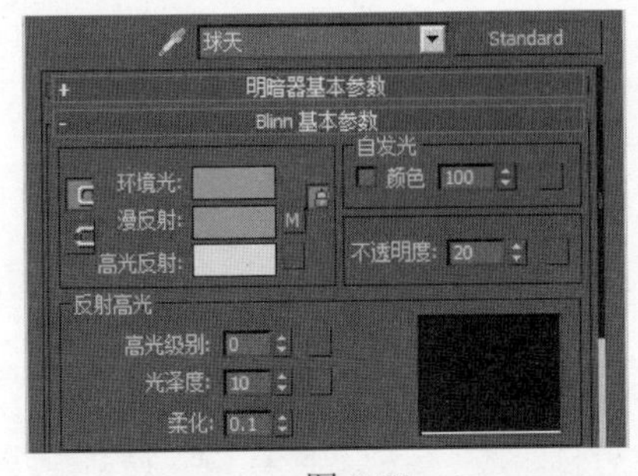

图 3-81

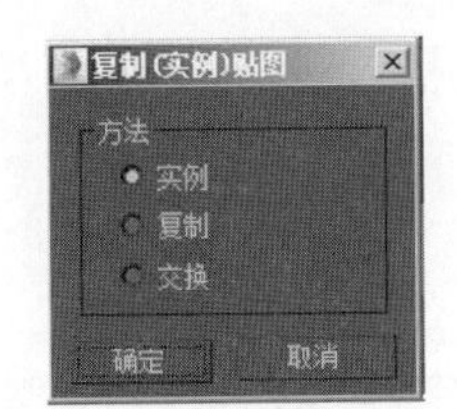

图 3-82

7）设置“反射”的“数量”为68，使球天在最终渲染时更加明亮，参数设置如图3-83所示。

8）选择球天对象，进入“修改”面板，在“修改器列表”下拉列表框中选择添加“UVW贴图”修改器。展开“参数”卷展栏，在“贴图”选项组中单击“柱形”单选按钮，参数设置如图3-84所示。

9）调整完成的球天材质的最终效果如图3-85所示。

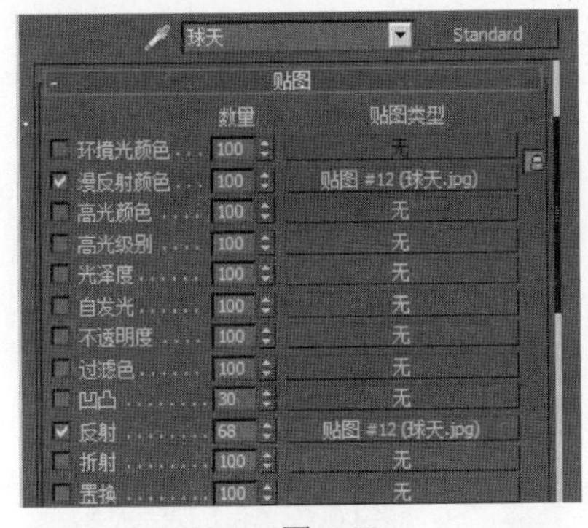

图 3-83

图 3-84

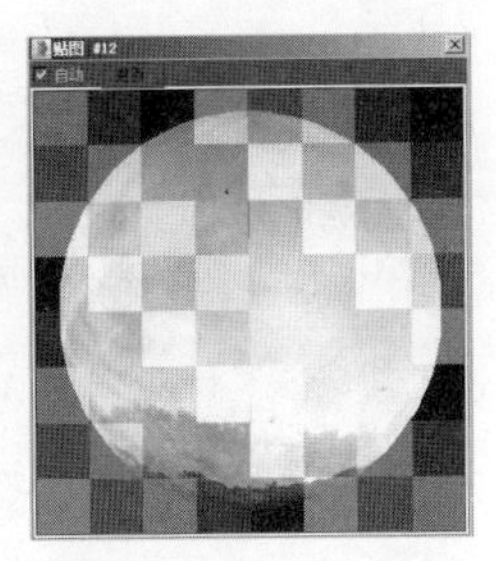

图 3-85

在建筑效果图中表现场景环境，除了在“环境和效果”面板中添加环境贴图外，也可以采用三维球天模型。在建模时应使球天的范围足够大，以容纳需要重点表现的所有对象；通常为其指定高分辨率的球天贴图，配合自发光材质，使其表现出天空的光照效果。球天模型能够为场景补充一个非常好的反射和折射环境，使场景中的材质更具有质感，灯光的反弹也更加充分。

10. 合并素材模型并完善场景环境

1）单击3ds Max界面中的按钮，在弹出的面板中执行“导入”→“合并”命令，如图3-86所示。

2）在弹出的“合并文件”对话框中选择“项目三\场景文件\素材.max”文件，如图3-87所示，单击“打开”按钮。

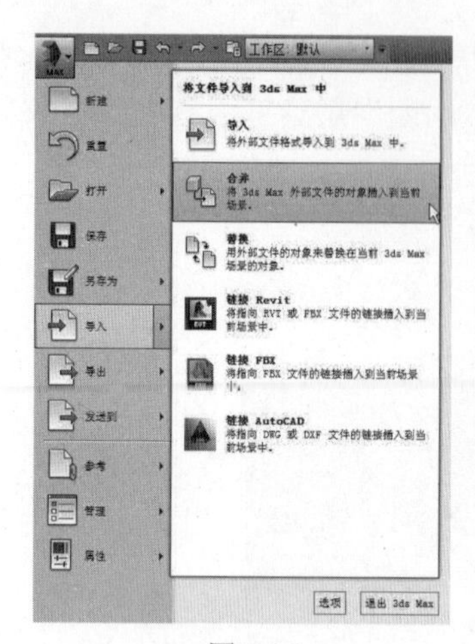

图 3-86

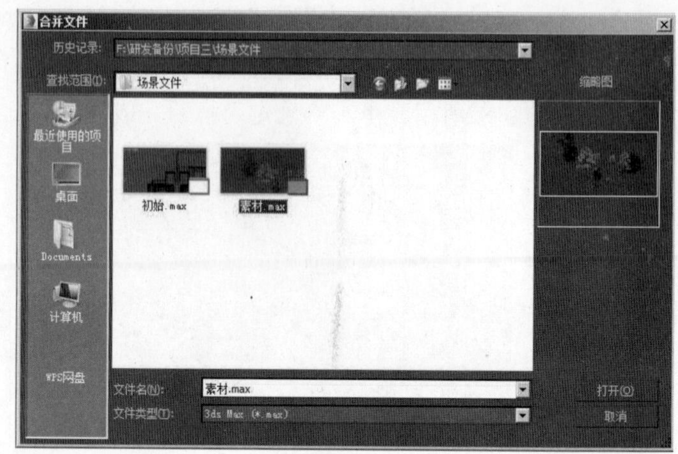

图 3-87

3）在弹出的“合并”对话框中选择全部模型，如图3-88所示，单击“确定”按钮。

4）按快捷键8弹出“环境和效果”面板，如图3-89所示。

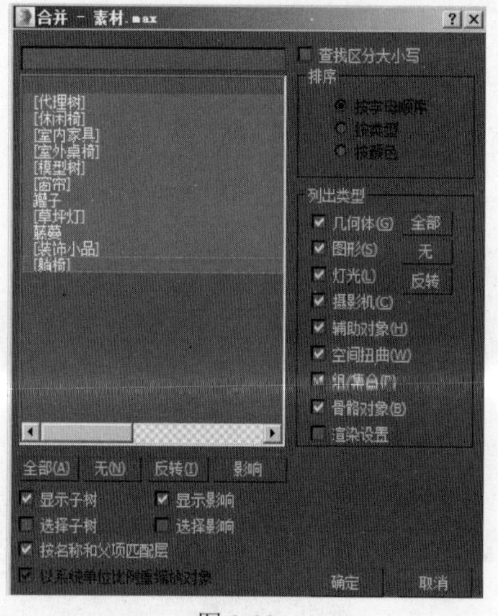

图 3-88

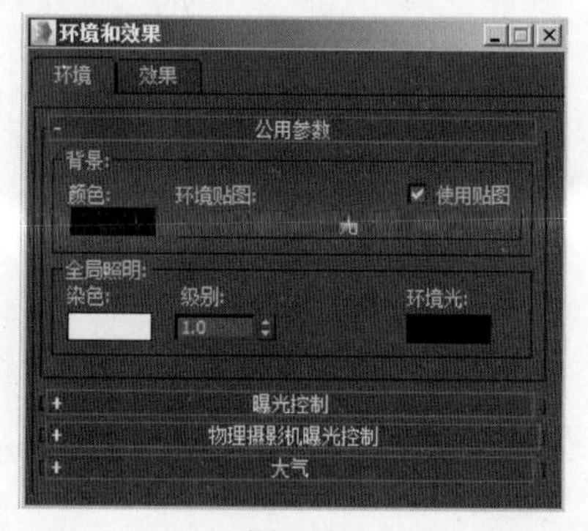

图 3-89

5）在“背景”选项组中单击按钮 无 ，在弹出的“材质/贴图浏览器”对话框中选择“标准”卷展栏中的“混合”贴图，如图3-90所示，单击“确定”按钮。

6）按快捷键M弹出“材质编辑器”面板，将刚才创建的“混合”贴图拖动到一个空白的材质示例球上，在弹出的“实例（副本）贴图”对话框中单击“实例”单选按钮，如图3-91所示，单击“确定”按钮完成贴图的复制。

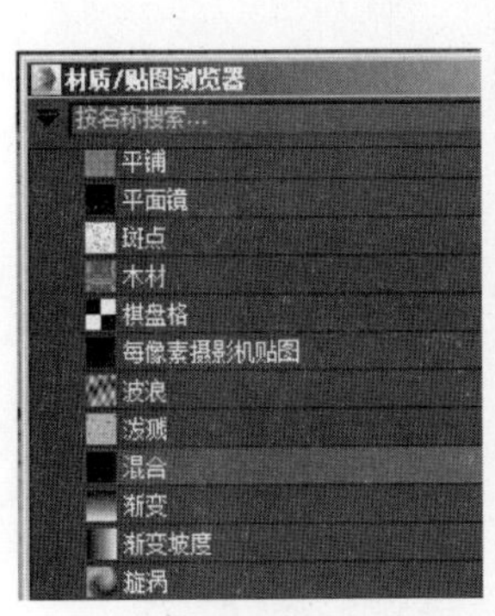

图 3-90

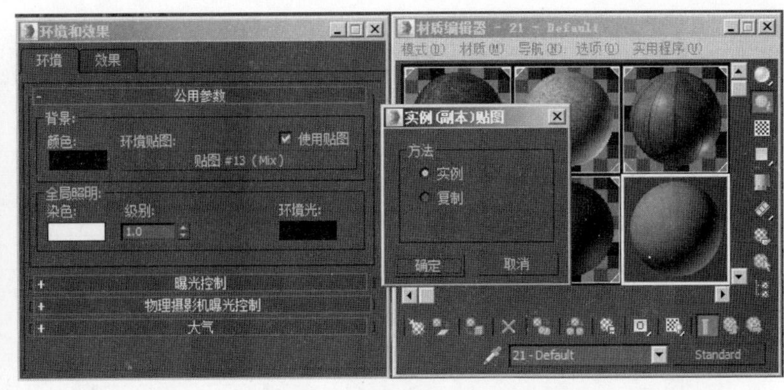

图 3-91

7）展开“混合参数”卷展栏，单击“颜色#1”右侧的按钮 无 ，在弹出的“材质/贴图浏览器”对话框中选择“V-Ray”卷展栏中的“VRayHDRI”贴图，如图3-92所示，单击“确定”按钮。

图 3-92

8）展开“参数”卷展栏，单击“位图”右侧的按钮，在弹出的“选择HDR图像”对话框中选择“项目三\贴图\环境天空.hdr”文件，如图3-93所示，单击“打开”按钮。

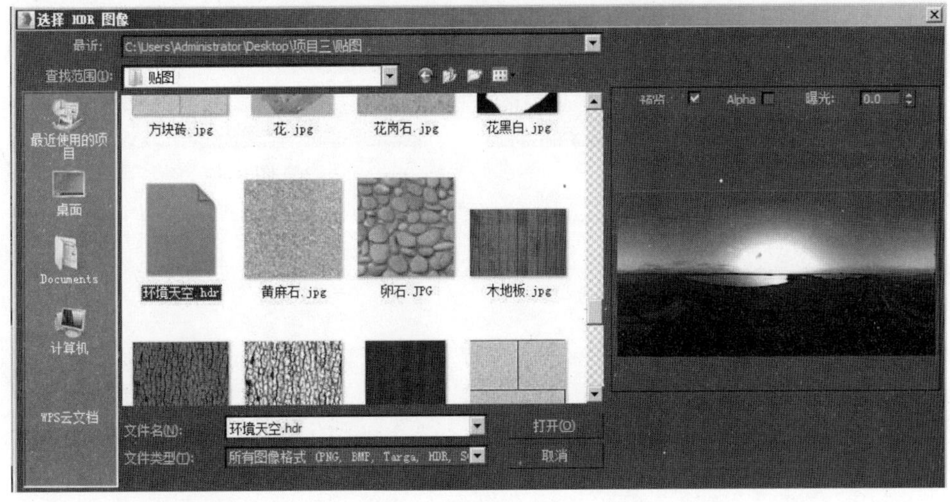

图 3-93

9）在“贴图”选项组中展开“贴图类型”下拉列表框，选择“球形”选项，设置“水平旋转”为-652.0；在“处理”选项组中设置“全局倍增”为1.3，参数设置如图3-94所示。

10）单击“转到父对象”按钮，回到上级面板。单击“颜色#2”右侧的色块，在弹出的“颜色选择器”对话框中设置颜色为紫色，参数设置如图3-95所示，单击“确定”按钮。

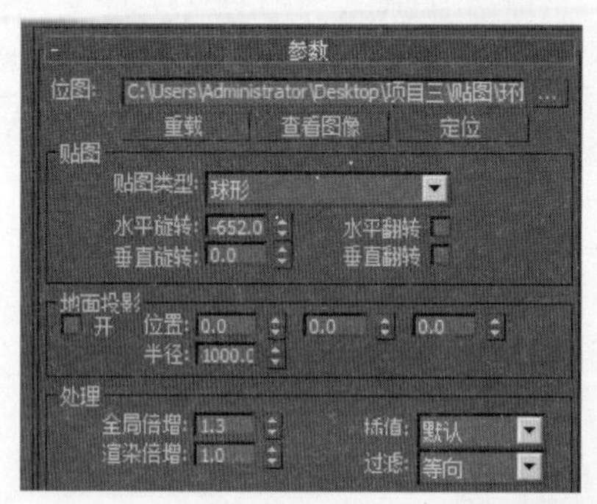

图 3-94

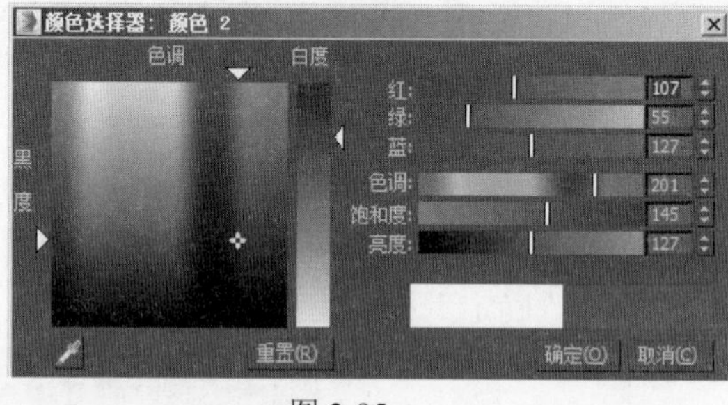

图 3-95

11）在“混合参数”卷展栏中设置“混合量”为30.0，参数设置如图3-96所示。

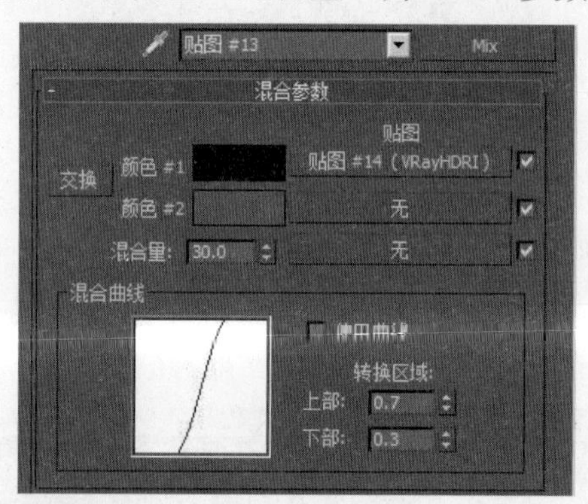

图 3-96

HDRI的中文全称为“高动态范围图像”。有别于传统的JPG、BMP、TIFF等文件格式，在HDRI文件格式内部除了包含像素信息外，还保存有特殊的光照信息。这些信息配合高级渲染器（如VRay、mental ray等）中的全局光照功能，可以使天光或材质环境的表现更加真实。在本项目案例中添加HDRI的目的，是希望充分利用这些光照信息，以产生更加真实的天光照明。

混合（mix）贴图的作用是将两种颜色或两幅图像进行混合。其中，“混合量”是指“颜色#2”的含量。在本项目案例中，设置“颜色#2”为一种紫色且设置“混合量”为30.0，表示环境贴图的最终效果是由30%的紫色+70%的HDRI贴图融合而成的，这张贴图配合GI引擎，可以产生全局光照，以模拟黄昏天光的照明效果，请读者仔细体会。

12）按快捷键C激活摄影机视图，场景的最终完成效果如图3-97所示。

图 3-97

任务三　最终渲染设置

1. 设置渲染输出参数

1）按快捷键F10弹出“渲染设置”面板。在“公用”选项卡中展开“公用参数”卷展栏，在“输出大小”选项组中设置“宽度”为2000，“高度”为1200，单击锁定“图像纵横比”，参数设置如图3-98所示。

2）切换到“V-Ray”选项卡，展开“全局开关”卷展栏，参数设置如图3-99所示。

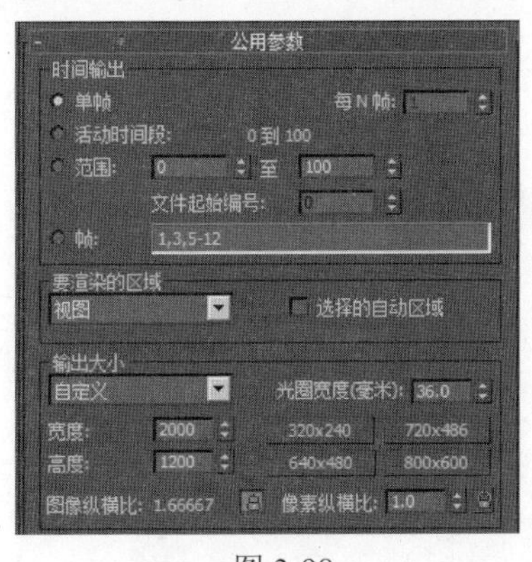

图 3-98

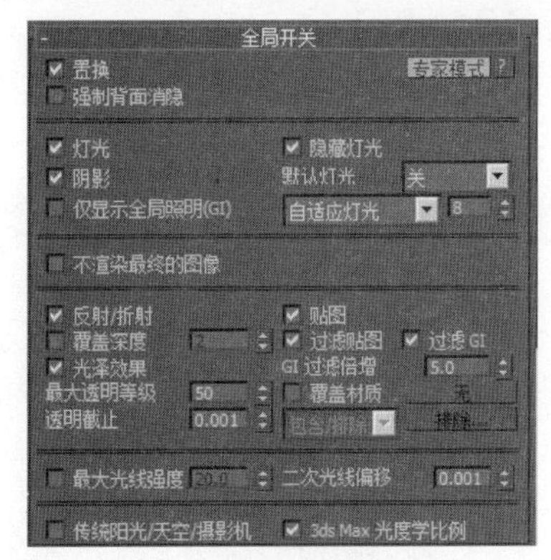

图 3-99

3）设置“图像采样（抗锯齿）”卷展栏、“图像过滤”卷展栏、“块图像采样器”卷展栏中的参数，如图3-100所示。

4）设置“全局DMC”卷展栏、“颜色贴图”卷展栏中的参数，如图3-101所示。

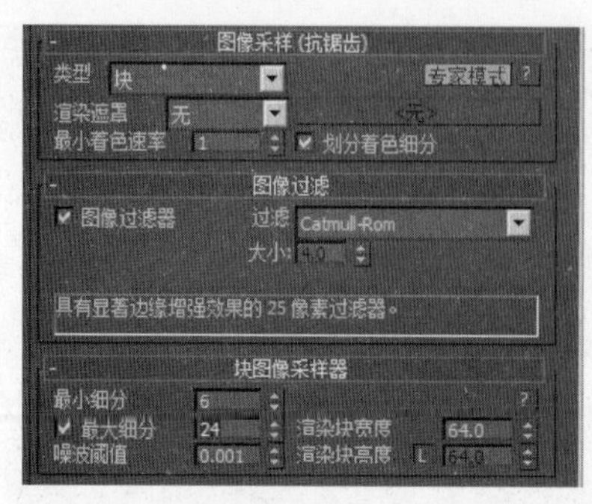

图 3-100

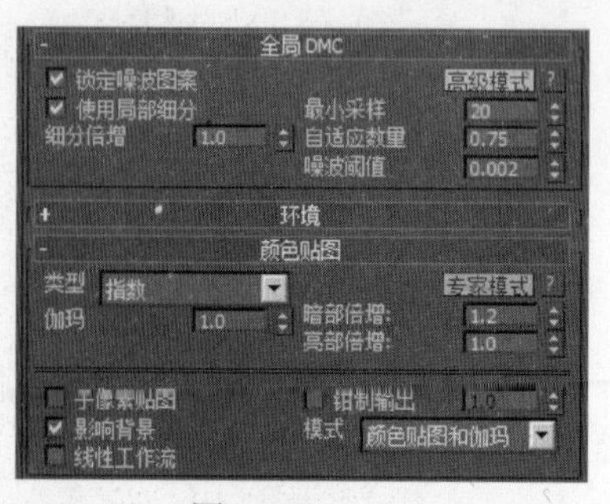

图 3-101

·暗部倍增：用于控制图像暗部区域像素的亮度。数值大于1时，图像变亮；数值小于1时，图像变暗。

·亮部倍增：用于控制图像亮部区域像素的亮度。数值大于1时，图像变亮；数值小于1时，图像变暗。

5）切换到“GI”选项卡，设置“全局光照”卷展栏、“灯光缓存”卷展栏、“发光贴图”卷展栏中的参数，如图3-102所示。至此，正式渲染输出参数设置完毕。

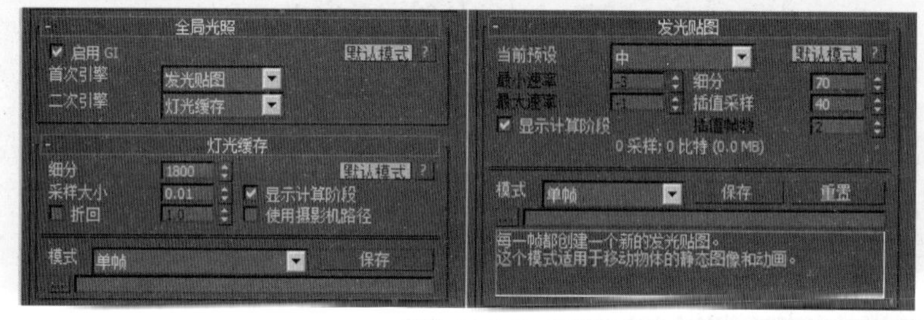

图 3-102

2. 渲染成品效果图

确认当前视图为摄影机视图，按快捷键Shift＋Q，对当前场景进行渲染，成品效果如图3-103所示。保存该文件，将其命名为“项目三\效果文件\初始.jpg”。

图 3-103

任务四　效果图精修

1. 打开文件

1）启动Adobe Photoshop软件。

2）执行“文件”→“打开”命令，在弹出的“打开”对话框中选择“项目三\效果文件\初始.jpg”文件，如图3-104所示，单击“打开”按钮。

图 3-104

2. 调整亮度/对比度

执行“图像”→“调整”→“亮度/对比度”命令，在弹出的“亮度/对比度”对话框中设置“亮度”为23，“对比度”为28，参数设置如图3-105所示，单击“确定”按钮，以改善画面的层次和亮度。

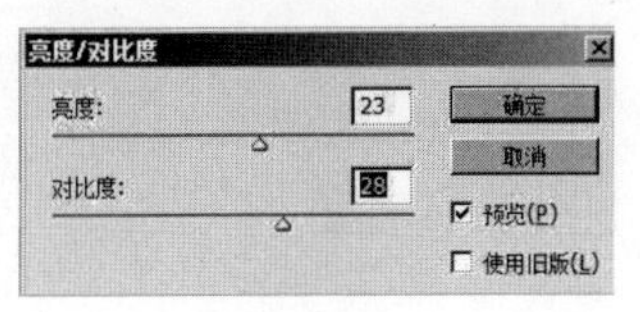

图 3-105

3. 调整色相/饱和度

执行“图像”→“调整”→“色相/饱和度”命令，在弹出的“色相/饱和度”对话框中设置“饱和度”为20，参数设置如图3-106所示，单击“确定”按钮，以略微提升画面的色彩饱和度，使其更具有黄昏的氛围。

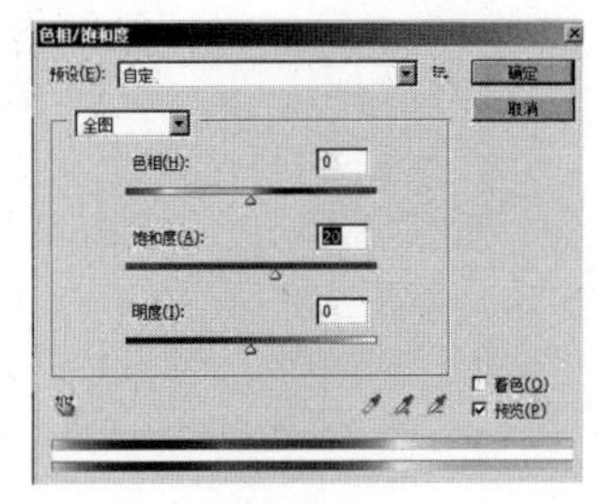

图 3-106

4. 营造黄昏氛围

1）选择“背景”图层，按快捷键Ctrl+J，生成副本图层“图层1”，如图3-107所示。

2）执行“滤镜”→“模糊”→“高斯模糊”命令，在弹出的“高斯模糊”对话框中设置“半径”为5像素，参数设置如图3-108所示，单击“确定”按钮。

3）在“图层”面板中设置“图层1”的混合模式为“柔光”，“不透明度”为25%，参数设置如图3-109所示。

图 3-107

图 3-108

图 3-109

至此，本项目案例“静谧黄昏”已经全部完成，最终效果如图3-110所示。

图 3-110

视频文件

视频文件

视频文件

夜景别墅

项目目标

本项目案例是一个私人别墅夜景效果图的表现方案，制作的难点在于环境天空的把握和夜景灯光的塑造，通过室内外冷暖色彩的强烈对比，突出夜景表现这一主题；场景环境以冷色为主基调，简洁而美观，与别墅室内灯光照明融为一体，形成和谐、错落有致的整体亮化布局。

技能要点

◎ IES光域网文件：理解光域网文件的概念，并正确掌握其使用方法。
◎ 掌握夜景室内灯光的布置方法，理解近距衰减和远距衰减的含义。
◎ 平铺贴图：理解并掌握平铺贴图的含义及其设置技巧。
◎ 渲染帧窗口（VFB）：掌握VRay渲染器自带的渲染帧窗口（VFB）的使用方法及其注意事项。

效果欣赏

配套文件

任务一　设置测试渲染参数

1. 创建摄影机

1）打开“项目四\场景文件\初始.max”文件，效果如图4-1所示。

图 4-1

2）按快捷键T激活顶视图，按快捷键Alt＋W将视图最大化显示，效果如图4-2所示。

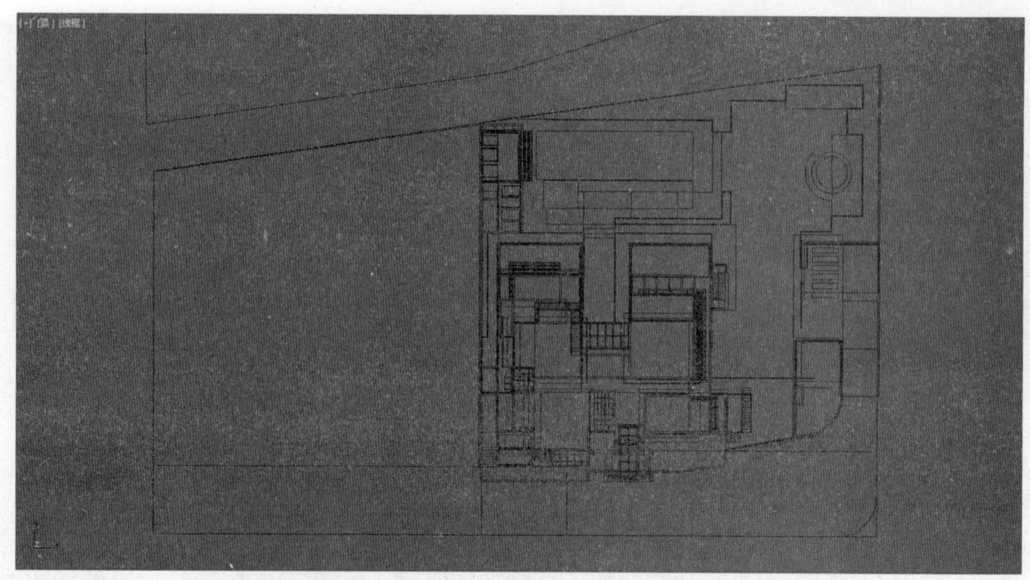

图 4-2

3）进入“创建”面板，切换到“摄影机”选项卡，在其下拉列表框中选择“标准”选项，单击“物理”按钮，在视图中创建一架目标摄影机，效果如图4-3所示。

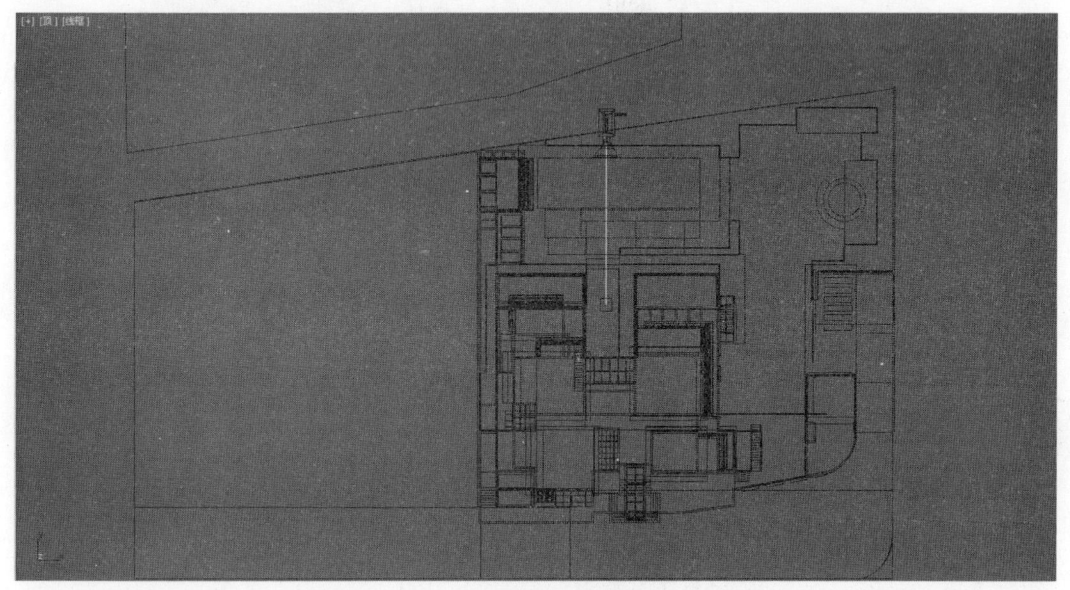

图 4-3

4）按快捷键L激活左视图，单击主工具栏中的“选择并移动”按钮，选择刚才创建的摄影机，将其沿y轴向上提升一定的高度，按快捷键G取消栅格显示，效果如图4-4所示。

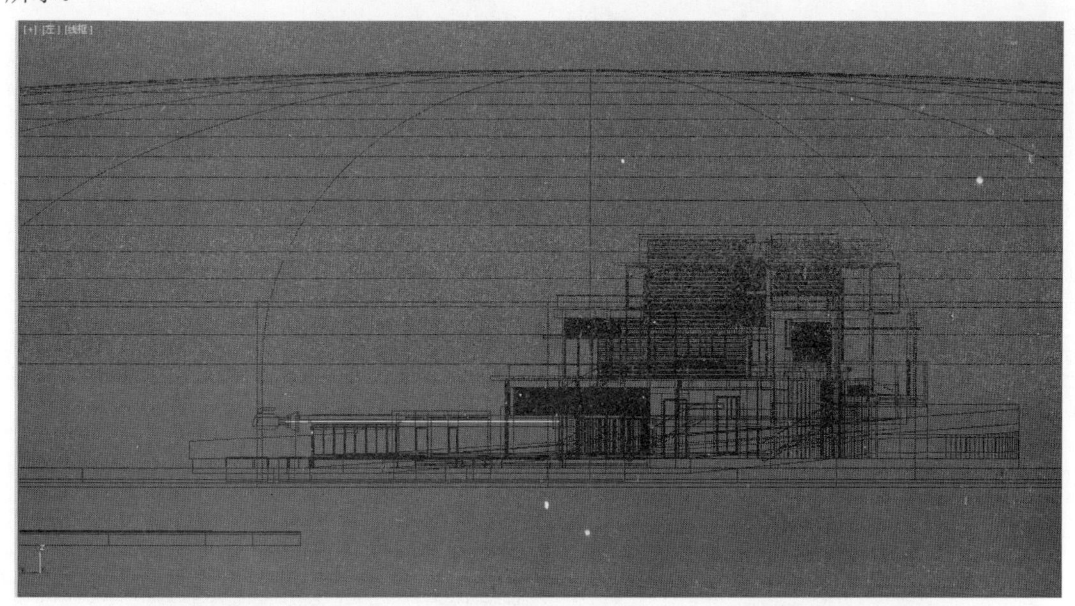

图 4-4

5）选择摄影机的目标点，将其沿y轴再向上提升一定的高度，效果如图4-5所示。

图 4-5

6）选择摄影机，进入“修改”面板。展开“物理摄影机”卷展栏，在“胶片/传感器”选项组中设置“宽度”为20.0毫米，在“镜头”选项组中设置“焦距”为7.2毫米，参数设置如图4-6所示。展开“透视控制”卷展栏，选中“自动垂直倾斜校正”复选框，参数设置如图4-7所示。

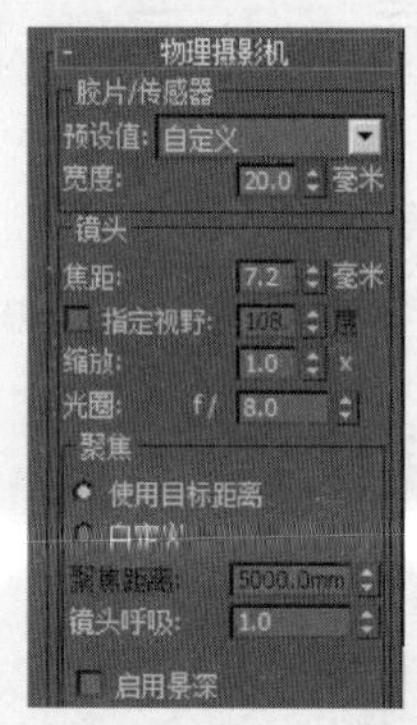

图 4-6

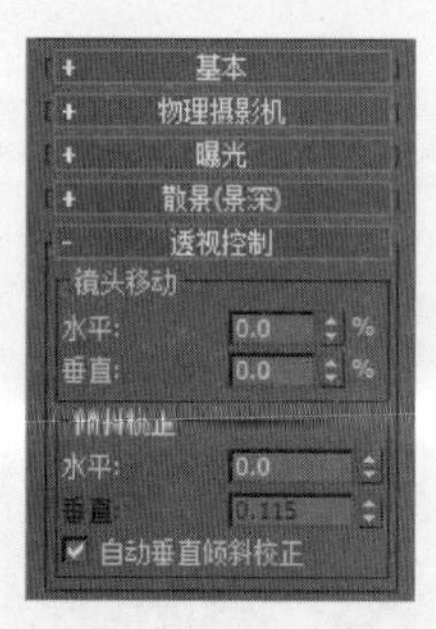

图 4-7

7）按快捷键C激活摄影机视图，效果如图4-8所示。

图 4-8

摄影机的布置在效果图表现中是非常基础也是非常重要的一环。摄影机的布置要点如下。

（1）应将场景中的主体对象、重点对象以最佳的观察角度呈现在观者面前。

（2）布置完成后的主体对象一般应居于画面的视觉中心，以突出主题。

（3）应根据场景表现的实际情况选择纵向或横向构图，当需要表现的对象很高时（如高层商业楼盘、古建宝塔等），可尝试采用纵向构图形式。纵向构图参考示例如图4-9所示。

图 4-9

（4）可通过按快捷键F10，在弹出的“渲染设置”面板中完成构图比例的设置。

2. 设置测试渲染参数

1）按快捷键F10弹出“渲染设置”面板，如图4-10所示。

2）在“公用”选项卡中展开“公用参数”卷展栏，在“输出大小”选项组中设置“宽度”为600，“高度”为375，单击锁定“图像纵横比”，参数设置如图4-11所示。

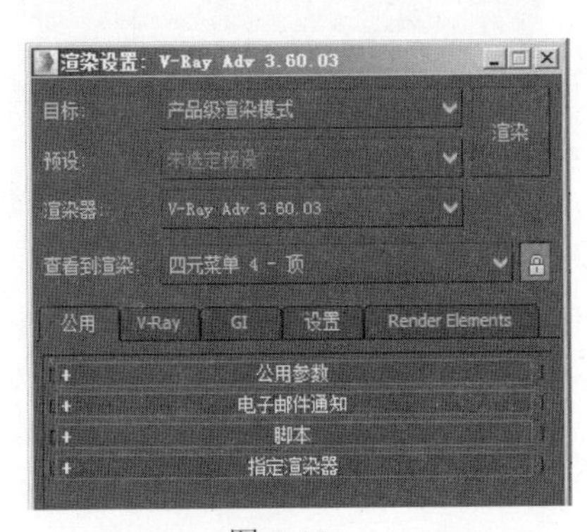

图 4-10

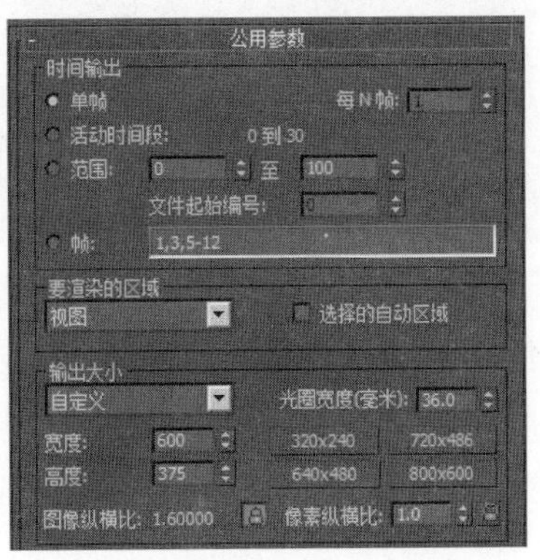

图 4-11

3）在“渲染输出”选项组中取消“渲染帧窗口”复选框的选中状态，参数设置如图4-12所示。

4）切换到“V-Ray”选项卡，展开“帧缓冲”卷展栏，选中“启用内置帧缓冲区（VFB）”复选框，此时系统会默认选中“内存帧缓冲区”和“从MAX获取分辨率”这两个复选框，参数设置如图4-13所示。

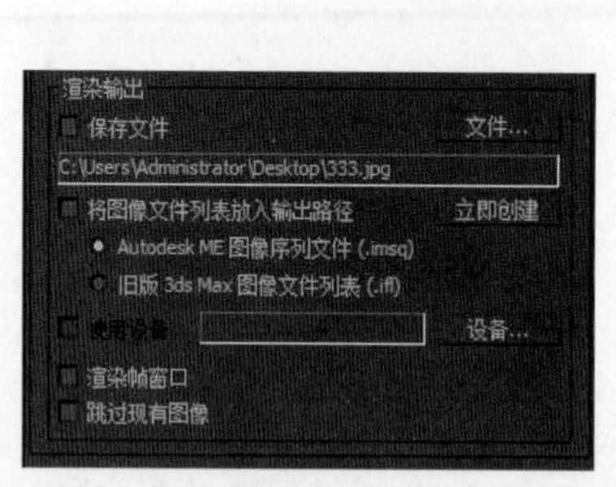

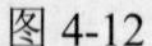
图 4-12

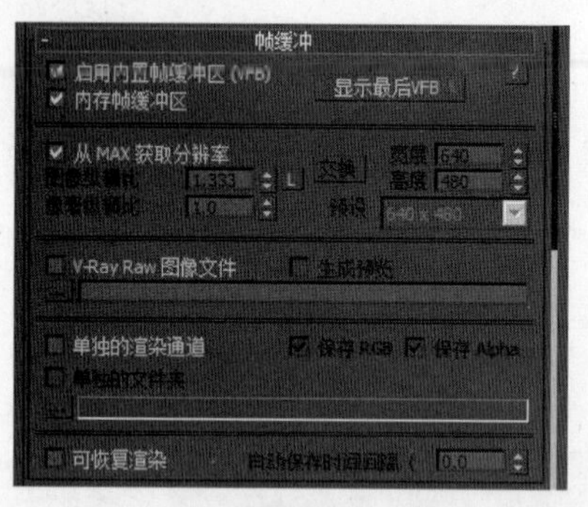

图 4-13

用户之所以可以观察到最终渲染效果，得益于3ds Max内置的“渲染帧窗口”。如果取消启用该窗口，当按快捷键Shift＋Q对场景进行渲染时，虽然后台计算正常进行，但用户将无法实时观察渲染效果。VRay渲染器也为用户内置了一个“渲染帧窗口”（英文简称为“VFB”）。这两种窗口都可以用于显示渲染效果，二者任选其一，不建议同时启用。

5）展开“全局开关”卷展栏，参数设置如图4-14所示。

6）展开“图像采样（抗锯齿）”卷展栏、“图像过滤”卷展栏和“块图像采样器”卷展栏，参数设置如图4-15所示。

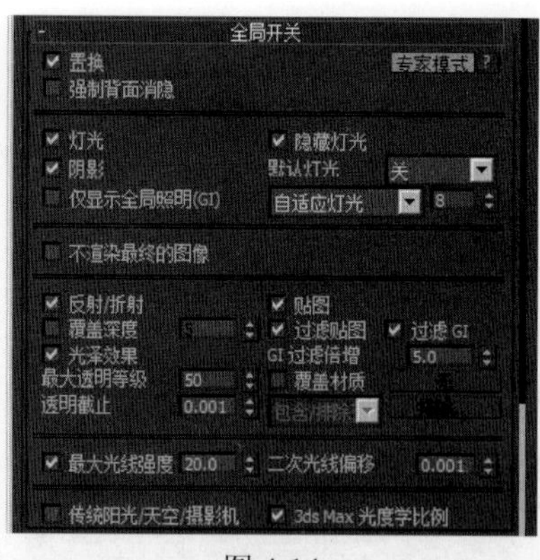

图 4-14

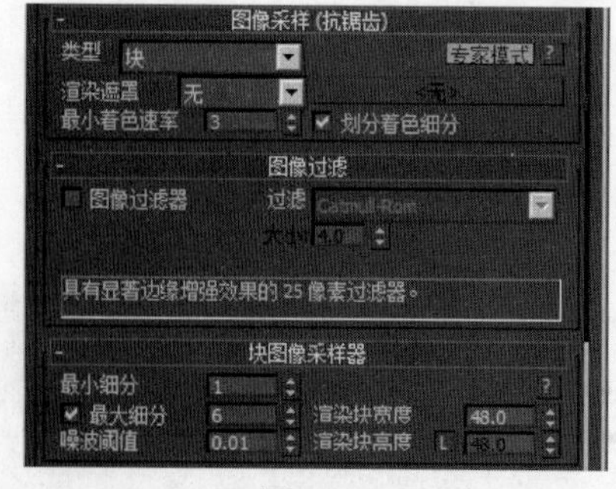

图 4-15

7）展开“全局DMC”卷展栏和“颜色贴图”卷展栏，参数设置如图4-16所示。

8）切换到“GI”选项卡，展开“全局光照”卷展栏、“发光贴图”卷展栏和“灯光缓存”卷展栏，参数设置如图4-17所示。至此，测试渲染参数设置完毕。

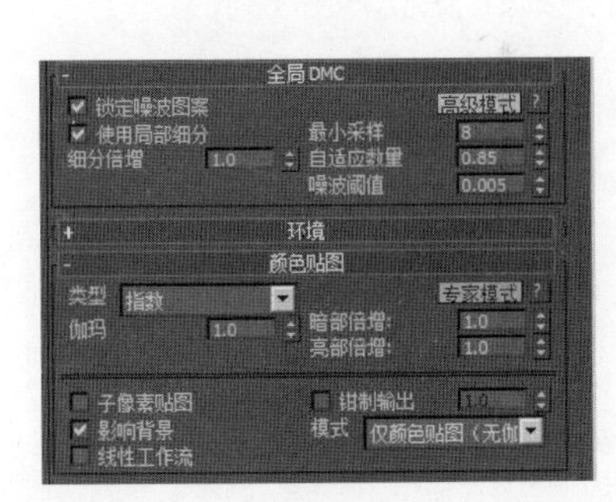

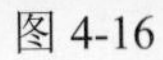
图 4-16

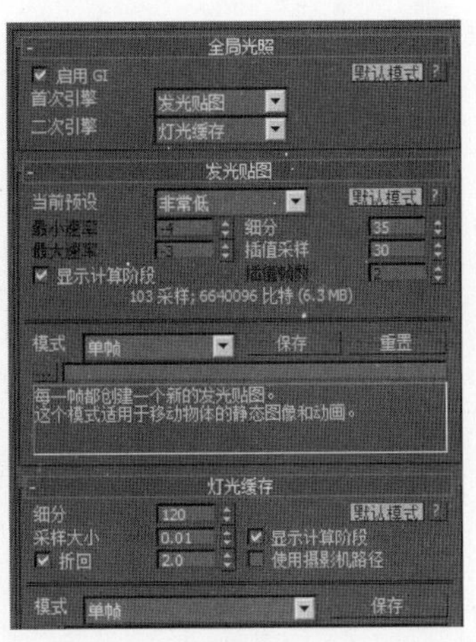

图 4-17

"全局DMC"卷展栏中的参数是用于决定渲染品质的重要参数。常用参数讲解如下。

- 最小采样：测试阶段保持默认设置；正式出图阶段建议将其设置为15～20，逻辑上，数值越大，出图品质越好，但时间也相应越长。
- 自适应数量：测试阶段保持默认设置；正式出图阶段建议将其设置为0.7～0.8。
- 噪波阈值：测试阶段保持默认设置；正式出图阶段建议将其控制在0.001～0.002之间，以消除图像的噪点。

任务二 设置场景灯光

1. 布置室内灯光阵列

1）按快捷键T激活顶视图，进入"创建"面板，切换到"灯光"选项卡，在其下拉列表框中选择"标准"选项，单击"泛光"按钮，在顶视图中创建一个泛光灯，灯光位置如图4-18所示。

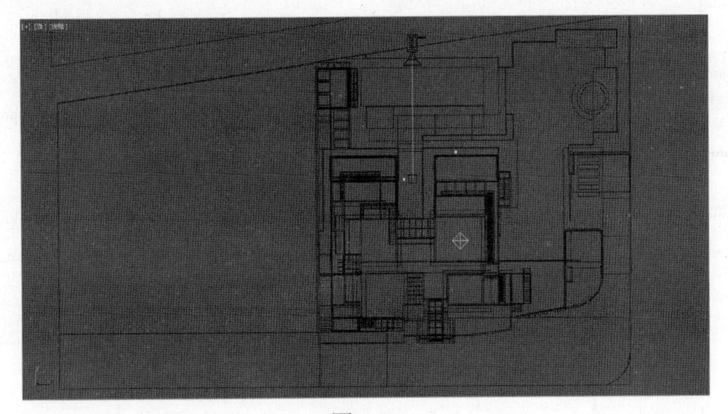

图 4-18

2）按快捷键P激活透视视图，单击主工具栏中的“选择并移动”按钮，将光源沿z轴向上移动到二层阁楼的房间内部，灯光位置如图4-19所示。

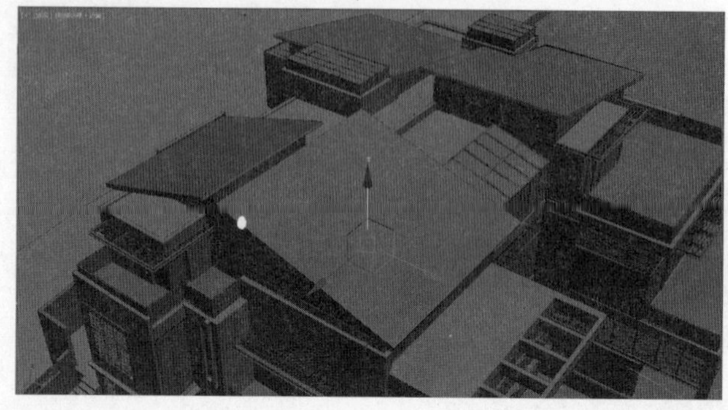

图 4-19

3）选择光源，进入“修改”面板。展开“常规参数”卷展栏，参数设置如图4-20所示。

4）展开“强度/颜色/衰减”卷展栏，单击“倍增”右侧的色块，在弹出的“颜色选择器”对话框中设置颜色为橙黄色，将其作为灯光的颜色，参数设置如图4-21所示，单击“确定”按钮。

图 4-20

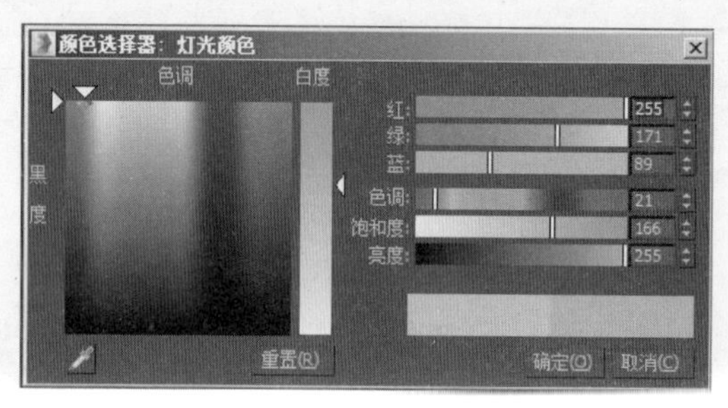

图 4-21

5）在“强度/颜色/衰减”卷展栏中，设置“倍增”为0.9；在“远距衰减”选项组中，选中“使用”和“显示”复选框，设置“开始”为5000.0mm，“结束”为17000.0mm。按快捷键F3将视图切换为线框显示模式，灯光效果及参数设置如图4-22所示。

图 4-22

6）按快捷键H弹出“从场景选择”面板，选择“玻璃”对象，如图4-23所示，单击

“确定”按钮。

7）在视图中单击鼠标右键，在弹出的快捷菜单中选择“隐藏选定对象”命令，将刚才选择的玻璃对象进行隐藏，如图4-24所示。

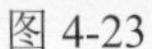
图 4-23

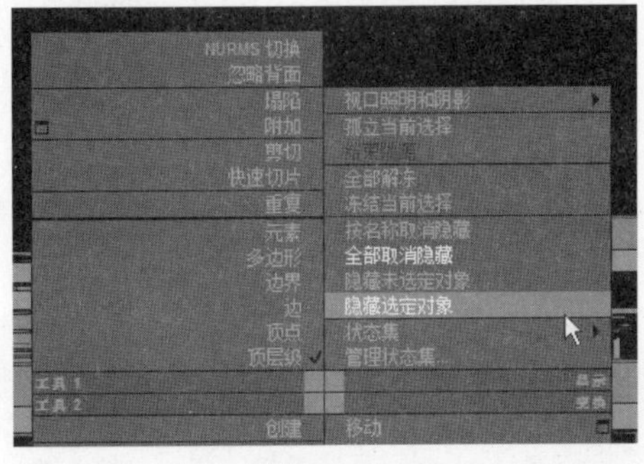

图 4-24

8）按快捷键C切换到摄影机视图，单击主工具栏中的“渲染产品”按钮，对场景进行第一次测试渲染，效果如图4-25所示。

9）按快捷键8弹出“环境和效果”面板，如图4-26所示。

图 4-25

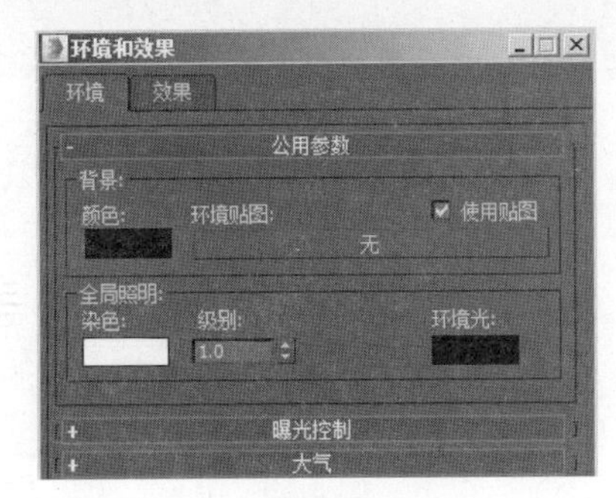

图 4-26

10）展开“曝光控制”卷展栏，确认曝光方式为“找不到位图代理管理器”，如图4-27所示。

11）按快捷键Shift+Q，对当前场景再次进行渲染，效果如图4-28所示。

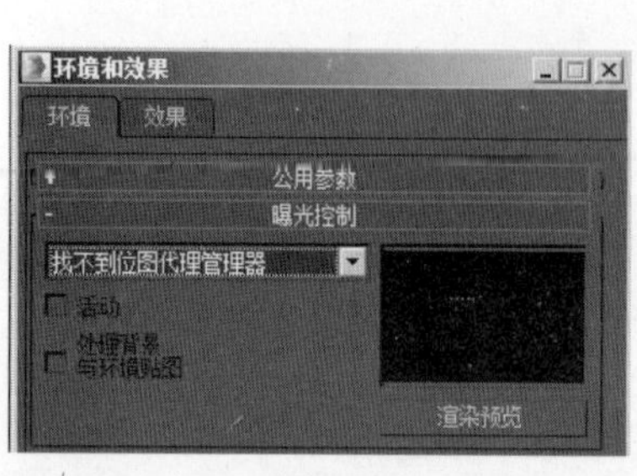

图 4-27

图 4-28

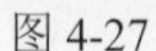

不同的曝光方式对场景照明的影响非常大。

• 物理摄影机曝光控制：当选择该曝光方式时，场景会自动进行曝光处理，有时效果会显得过于明亮，此时可降低灯光强度予以平衡修正。

• 找不到位图代理管理器：当选择该曝光方式时，灯光强度基本正常，可根据平时的布光经验进行参数设置。

两种曝光方式都可以，读者可根据个人制图习惯进行相应设置。

12）利用相同的布光思路，在需要进行灯光照明的每一个室内空间中分别布置一个泛光灯。

可以选择重新创建，也可以直接利用场景中已经调整完成的泛光灯配合Shift键进行实例复制，为提高制图效率，建议采用实例复制的方法。

场景的实际完成效果请读者参考提供的“项目四\场景文件\完成.max”文件。

13）顶视图的参考效果如图4-29所示。

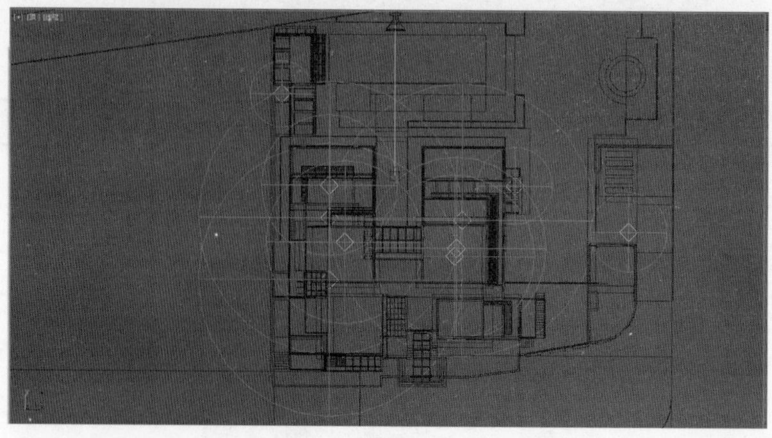

图 4-29

14）前视图的参考效果如图4-30所示。

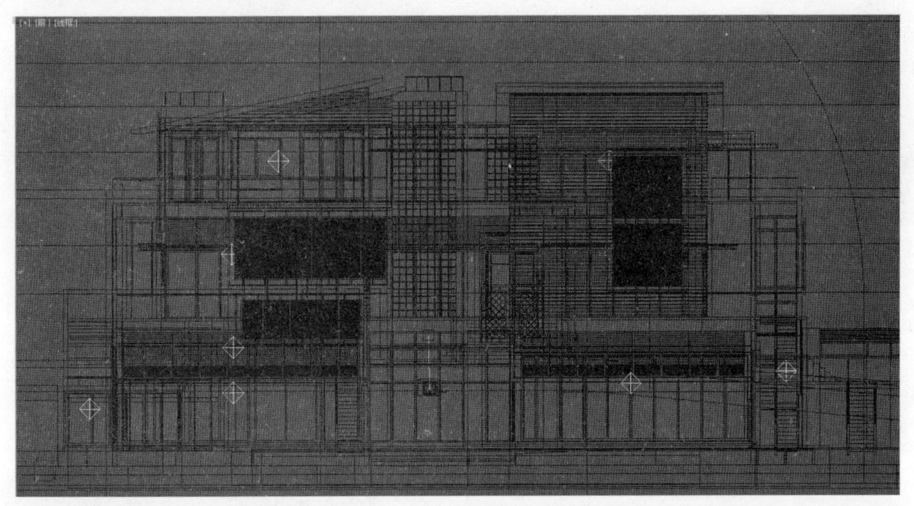

图 4-30

15）按快捷键C切换到摄影机视图，按快捷键Shift＋Q，对当前场景进行渲染，观察室内灯光布置完成的效果，如图4-31所示。

图 4-31

2.布置水下射灯照明

1）按快捷键M弹出“材质编辑器”面板。在“材质编辑器”面板中激活池水材质，展开“基本参数”卷展栏，单击“漫反射”右侧的色块，在弹出的“颜色选择器”对话框中设置颜色为蓝灰色，参数设置如图4-32所示，单击“确定”按钮。

2）单击“反射”右侧的色块，在弹出的“颜色选择器”对话框中设置颜色为灰色，参数设置如图4-33所示，单击“确定”按钮。

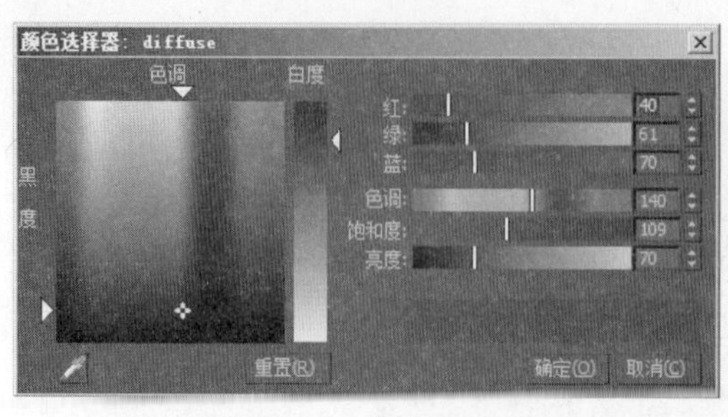

图 4-32

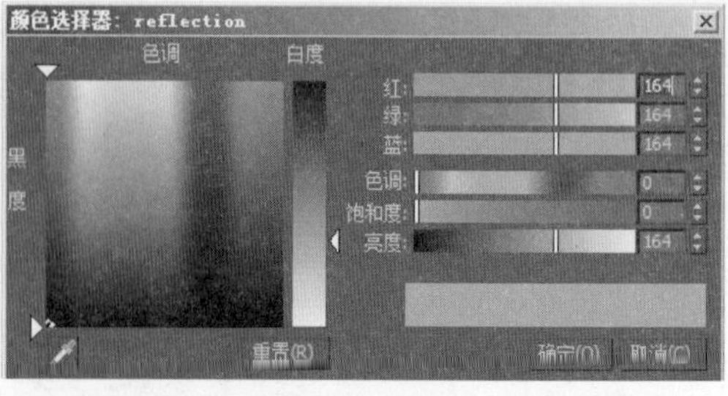

图 4-33

3）单击“折射”右侧的色块，在弹出的“颜色选择器”对话框中设置颜色为另一种灰色，参数设置如图4-34所示，单击“确定”按钮。

4）取消“菲涅耳反射”复选框的选中状态，设置“IOR”（折射率）为1.33（即液体折射率），参数设置如图4-35所示。

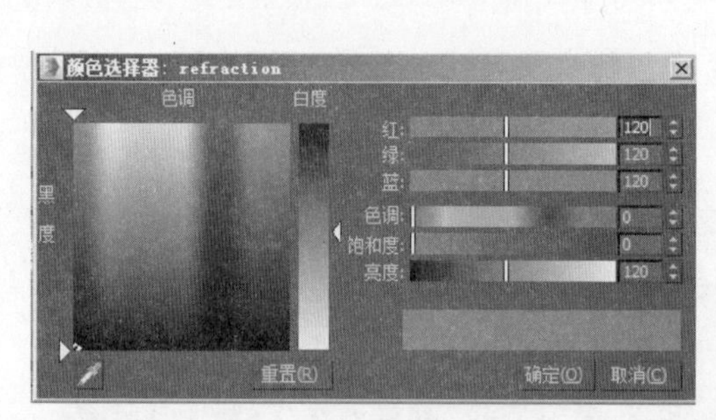

图 4-34

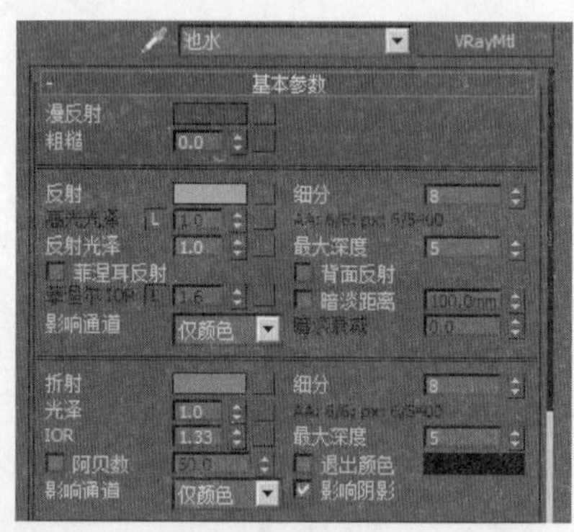

图 4-35

5）展开“贴图”卷展栏，单击“凹凸”通道右侧的按钮 无 ，在弹出的“材质/贴图浏览器”对话框中选择“标准”卷展栏中的“噪波”贴图，如图4-36所示，单击“确定”按钮。

6）展开“噪波参数”卷展栏，设置“大小”为20.0，参数设置如图4-37所示。

7）单击“转到父对象”按钮，返回上级面板。设置“凹凸”的“数量”为1.0。

8）调整完成的池水材质的最终效果如图4-38所示。

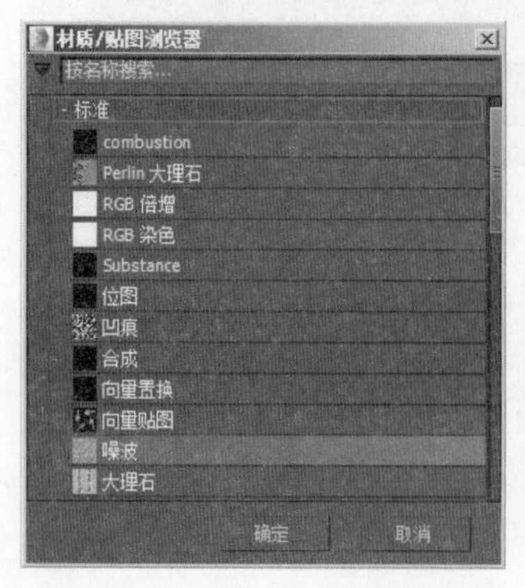

图 4-36

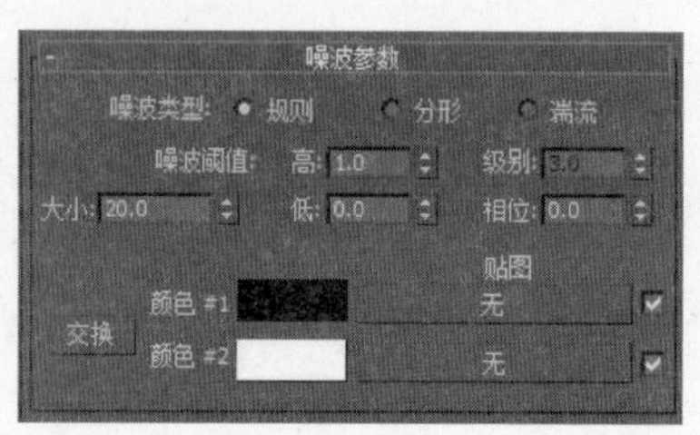

图 4-37

图 4-38

提前设置池水材质主要是为了观察方便，因为水下装饰射灯位于池水对象的下方，如果不提前设置池水材质，就无法正确观察水下灯光的照明效果。

常用IOR（折射率）包括：液体，1.33；玻璃，1.5～1.7；水晶，1.9～2.2；透明窗纱，1.01～1.1。

在本项目案例中，为避免水体表面过于平静，在“凹凸”通道中添加了“噪波”贴图以模拟水体表面凹凸起伏的波纹效果。这一步骤不是调整水材质所必须的，应视表现要求而定。

9）按快捷键H弹出“从场景选择”对话框，选择“池水”对象，如图4-39所示，单击“确定”按钮。

10）按快捷键Alt＋Q，将池水对象进行孤立显示以方便场景布光，效果如图4-40所示。

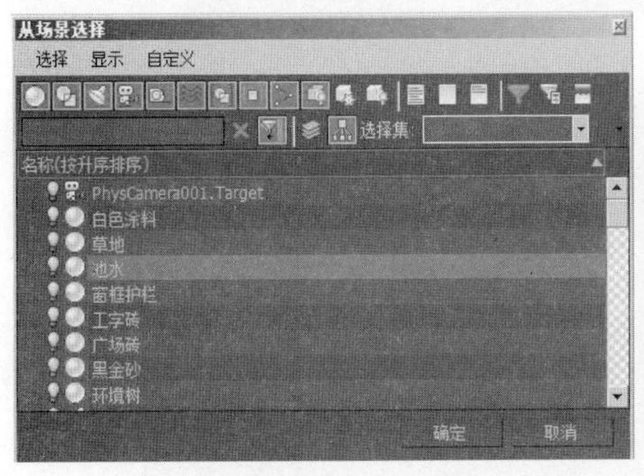

图 4-39

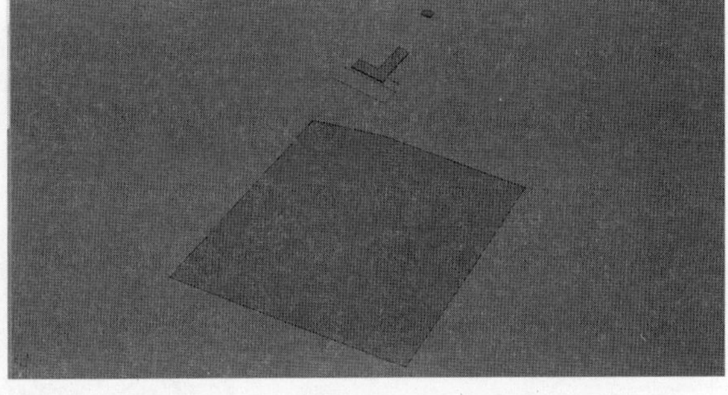

图 4-40

11）按快捷键T激活顶视图。进入“创建”面板，切换到“灯光”选项卡，在其下拉列表框中选择“光度学”选项，单击“目标灯光”按钮，在顶视图中自左向右拖动鼠标指针，创建一个目标灯光，灯光位置如图4-41所示。

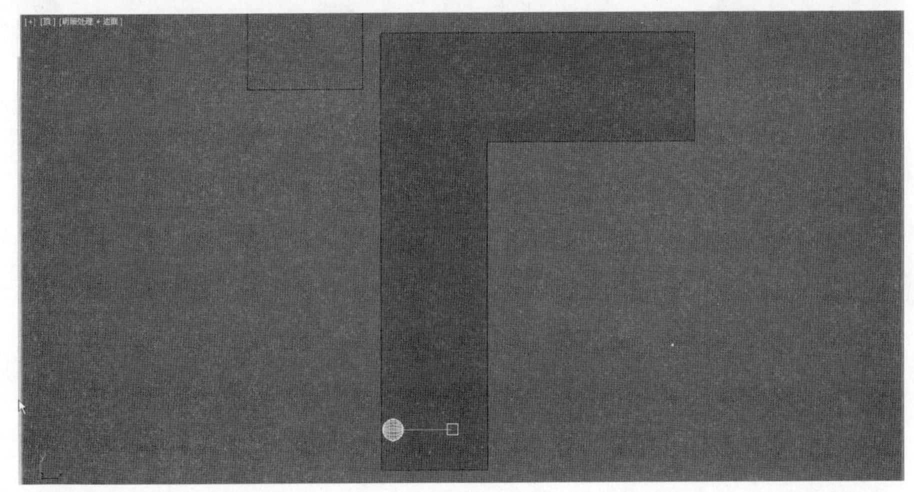

图 4-41

12）按快捷键F激活前视图，单击主工具栏中的“选择并移动”按钮，将光源沿y轴向下移动到池水对象的下方，效果如图4-42所示。

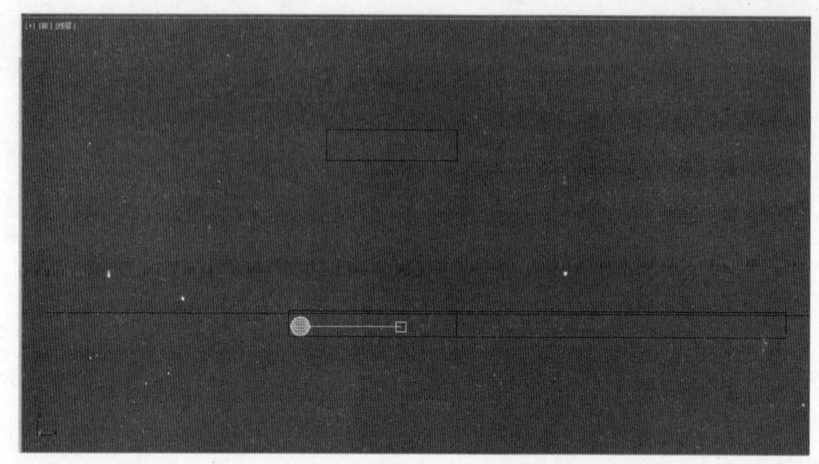

图 4-42

13）选择光源，进入“修改”面板，将灯光命名为“水下射灯”。展开“常规参数”卷展栏，在“灯光分布（类型）”选项组中展开下方的下拉列表框，选择“光度学Web”选项，参数设置如图4-43所示。

14）展开“分布（光度学Web）”卷展栏，单击“<选择光度学文件>”按钮，在弹出的“打开光域Web文件”对话框中选择“项目四\贴图\射灯.ies”文件，如图4-44所示，单击“打开”按钮。

图 4-43

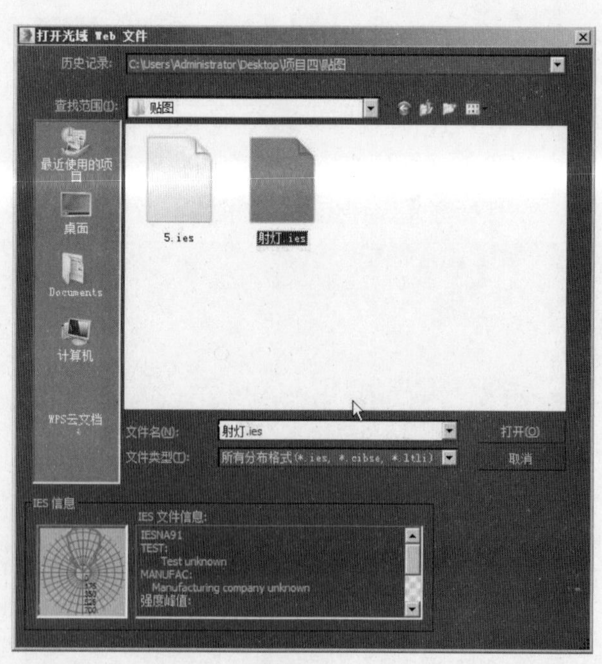

图 4-44

15）展开“强度/颜色/衰减”卷展栏，单击“过滤颜色”右侧的色块，在弹出的“颜色选择器”对话框中设置颜色为淡黄色，将其作为灯光的颜色，参数设置如图4-45所示，单击“确定”按钮。

16）在“强度”选项组中单击“cd”单选按钮，设置灯光强度为8500.0，参数设置如图4-46所示。

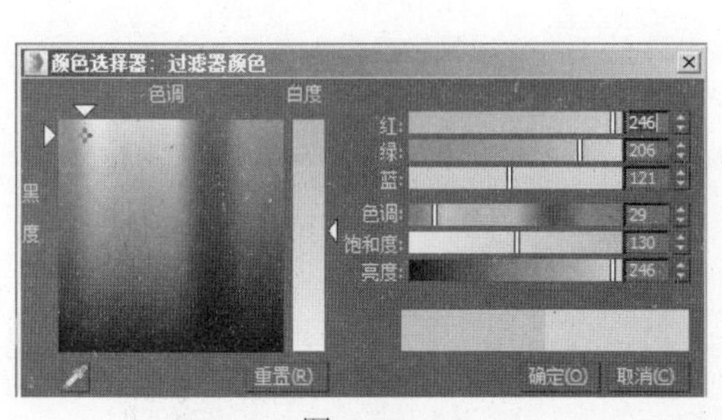

图 4-45

图 4-46

将灯光分布类型更改为“光度学Web”后，允许用户调用一种特殊的文件，即光域网文件，其扩展名为.ies。光域网是室内外灯光设计的专业名词，表示光线在一定的空间范围内所形成的特殊效果。每盏灯在出厂时，厂家都会为其指定不同的光域网。调用光域网文件，可以使渲染出来的射灯效果更真实，细节层次更丰富。

17）按快捷键Alt＋Q取消场景的孤立显示模式。按快捷键C激活摄影机视图，单击主工具栏中的“渲染产品”按钮，对当前场景进行测试渲染，效果如图4-47所示。

18）在“V-Ray frame buffer”（VFB）窗口下方的状态栏中，单击“显示色彩在sRGB空间”按钮，取消图像色彩的自动校正功能，得到的原始渲染效果如图4-48所示。

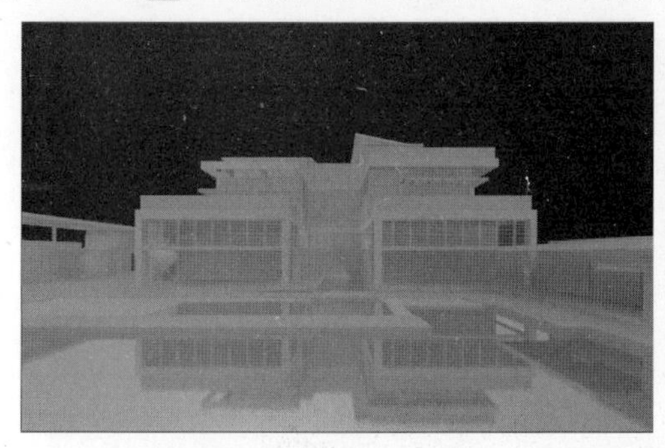

图 4-47

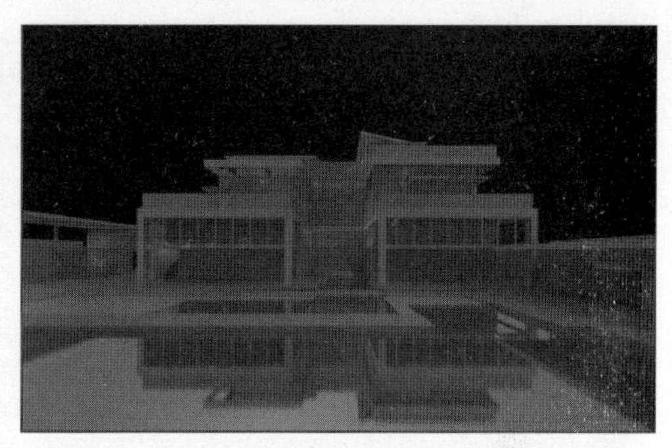

图 4-48

图4-47中所示效果并不是文件保存后的最终效果。单击“V-Ray frame buffer”窗口上方工具栏中的“保存当前通道”按钮，会发现文件输出后的效果其实同图4-48完全一致。因此，必须在关闭“V-Ray frame buffer”窗口下方的色彩校正功能后，才能得到正确的输出结果。

此时已经得到一个正确的水下射灯光照效果，下面只需根据表现意图对灯光进行移动复制即可，在复制过程中应注意把握灯光的照射方向。如果场景中的对象数量较多、不易选择，可以利用“从场景选择”对话框配合选择过滤器来完成。

19）按快捷键H弹出“从场景选择”对话框，同时选择“池水”对象和“水下射灯”对象，如图4-49所示，单击“确定”按钮。

20）按快捷键Alt＋Q再次进入孤立显示模式。按快捷键T激活顶视图，效果如图4-50所示。

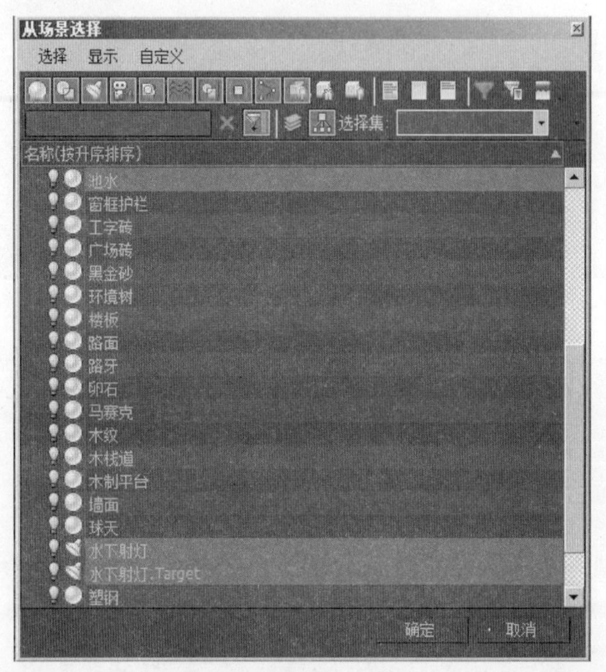

图 4-49

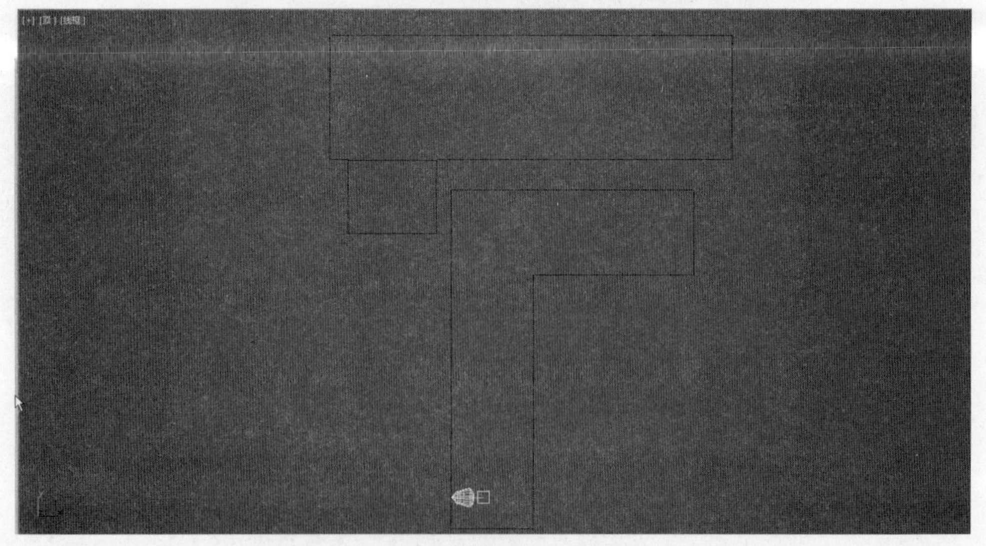

图 4-50

21）选择水下射灯对象，单击主工具栏中的“选择并移动”按钮，配合Shift键，将水下射灯对象沿y轴向上间隔一定距离后进行复制，弹出“克隆选项”对话框，在“对

象”选项组中单击“实例”单选按钮，设置“副本数”为3，如图4-51所示，单击“确定”按钮。

22）左排灯光复制完成后的效果如图4-52所示。

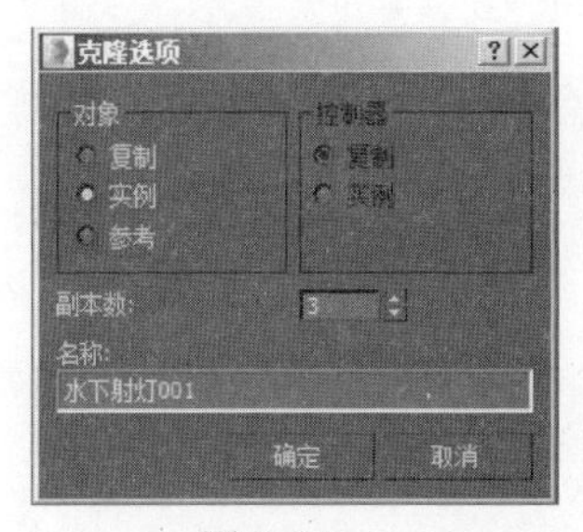

图 4-51

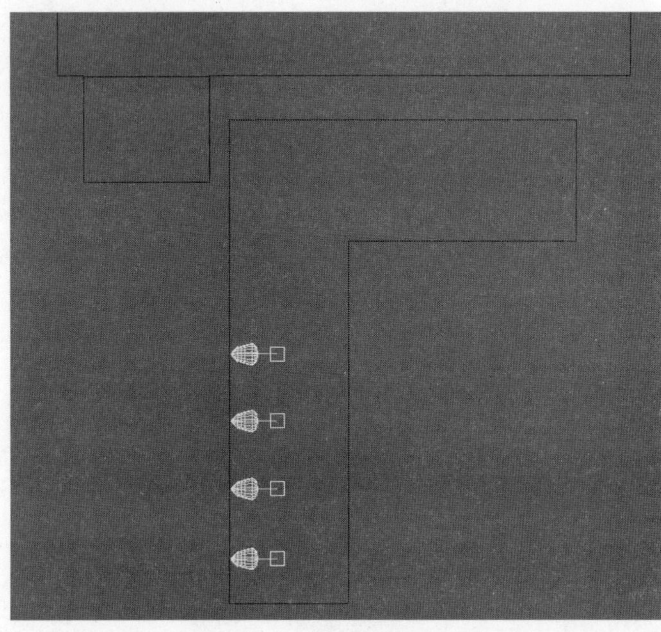

图 4-52

23）选择左排所有灯光对象，单击主工具栏中的“镜像”按钮，弹出“镜像：屏幕坐标”对话框，如图4-53所示。

24）在“镜像轴”选项组中单击“X”单选按钮，设置“偏移”为3890.0mm；在“克隆当前选择”选项组中单击“实例”单选按钮，参数设置如图4-54所示，单击“确定”按钮。

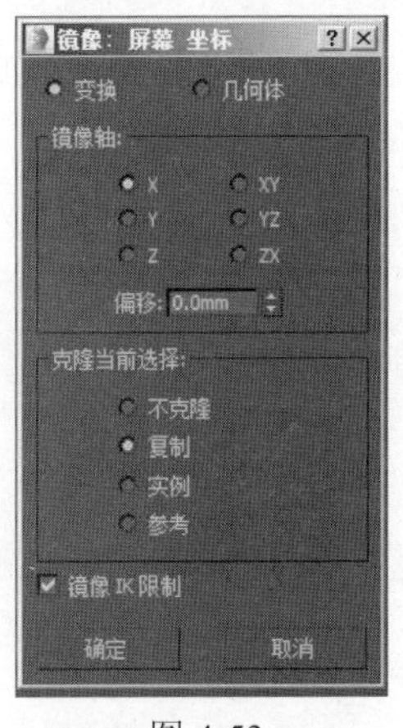

图 4-53

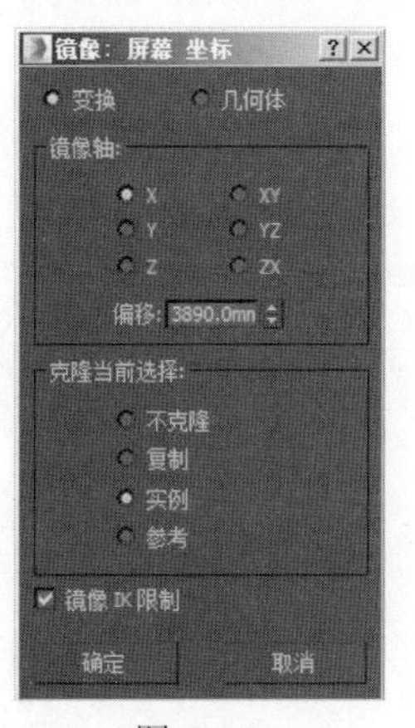

图 4-54

25）灯光复制完成，效果如图4-55所示。

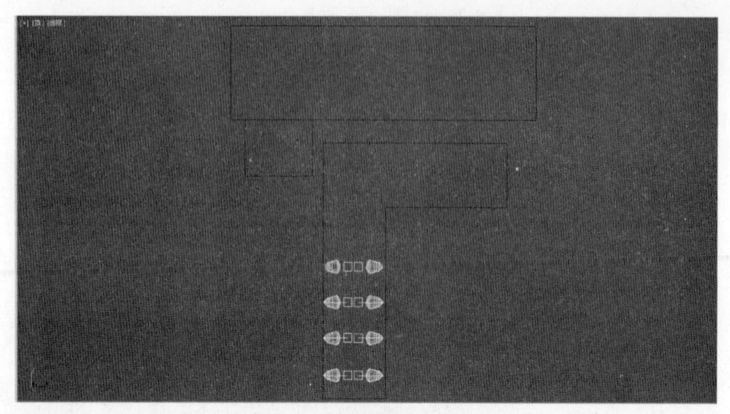

图 4-55

在主工具栏中将过滤模式设置为“L-灯光”，如图4-56所示。此时用户在场景中只能操作灯光类对象，不会对其他类对象进行误操作。当选择其他类型的对象（如“G-几何体”“S-图形”“C-摄影机”）时，也能产生类似的选择过滤效果。正确设置对象过滤，可以在场景复杂的情况下极大地提高工作效率。在复制灯光时尽量选择“实例”方式，这样只需任意调整其中一个，其他灯光也会同步变化。

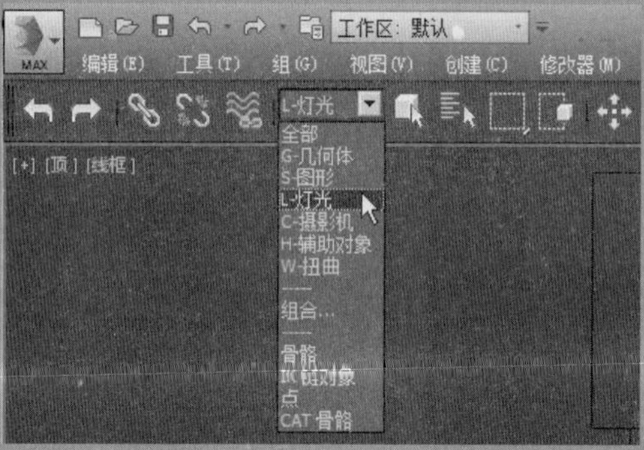

图 4-56

26）使用类似方法，完成场景中所有水下射灯的布置。在复制灯光时应注意把握每个灯光的位置和照射方向，如果需要旋转照射方向，可配合主工具栏中的“选择并旋转”按钮。水下射灯布置完成后的参考效果如图4-57所示。

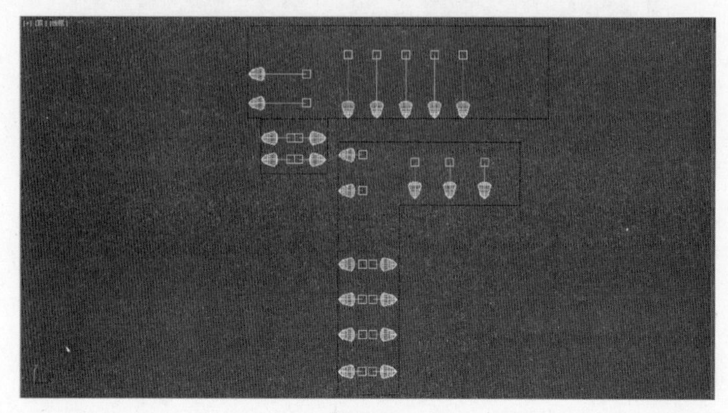

图 4-57

27）在场景中任意选择一个已经创建好的目标灯光，进入“修改”面板。展开“常规参数”卷展栏，在“灯光属性”选项组中取消“目标”复选框的选中状态，将所有目标灯光转换为自由灯光，参数设置如图4-58所示。

28）在顶视图中同时选择上方的11个灯光，选择效果如图4-59所示。

图 4-58

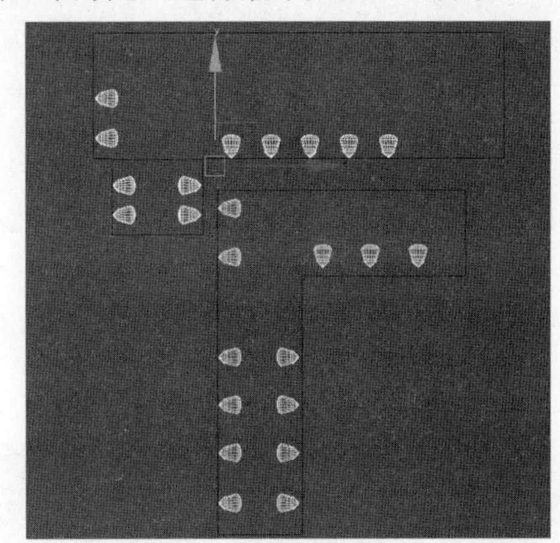

图 4-59

29）进入“修改”面板，单击“使唯一”按钮，弹出“使唯一”对话框，如图4-60所示，单击“否”按钮。

30）保持当前选择状态，展开“分布（光度学Web）”卷展栏，单击“射灯”按钮，在弹出的“打开光域Web文件”对话框中选择“项目四\贴图\5.ies”文件，如图4-61所示，单击“打开”按钮。

图 4-60

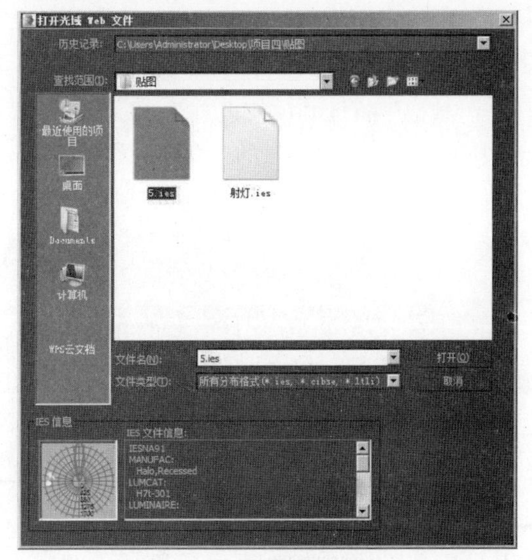

图 4-61

31）展开“强度/颜色/衰减”卷展栏，在“强度”选项组中设置灯光强度为11000.0，灯光的“过滤颜色”保持不变，参数设置如图4-62所示。

32）按快捷键Alt＋Q退出孤立显示模式。按快捷键C激活摄影机视图，单击主工具栏中的“渲染产品”按钮，对当前场景进行测试渲染，效果如图4-63所示。

因为在前期布置时已经确定灯光的照射方向，所以在将灯光类型修改为自由灯光后不会对已有的照明效果产生任何影响。当选中前述11个灯光并单击“使唯一”按钮后，在弹出的“使唯一”对话框中必须单击“否”按钮。如果单击的是“是”按钮，则会造成该11个灯光之间也会“彼此相互唯一”，即不存在关联关系。此时修改其中任意一个灯光，都不会对另外10个灯光产生影响，这会极大地增加调整的难度，请读者认真体会。

特别注意，前面复制的所有灯光都位于同一高度，但在本项目案例中池底结构存在高度变化，因此，读者在布置灯光时必须仔细观察高度走势，确保灯光位于水面之下、池底卵石之上，否则不能产生正确的照明结果。由于调整过程比较烦琐，限于篇幅不再展开讲解，具体灯光布置的完成效果可参考“项目四\场景文件\完成.max”文件进行练习。

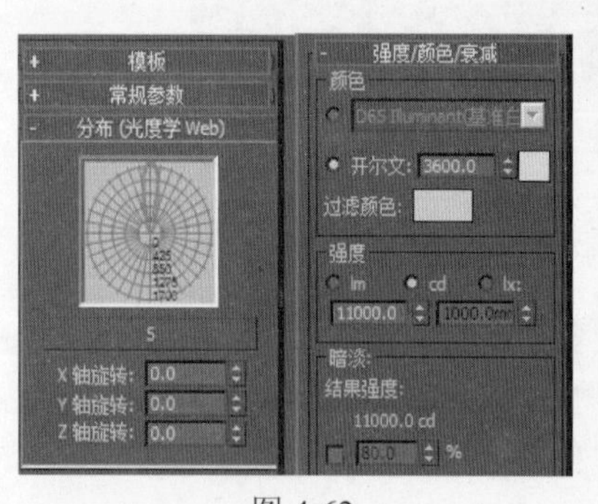

图 4-62

图 4-63

3. 设置墙面柱面照明

1）在主工具栏中将过滤模式设置为“L-灯光”。按快捷键Ctrl＋A，选择场景中所有的灯光对象，单击鼠标右键，在弹出的快捷菜单中选择“隐藏选定对象”命令，如图4-64所示。

2）此时场景中的所有灯光会被暂时隐藏，以便后续布光，效果如图4-65所示。

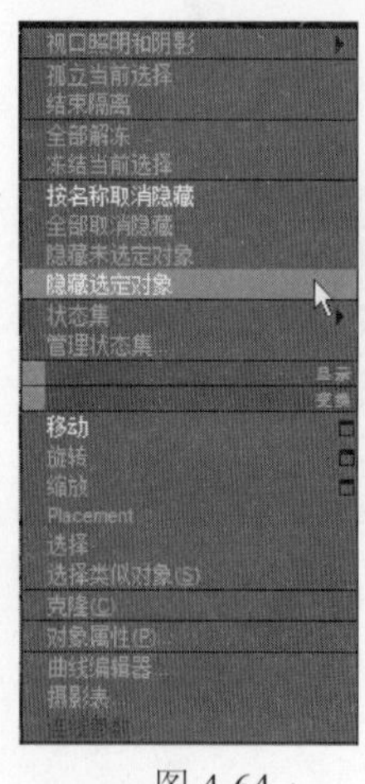

图 4-64

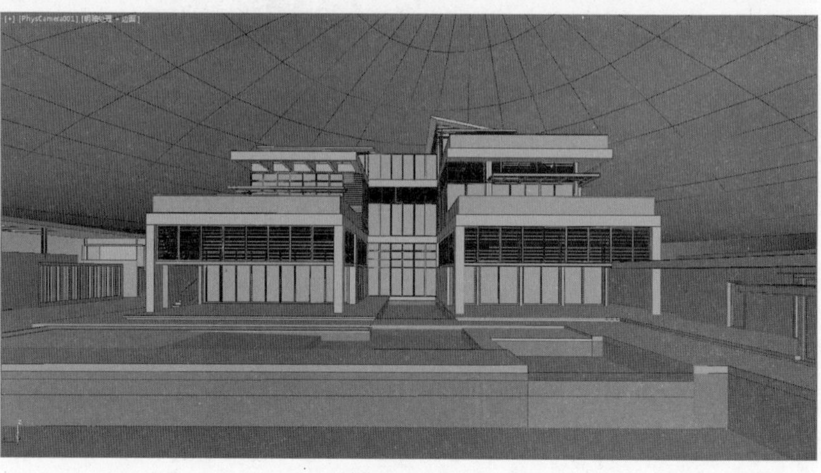

图 4-65

3）按快捷键P激活透视视图，在“缩放”按钮上单击鼠标右键，弹出“视口配置”对话框，如图4-66所示。

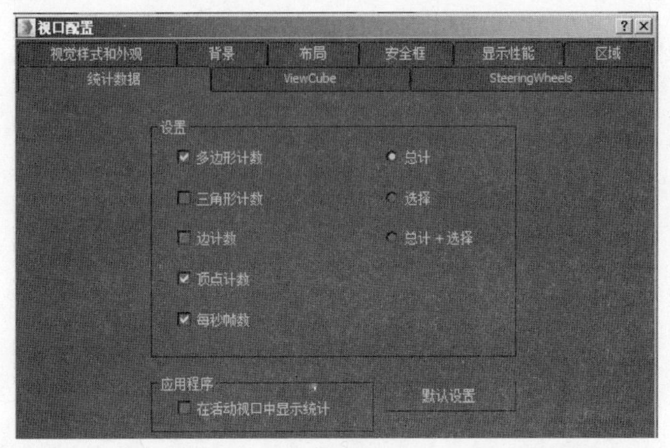

图 4-66

4）切换到“视觉样式和外观”选项卡，在“透视用户视图”选项组中设置“视野”为45.0，参数设置如图4-67所示，单击“确定”按钮。

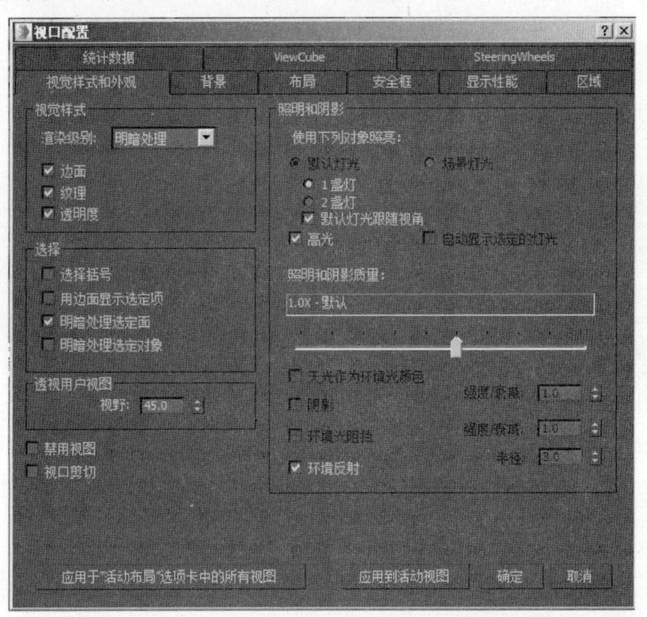

图 4-67

当在场景中添加了摄影机之后，由于操作的需要，经常会在摄影机视图和透视视图之间进行切换，有时会发现观察效果产生了一定程度的扭曲变形，这是因为视野发生了变化，此时只需将“视野”改回默认的45° 即可。

5）利用视图操作工具调整透视视图至合适的观察角度，效果如图4-68所示。

图 4-68

6）进入“创建”面板，切换到“灯光”选项卡，在其下拉列表框中选择“光度学”选项，单击“自由灯光”按钮，在场景中的柱子边创建一个自由灯光，将其命名为“柱子射灯”。进入“修改”面板，展开“常规参数”卷展栏，在“灯光属性”选项组中选中“目标”复选框，将灯光模式切换为目标灯光，调整灯光的照射方向为自下而上，效果如图4-69所示。

图 4-69

7）在“阴影”选项组中选中“启用”复选框，在其下方的下拉列表框中选择“VRayShadow”（VRay阴影）选项；在“灯光分布（类型）”选项组的下拉列表框中选择“光度学Web”选项，参数设置如图4-70所示。

8）展开“分布（光度学Web）”卷展栏，单击“<选择光度学文件>”按钮，在弹出

的“打开光域Web文件”对话框中选择“项目四\贴图\5.ies”文件，如图4-71所示，单击“打开”按钮。

图 4-70

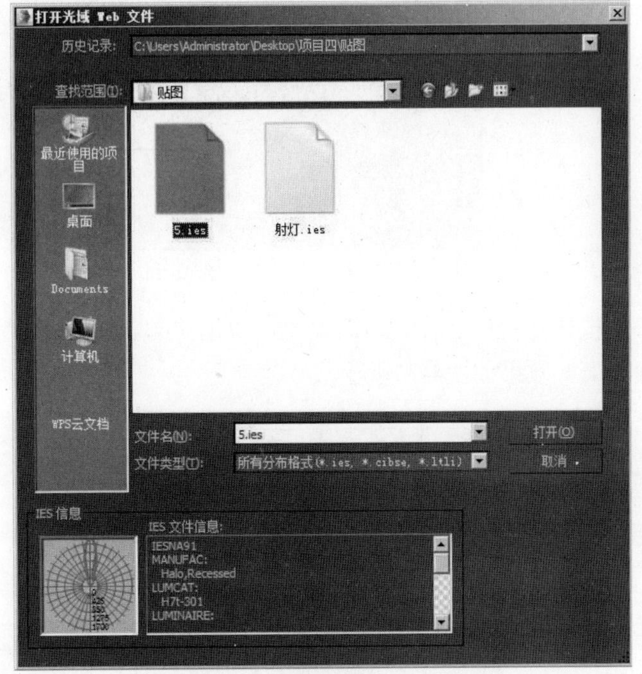

图 4-71

9）展开“强度/颜色/衰减”卷展栏，单击“过滤颜色”右侧的色块，在弹出的“颜色选择器”对话框中设置颜色为暖黄色，将其作为灯光的颜色，参数设置如图4-72所示，单击“确定”按钮。

10）在“强度”选项组中单击“cd”单选按钮，设置灯光强度为6000.0，参数设置如图4-73所示。

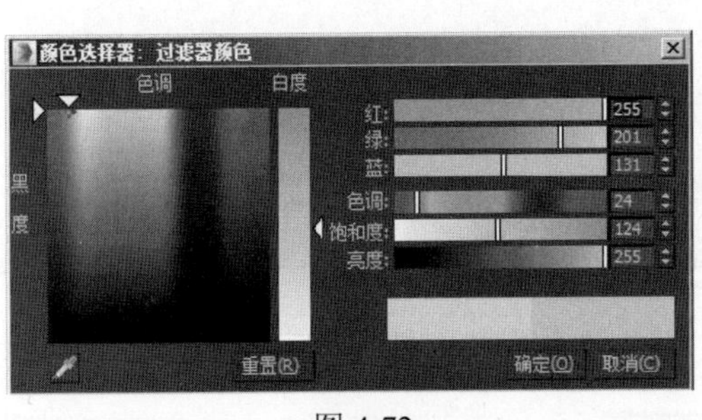

图 4-72

图 4-73

11）选择柱子射灯对象，单击主工具栏中的“选择并移动”按钮，配合Shift键，将柱子射灯对象沿x轴进行复制，在弹出的“克隆选项”对话框中单击“实例”单选按钮，单击“确定”按钮，效果如图4-74所示。

图 4-74

12）按快捷键C激活摄影机视图，单击主工具栏中的“渲染产品”按钮，对当前场景进行渲染，效果如图4-75所示。

虽然将前期布置的灯光暂时进行了隐藏，但在渲染时它们仍然有效，原因在于VRay渲染器默认对隐藏灯光也能正常进行渲染。按快捷键F10弹出“渲染设置”面板，切换到“V-Ray”选项卡，展开“全局开关”卷展栏，定位到“隐藏灯光”复选框。选中该复选框，隐藏灯光参与计算渲染，如图4-76所示；取消该复选框的选中状态，隐藏灯光不参与计算渲染。

图 4-75

图 4-76

13）按快捷键P激活透视视图，继续对墙面进行布光，调整观察角度，效果如图4-77所示。

图 4-77

14）单击主工具栏中的“选择并移动”按钮，配合Shift键，将前面布置的柱子射灯对象以“实例”方式进行移动复制，效果如图4-78所示。

图 4-78

15）继续调整观察角度至需要布置墙面灯光的位置，效果如图4-79所示。

图 4-79

16）使用相同的方法，以“实例”方式对灯光进行移动复制，效果如图4-80所示。

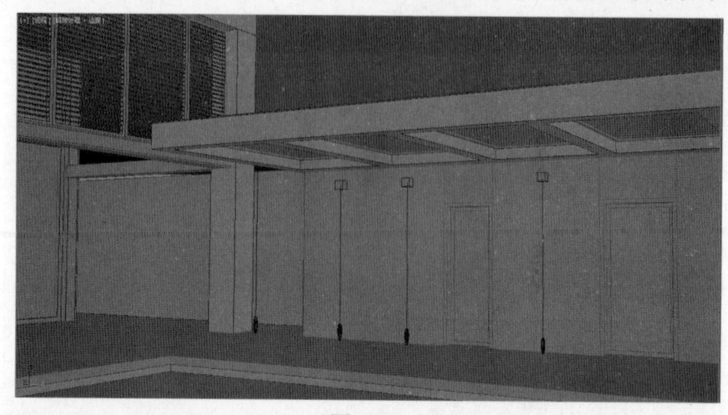

图 4-80

观察可知，当前三个灯光的照射方向为自下而上，需要将其调整为自上而下。

17）同时选择三个灯光的光源点，单击主工具栏中的“选择并移动”按钮，将光源点沿z轴向上移动至墙体上方；再同时选择三个灯光的目标点，利用同样的操作，将它们移动至墙体下方，效果如图4-81所示。

图 4-81

18）按快捷键C激活摄影机视图，单击主工具栏中的“渲染产品”按钮，对场景进行灯光综合测试，效果如图4-82所示。

图 4-82

任务三　设置场景的主要材质

1. 设置球天材质

1）在“材质编辑器”面板中激活球天材质，展开“Blinn基本参数”卷展栏，单击“漫反射”右侧的按钮■，在弹出的“材质/贴图浏览器”对话框中选择“标准”卷展栏中的“位图”贴图，如图4-83所示，单击“确定”按钮。

2）在弹出的“选择位图图像文件”对话框中选择“项目四\贴图\球天贴图.jpg”文件，如图4-84所示，单击“打开”按钮。

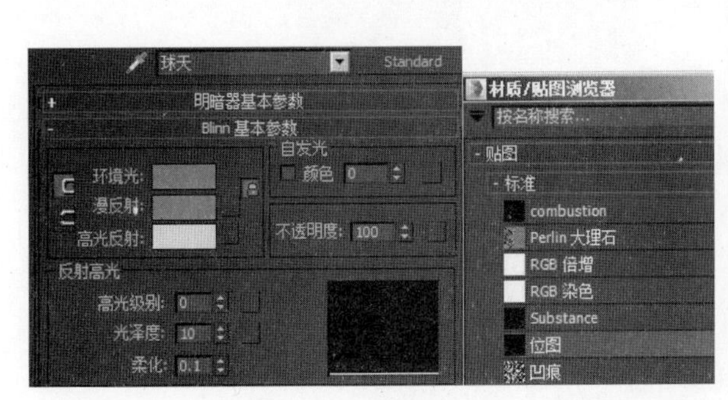

图 4-83

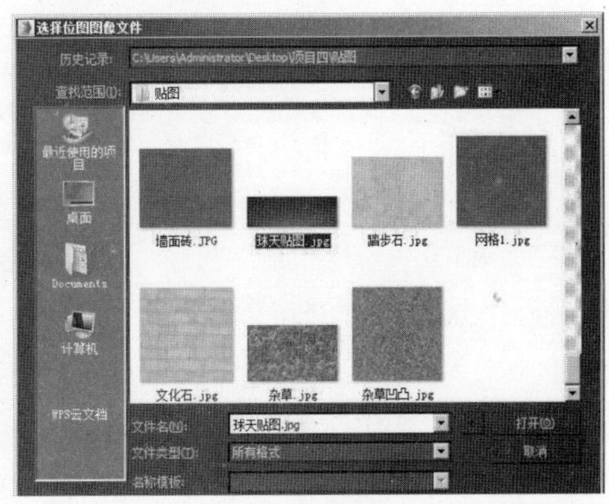

图 4-84

3）单击“视口中显示明暗处理材质”按钮■，使贴图在场景中正确显示。单击“转到父对象”按钮■，返回上级面板。在“自发光”选项组中，设置“颜色”右侧的数值为40，参数设置如图4-85所示。

4）选择球天对象，进入“修改”面板■，在“修改器列表”下拉列表框中选择添加“UVW贴图”修改器。展开“参数”卷展栏，在“贴图”选项组中单击“柱形”单选按钮，选中“封口”复选框；在“对齐”选项组中单击“X”单选按钮，单击“适配”按钮，参数设置如图4-86所示。

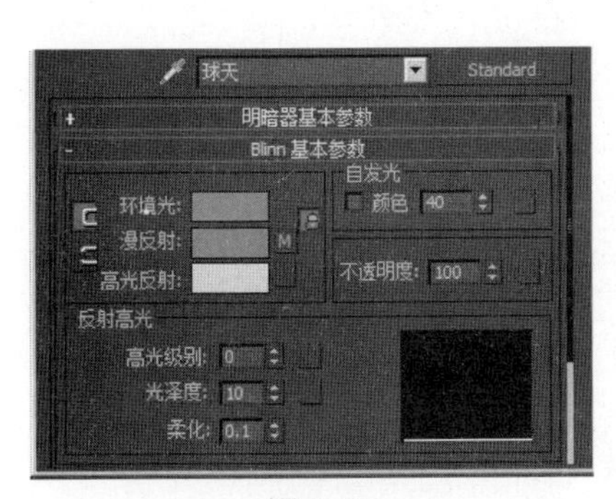

图 4-85

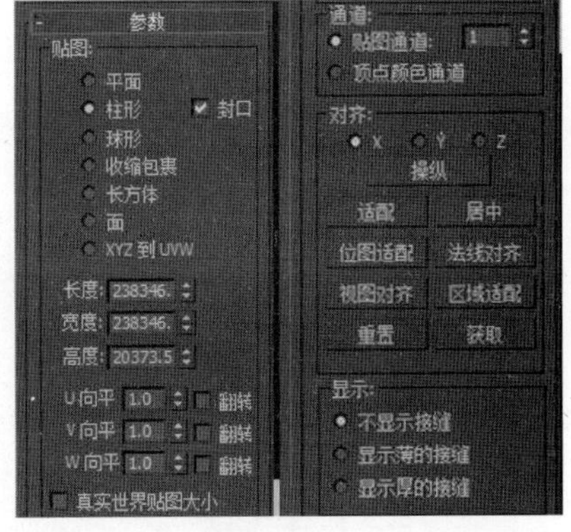

图 4-86

5）单击“Standard”（标准）按钮，在弹出的“材质/贴图浏览器”对话框中选择“V-Ray”卷展栏中的“覆盖材质”选项，如图4-87所示，单击“确定”按钮。

6）在弹出的“替换材质”对话框中单击“将旧材质保存为子材质？”单选按钮，如图4-88所示，单击“确定”按钮。

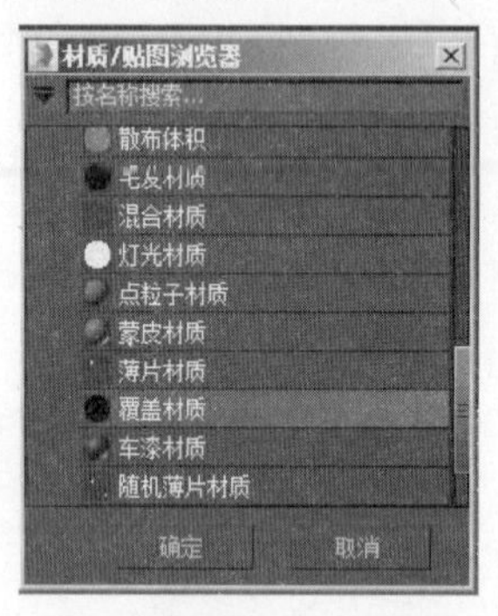

图 4-87

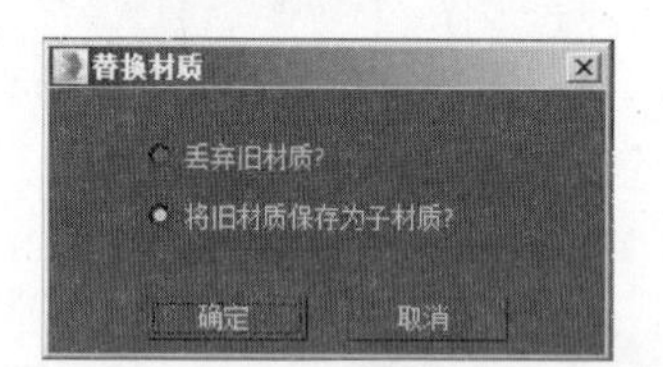

图 4-88

7）单击“GI材质”右侧的按钮 无 ，在弹出的“材质/贴图浏览器”对话框中选择“V-Ray”卷展栏中的“灯光材质”选项，如图4-89所示，单击“确定”按钮。

8）在“参数”卷展栏中，单击“颜色”右侧的色块，在弹出的“颜色选择器”对话框中设置颜色为蓝色，参数设置如图4-90所示，单击“确定”按钮。

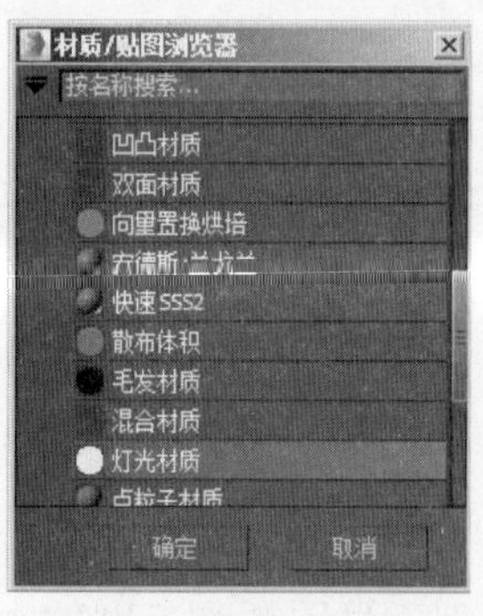

图 4-89

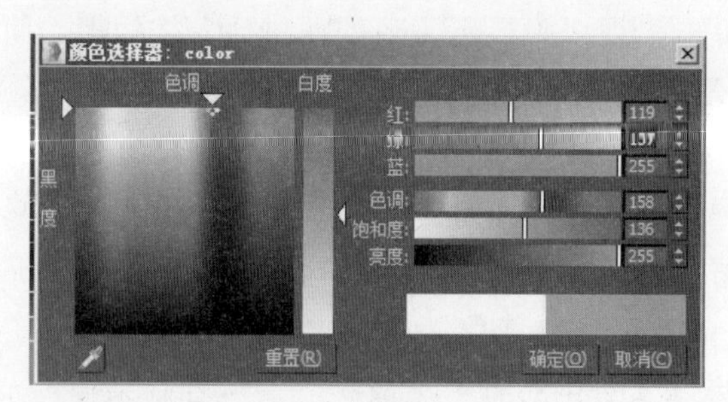

图 4-90

9）设置“颜色”右侧的数值为1.4，参数设置如图4-91所示。

10）调整完成的球天材质的最终效果如图4-92所示。

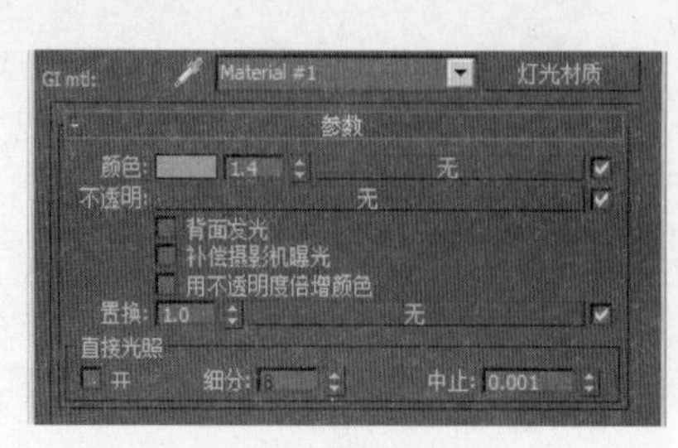

图 4-91

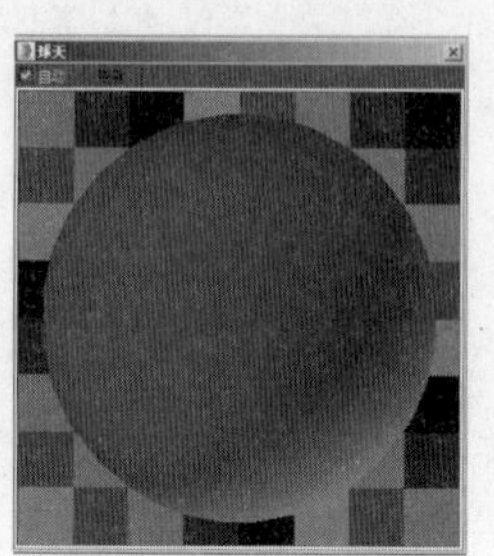

图 4-92

• 覆盖材质：允许将同一个对象中参与最终渲染的材质和参与全局光照的材质独立进行计算。

• 基本材质：调整的材质效果即为该对象的最终渲染效果。

• GI材质：调整的材质效果作为该对象参与全局光子计算时所使用的材质效果。

在此指定GI材质为蓝色，设置发光强度为1.4，表示该球天对象除了可以被正确渲染外，还可以作为一个蓝色天球对场景进行照明。

在效果图表现中经常使用覆盖材质，读者应认真理解并掌握。

2. 设置大理石材质

1）在“材质编辑器”面板中激活大理石材质，展开“基本参数”卷展栏，单击“漫反射”右侧的按钮■，在弹出的“材质/贴图浏览器”对话框中选择“标准”卷展栏中的“位图”贴图，如图4-93所示，单击“确定”按钮。

2）在弹出的“选择位图图像文件”对话框中选择“项目四\贴图\黑金砂.jpg”文件，如图4-94所示，单击“打开”按钮。

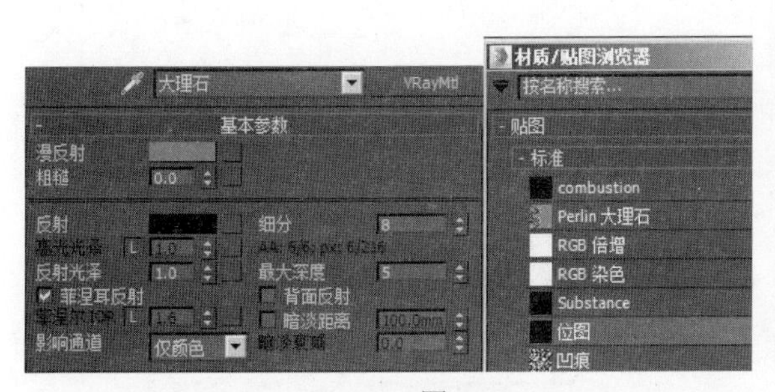

图 4-93

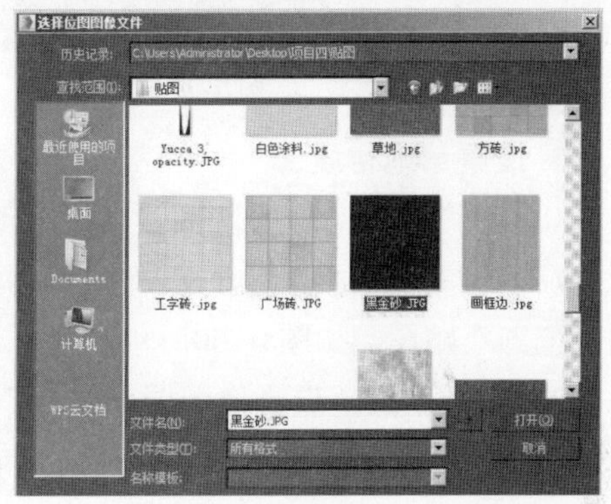

图 4-94

3）单击“视口中显示明暗处理材质”按钮▧，使贴图在场景中正确显示。单击“转到父对象”按钮◙，返回上级面板。单击“反射”右侧的按钮■，在弹出的“材质/贴图浏览器”对话框中选择“标准”卷展栏中的“衰减”贴图，如图4-95所示，单击“确定”按钮。

4）展开“衰减参数”卷展栏，在“衰减类型”下拉列表框中选择“Fresnel”（菲涅耳）选项，参数设置如图4-96所示。

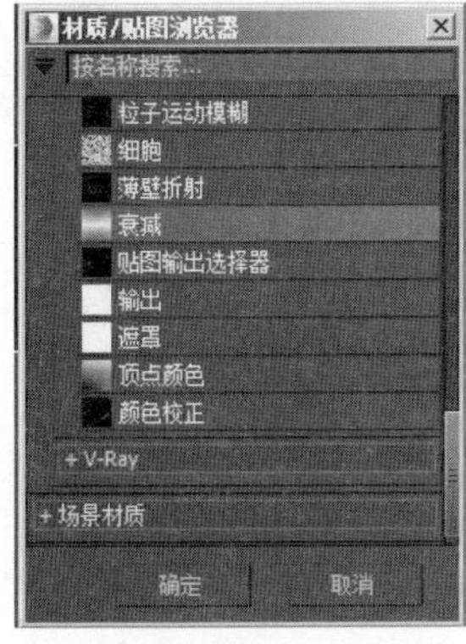

图 4-95

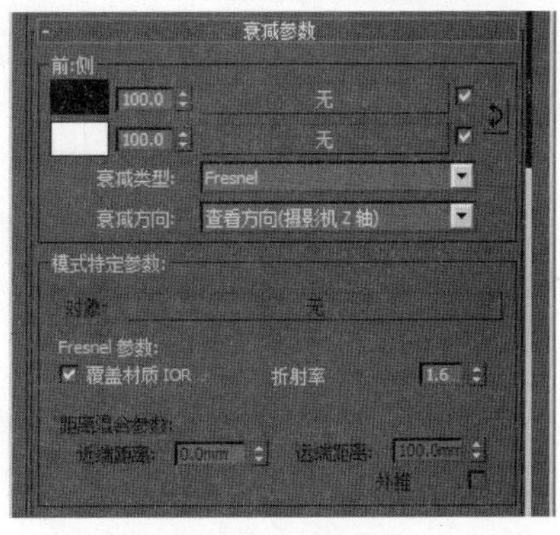

图 4-96

5）单击“转到父对象”按钮，回到上级面板。单击“高光光泽”右侧的按钮解除锁定状态，设置“高光光泽”为0.8，“反射光泽”为0.85，取消“菲涅耳反射”复选框的选中状态，设置“细分”为20，参数设置如图4-97所示。

6）选择大理石对象，进入“修改”面板，在“修改器列表”下拉列表框中选择添加“UVW贴图”修改器。展开“参数”卷展栏，在“贴图”选项组中单击“长方体”单选按钮，设置“长度”“宽度”“高度”均为1200.0mm，参数设置如图4-98所示。

7）调整完成的大理石材质的最终效果如图4-99所示。

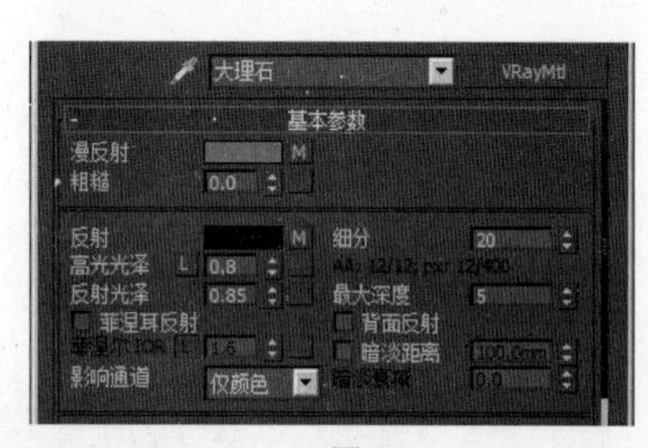

图 4-97

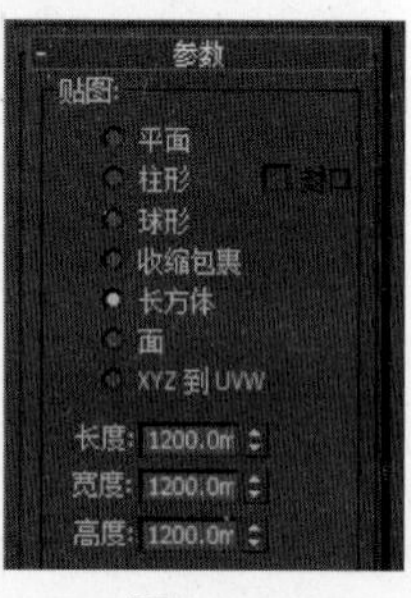

图 4-98

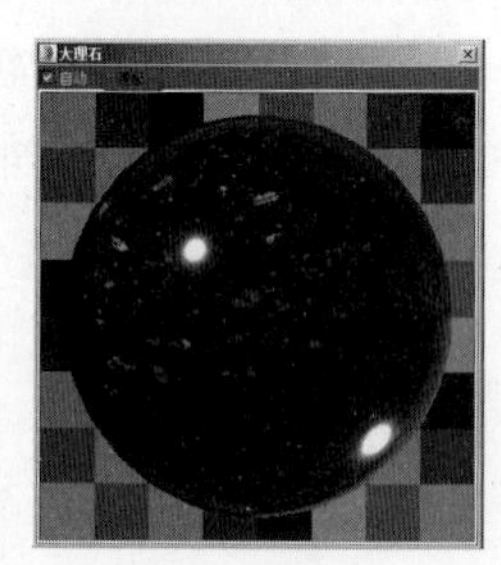

图 4-99

3. 设置草地材质

1）在“材质编辑器”面板中激活草地材质，展开“Blinn基本参数”卷展栏，单击“漫反射”右侧的按钮，在弹出的“材质/贴图浏览器”对话框中选择“标准”卷展栏中的“位图”贴图，如图4-100所示，单击“确定”按钮。

2）在弹出的“选择位图图像文件”对话框中选择“项目四\贴图\草地.jpg”文件，如图4-101所示，单击“打开”按钮。

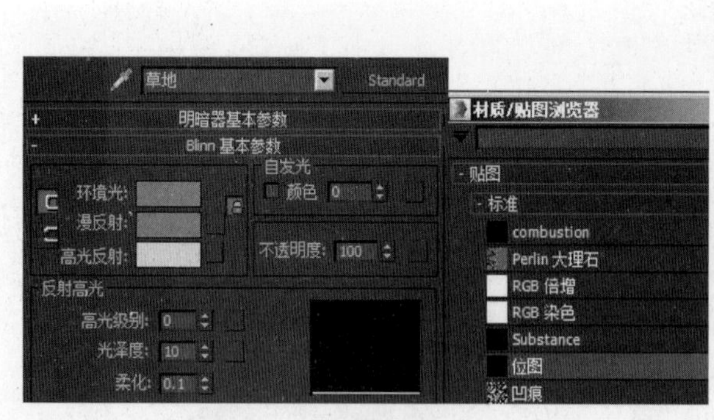

图 4-100

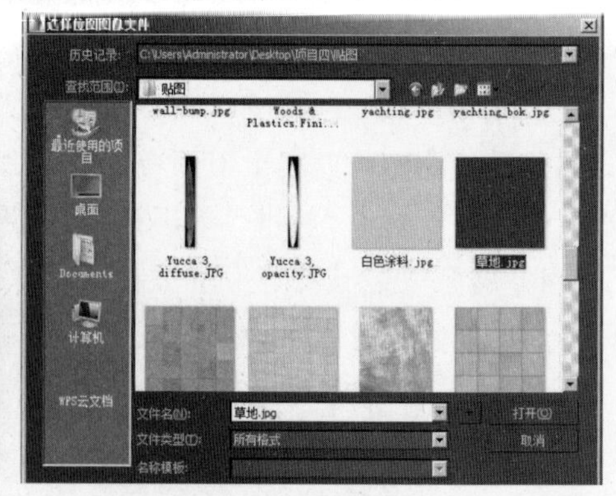

图 4-101

3）单击“视口中显示明暗处理材质”按钮，使贴图在场景中正确显示。单击“转到父对象”按钮，返回上级面板。在“反射高光”选项组中设置“高光级别”为10，“光泽度”为25，参数设置如图4-102所示。

4）展开“贴图”卷展栏，将“漫反射”通道右侧的贴图拖动复制到“凹凸”通道右侧的按钮 无 上，在弹出的“复制（实例）贴图”对话框中单击“实例”单选按钮，如图4-103所示，单击“确定”按钮。

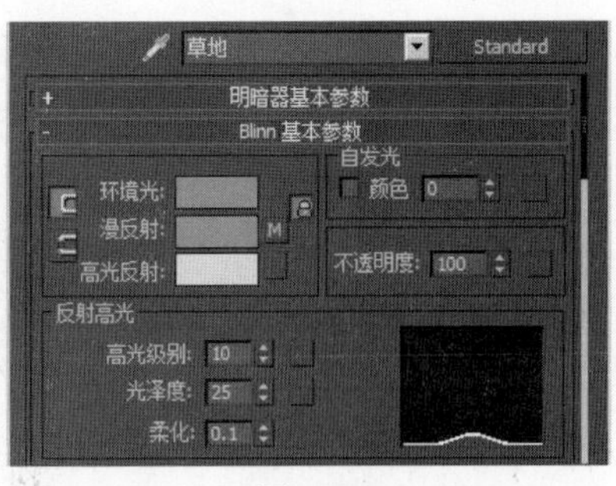

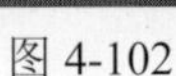
图 4-102

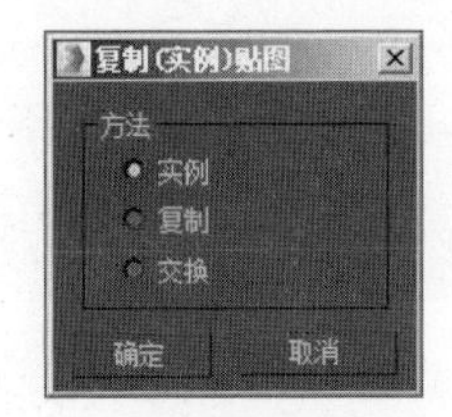

图 4-103

5）选择草地对象，进入“修改”面板，在“修改器列表”下拉列表框中选择添加“UVW贴图”修改器。展开“参数”卷展栏，在“贴图”选项组中单击“长方体”单选按钮，设置“长度”“宽度”“高度”均为3000.0mm，参数设置如图4-104所示。

6）调整完成的草地材质的最终效果如图4-105所示。

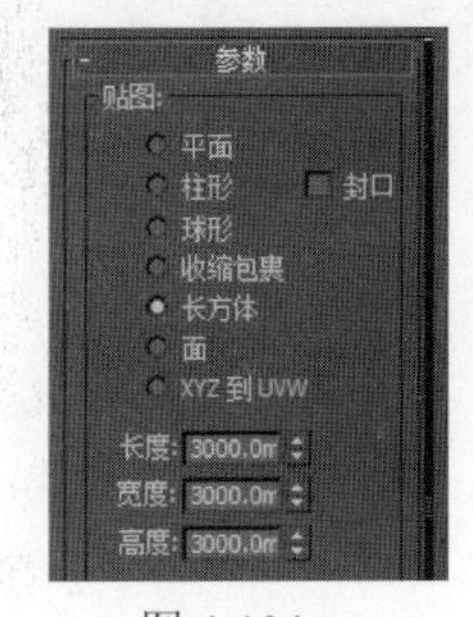

图 4-104

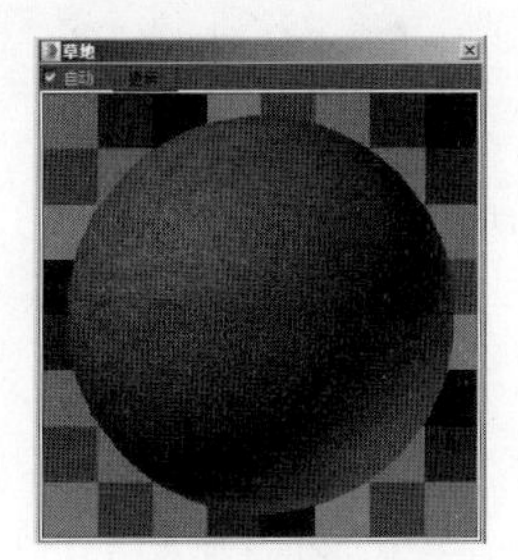

图 4-105

4. 设置窗框材质

1）在“材质编辑器”面板中激活窗框材质，单击“漫反射”右侧的色块，在弹出的“颜色选择器”对话框中设置颜色为蓝黑色，参数设置如图4-106所示，单击“确定”按钮。

2）单击“反射”右侧的色块，在弹出的“颜色选择器”对话框中设置颜色为灰色，参数设置如图4-107所示，单击“确定”按钮。

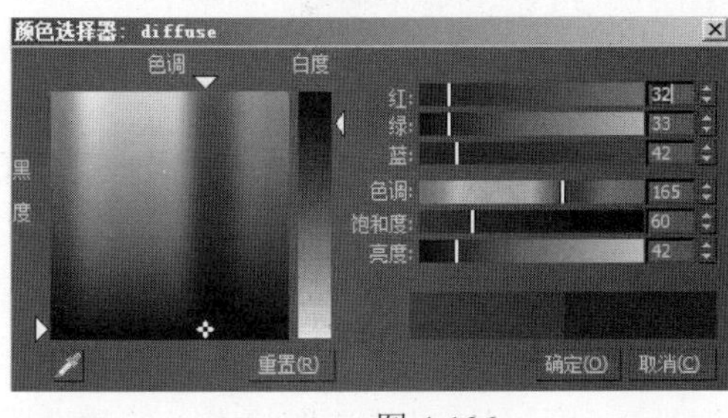

图 4-106

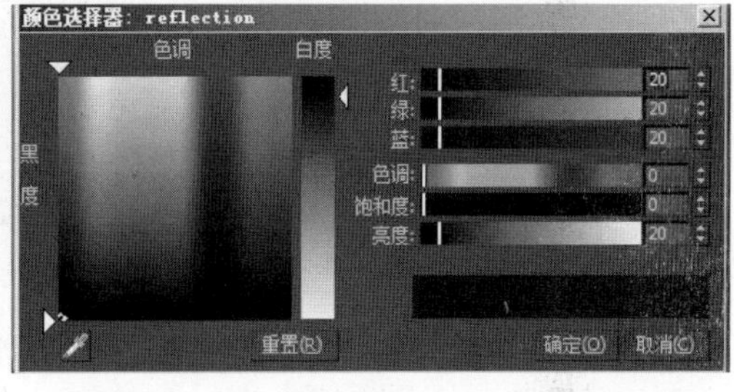

图 4-107

3）单击“高光光泽”右侧的按钮解除锁定状态，设置“高光光泽”为0.5，“反射光泽”为0.8，取消“菲涅耳反射”复选框的选中状态，设置“细分”为20，参数设置如图4-108所示。

4）调整完成的窗框材质的最终效果如图4-109所示。

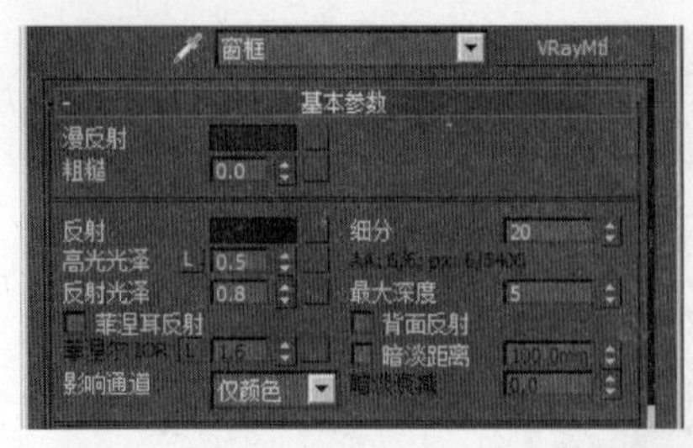

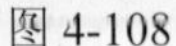
图 4-108

图 4-109

5. 设置玻璃材质

1）在“材质编辑器”面板中激活玻璃材质，单击“漫反射”右侧的色块，在弹出的“颜色选择器”对话框中设置颜色为灰蓝色，参数设置如图4-110所示，单击“确定”按钮。

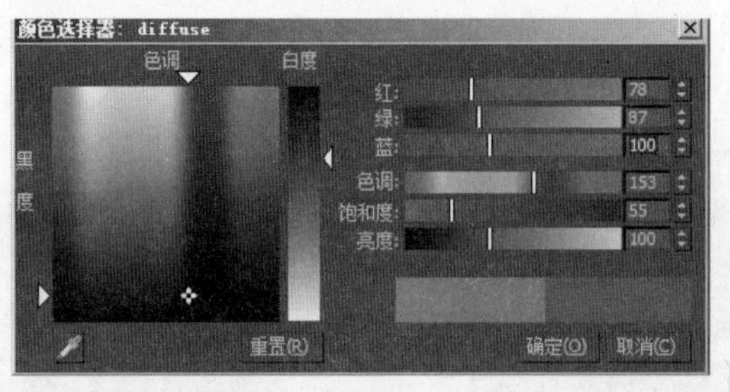

图 4-110

2）单击“反射”右侧的按钮■，在弹出的“材质/贴图浏览器”对话框中选择“标准”卷展栏中的“衰减”贴图，如图4-111所示，单击“确定”按钮。

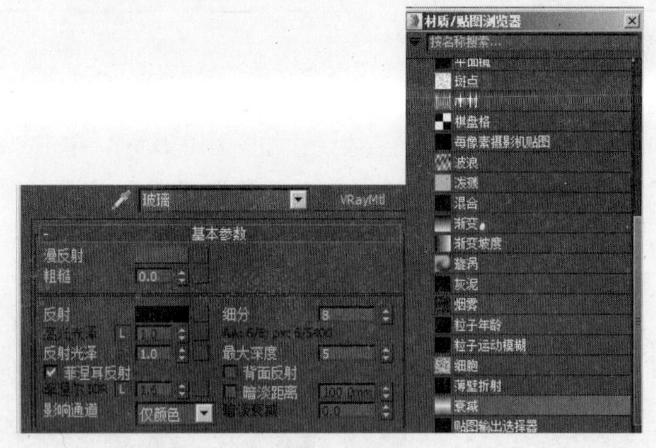

图 4-111

3）单击“转到父对象”按钮■，返回上级面板。单击“高光光泽”右侧的按钮■解除锁定状态，设置“高光光泽”为0.9，取消“菲涅耳反射”复选框的选中状态，参数设置如图4-112所示。

4）单击“折射”右侧的色块，在弹出的“颜色选择器”对话框中设置颜色为灰色，参数设置如图4-113所示，单击“确定”按钮。

5）调整完成的玻璃材质的最终效果如图4-114所示。

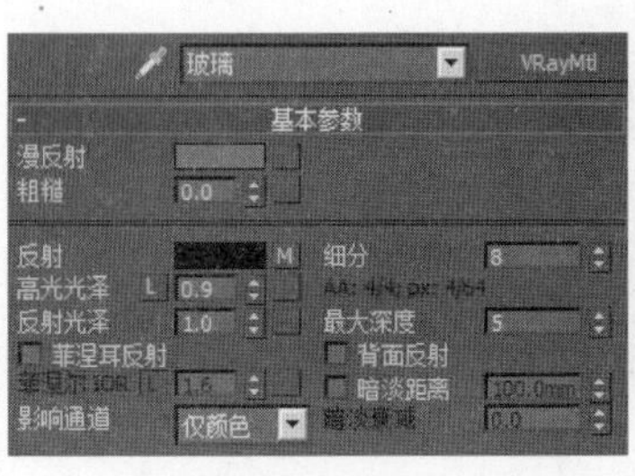

图 4-112

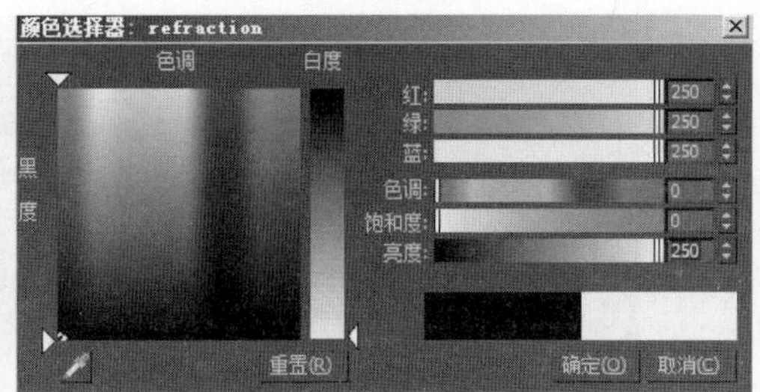

图 4-113

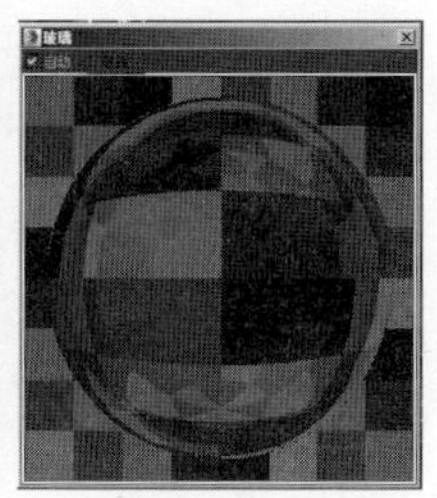

图 4-114

6. 设置条形瓦材质

1）在“材质编辑器”面板中激活条形瓦材质，展开“基本参数”卷展栏，单击“漫反射”右侧的按钮■，在弹出的“材质/贴图浏览器”对话框中选择“标准”卷展栏中的“平铺”贴图，如图4-115所示，单击“确定”按钮。

2）展开“坐标”卷展栏，设置U向瓷砖的重复值为1.6，参数设置如图4-116所示。

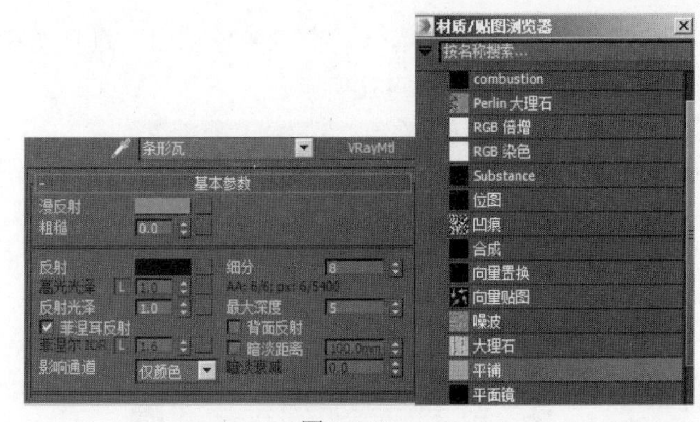

图 4-115

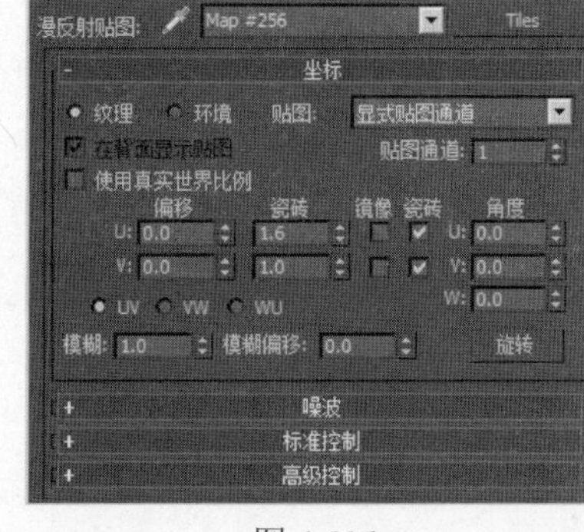

图 4-116

利用平铺贴图，可以通过对两张贴图进行灵活的参数设置，模拟出如瓷砖、条形瓦、条状壁纸、马赛克等丰富多变的贴图效果。

3）展开“高级控制”卷展栏，在“平铺设置”选项组中单击“纹理”右侧的按钮 None ，在弹出的“材质/贴图浏览器”对话框中选择“标准”卷展栏中的“位图”贴图，如图4-117所示，单击“确定”按钮。

4）在弹出的“选择位图图像文件”对话框中选择“项目四\贴图\混凝土.jpg”文件，如图4-118所示，单击“打开”按钮。

图 4-117

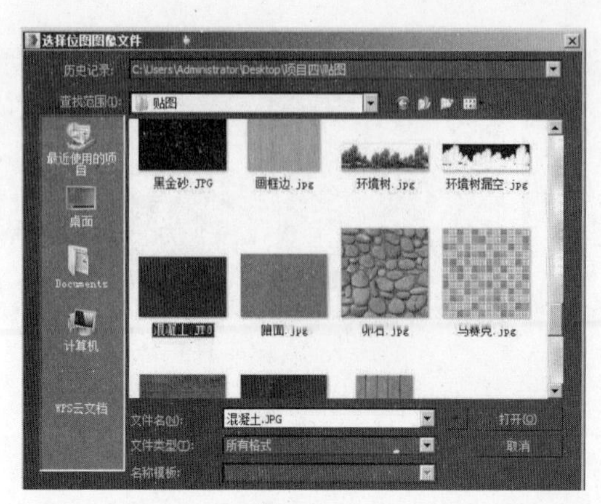

图 4-118

5）展开“坐标”卷展栏，将U向瓷砖和V向瓷砖的重复值均设置为2.0，以加大贴图的重复密度，参数设置如图4-119所示。

6）展开“输出”卷展栏，选中“启用颜色贴图”复选框，在“颜色贴图”选项组中单击“单色”单选按钮，调整明暗对比度曲线，效果如图4-120所示。

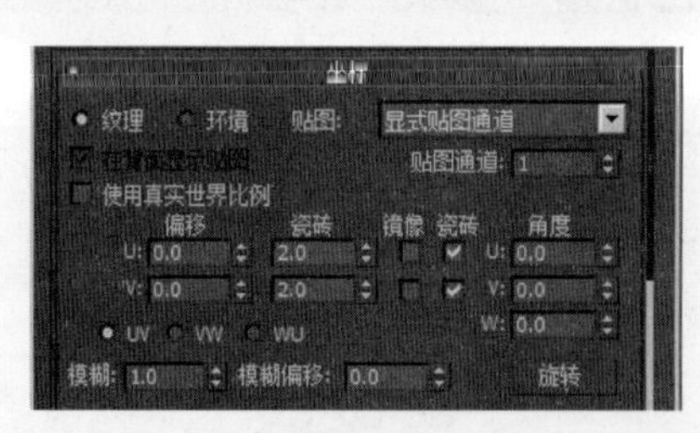

图 4-119

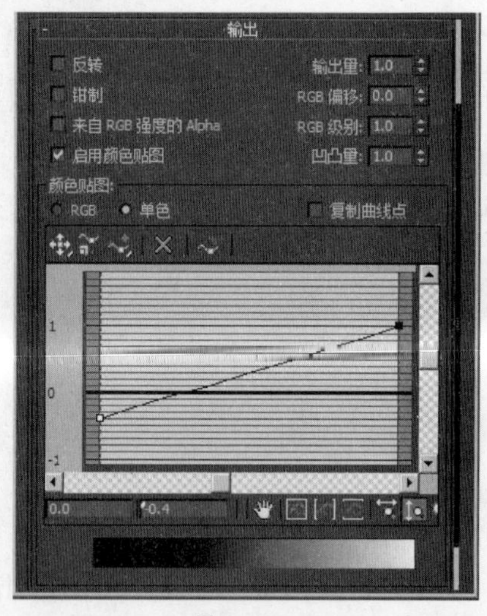

图 4-120

当对图像的色彩或对比度不太满意时，也可以不用借助外部软件（如Photoshop）进行修改，位图贴图允许用户直接在“输出”卷展栏中进行一些简单的色彩和明暗对比度调整，方便、迅速。

• RGB：用于调整图像的红、绿、蓝三原色通道的色彩饱和度。

• 单色：用于调整图像的明暗对比度。

曲线的右侧是图像的高光区，曲线的左侧是图像的暗调区。向上调整，图像会变亮；向下调整，图像会变暗。

7）单击“转到父对象”按钮，返回上级面板。在“砖缝设置”选项组中单击“纹理”右侧的按钮None，在弹出的“材质/贴图浏览器”对话框中选择“标准”卷展栏中的“位图”贴图，如图4-121所示，单击“确定”按钮。

8）在弹出的“选择位图图像文件”对话框中选择“项目四\贴图\灰墙.jpg”文件，如图4-122所示，单击“打开”按钮。

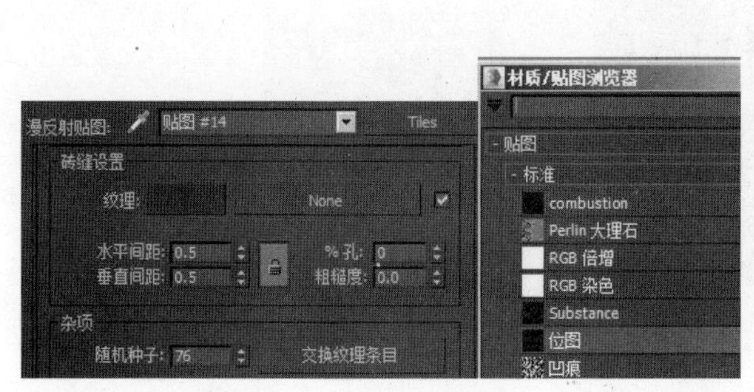

图 4-121　　　　图 4-122

9）单击“转到父对象”按钮，返回上级面板。在“平铺设置”选项组中，设置“水平数”为10.0，“垂直数”为0.0；在“砖缝设置”选项组中，设置“水平间距”为0.8，“垂直间距”为0.01，参数设置及贴图样本如图4-123所示。

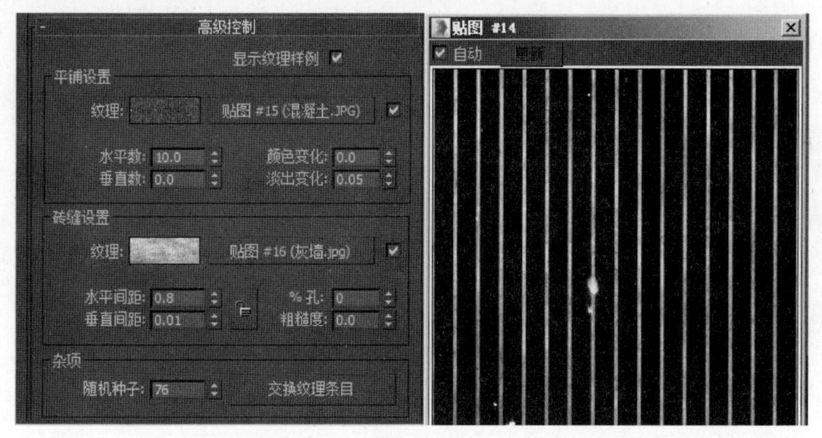

图 4-123

10）单击“转到父对象”按钮，返回上级面板。单击“反射”右侧的色块，在弹出的“颜色选择器”对话框中设置颜色为灰色，参数设置如图4-124所示，单击“确定”按钮。

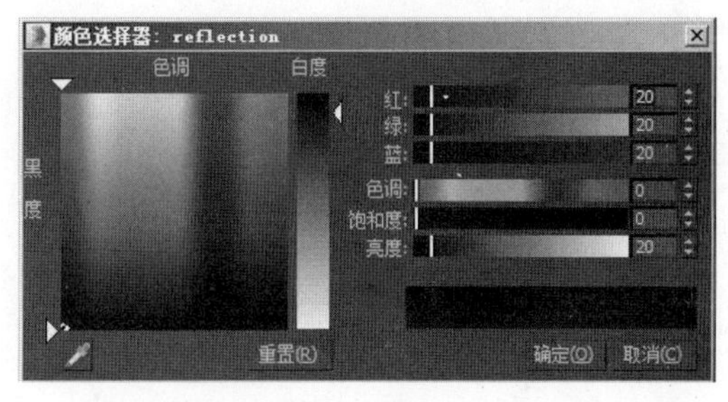

图 4-124

11）单击“高光光泽”右侧的按钮■解除锁定状态，设置“高光光泽”为0.5，“反射光泽”为0.8，取消“菲涅耳反射”复选框的选中状态，设置“细分”为20，参数设置如图4-125所示。

12）调整完成的条形瓦材质的最终效果如图4-126所示。

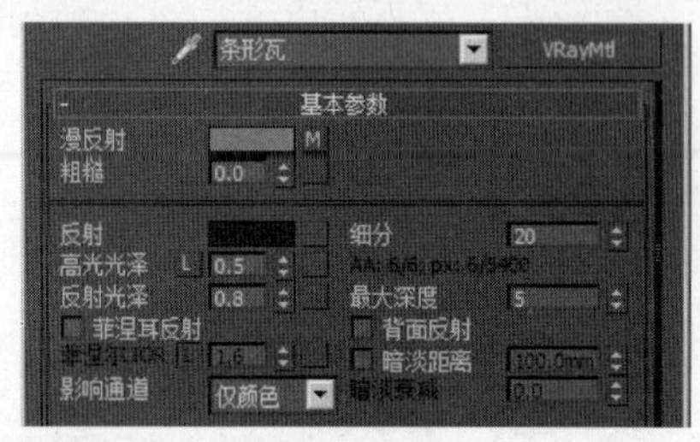

图 4-125

图 4-126

7. 设置工字砖材质

1）在“材质编辑器”面板中激活工字砖材质，展开“Blinn基本参数”卷展栏，单击“漫反射”右侧的按钮■，在弹出的“材质/贴图浏览器”对话框中选择“标准”卷展栏中的“位图”贴图，如图4-127所示，单击“确定”按钮。

2）在弹出的“选择位图图像文件”对话框中选择“项目四\贴图\工字砖.jpg”文件，如图4-128所示，单击“打开”按钮。

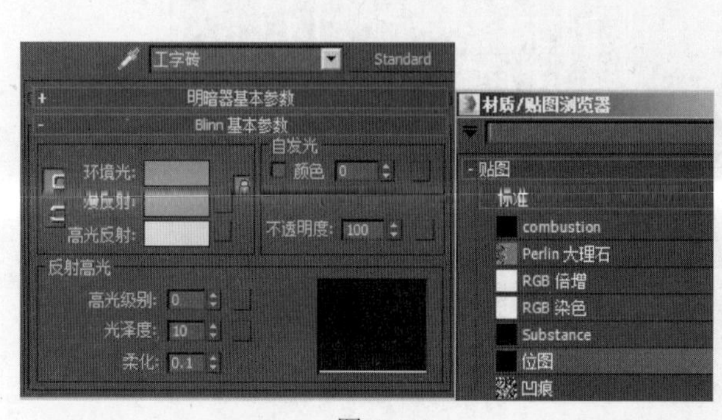

图 4-127

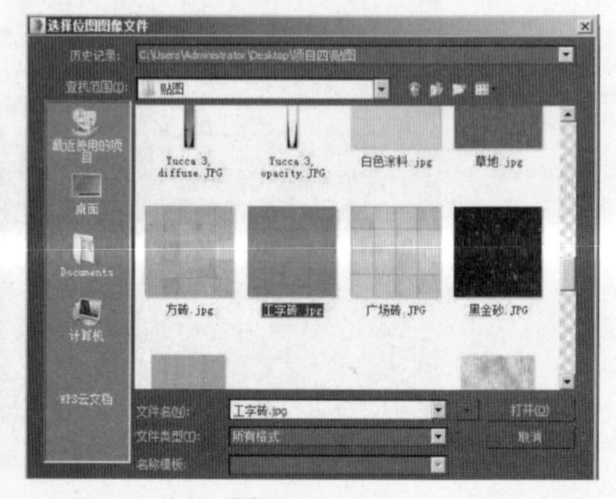

图 4-128

3）单击“视口中显示明暗处理材质”按钮■，使贴图在场景中正确显示。单击“转到父对象”按钮■，回到上级面板。在“反射高光”选项组中，设置“高光级别”为20，“光泽度”为25，参数设置如图4-129所示。

4）选择工字砖对象，进入“修改”面板■，在“修改器列表”下拉列表框中选择添加“UVW贴图”修改器。展开“参数”卷展栏，在“贴图”选项组中单击“长方体”单选按钮，设置“长度”“宽度”“高度”为2000.0mm，参数设置如图4-130所示。

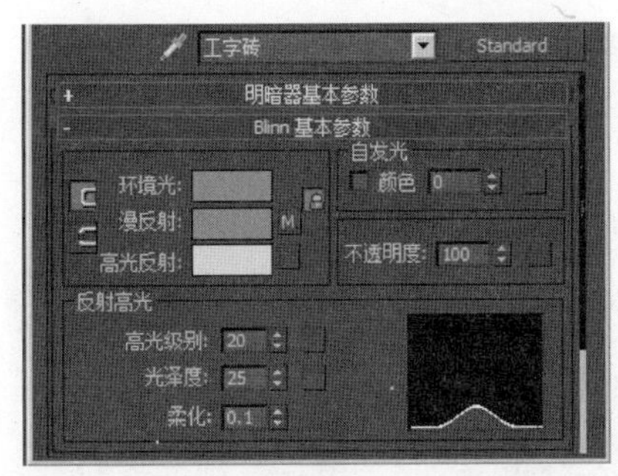

图 4-129

图 4-130

5）展开“贴图”卷展栏，将“漫反射颜色”通道右侧的贴图拖动复制到“凹凸”通道右侧的按钮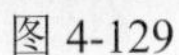上，在弹出的“复制（实例）贴图”对话框中单击“实例”单选按钮，单击“确定”按钮。设置“凹凸”的“数量”为15，参数设置如图4-131所示。

6）调整完成的工字砖材质的最终效果如图4-132所示。

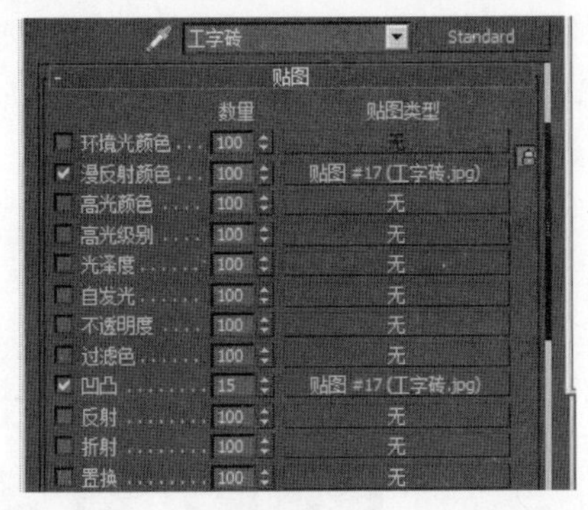

图 4-131

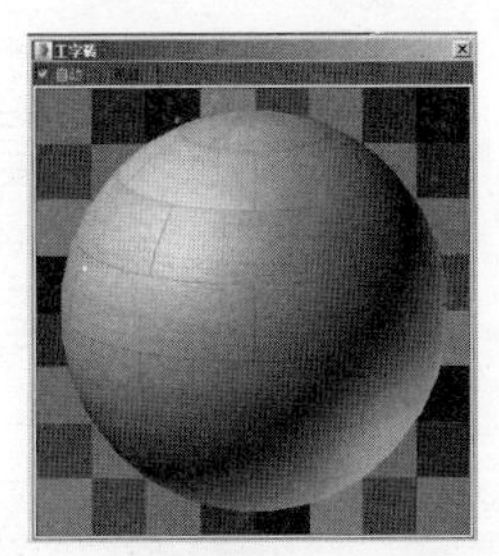

图 4-132

> 本项目案例中类似于工字砖这种较为简单的材质还有很多，如“广场砖”“卵石”“路牙”等。限于篇幅不能逐一展开讲解，请读者参考提供的“项目四\场景文件\完成.max”文件进行练习。

8. 设置塑钢材质

1）在“材质编辑器”面板中激活塑钢材质，单击“漫反射”右侧的色块，在弹出的“颜色选择器”对话框中设置颜色为灰蓝色，参数设置如图4-133所示，单击“确定”按钮。

2）单击“反射”右侧的色块，在弹出的“颜色选择器”对话框中设置颜色为灰色，参数设置如图4-134所示，单击“确定”按钮。

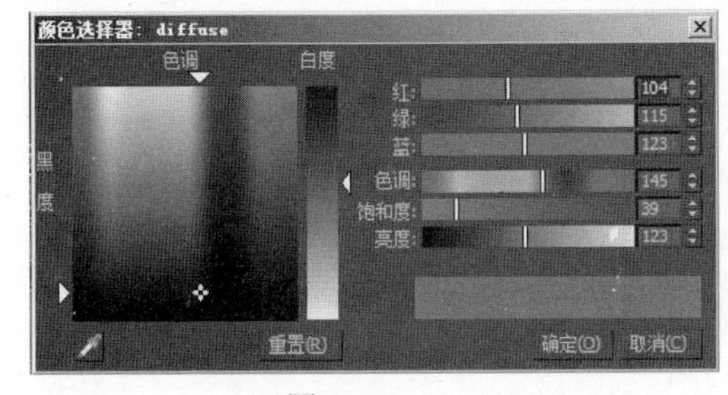

图 4-133

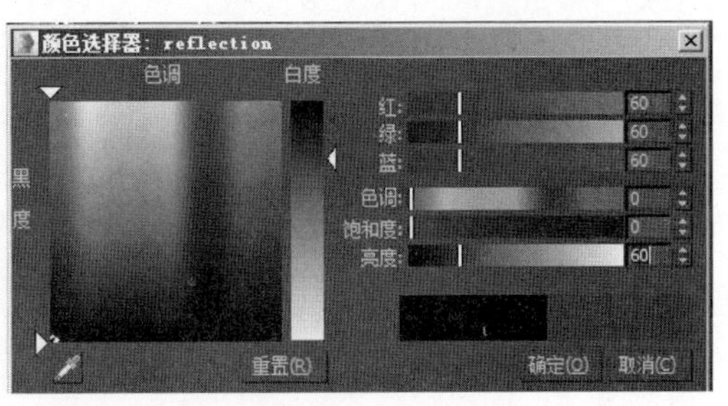

图 4-134

3）单击“高光光泽”右侧的按钮L解除锁定状态，设置“高光光泽”为0.6，“反射光泽”为0.85，取消“菲涅耳反射”复选框的选中状态，设置“细分”为15，参数设置如图4-135所示。

4）调整完成的塑钢材质的最终效果如图4-136所示。

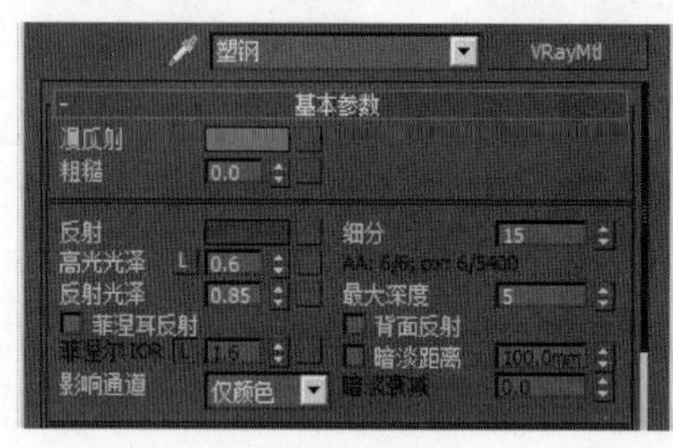
图 4-135

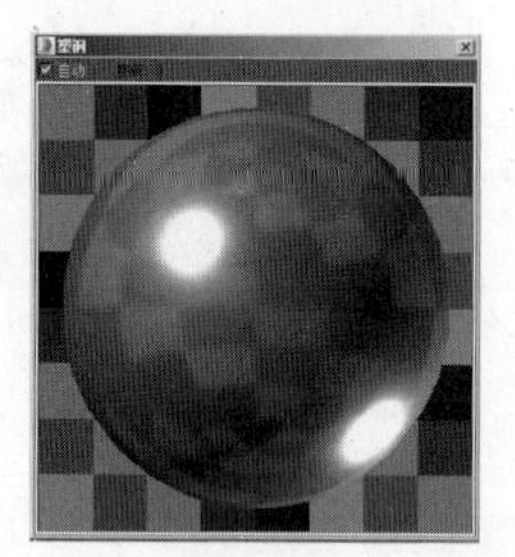
图 4-136

9. 设置木栈道材质

1）在“材质编辑器”面板中激活木栈道材质，展开“基本参数”卷展栏，单击“漫反射”右侧的按钮，在弹出的“材质/贴图浏览器”对话框中选择“标准”卷展栏中的“位图”贴图，如图4-137所示，单击“确定”按钮。

2）在弹出的“选择位图图像文件”对话框中选择“项目四\贴图\木栈道.jpg”文件，如图4-138所示，单击“打开”按钮。

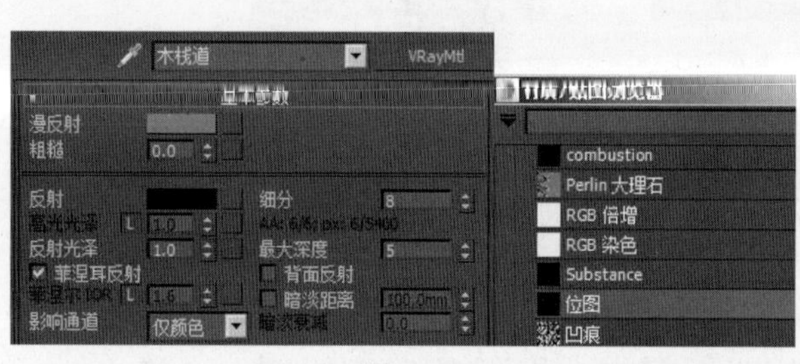
图 4-137

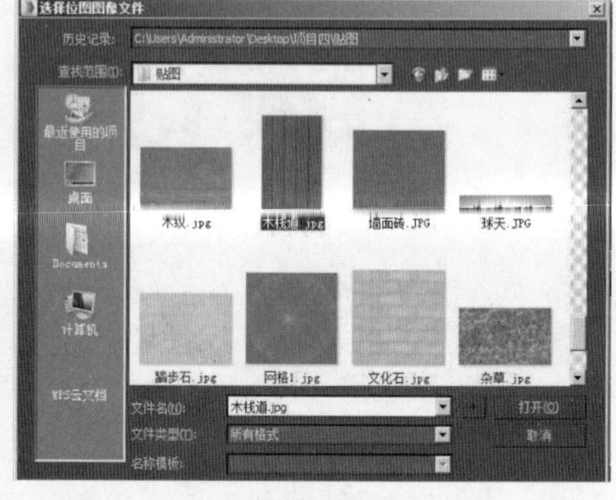
图 4-138

3）展开“坐标”卷展栏，设置U向瓷砖的重复值为2.0，参数设置如图4-139所示。

4）单击“视口中显示明暗处理材质”按钮，使贴图在场景中正确显示。单击“转到父对象”按钮，回到上级面板，参数设置如图4-140所示。

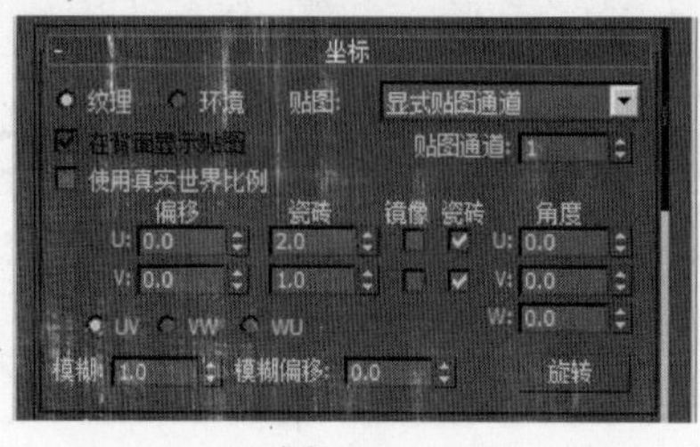
图 4-139

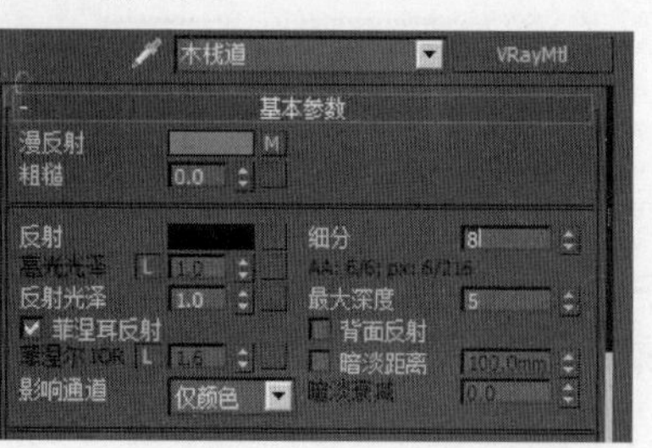
图 4-140

5）单击“反射”右侧的色块，在弹出的“颜色选择器”对话框中设置颜色为灰色，参数设置如图4-141所示，单击“确定”按钮。

6）单击“高光光泽”右侧的按钮L解除锁定状态，设置“高光光泽”为0.6，“反射光泽”为0.85，“细分”为20，参数设置如图4-142所示。

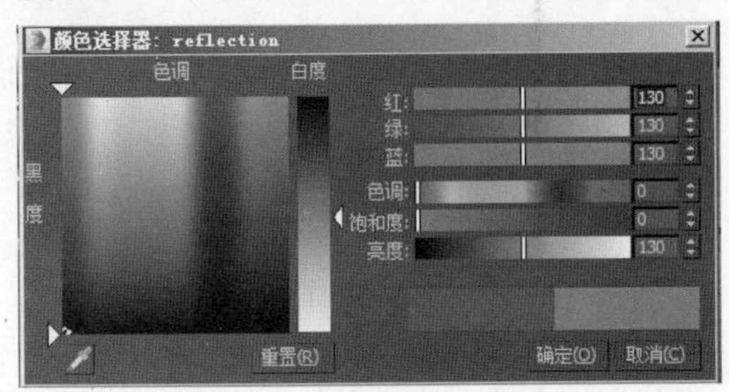

图 4-141

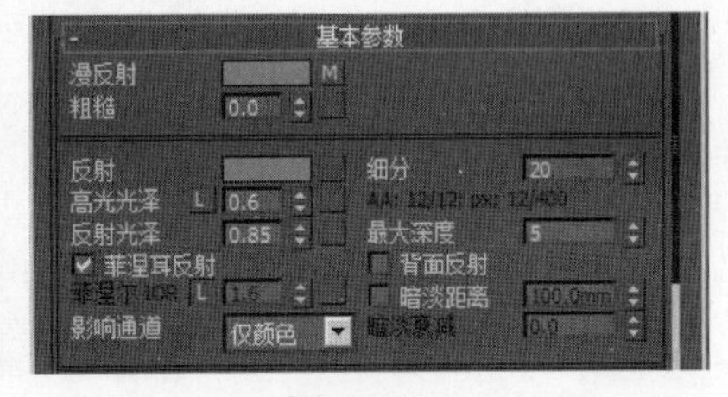

图 4-142

7）展开“贴图”卷展栏，将“漫反射”通道右侧的贴图拖动复制到“凹凸”通道右侧的按钮 无 上，在弹出的“复制（实例）贴图”对话框中单击“实例”单选按钮，单击“确定”按钮完成贴图的复制。设置“凹凸”的“数量”为20.0，参数设置如图4-143所示。

8）选择木栈道对象，进入“修改”面板，在“修改器列表”下拉列表框中选择添加“UVW贴图”修改器。展开“参数”卷展栏，在“贴图”选项组中单击“长方体”单选按钮，设置“长度”“宽度”“高度”为1000.0mm，参数设置如图4-144所示。

9）调整完成的木栈道材质的最终效果如图4-145所示。至此，本场景中的主要材质已调整完毕。

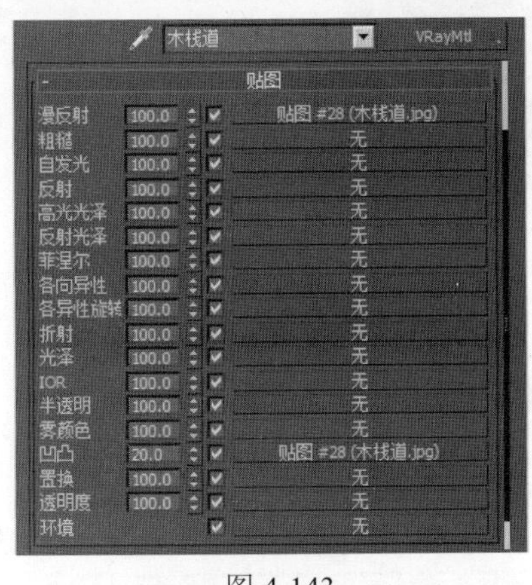

图 4-143

图 4-144

图 4-145

10. 合并素材模型并完善场景环境

1）单击3ds Max界面中的按钮，在弹出的面板中执行“导入”→“合并”命令，如图4-146所示。

2）在弹出的“合并文件”对话框中选择“项目四\场景文件\素材.max”文件，如图4-147所示，单击“打开”按钮。

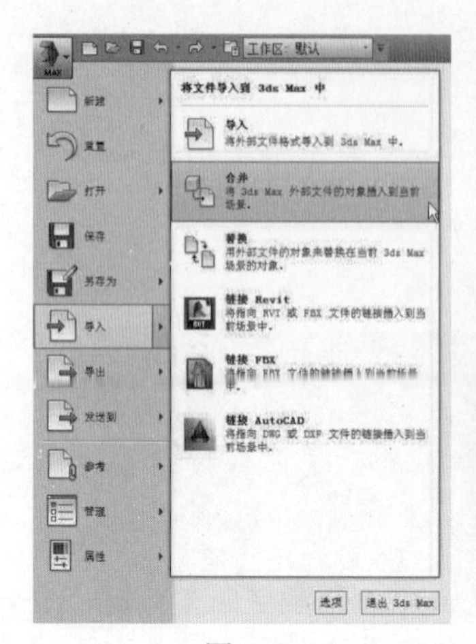

图 4-146

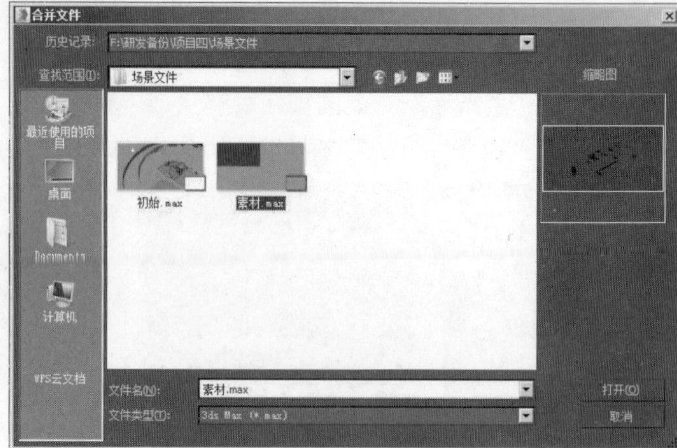

图 4-147

3）在弹出的“合并”对话框中选择全部模型，如图4-148所示，单击“确定”按钮。

4）按快捷键C激活摄影机视图，素材合并完成后的场景最终效果如图4-149所示。

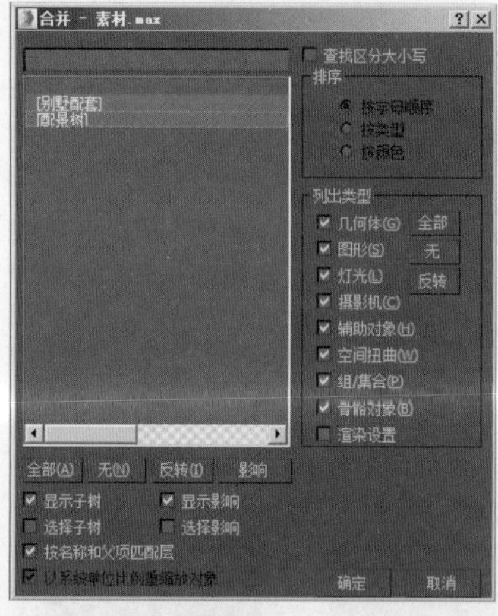

图 4-148

图 4-149

任务四　最终渲染设置

1. 设置渲染输出参数

1）按快捷键F10弹出“渲染设置”面板。在“公用”选项卡中展开“公用参数”卷展栏，在“输出大小”选项组中设置“宽度”为2500，“高度”为1562，单击锁定“图像纵横比”，参数设置如图4-150所示。

2）设置“图像采样（抗锯齿）”卷展栏、“图像过滤”卷展栏、“块图像采样器”卷展栏中的参数，如图4-151所示。

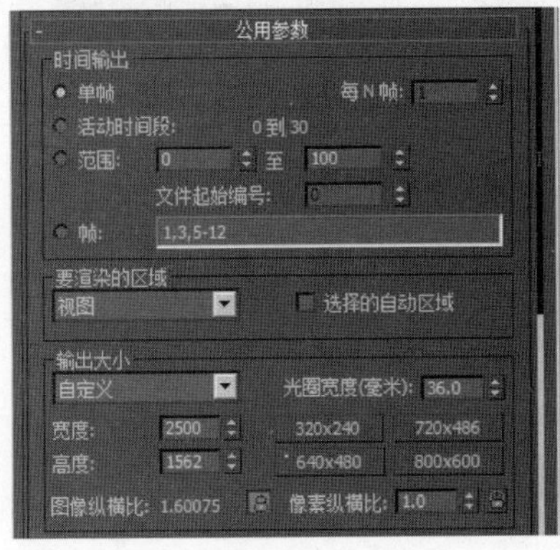

图 4-150

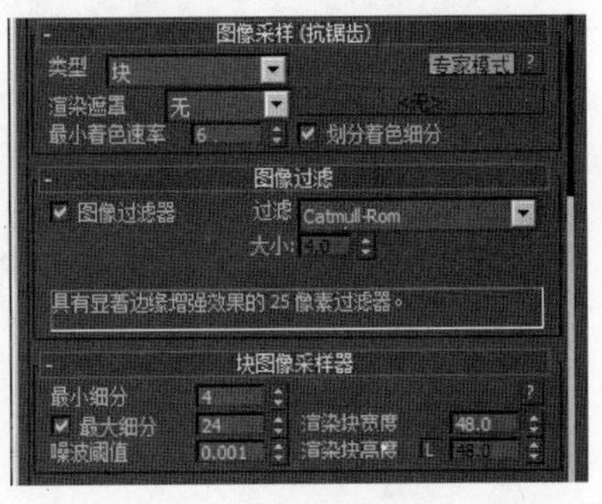

图 4-151

3）设置“全局DMC”卷展栏、“颜色贴图”卷展栏中的参数，如图4-152所示。

4）切换到“GI”选项卡，设置“全局光照”卷展栏、“发光贴图”卷展栏、“灯光缓存”卷展栏中的参数，如图4-153所示。至此，正式渲染输出参数设置完毕。

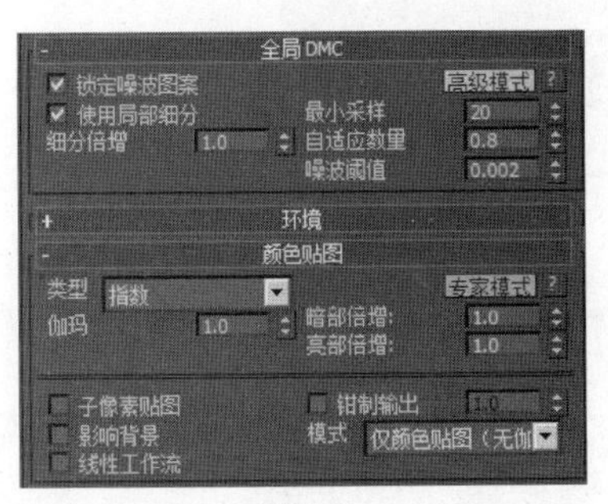

图 4-152

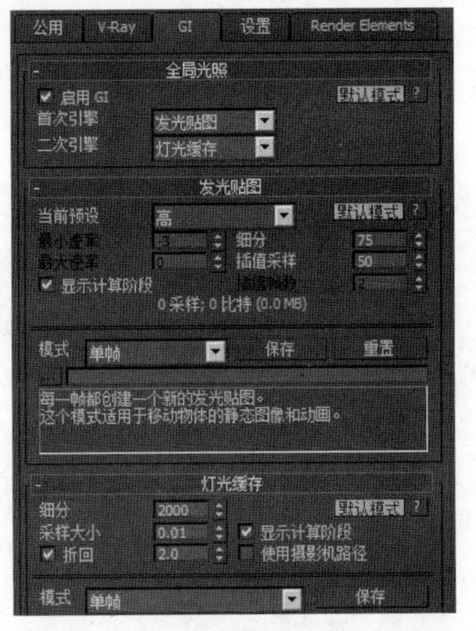

图 4-153

2. 渲染成品效果图

确认当前视图为摄影机视图，按快捷键Shift+Q，对当前场景进行渲染。经过一段时间的渲染，成品效果如图4-154所示，保存该文件，将其命名为“项目四\效果文件\初始.jpg”。

图 4-154

任务五　效果图精修

1. 打开文件

1）启动Adobe Photoshop软件。

2）执行“文件”→“打开”命令，在弹出的“打开”对话框中选择“项目四\效果文件\初始.jpg”文件，单击“打开”按钮，效果如图4-155所示。

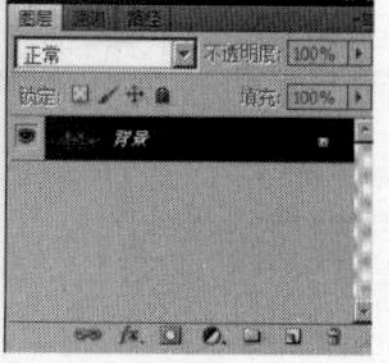

图 4-155

2. 调整亮度/对比度

执行“图像”→“调整”→“亮度/对比度”命令，在弹出的“亮度/对比度”对话框中设置“对比度”为17，参数设置如图4-156所示，单击“确定”按钮。

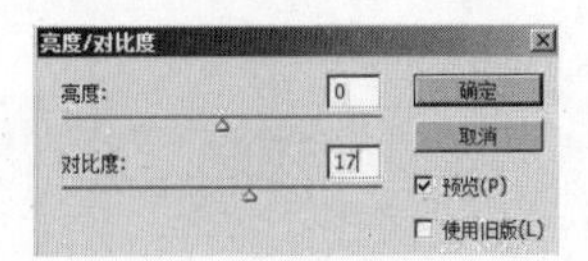

图 4-156

3. 调整曲线

执行“图像”→“调整”→“曲线”命令，在弹出的“曲线”对话框中调整曲线，参数设置如图4-157所示，单击“确定”按钮。

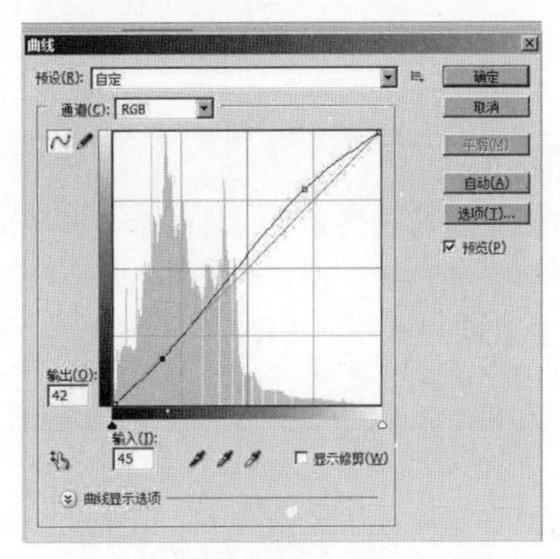

图 4-157

至此，本项目案例“夜景别墅”已经全部完成，最终效果如图4-158所示。

图 4-158

视频文件

视频文件

视频文件

售楼部

项目目标

本项目案例是一个日景售楼部效果图的表现方案。通过学习本项目案例，读者可以进一步巩固室外建筑表现中常用材质的调整方法，体会并理解全模型配景的便捷和优势；灯光方面仍然是利用室外太阳光和天光的配合，营造日景氛围；在后期处理方面则引入色彩通道调整法。

技能要点

◎ 混合（Blend）材质：掌握在3ds Max 2016中调用混合材质的方法及混合材质的使用技巧。

◎ 方案预设：掌握将调整好的测试或出图参数保存为预设方案并正确调用的方法。

◎ 色彩通道图：理解色彩通道图的作用并掌握其制作方法。

◎ 后期处理：掌握结合色彩通道图进行后期处理的方法。

效果欣赏

配套文件

任务一 设置测试渲染参数

1. 创建摄影机

1）打开“项目五\场景文件\初始.max”场景文件，效果如图5-1所示。

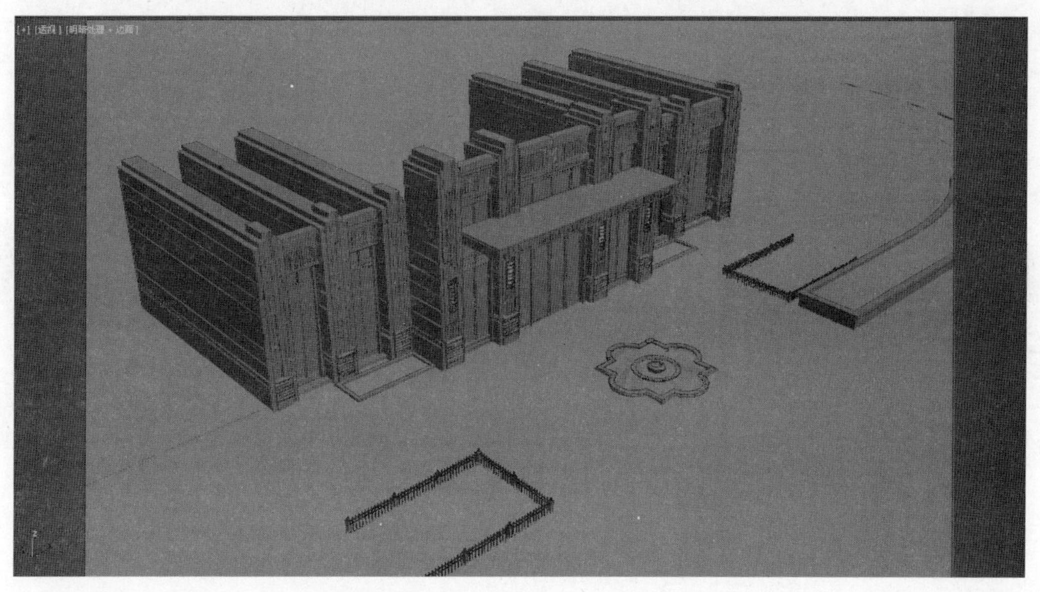

图 5-1

2）按快捷键T激活顶视图，按快捷键Alt＋W将视图最大化显示，效果如图5-2所示。

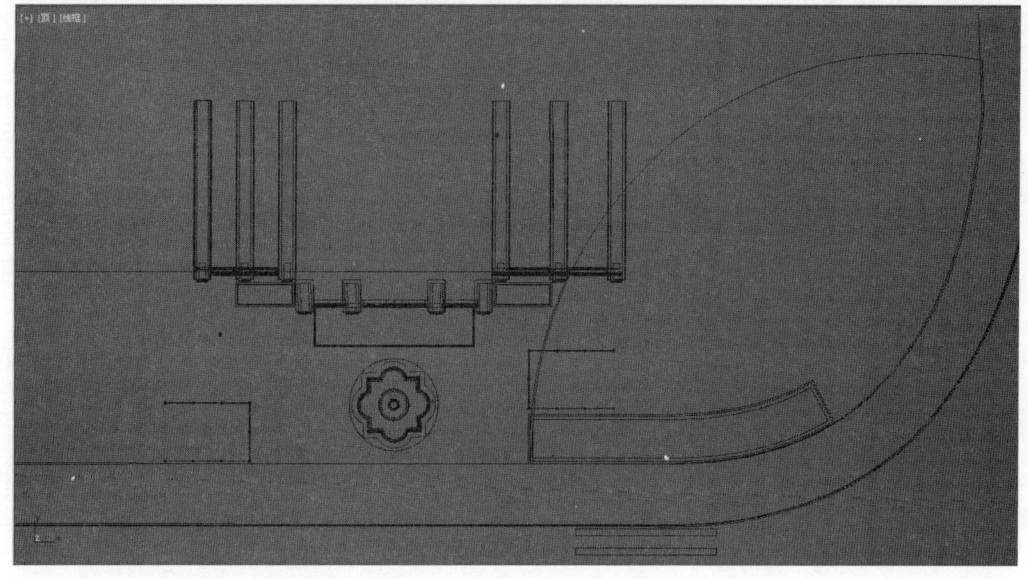

图 5-2

3）进入“创建”面板，切换到“摄影机”选项卡，在其下拉列表框中选择“标准”选项，单击“目标”按钮，在视图中创建一架目标摄影机，效果如图5-3所示。

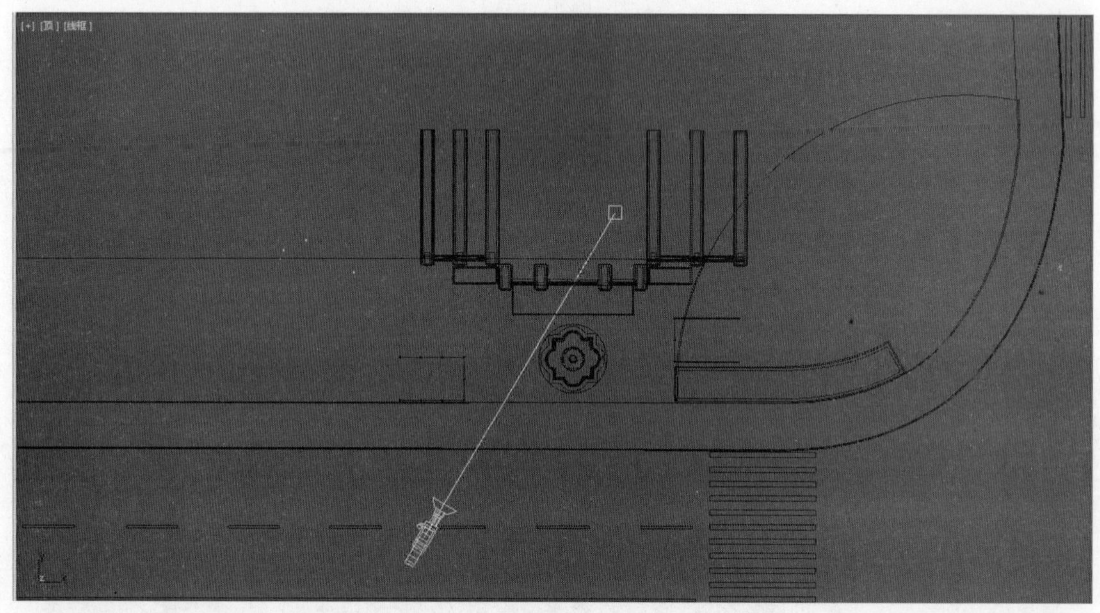

图 5-3

4）按快捷键F激活前视图，单击主工具栏中的“选择并移动”按钮，选择刚才创建的摄影机，将其沿y轴向上提升一定的高度，按快捷键G取消栅格显示，效果如图5-4所示。

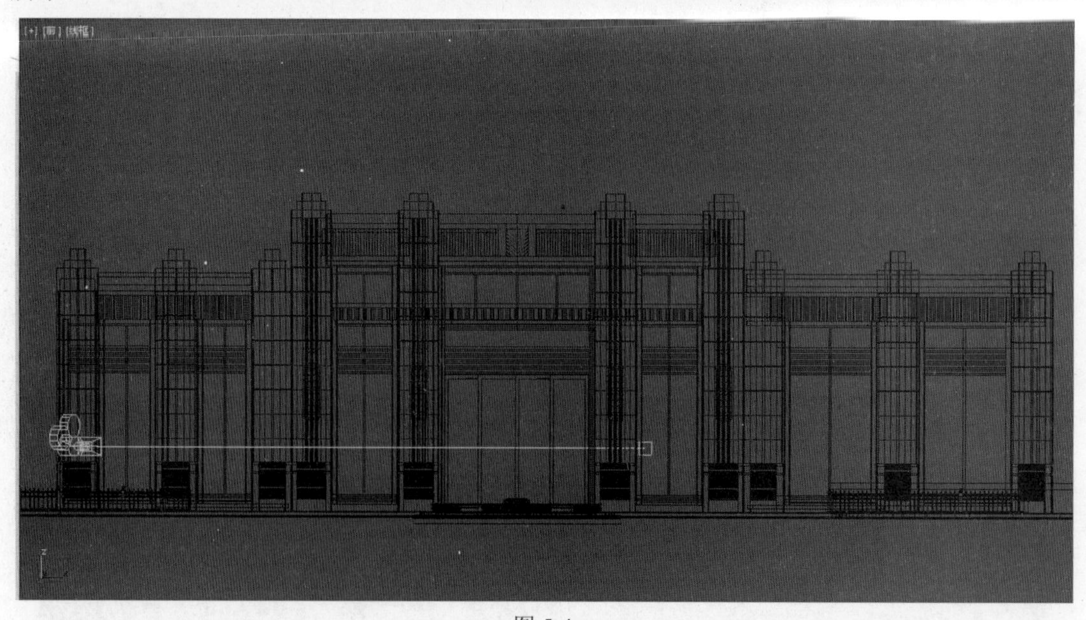

图 5-4

5）选择摄影机的目标点，将其沿y轴再向上略微提升一定的高度，效果如图5-5所示。

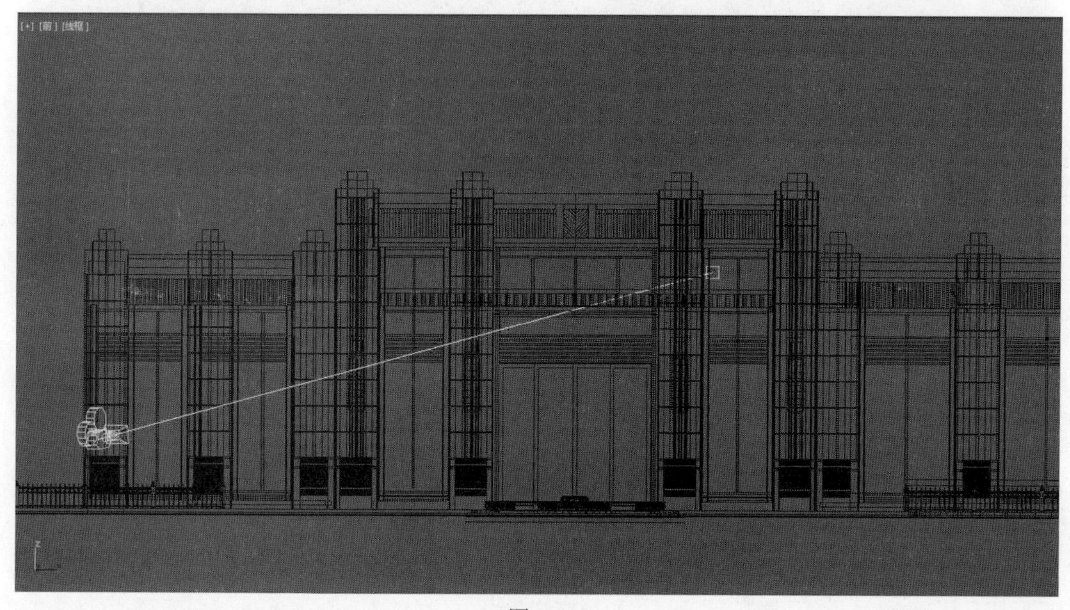

图 5-5

6）选择摄影机，进入“修改”面板。展开“参数”卷展栏，设置“镜头”为28.0mm，参数设置如图5-6所示。

7）执行“修改器”→“摄影机”→“摄影机校正”命令，进行2点透视校正，参数设置如图5-7所示。

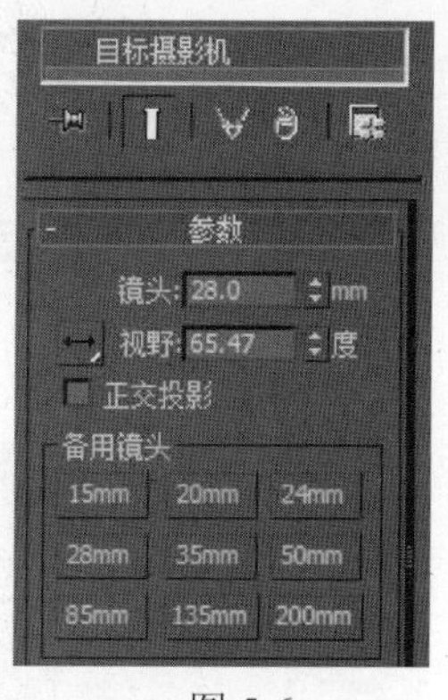

图 5-6

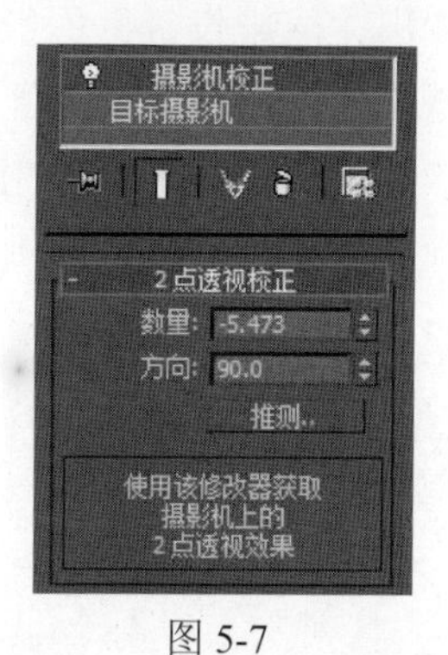

图 5-7

8）按快捷键C激活摄影机视图，摄影机视图效果如图5-8所示。

图 5-8

学到这里，读者应明确在场景中布置摄影机的方法通常有两种，一种是3ds Max自带的普通摄影机，另一种是VRay渲染器内置的物理摄影机。这两种摄影机在创建时的基本步骤类似，但参数设置不同。如果使用的是普通摄影机，在表现2点透视效果时需要添加“摄影机校正”修改器；如果使用的是VRay物理摄影机，则需要选中“自动垂直倾斜校正”复选框，以启用“自动垂直倾斜校正”功能。

2. 设置测试渲染参数

1）按快捷键F10弹出“渲染设置”面板，如图5-9所示。

2）在“公用”选项卡中展开“公用参数”卷展栏，在“输出大小”选项组中设置“宽度”为600，“高度”为375，单击锁定“图像纵横比”，参数设置如图5-10所示。

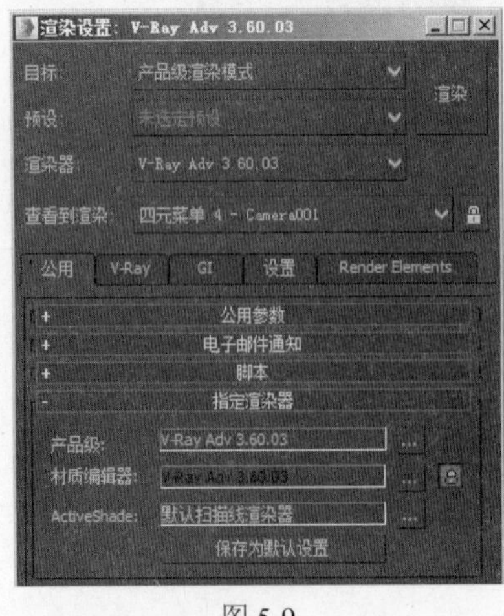

图 5-9

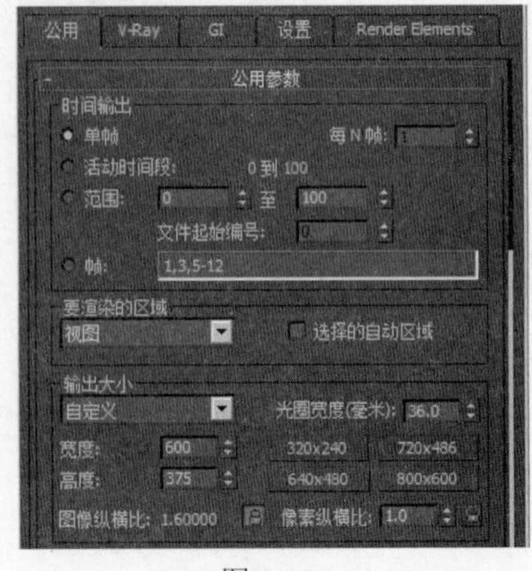

图 5-10

3）切换到“V-Ray”选项卡，展开“全局开关”卷展栏，参数设置如图5-11所示。

4）展开“图像采样（抗锯齿）”卷展栏、“图像过滤”卷展栏和“块图像采样器”卷展栏，参数设置如图5-12所示。

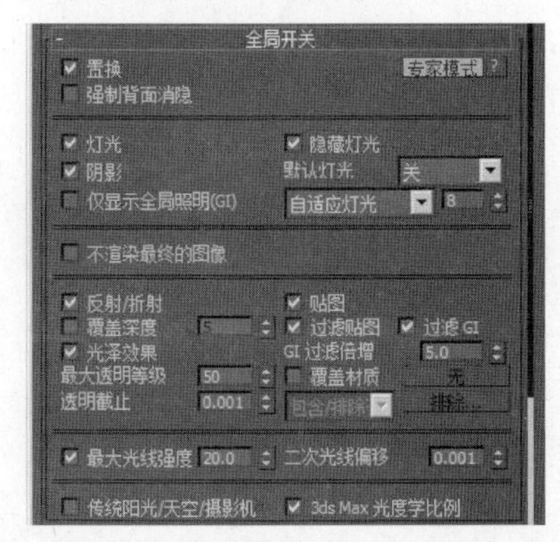

图 5-11

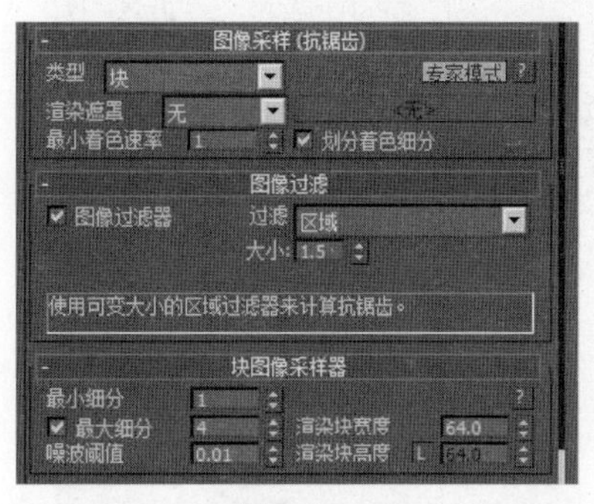

图 5-12

很多卷展栏的初始状态处于“默认模式”，如果需要得到更详细的调整参数，可以对“默认模式”按钮多次单击，将其切换为“高级模式”或“专家模式”。

读者对于调整测试或出图参数已经有所了解，下面学习如何将这些参数设置保存为预设方案，这样以后就可以直接调用存储的方案进行制作，从而提高工作效率。但必须注意，每个项目的出图分辨率和构图比例有所不同，因此，参数设置虽然可以调用，但这部分内容应根据实际情况进行具体调整。

5）展开“全局DMC”卷展栏和“颜色贴图”卷展栏，参数设置如图5-13所示。

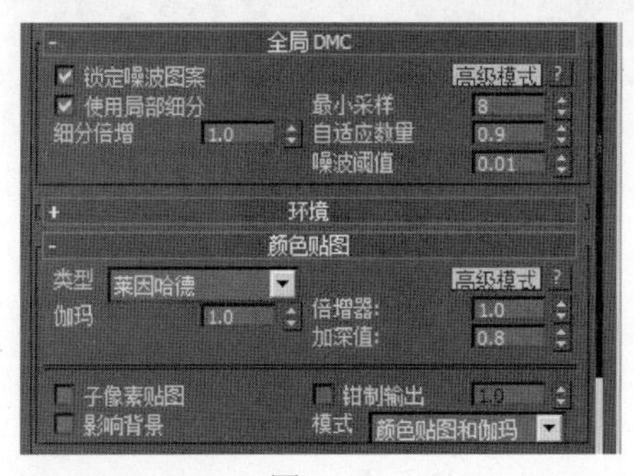

图 5-13

“莱因哈德”“线性叠加”“指数”并列为效果图出图最常用的三大曝光类型。其中，“莱因哈德”可被简单理解为“线性叠加”和“指数”的混合类型，其混合量可通过“加深值”来控制。当将“加深值”设置为1时，图像的对比度较强烈，色彩饱和度较高，效果类似于“线性叠加”曝光类型；当将“加深值”设置为0时，图像的对比度较弱，色彩饱和度较低，效果类似于“指数”曝光类型。

6）切换到“GI”选项卡，分别展开“全局光照”卷展栏、“发光贴图”卷展栏和

“灯光缓存”卷展栏，参数设置如图5-14所示。至此，测试渲染参数设置完毕。

7）在“渲染设置”面板中展开“预设”下拉列表框，选择“保存预设”选项，如图5-15所示。

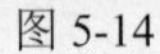
图 5-14

图 5-15

8）在弹出的“保存渲染预设”对话框中指定预设方案的存储路径和文件名，本项目案例将其设置为“项目五\场景文件\测试方案.rps”，如图5-16所示，单击“保存”按钮。

9）弹出“选择预设类别”对话框，如图5-17所示，单击“保存”按钮。

图 5-16

图 5-17

3. 设置场景中的灯光和环境

1）按快捷键T激活顶视图。进入“创建”面板，切换到“灯光”选项卡，在其下拉列表框中选择“标准”选项，单击“目标平行光”按钮，在顶视图中创建一个目标平行光，灯光位置如图5-18所示。

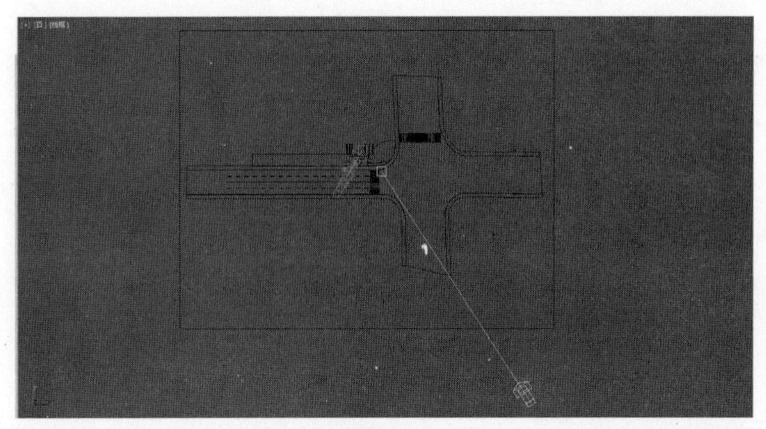

图 5-18

2）按快捷键F激活前视图，单击主工具栏中的“选择并移动”按钮，由于太阳光的照射方向为自上而下，在此将光源点沿y轴向上提升至合适的高度，灯光位置如图5-19所示。

图 5-19

3）选择光源，进入“修改”面板。展开“常规参数”卷展栏，参数设置如图5-20所示。

4）展开“强度\颜色\衰减”卷展栏，设置“倍增”为1.5，单击其右侧的色块，在弹出的“颜色选择器”对话框中设置颜色为暖黄色，将其作为太阳光的颜色，参数设置如图5-21所示，单击“确定”按钮。

图 5-20

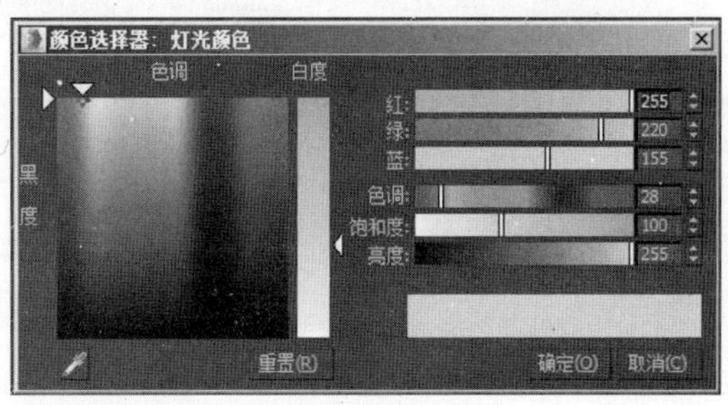

图 5-21

5）展开“平行光参数”卷展栏，参数设置如图5-22所示。

6）展开“VRayShadows params”（VRay阴影参数）卷展栏，参数设置如图5-23所示。

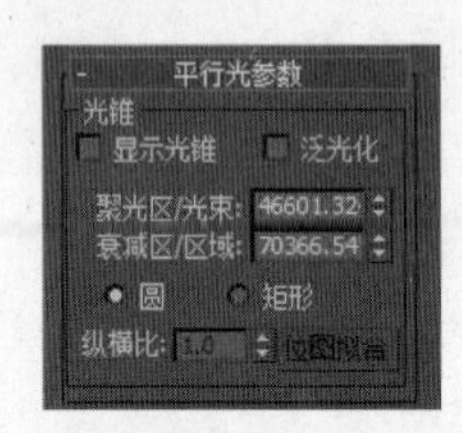

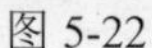

图 5-22

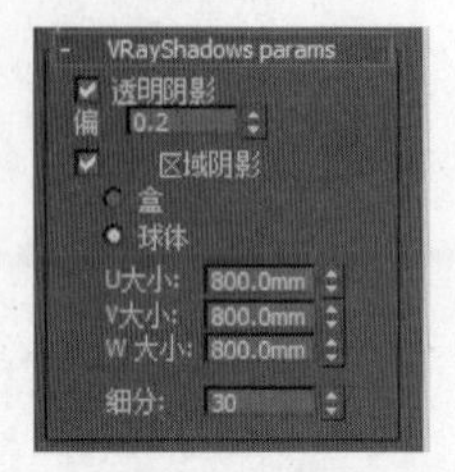

图 5-23

VRay类型的灯光所投射的一定是VRay阴影。但如果使用3ds Max内置的“标准”或“光度学”灯光，则应该将阴影类型设置为“VRayShadow”（VRay阴影），否则由于兼容性的关系，渲染出来的阴影会出现问题。

• 区域阴影：默认设置时灯光产生的阴影比较清晰、锐利，不够真实，而区域阴影是一种相对真实的物理阴影，能够表现出一种“近实远虚，近浓远淡，逐渐发散”的真实光影效果。

• 盒、球体：是两种不同的阴影采样模式，采样半径越大，阴影的边缘越虚化。随着半径的增加，阴影的边缘会出现一些噪点，这时应通过提高“细分”数值来平滑噪点，以改善细节。阴影效果最终被设置为锐利还是虚化，应视项目的实际要求确定。

7）按快捷键Shift＋F显示安全框，单击主工具栏中的“渲染产品”按钮，对场景进行测试渲染，效果如图5-24所示。

图 5-24

观察效果图可以发现，太阳光的照射效果良好，但场景中的色调看上去过于偏暖，需要补充一些冷色的天光信息予以平衡。

8）按快捷键F10弹出“渲染设置”面板，如图5-25所示。

9）切换到“V-Ray”选项卡，展开“环境”卷展栏，选中“GI环境”复选框以启用天光照明，参数设置如图5-26所示。

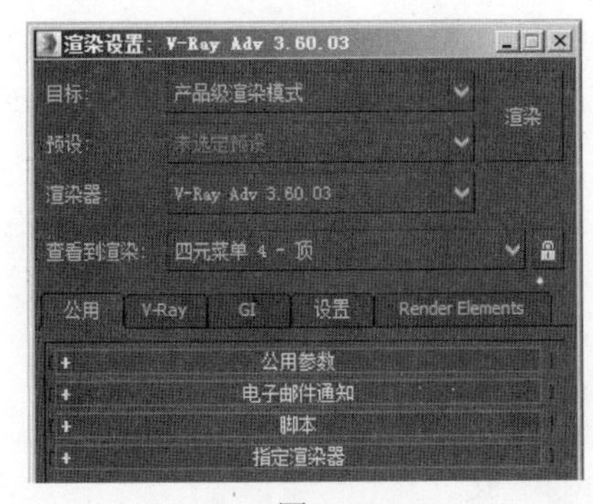

图 5-25

图 5-26

10）再次按快捷键Shift＋Q，对当前场景进行渲染，观察效果，如图5-27所示。

图 5-27

观察效果图可以发现，灯光效果良好，但环境背景一片漆黑，不够理想，需要继续为场景添加环境背景。

11）按快捷键8弹出“环境和效果”面板，如图5-28所示。

12）展开“公用参数”卷展栏，在“背景”选项组中单击“环境贴图”下方的按钮 无 ，在弹出的“材质/贴图浏览器”对话框中选择“标准”卷展栏中的“位图”贴图，如图5-29所示，单击“确定”按钮。

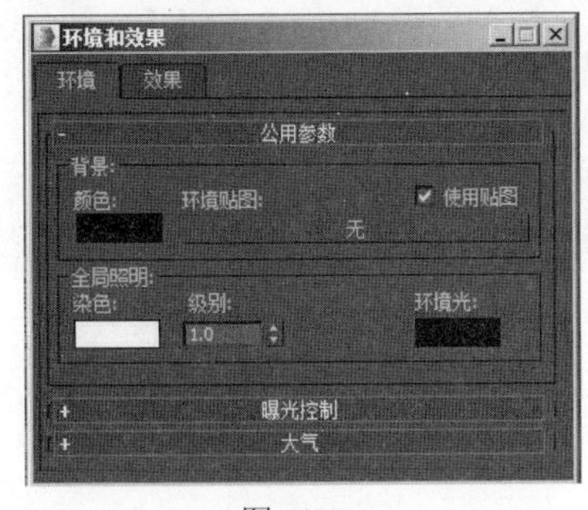

图 5-28

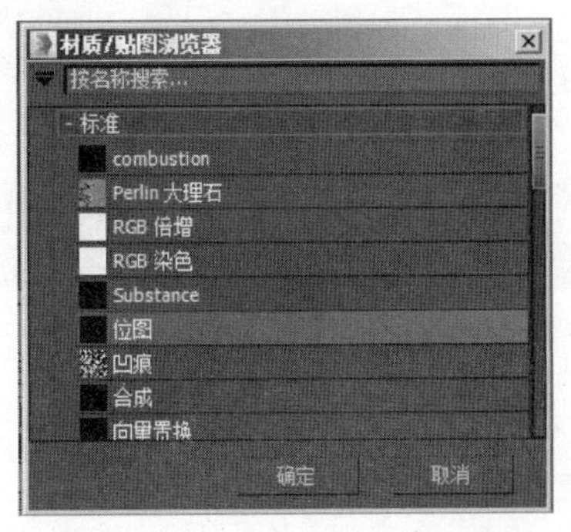

图 5-29

13）在弹出的“选择位图图像文件”对话框中选择“项目五\贴图\天空.jpg”文件，如图5-30所示，单击“打开”按钮。

14）按快捷键M弹出“材质编辑器”面板，将环境贴图拖动复制到“材质编辑器”面板中任意一个空白的材质示例球上，在弹出的“实例（副本）贴图”对话框中单击“实例”单选按钮，如图5-31所示，单击“确定”按钮。

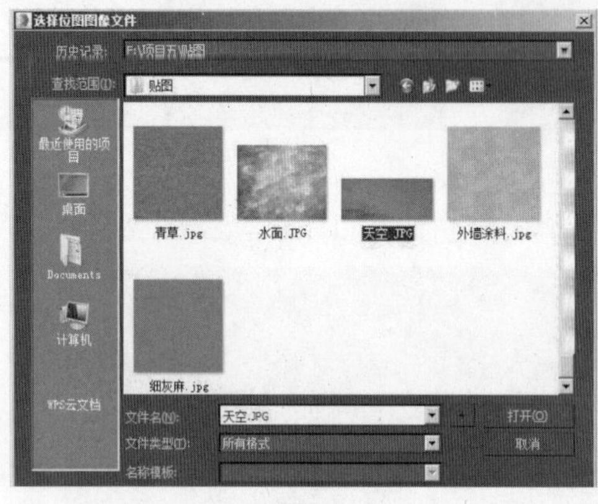

图 5-30

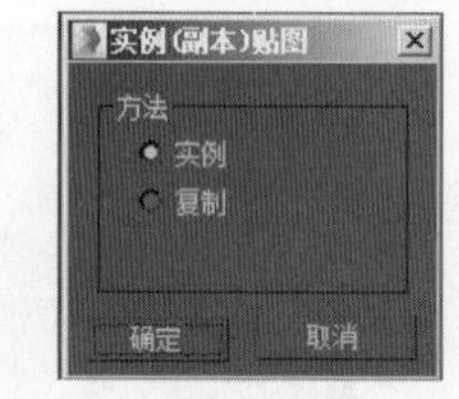

图 5-31

15）将贴图命名为“环境天空”。展开“坐标”卷展栏，确认“环境”单选按钮为选中状态，在“贴图”下拉列表框中选择“屏幕”选项，参数设置如图5-32所示。

16）按快捷键Alt＋B弹出“视口配置”对话框，如图5-33所示。

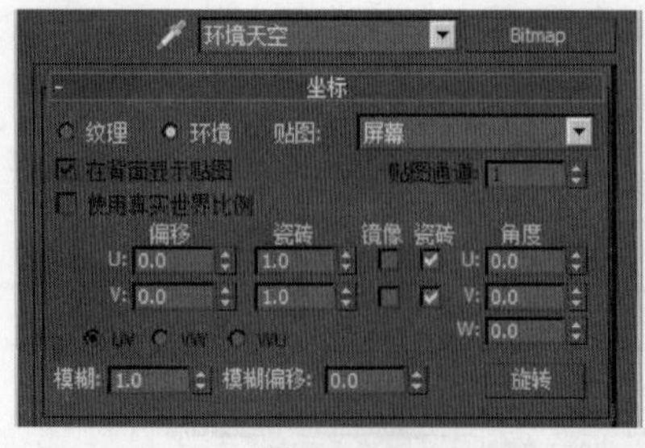

图 5-32

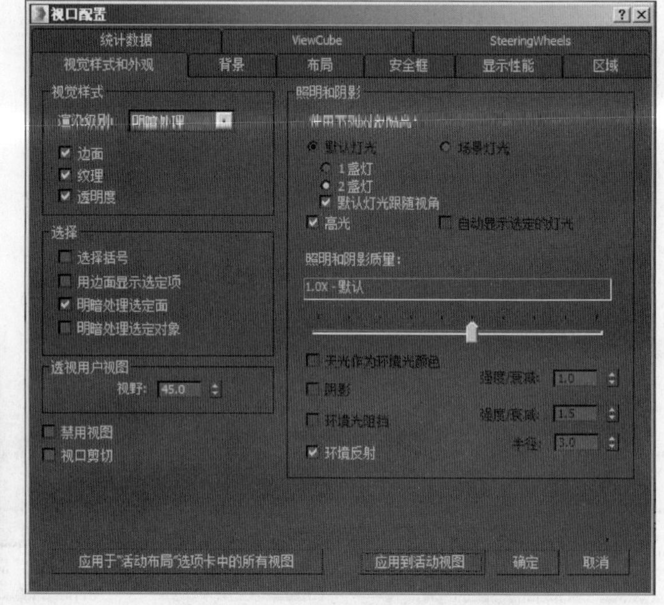

图 5-33

17）切换到“背景”选项卡，单击“使用环境背景”单选按钮，如图5-34所示，单击“确定”按钮。

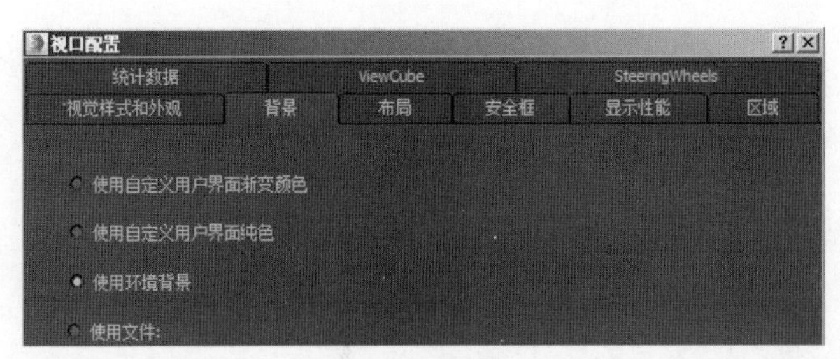

图 5-34

18）此时环境背景已在摄影机视图中正确显示，效果如图5-35所示。

图 5-35

19）如果希望将场景左侧的火烧云效果调整至场景右侧，可以将U向瓷砖的重复值设置为-1.0（水平镜像），参数设置如图5-36所示。

20）按快捷键Shift＋Q，对摄影机视图再次进行渲染，效果如图5-37所示。

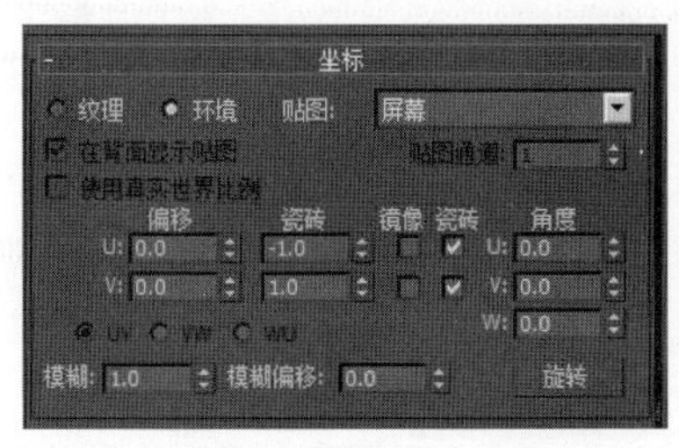

图 5-36

图 5-37

• U、V："U"是指水平方向；"V"是指垂直方向。

• 偏移：是指贴图在水平或垂直方向上的位置移动。

• 瓷砖（左侧）：该参数的翻译并不准确，在3ds Max的旧版本中将其称为"平铺"，意思更加贴切。对该参数的数值进行调整，可以改变贴图的重复次数。如果在此输入"-1.0"，表示完成贴图的镜像操作，当然，也可以通过选中"镜像"复选框来完成。将U向瓷砖的重复值设置为3.0时的效果如图5-38所示；将V向瓷砖的重复值设置为3.0时的效果如图5-39所示。

图 5-38

图 5-39

• 瓷砖（右侧）：表示贴图的重复是否有效。选中该复选框，表示贴图的重复有效；取消该复选框的选中状态，表示贴图的重复无效。

这些参数经常调整，请读者加强练习。

任务二　设置场景的主要材质

1. 设置草地材质

1）在"材质编辑器"面板中激活草地材质，展开"Blinn基本参数"卷展栏，单击"漫反射"右侧的按钮■，在弹出的"材质/贴图浏览器"对话框中选择"标准"卷展栏中的"位图"贴图，如图5-40所示，单击"确定"按钮。

2）在弹出的“选择位图图像文件”对话框中选择“项目五\贴图\草地.jpg”文件，如图5-41所示，单击“打开”按钮。

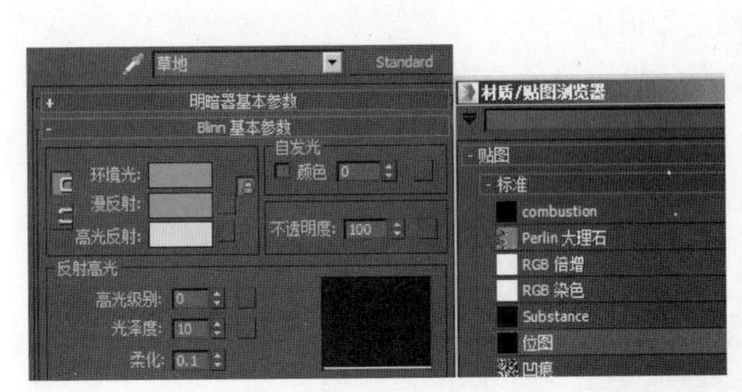

图 5-40 图 5-41

3）单击“视口中显示明暗处理材质”按钮，使贴图在场景中正确显示。单击“转到父对象”按钮，返回上级面板。在“反射高光”选项组中，设置“高光级别”为15，“光泽度”为37，参数设置如图5-42所示。

4）展开“贴图”卷展栏，将“漫反射”通道右侧的贴图拖动复制到“凹凸”通道右侧的按钮 无 上，在弹出的“复制（实例）贴图”对话框中单击“实例”单选按钮，如图5-43所示，单击“确定”按钮。设置“凹凸”的“数量”为200。

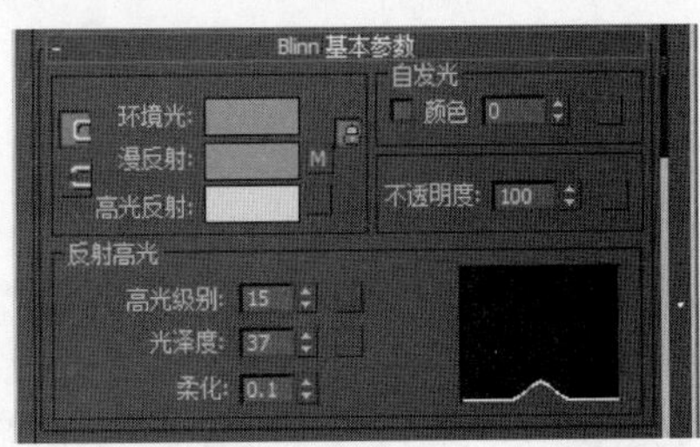

图 5-42

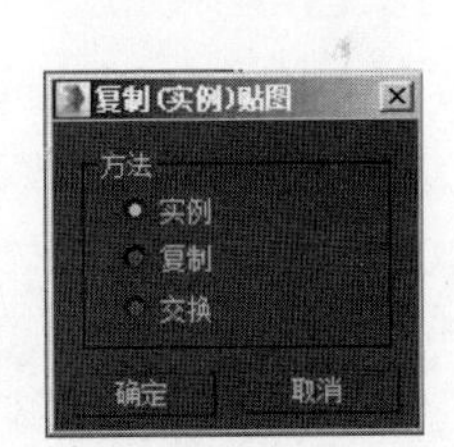

图 5-43

5）选择草地对象，进入“修改”面板，在“修改器列表”下拉列表框中选择添加“UVW贴图”修改器。展开“参数”卷展栏，在“贴图”选项组中单击“长方体”单选按钮，设置“长度”“宽度”“高度”均为6000.0mm，参数设置如图5-44所示。

6）调整完成的草地材质的最终效果如图5-45所示。

图 5-44

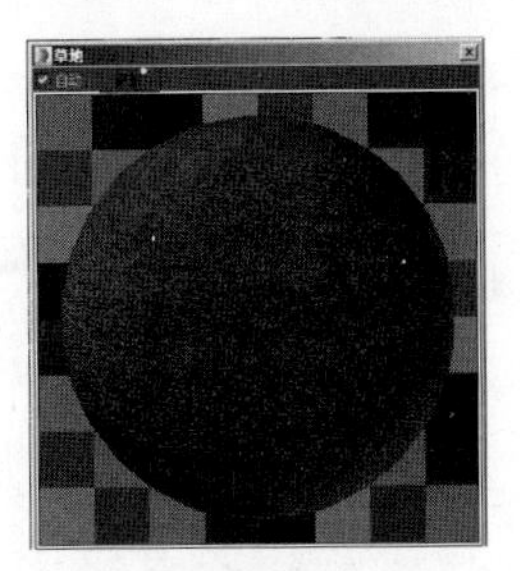

图 5-45

2. 设置路面砖材质

1） 在“材质编辑器”面板中激活路面砖材质，展开“基本参数”卷展栏，单击“漫反射”右侧的按钮■，在弹出的“材质/贴图浏览器”对话框中选择“标准”卷展栏中的“位图”贴图，如图5-46所示，单击“确定”按钮。

2）在弹出的“选择位图图像文件”对话框中选择“项目五\贴图\路面砖.jpg”文件，如图5-47所示，单击“打开”按钮。

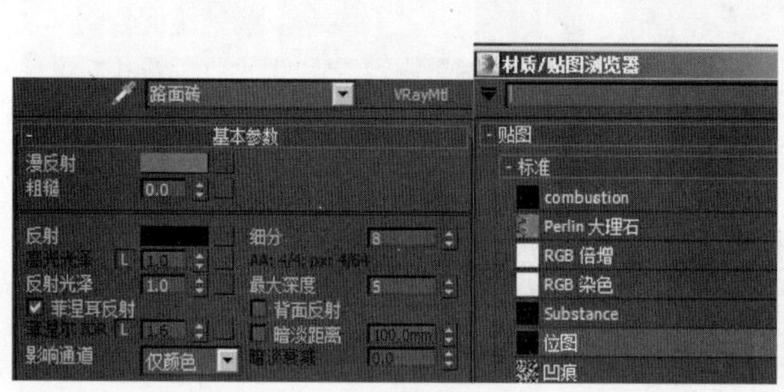

图 5-46

图 5-47

3）单击“视口中显示明暗处理材质”按钮■，使贴图在场景中正确显示。单击“转到父对象”按钮■，返回上级面板。单击“反射”右侧的色块，在弹出的“颜色选择器”对话框中设置颜色为灰色，参数设置如图5-48所示，单击“确定”按钮。

4）单击“高光光泽”右侧的按钮■解除锁定状态，设置“高光光泽”为0.3，“反射光泽”为0.9，“细分”为15，参数设置如图5-49所示。

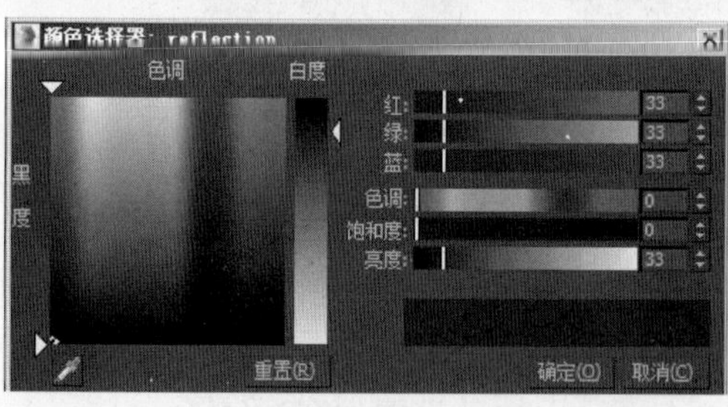

图 5-48

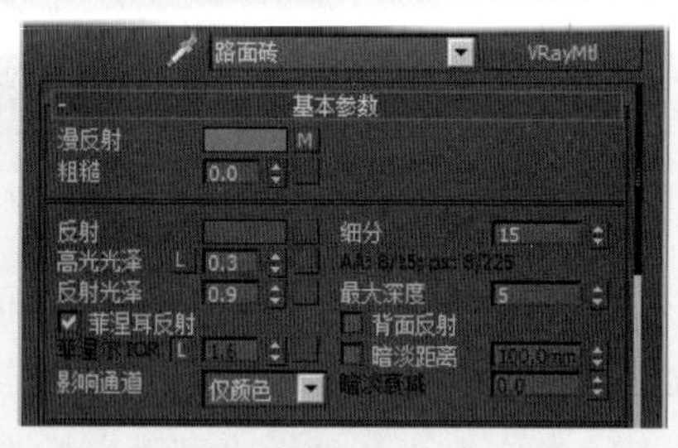

图 5-49

5）展开“贴图”卷展栏，将“漫反射”通道右侧的贴图拖动复制到“凹凸”通道右侧的按钮 无 上，在弹出的“复制（实例）贴图”对话框中单击“实例”单选按钮，单击“确定”按钮。设置“凹凸”的“数量”为60.0。

路面砖材质基本设置完成。但当前材质的效果比较简单，缺乏细节的变化。如果希望添加更丰富的材质细节，可尝试使用混合材质。之前曾经讲解过VRay混合材质，在本项目案例中使用的是3ds Max默认的混合材质。

经过尝试，读者会发现在3ds Max 2016中当将渲染器切换为VRay渲染器后，无法找到默认的混合材质。下面讲解如何巧妙地解决这一问题。请读者严格按照下面的操作步骤执行，不要颠倒顺序。

6）保持路面砖材质为当前材质，单击“VRayMtl”按钮，弹出“材质/贴图浏览器”对话框，此时会发现在“标准”卷展栏中找不到混合材质，如图5-50所示。

7）按快捷键F10弹出“渲染设置”面板，如图5-51所示。

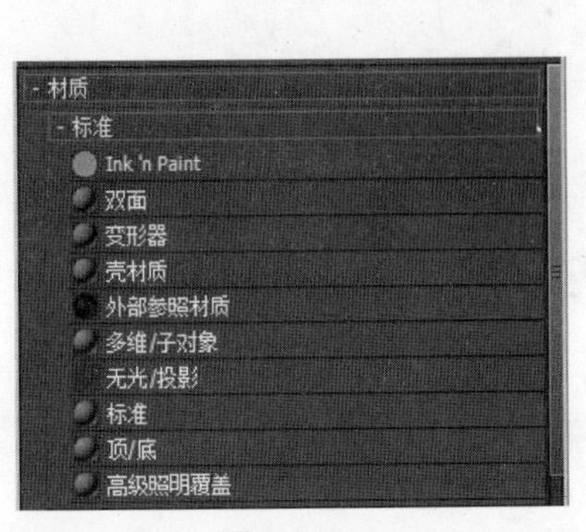

图 5-50

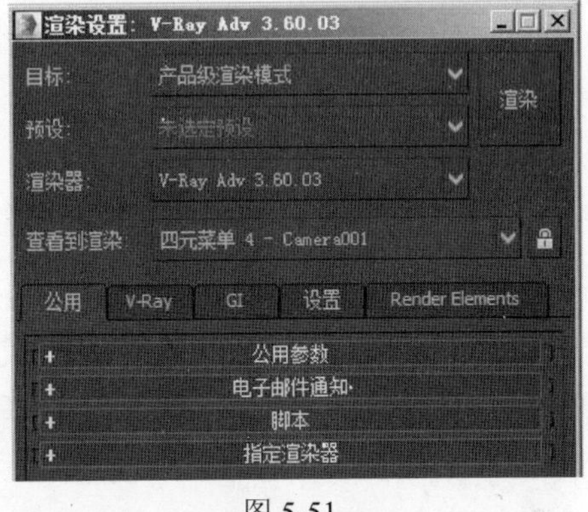

图 5-51

8）展开“指定渲染器”卷展栏，单击“产品级”右侧的按钮■，在弹出的“选择渲染器”对话框中重新指定渲染器为“默认扫描线渲染器”，如图5-52所示，单击“确定”按钮。

9）重复步骤6），在“标准”卷展栏中选择“混合”材质，如图5-53所示，单击“确定”按钮，将VRayMtl材质升级为混合材质。

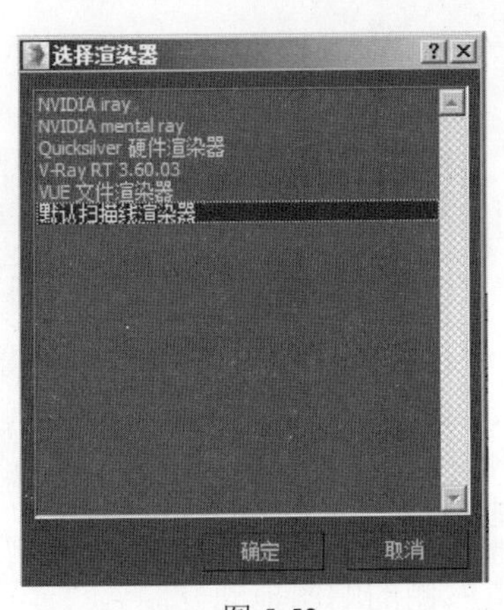

图 5-52

图 5-53

10）在弹出的“替换材质”对话框中单击“将旧材质保存为子材质？”单选按钮，如图5-54所示，单击“确定”按钮。

11）在“选择渲染器”对话框中将当前渲染器重新指定为“V-Ray Adv 3.60.03”，如图5-55所示，单击“确定”按钮。

图 5-54

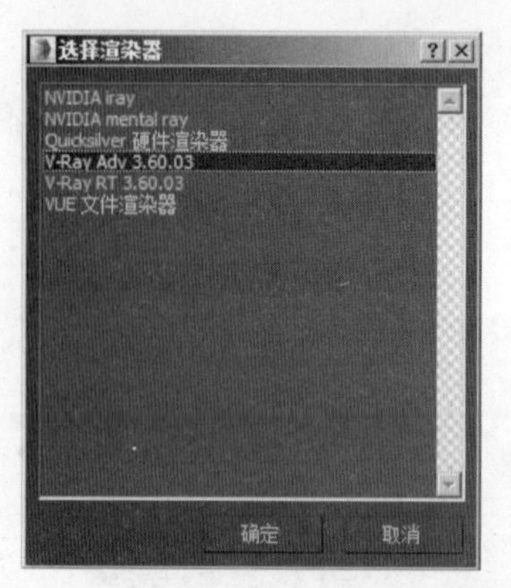

图 5-55

此时会发现VRay渲染器的参数设置恢复为默认状态，之前的参数设置已经丢失。

下面解决这一问题。

12）在“预设”下拉列表框中选择“加载预设”选项，在弹出的“渲染预设加载”对话框中选择之前保存的“项目五\场景文件\测试方案.rps”，如图5-56所示，单击“打开”按钮。

13）在弹出的“选择预设类别”对话框中同时选择“公用”和“V-Ray Adv 3.60.03”选项，如图5-57所示，单击“加载”按钮，完成预设方案的加载。

图 5-56

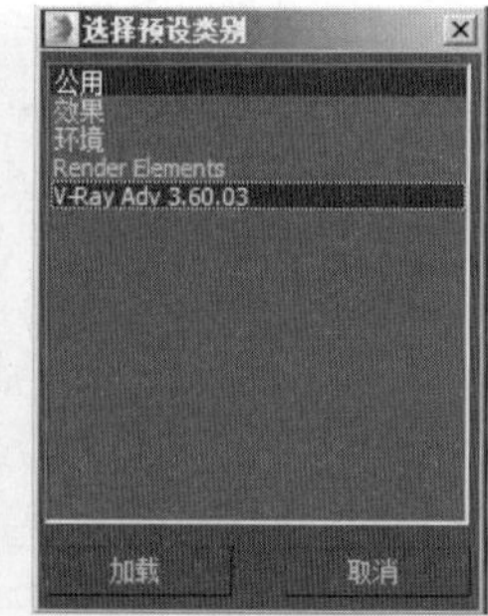

图 5-57

之前在保存测试方案时没有添加环境贴图，如果在调用测试方案时不小心选择了“环境”选项，则添加的环境贴图会全部清空，恢复到保存预设时的状态，这一细节请读者务必注意。不理解也没关系，读者可以先添加环境贴图，再对测试方案进行保存和调用。

14）将“材质1”右侧的材质拖动复制到“材质2”右侧的材质按钮上，在弹出的“实例（副本）材质”对话框中单击“复制”单选按钮，如图5-58所示，单击“确定”按钮完成材质的复制。

15）单击“材质2”右侧的材质按钮，进入“材质2”的参数调整面板，展开“贴图”卷展栏，将“漫反射”通道右侧的贴图拖动复制到“反射”通道右侧的按钮 无 上，在弹出的“复制（实例）贴图”对话框中单击“实例”单选按钮，单击“确定”按钮，参数设置如图5-59所示。

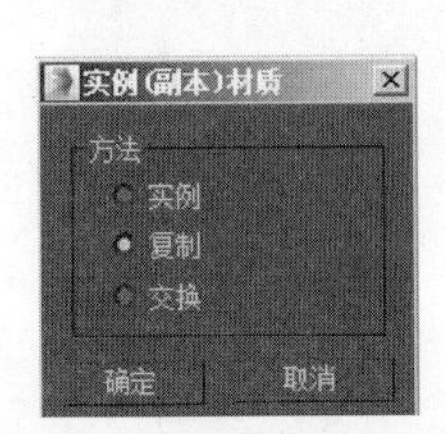

图 5-58

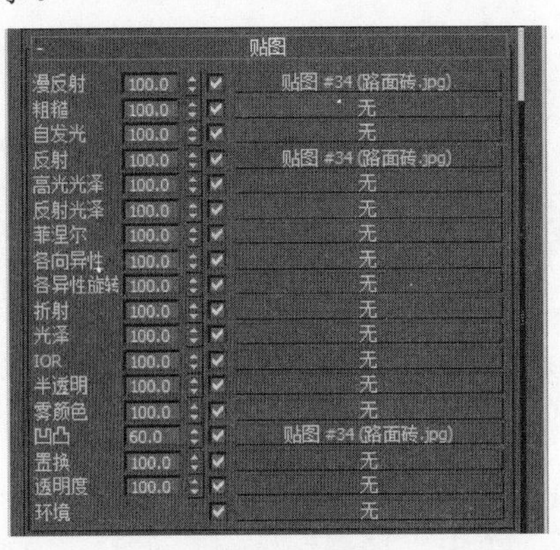

图 5-59

之前已经调整好“材质1”，利用材质的复制功能，可以快速得到“材质2”的基本效果。选择“复制”模式进行复制，是确保两个基础材质之间不存在实例关系，以防止误操作；如果选择“实例”模式进行复制，则两个基础材质的效果完全相同，“混合”将失去实际意义。

通常是利用颜色来控制反射强度，白色强，黑色弱，但通过在“反射”通道中添加位图来控制反射强度也极为常用。

注意：虽然在“反射”通道中添加的是彩色图像，效果如图5-60所示；但在反射计算中，VRay渲染器会自动将彩色图像后台处理为黑白灰度图像，效果如图5-61所示，VRay渲染器再根据该图像的灰度信息来控制反射强度，这一点请读者务必掌握。

图 5-60

图 5-61

16）展开“基本参数”卷展栏，设置“高光光泽”为1.0，“反射光泽”为0.8，“细分”为15。至此，“材质2”设置完毕，参数设置如图5-62所示。

17）单击“转到父对象”按钮，返回上级面板。单击“遮罩”右侧的按钮，在弹出的“材质/贴图浏览器”对话框中选择“标准”卷展栏中的“位图”贴图，如图5-63所示，单击“确定”按钮。

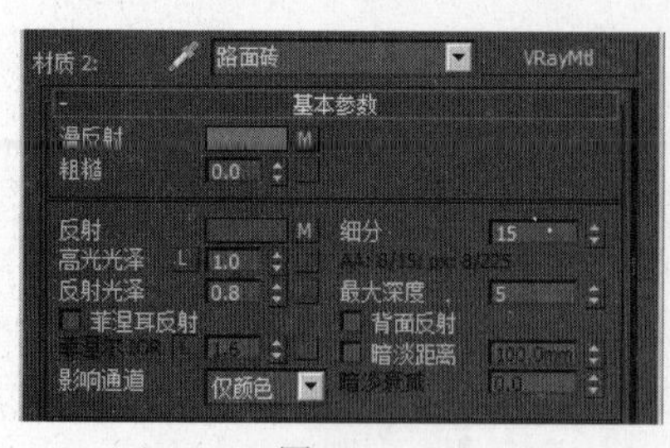

图 5-62

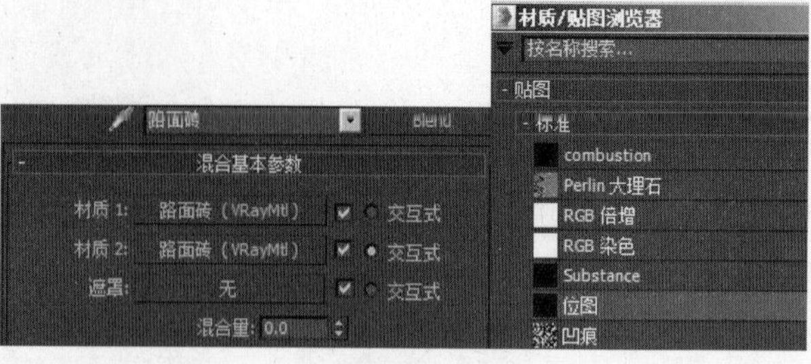

图 5-63

18）在弹出的“选择位图图像文件”对话框中选择“项目五\贴图\地面遮罩.jpg”文件，如图5-64所示，单击“打开”按钮。

19）展开“坐标”卷展栏，在“角度”参数中设置“W”为90.0，参数设置如图5-65所示。

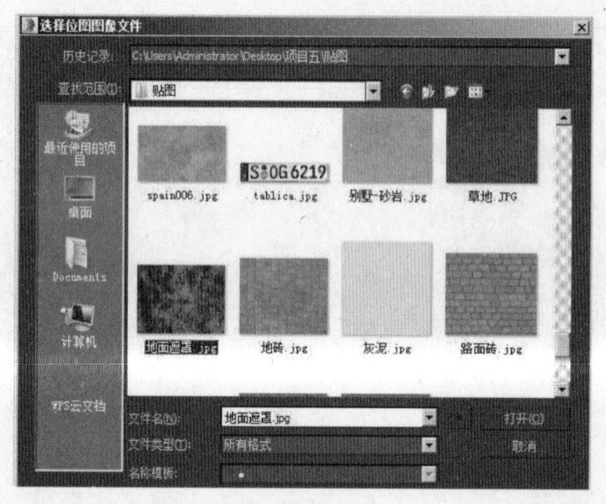

图 5-64

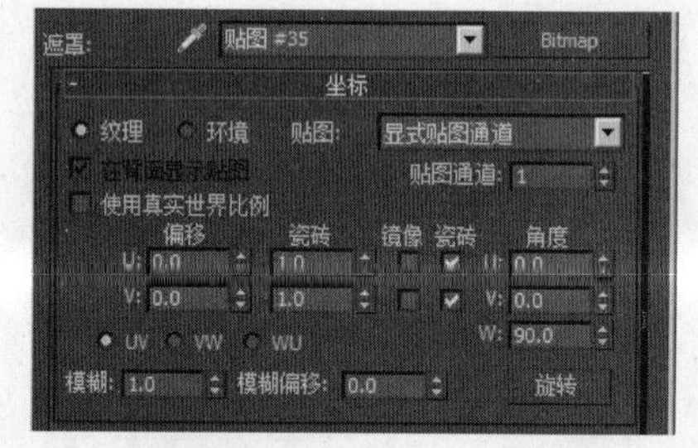

图 5-65

20）选择路面砖对象，进入“修改”面板，在“修改器列表”下拉列表框中选择添加“UVW贴图”修改器。展开“参数”卷展栏，在“贴图”选项组中单击“长方体”单选按钮，设置“长度”“宽度”“高度”均为3000.0mm，参数设置如图5-66所示。

21）调整完成的路面砖材质的最终效果如图5-67所示。

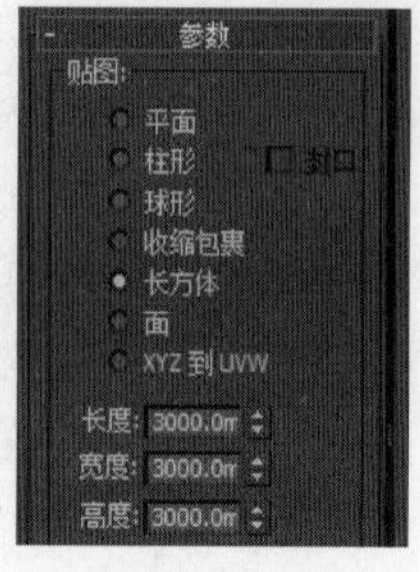

图 5-66

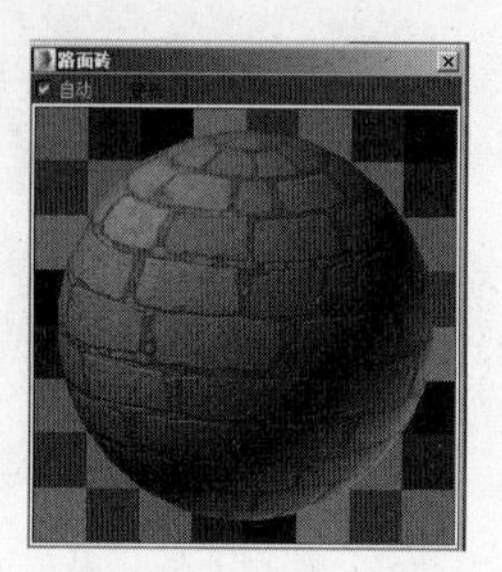

图 5-67

"材质1"和"材质2"默认通过"混合量"参数来进行混合。"混合量"是指"材质2"的含量。如果将"混合量"设置为70.0，表示"材质2"所占比例为70%，"材质1"所占比例为30%，二者的总和一定为100%。但这种混合方式过于简单，难以表现真实的混合效果。

通常会指定一张遮罩贴图来进行混合控制。最好添加灰度图像，如果添加的是彩色图像也没关系，系统会自动将其处理为灰度图像。遮罩图中的白色像素显示"材质2"的效果，黑色像素显示"材质1"的效果，简称"白2黑1"，请牢记。

3. 设置步道砖材质

1）在"材质编辑器"面板中激活步道砖材质，展开"基本参数"卷展栏，单击"漫反射"右侧的按钮■，在弹出的"材质/贴图浏览器"对话框中选择"标准"卷展栏中的"位图"贴图，如图5-68所示，单击"确定"按钮。

2）在弹出的"选择位图图像文件"对话框中选择"项目五\贴图\步道砖.jpg"文件，如图5-69所示，单击"打开"按钮。

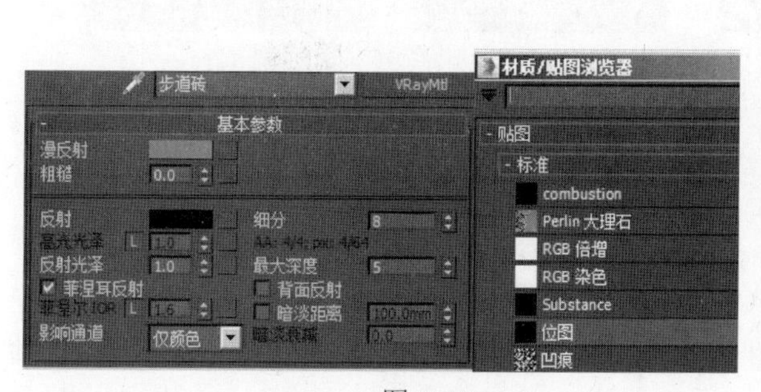

图 5-68

图 5-69

3）单击"视口中显示明暗处理材质"按钮■，使贴图在场景中正确显示。单击"转到父对象"按钮■，回到上级面板。单击"反射"右侧的色块，在弹出的"颜色选择器"对话框中设置颜色为灰色，参数设置如图5-70所示，单击"确定"按钮。

4）单击"高光光泽"右侧的按钮■解除锁定状态，设置"高光光泽"为0.4,"反射光泽"为0.85，取消"菲涅耳反射"复选框的选中状态，设置"细分"为15，参数设置如图5-71所示。

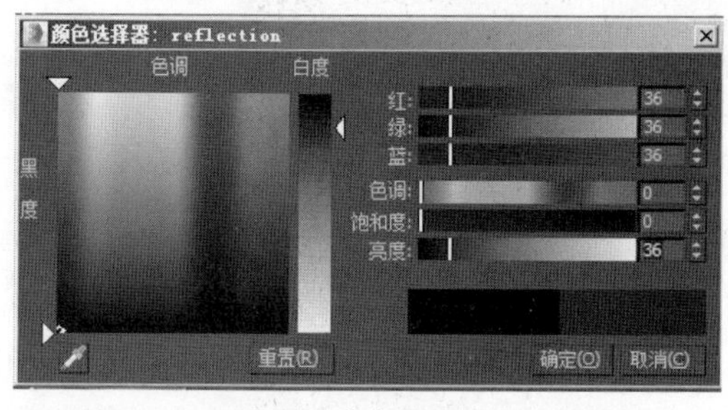

图 5-70

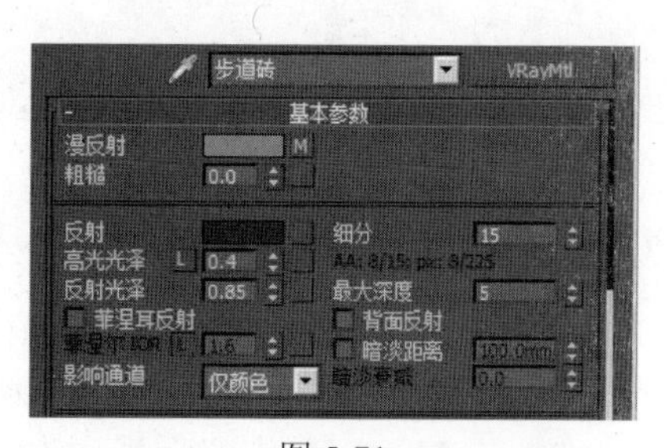

图 5-71

5）展开"贴图"卷展栏，将"漫反射"通道右侧的贴图拖动复制到"凹凸"通道右

侧的按钮 无 上，在弹出的“复制（实例）贴图”对话框中单击“实例”单选按钮，单击“确定”按钮。设置“凹凸”的“数量”为120.0，参数设置如图5-72所示。

6）选择步道砖对象，进入“修改”面板，在“修改器列表”下拉列表框中选择添加“UVW贴图”修改器。展开“参数”卷展栏，在“贴图”选项组中单击“长方体”单选按钮，设置“长度”“宽度”“高度”均为6000.0mm，参数设置如图5-73所示。

7）调整完成的步道砖材质的最终效果如图5-74所示。

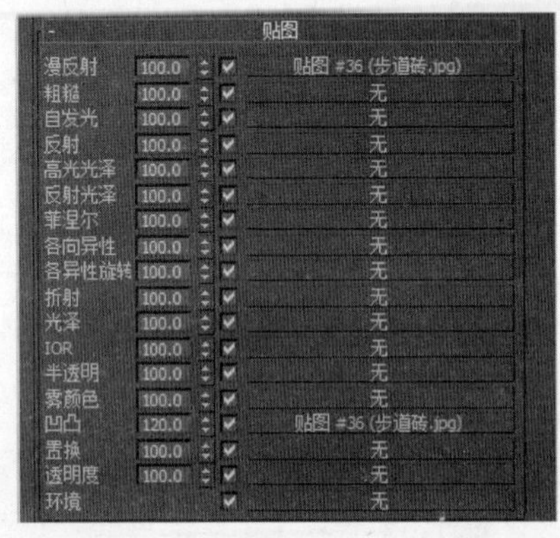

图 5-72

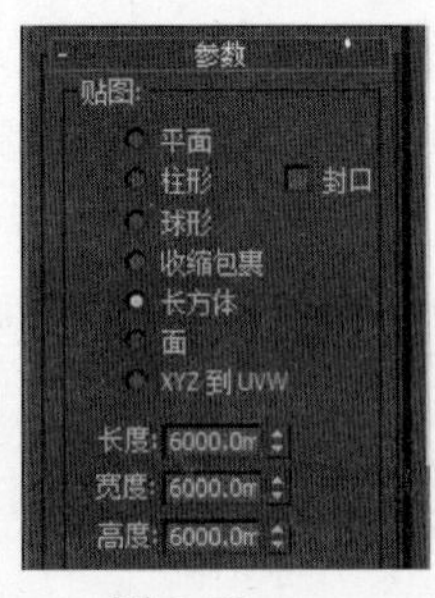

图 5-73

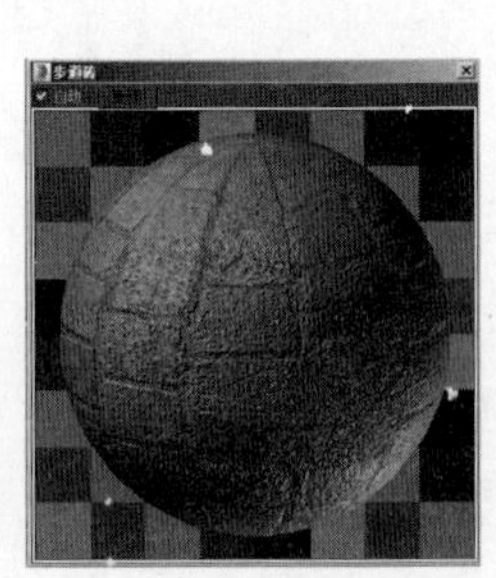

图 5-74

4. 设置路牙石材质

1）在“材质编辑器”面板中激活路牙石材质，展开“Blinn基本参数”卷展栏，单击“漫反射”右侧的按钮，在弹出的“材质/贴图浏览器”对话框中选择“标准”卷展栏中的“位图”贴图，如图5-75所示，单击“确定”按钮。

2）在弹出的“选择位图图像文件”对话框中选择“项目五\贴图\路牙石.jpg”文件，如图5-76所示，单击“打开”按钮。

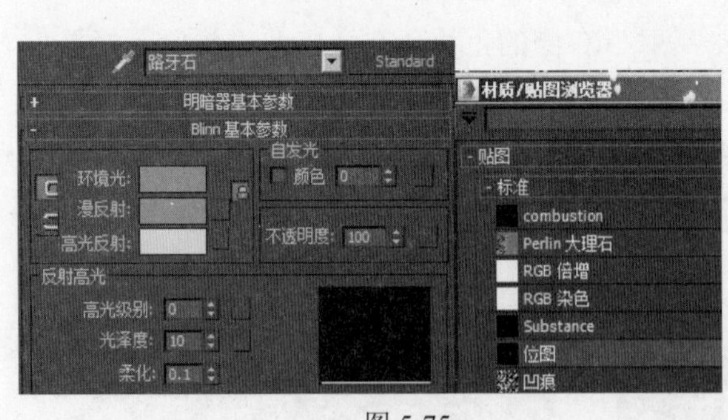

图 5-75

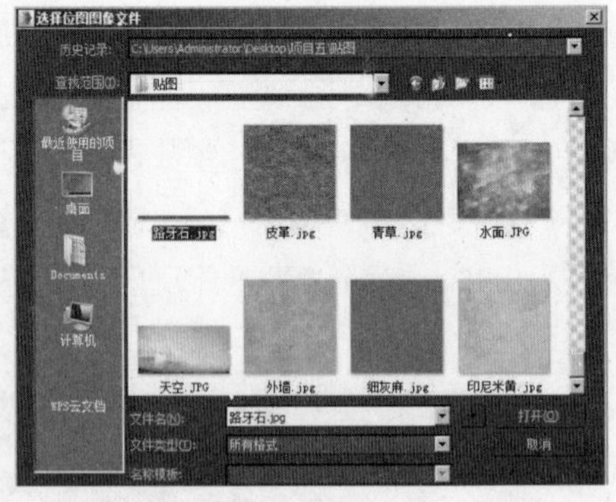

图 5-76

3）展开“坐标”卷展栏，设置V向瓷砖的重复值为15.0以加大贴图的密度，设置“模糊”为0.01，参数设置如图5-77所示。

4）单击“视口中显示明暗处理材质”按钮，使贴图在场景中正确显示。单击“转到父对象”按钮，回到上级面板。在“反射高光”选项组中，设置“高光级别”为15，“光泽度”为20，参数设置如图5-78所示。

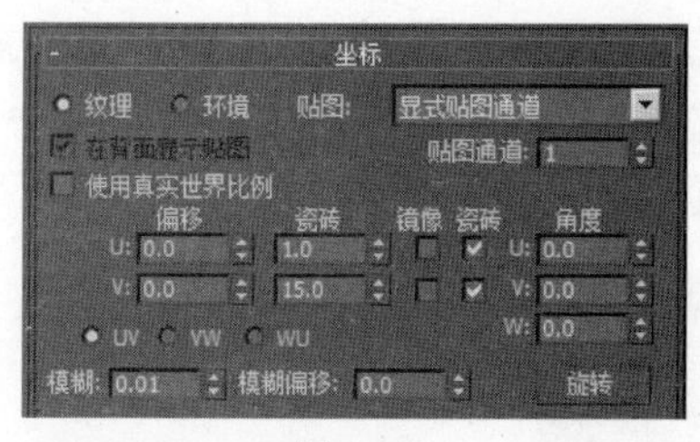

图 5-77

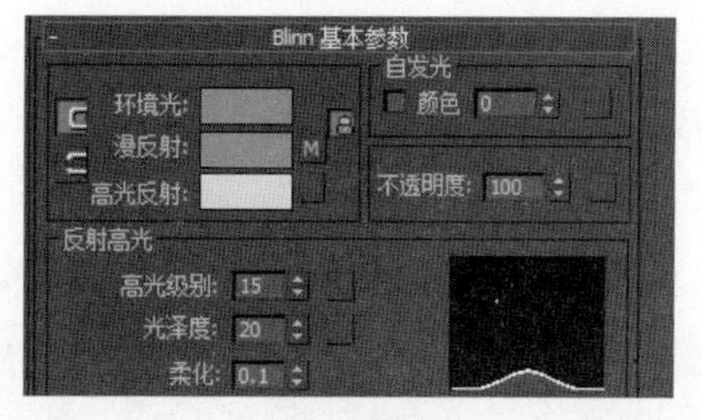

图 5-78

5）展开“贴图”卷展栏，将“漫反射颜色”通道右侧的贴图拖动复制到“凹凸”通道右侧的按钮 无 上，在弹出的“复制（实例）贴图”对话框中单击“实例”单选按钮，单击“确定”按钮，参数设置如图5-79所示。

6）选择路牙石对象，进入“修改”面板，在“修改器列表”下拉列表框中选择添加“UVW贴图”修改器。展开“参数”卷展栏，在“贴图”选项组中单击“长方体”单选按钮，设置“长度”“宽度”“高度”均为6000.0mm，参数设置如图5-80所示。

7）调整完成的路牙石材质的最终效果如图5-81所示。

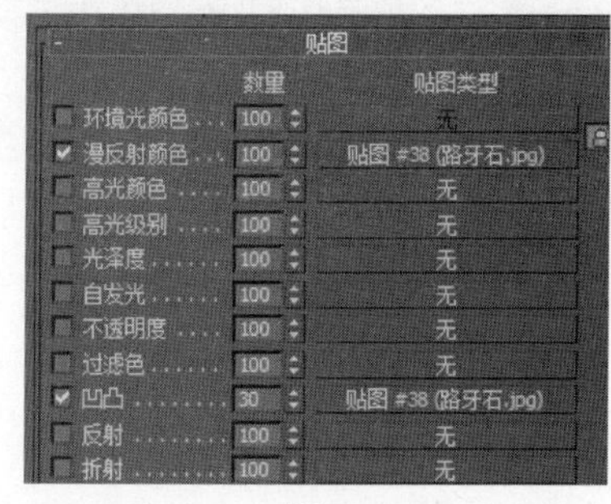

图 5-79

图 5-80

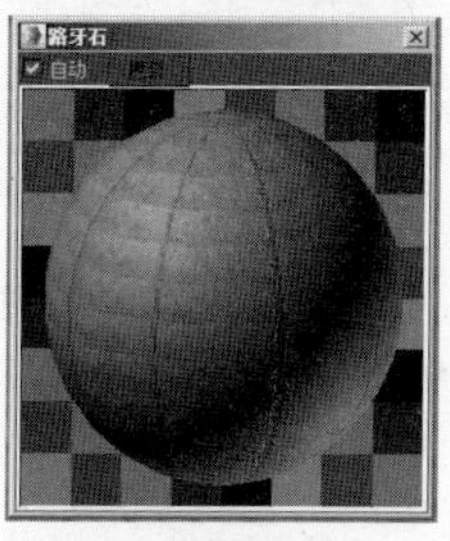

图 5-81

5. 设置斑马线材质

1）在“材质编辑器”面板中激活斑马线材质，展开“Blinn基本参数”卷展栏，单击“漫反射”右侧的按钮，在弹出的“材质/贴图浏览器”对话框中选择“标准”卷展栏中的“位图”贴图，如图5-82所示，单击“确定”按钮。

2）在弹出的“选择位图图像文件”对话框中选择 “项目五\贴图\斑马线.jpg”文件，如图5-83所示，单击“确定”按钮。

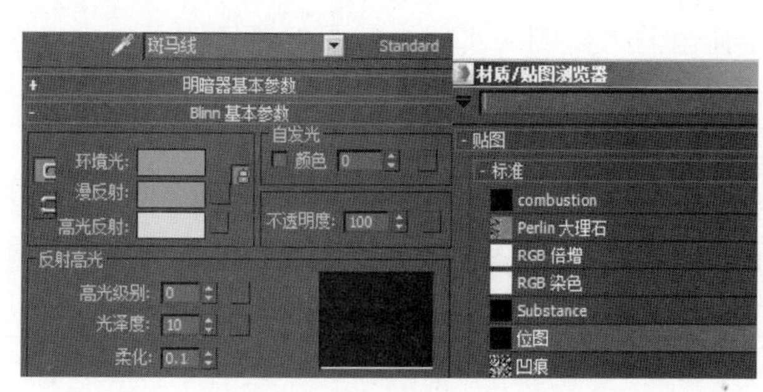

图 5-82

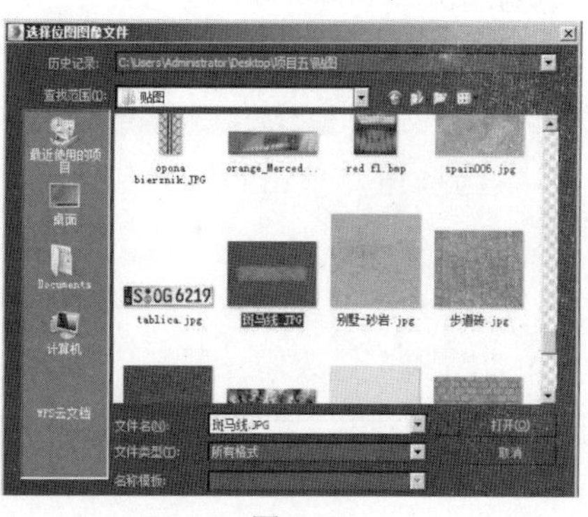

图 5-83

3）单击“视口中显示明暗处理材质”按钮▣，使贴图在场景中正确显示。展开“位图参数”卷展栏，在“裁剪/放置”选项组中单击“查看图像”按钮，在弹出的“指定裁剪/放置”面板中拖动红色的边框以确定裁剪的范围，如图5-84所示。

4）选中“应用”复选框完成贴图的裁剪，参数设置如图5-85所示。

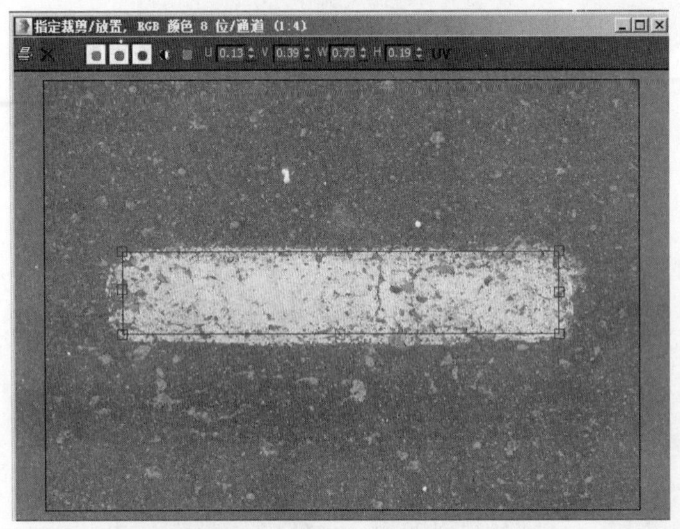

图 5-84

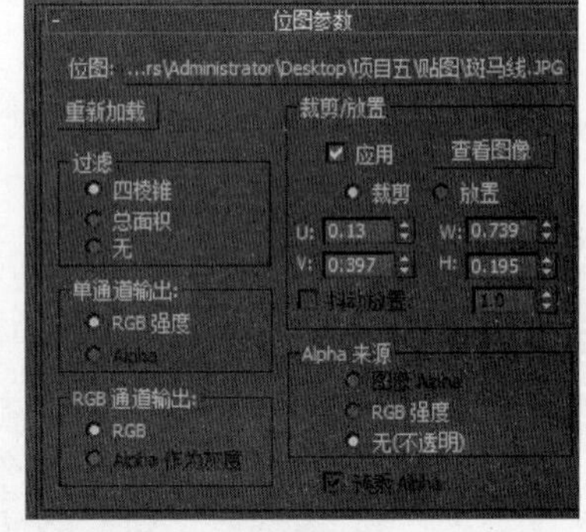

图 5-85

5）展开“坐标”卷展栏，设置V向瓷砖的重复值为5.0以加大贴图的密度，参数设置如图5-86所示。

6）单击“转到父对象”按钮▣，返回上级面板。在“反射高光”选项组中，设置“高光级别”为10，“光泽度”为15，参数设置如图5-87所示。

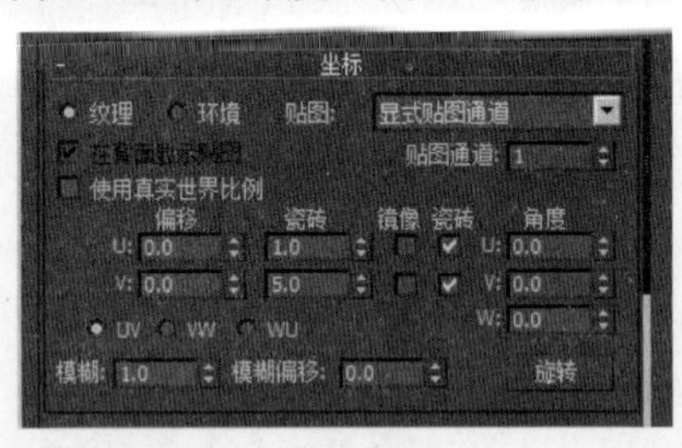

图 5-86

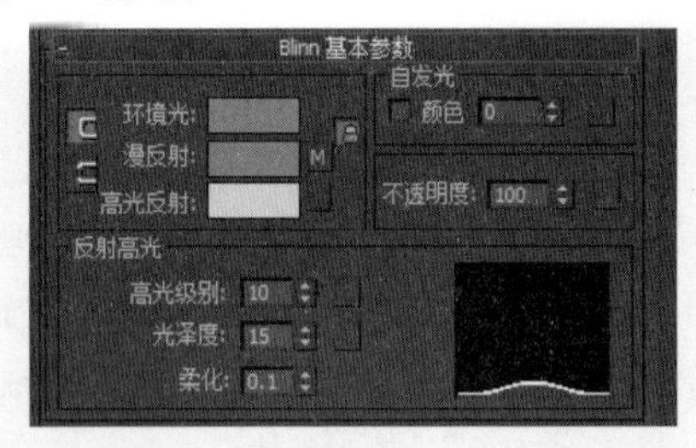

图 5-87

7）展开“贴图”卷展栏，将“漫反射颜色”通道右侧的贴图拖动复制到“凹凸”通道右侧的按钮 无 上，在弹出的“复制（实例）贴图”对话框中单击“实例”单选按钮，单击“确定”按钮。设置“凹凸”的“数量”为50，参数设置如图5-88所示。

8）选择斑马线对象，进入“修改”面板▣，在“修改器列表”下拉列表框中选择添加“UVW贴图”修改器。展开“参数”卷展栏，在“贴图”选项组中单击“长方体”单选按钮，设置“长度”“宽度”“高度”均为6000.0mm，参数设置如图5-89所示。

9）调整完成的斑马线材质的最终效果如图5-90所示。

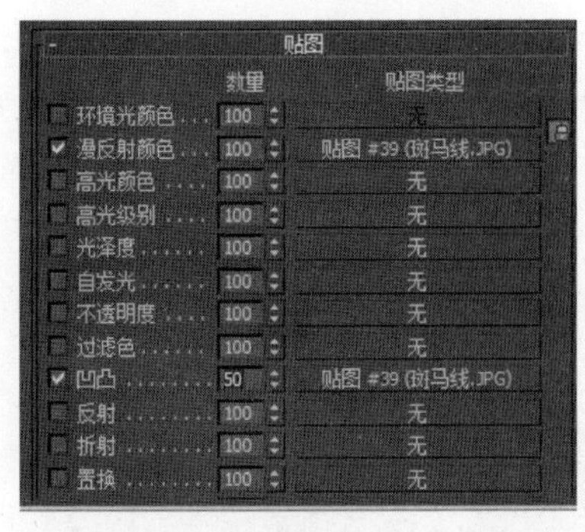

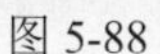

图 5-88

图 5-89

图 5-90

6. 设置铺地砖材质

1）在“材质编辑器”面板中激活铺地砖材质，展开“基本参数”卷展栏，单击“漫反射”右侧的按钮▪，在弹出的“材质/贴图浏览器”对话框中选择“标准”卷展栏中的“位图”贴图，如图5-91所示，单击“确定”按钮。

2）在弹出的“选择位图图像文件”对话框中选择“项目五\贴图\铺地砖.jpg”文件，如图5-92所示，单击“打开”按钮。

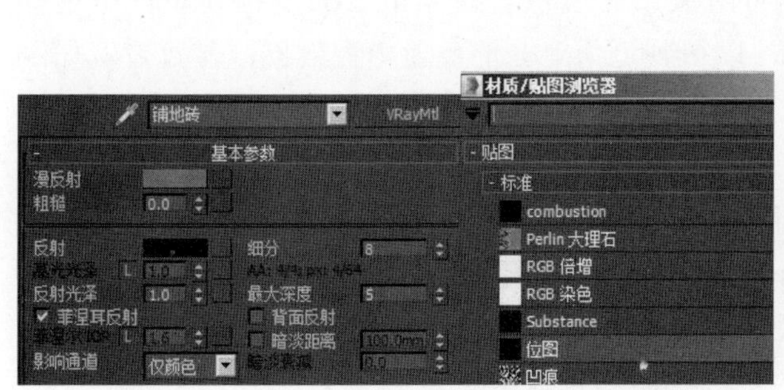

图 5-91

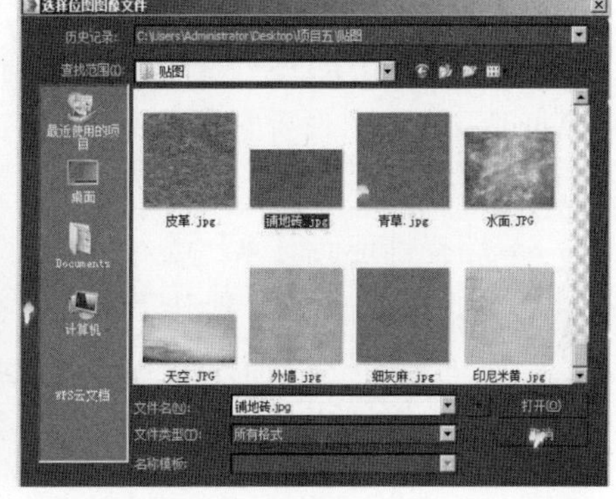

图 5-92

3）单击“视口中显示明暗处理材质”按钮▪，使贴图在场景中正确显示。展开“坐标”卷展栏，设置U向瓷砖的重复值为3.0，V向瓷砖的重复值为5.0，参数设置如图5-93所示。

4）单击“转到父对象”按钮▪，返回上级面板。单击“反射”右侧的色块，在弹出的“颜色选择器”对话框中设置颜色为灰色，参数设置如图5-94所示，单击“确定”按钮。

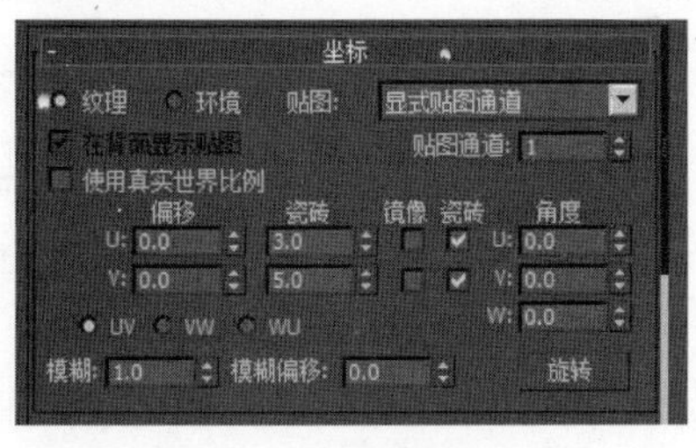

图 5-93

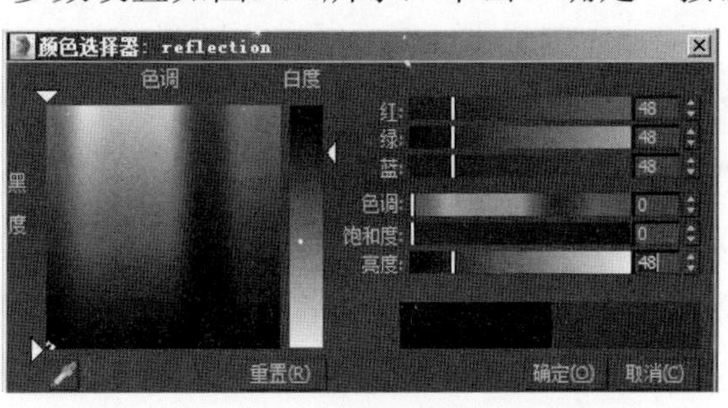

图 5-94

5）单击“高光光泽”右侧的按钮L解除锁定状态，设置“高光光泽”为0.3，“反射光泽”为0.85，取消“菲涅耳反射”复选框的选中状态，设置“细分”为20，参数设置如图5-95所示。

6）展开“贴图”卷展栏，将“漫反射”通道右侧的贴图拖动复制到“凹凸”通道右侧的按钮 无 上，在弹出的“复制（实例）贴图”对话框中单击“实例”单选按钮，单击“确定”按钮，参数设置如图5-96所示。

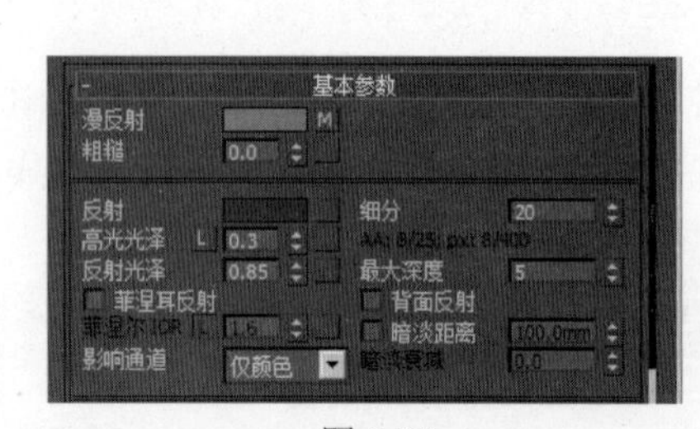

图 5-95

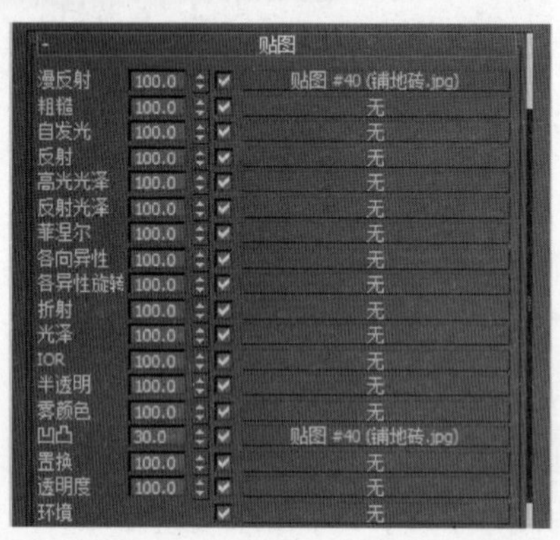

图 5-96

7）展开“BRDF”（双向反射分布函数）卷展栏，在其下方的下拉列表框中选择“Ward”选项，设置合适的高光形态，以得到更为亚光的反射模糊效果，参数设置如图5-97所示。

8）选择铺地砖对象，进入“修改”面板，在“修改器列表”下拉列表框中选择添加“UVW贴图”修改器。展开“参数”卷展栏，在“贴图”选项组中单击“长方体”单选按钮，设置“长度”“宽度”“高度”均为6000.0mm，参数设置如图5-98所示。

9）调整完成的铺地砖材质的最终效果如图5-99所示。

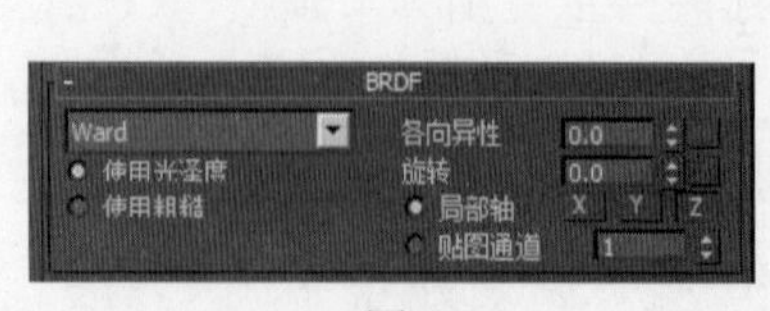

图 5-97

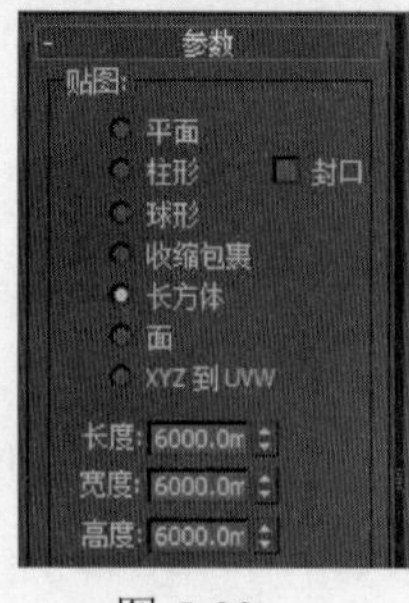

图 5-98

图 5-99

7. 设置花岗石材质

1）在“材质编辑器”面板中激活花岗石材质，展开“基本参数”卷展栏，单击“漫反射”右侧的按钮，在弹出的“材质/贴图浏览器”对话框中选择“标准”卷展栏中的“位图”贴图，如图5-100所示，单击“确定”按钮。

2）在弹出的“选择位图图像文件”对话框中选择“项目五\贴图\米黄.jpg”文件，如图5-101所示，单击“打开”按钮。

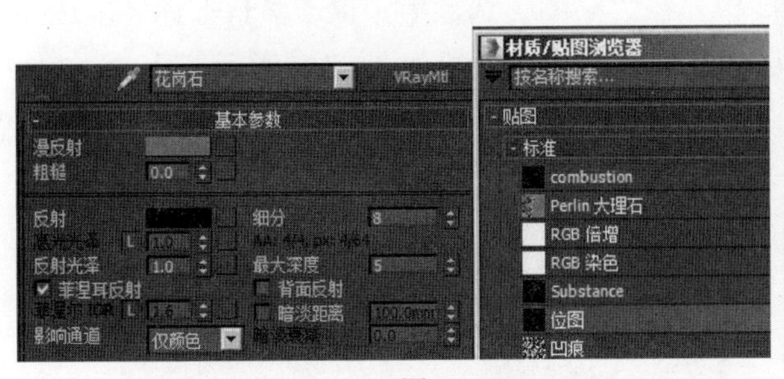

图 5-100

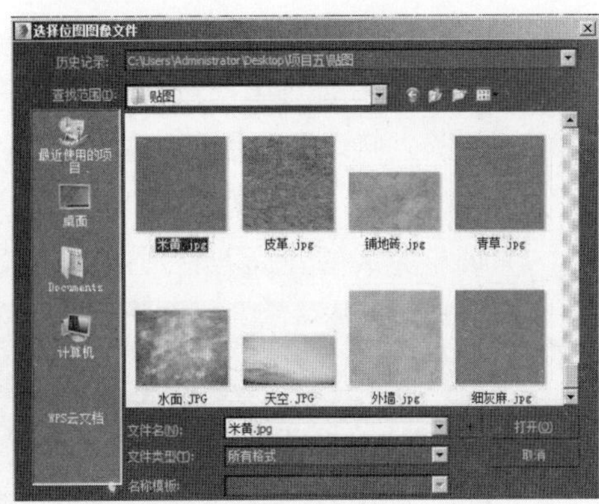

图 5-101

3）单击“视口中显示明暗处理材质”按钮，使贴图在场景中正确显示。展开“坐标”卷展栏，设置U向瓷砖和V向瓷砖的重复值均为5.0，设置“模糊”为0.01，参数设置如图5-102所示。

4）单击“转到父对象”按钮，返回上级面板。单击“反射”右侧的色块，在弹出的“颜色选择器”对话框中设置颜色为灰色，参数设置如图5-103所示，单击“确定”按钮。

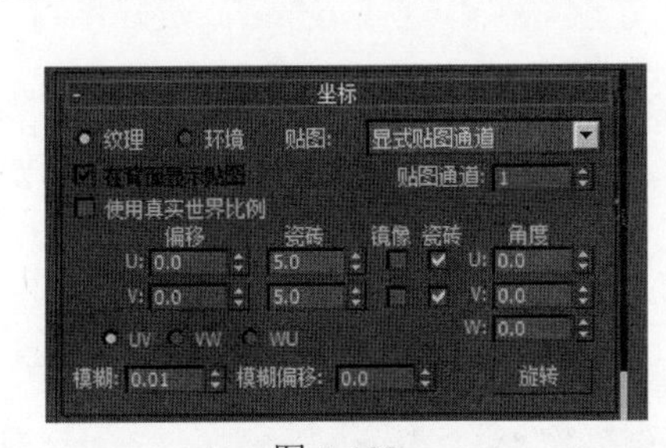

图 5-102

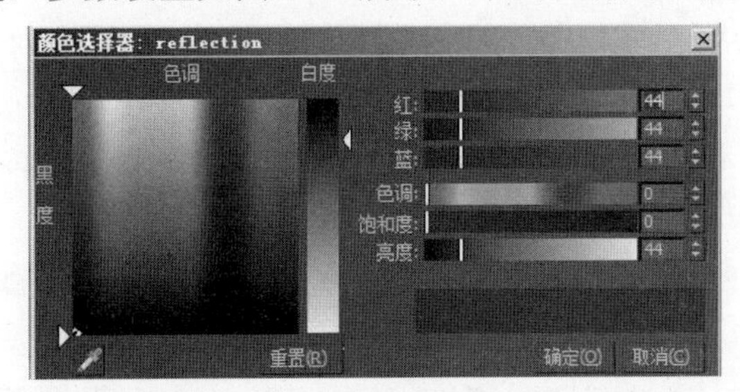

图 5-103

5）单击“高光光泽”右侧的按钮解除锁定状态，设置“高光光泽”为0.4，“反射光泽”为0.9，取消“菲涅耳反射”复选框的选中状态，设置“细分”为20，参数设置如图5-104所示。

6）展开“BRDF”（双向反射分布函数）卷展栏，在其下方的下拉列表框中选择“Ward”选项，参数设置如图5-105所示。

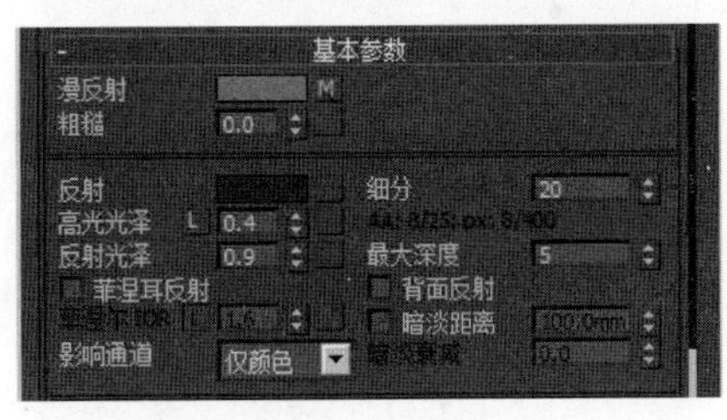

图 5-104

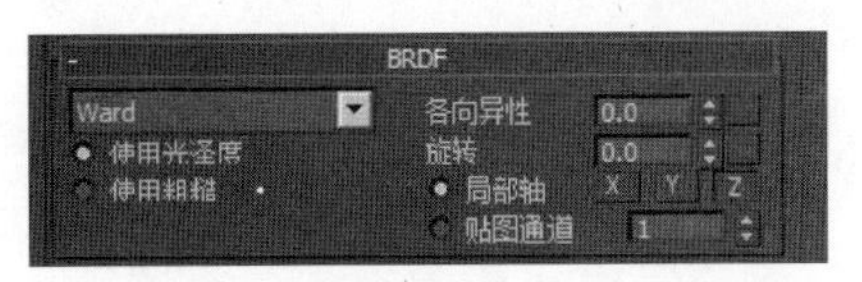

图 5-105

7）展开“贴图”卷展栏，将“漫反射”通道右侧的贴图拖动复制到“凹凸”通道右侧的按钮 无 上，在弹出的“复制（实例）贴图”对话框中单击“实例”单选按钮，单击“确定”按钮。设置“凹凸”的“数量”为20.0，参数设置如图5-106所示。

8）选择花岗石对象，进入“修改”面板，在“修改器列表”下拉列表框中选择添加“UVW贴图”修改器。展开“参数”卷展栏，在“贴图”选项组中单击“长方体”单选按钮，设置“长度”“宽度”“高度”均为6000.0mm，参数设置如图5-107所示。

9）调整完成的花岗石材质的最终效果如图5-108所示。

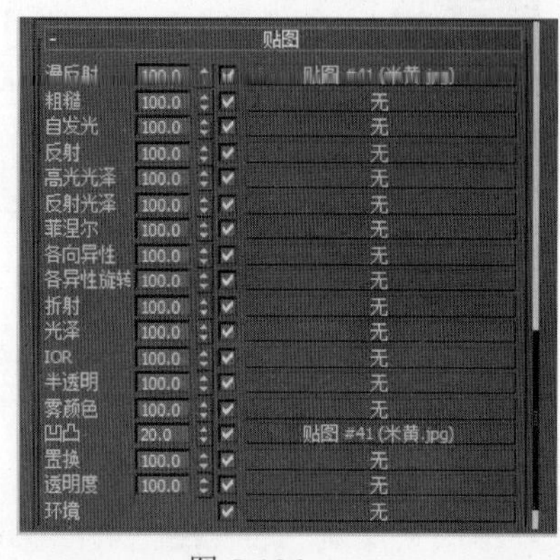

图 5-106

图 5-107

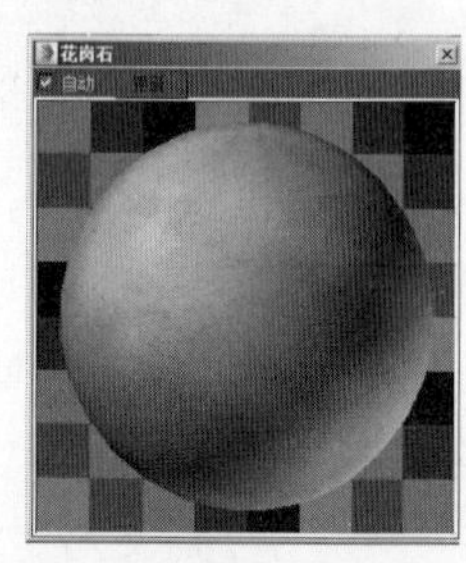

图 5-108

8. 设置金属材质

1）在“材质编辑器”面板中激活金属材质，展开“基本参数”卷展栏，单击“漫反射”右侧的色块，在弹出的“颜色选择器”对话框中设置颜色为暗黄色，参数设置如图5-109所示，单击“确定”按钮。

2）单击“反射”右侧的色块，在弹出的“颜色选择器”对话框中设置颜色为较亮的黄色，参数设置如图5-110所示，单击“确定”按钮。

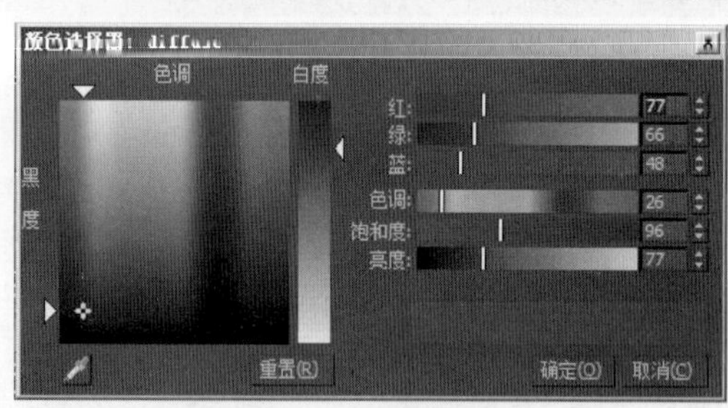

图 5-109

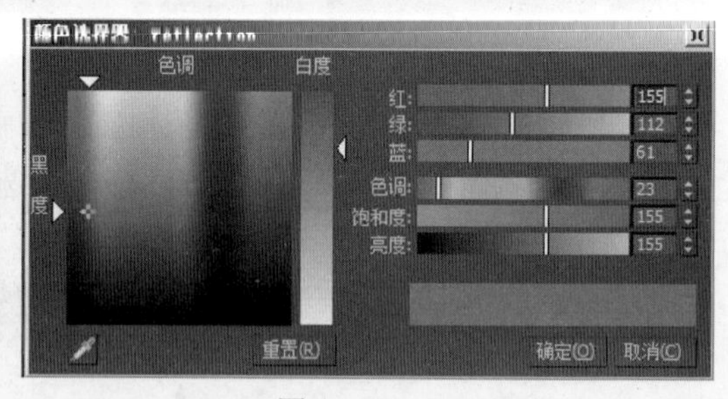

图 5-110

对于有色金属材质的调整，关键在于准确把握漫反射颜色和反射颜色的设置。通常习惯于将漫反射颜色设置为一种灰黑色或者与金属颜色相近的暗色，而将反射颜色设置为较为纯正的金属色。

一般通过灰度值来控制反射强度，也可以指定彩色来控制反射强度，讲解如下。

- 色调：表示金属对周边环境进行反射时其表面所呈现的固有色。
- 饱和度：表示固有色的色彩浓度。
- 亮度：用于控制反射强度。亮度越高，反射越强；亮度越低，反射越弱。

以上三个参数请读者在实际制作中仔细体会。

3）单击“高光光泽”右侧的按钮■解除锁定状态，设置“反射光泽”为0.9，取消“菲涅耳反射”复选框的选中状态，设置“细分”为10，参数设置如图5-111所示。

4）调整完成的金属材质的最终效果如图5-112所示。

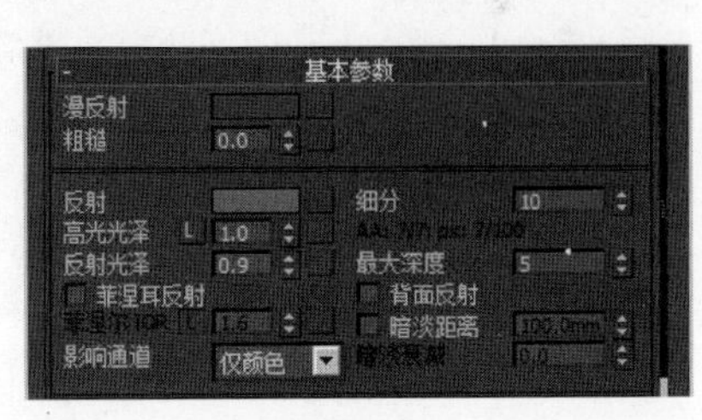

图 5-111

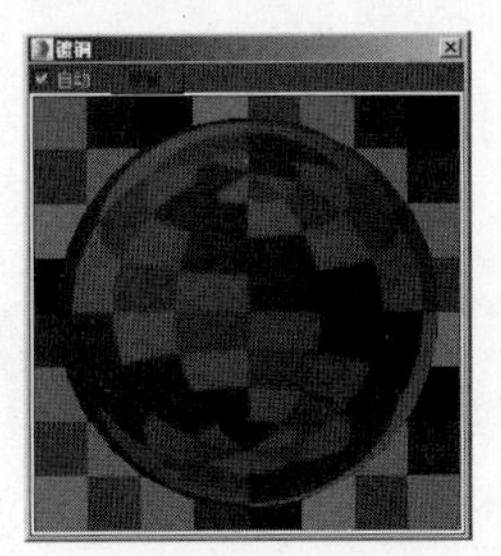

图 5-112

9. 设置水面材质

1）在“材质编辑器”面板中激活水面材质，展开“基本参数”卷展栏，单击“漫反射”右侧的按钮■，在弹出的“材质/贴图浏览器”对话框中选择“标准”卷展栏中的“位图”贴图，如图5-113所示，单击“确定”按钮。

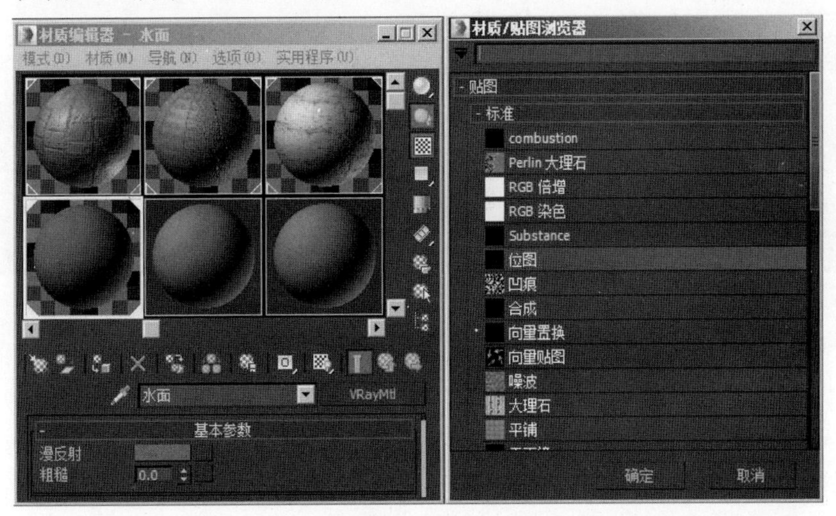

图 5-113

2）在弹出的“选择位图图像文件”对话框中选择“项目五\贴图\水面.jpg”文件，如图5-114所示，单击“打开”按钮。

3）单击“视口中显示明暗处理材质”按钮■，使贴图在场景中正确显示。单击“转到父对象”按钮■，返回上级面板。单击“反射”右侧的按钮■，在弹出的“材质/贴图浏览器”对话框中选择“标准”卷展栏中的“衰减”贴图，如图5-115所示，单击“确定”按钮。

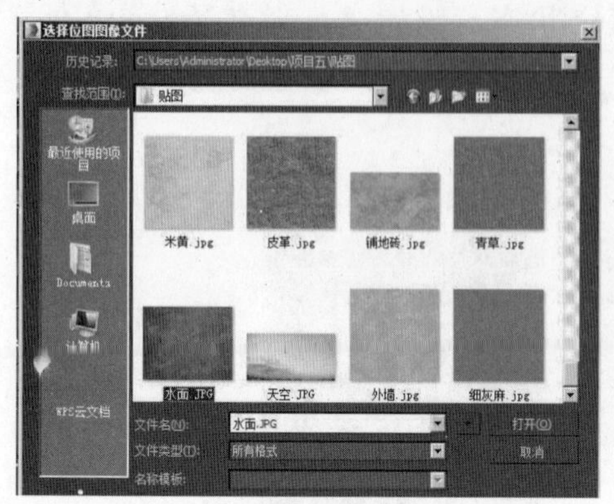

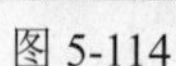

图 5-114

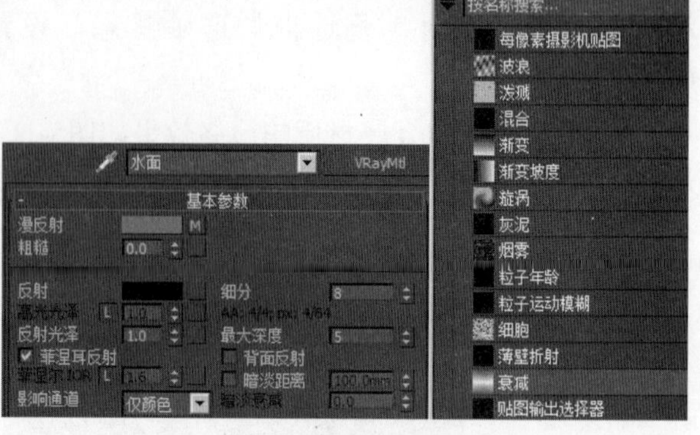

图 5-115

4）展开“衰减参数”卷展栏，在“前：侧”选项组中单击上方的黑色色块，在弹出的“颜色选择器”对话框中设置颜色为淡绿色，参数设置如图5-116所示，单击“确定”按钮。

5）在“衰减类型”下拉列表框中选择“Fresnel”（菲涅耳）选项，参数设置如图5-117所示。

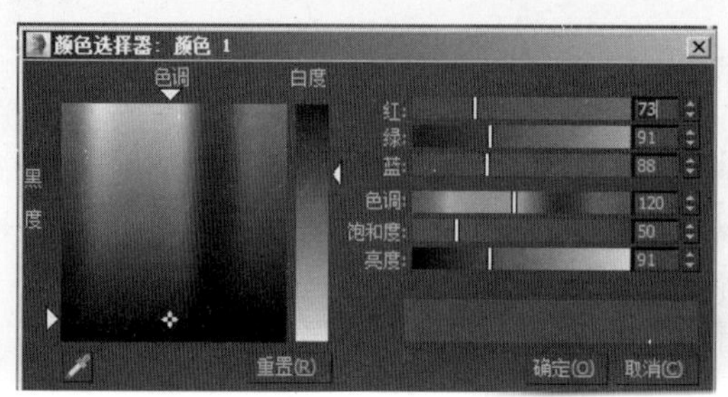

图 5-116

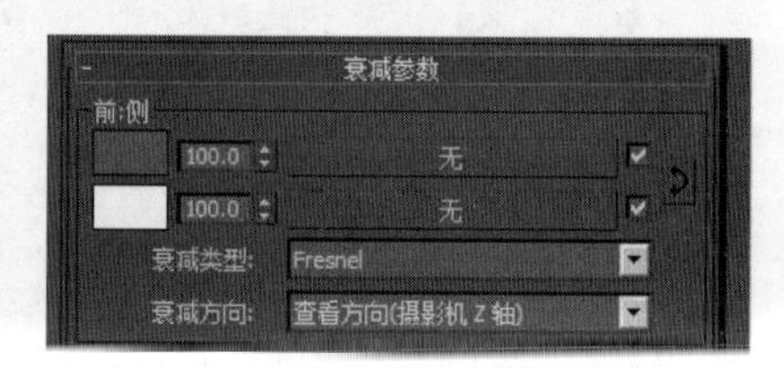

图 5-117

6）单击“转到父对象”按钮，返回上级面板。取消“菲涅耳反射”复选框的选中状态，单击“折射”右侧的色块，在弹出的“颜色选择器”对话框中设置颜色为灰色，参数设置如图5-118所示，单击“确定”按钮。

7）调整完成的水面材质的最终效果如图5-119所示。

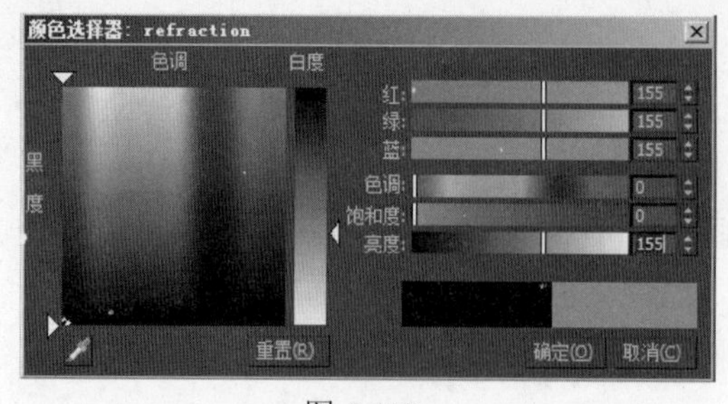

图 5-118

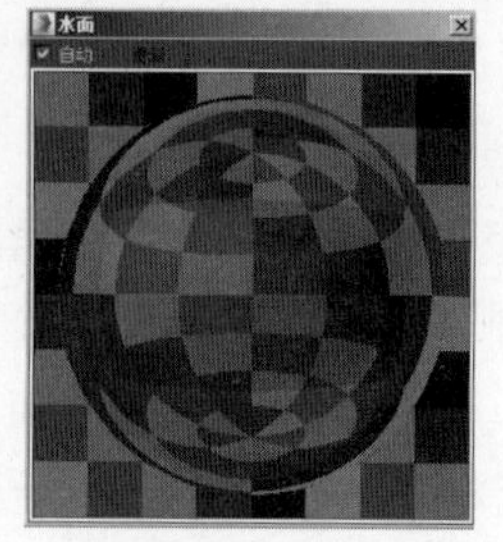

图 5-119

10. 设置玻璃材质

1）在“材质编辑器”面板中激活玻璃材质，展开“基本参数”卷展栏，单击“反

射”右侧的色块，在弹出的“颜色选择器”对话框中设置颜色为灰色，参数设置如图5-120所示，单击“确定”按钮。

2）取消“菲涅耳反射”复选框的选中状态，调整完成的玻璃材质的最终效果如图5-121所示。

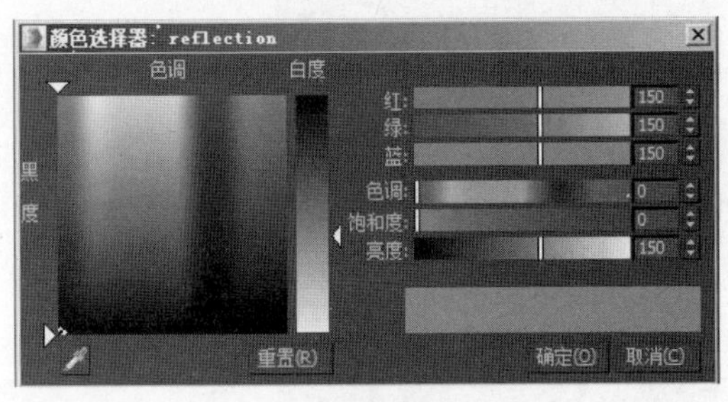

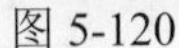
图 5-120

图 5-121

在本项目案例中，玻璃材质的设置非常简单，只添加了反射属性，原因在于售楼部模型的内部并没有制作细节，不需要表现玻璃的透明属性。

至此，本场景中的主要材质已经调整完毕。限于篇幅不能将所有材质逐一讲解，其他材质请读者参考“项目五\场景文件\完成.max”文件进行练习。

11. 合并素材模型并完善场景环境

1）单击3ds Max界面中的按钮，在弹出的面板中执行“导入”→“合并”命令，如图5-122所示。

2）在弹出的“合并文件”对话框中选择“项目五\场景文件\素材.max”文件，如图5-123所示，单击“打开”按钮。

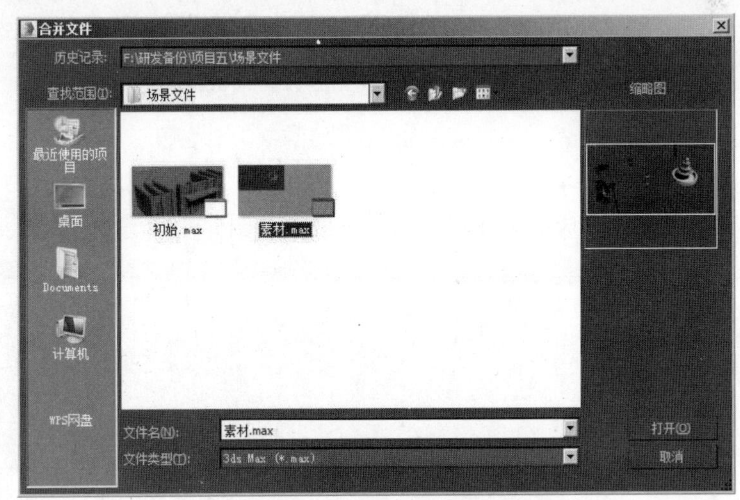

图 5-122

图 5-123

3）在弹出的“合并”对话框中选择全部模型，如图5-124所示，单击“确定”按钮。

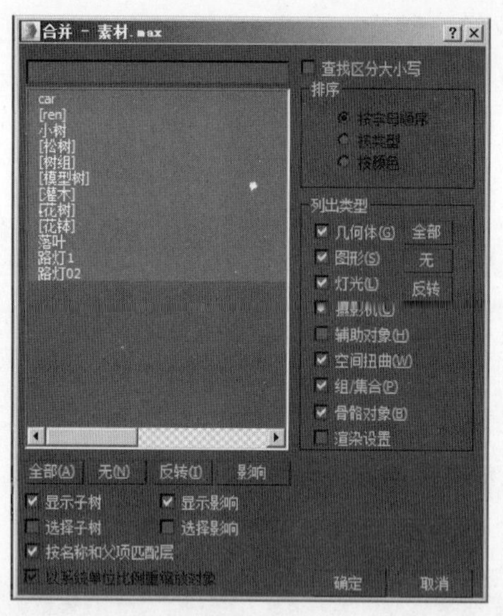

图 5-124

在合并对象的过程中，有时会出现对象重名或材质重名的现象，这时只需在“重复名称”对话框中选中“应用于所有重复情况”复选框，再单击“自动重命名”按钮即可解决，参数设置如图5-125所示。如果在合并过程中没有出现重名情况，则忽略此步骤。

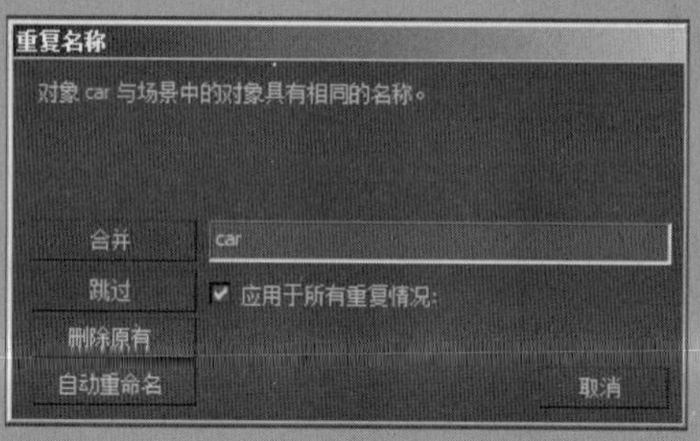

图 5-125

4）按快捷键C激活摄影机视图，场景合并后的最终完成效果如图5-126所示。

图 5-126

任务三　最终渲染设置

1. 设置渲染输出参数

1）按快捷键F10弹出“渲染设置”面板。在“公用”选项卡中展开“公用参数”卷展栏，在“输出大小”选项组中设置“宽度”为2000，“高度”为1250，单击锁定“图像纵横比”🔒，参数设置如图5-127所示。

2）设置“图像采样（抗锯齿）”卷展栏、“图像过滤”卷展栏、“块图像采样器”卷展栏中的参数，如图5-128所示。

图 5-127

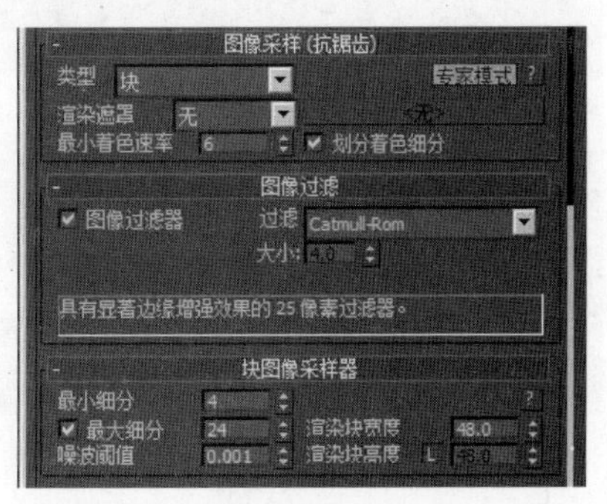

图 5-128

3）设置“全局DMC”卷展栏、“颜色贴图”卷展栏中的参数，如图5-129所示。

4）切换到“GI”选项卡，设置“全局光照”卷展栏、“发光贴图”卷展栏、“灯光缓存”卷展栏中的参数，如图5-130所示。至此，正式渲染输出参数设置完毕。

> 如果有需要，也可以按照前述步骤将其保存为出图预设方案。

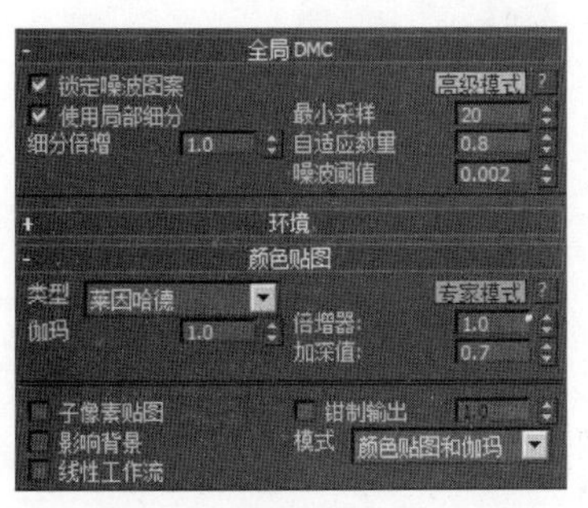

图 5-129

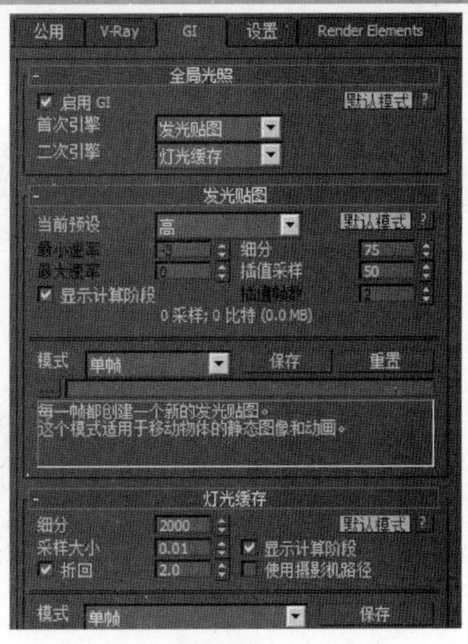

图 5-130

2. 渲染成品效果图

确认当前视图为摄影机视图，按快捷键Shift＋Q，对当前场景进行渲染。经过一段时间的渲染，成品效果如图5-131所示，保存该文件，将其命名为“项目五\效果文件\初始.jpg”。

图 5-131

3. 渲染色彩通道图

1）单击3ds Max界面中的按钮，在弹出的面板中执行“另存为”→“另存为”命令，弹出“文件另存为”对话框，将场景文件另存为“项目五\场景文件\色彩通道.max”，如图5-132所示，单击“保存”按钮。

2）将场景中的灯光全部删除，执行“脚本”→“运行脚本”命令，在弹出的“选择编辑器文件”对话框中选择“项目五\场景文件\材质通道.mse”文件，如图5-133所示，单击“打开”按钮。

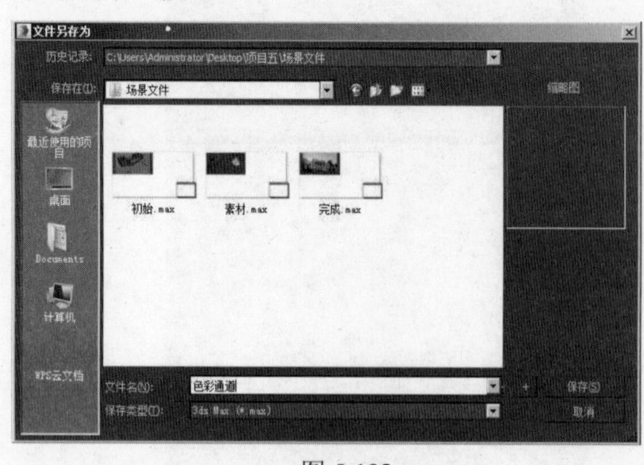

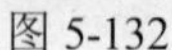

图 5-132

图 5-133

3）在弹出的“莫莫多维材质通道转换小工具V1.2”面板中单击“开始转换场景中的

多维材质及非多维材质→”按钮，如图5-134所示。

4）按快捷键8弹出“环境和效果”面板。展开“公用参数”卷展栏，清除已经设置的环境贴图，参数设置如图5-135所示。

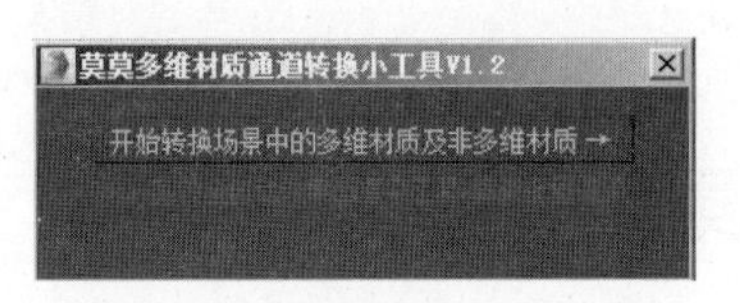

图 5-134

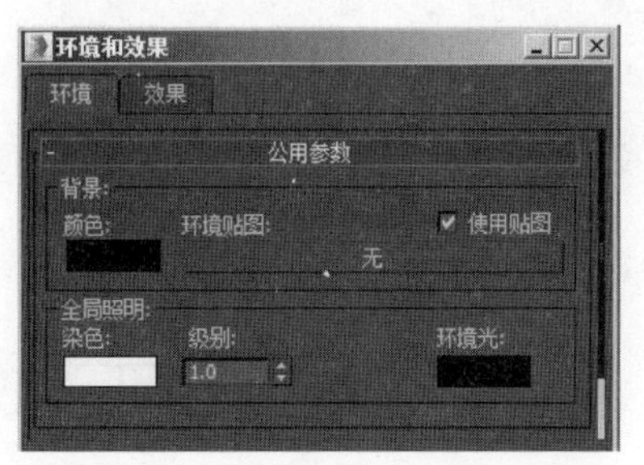

图 5-135

5）按快捷键F10弹出“渲染设置”面板。切换到“V-Ray”选项卡，展开“块图像采样器”卷展栏，设置“最小细分”为1，“最大细分”为4。

6）展开“全局DMC”卷展栏，设置“最小采样”为6，“自适应数量”为0.9，参数设置如图5-136所示。

7）切换到“GI”选项卡，展开“全局光照”卷展栏，取消“启用GI”复选框的选中状态，参数设置如图5-137所示。

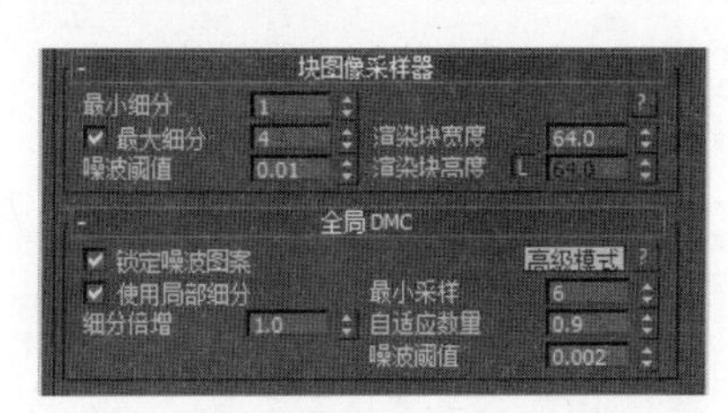

图 5-136

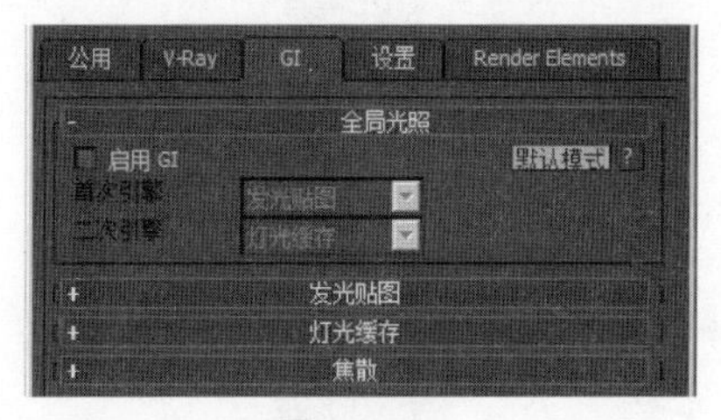

图 5-137

8）按快捷键Shift+Q，对当前场景进行渲染，色彩通道图效果如图5-138所示。

9）在渲染帧窗口中单击“保存图像”按钮，在弹出的“保存图像”对话框中设置存储路径和文件名，将文件保存为“项目五\效果文件\色彩通道.jpg”，参数设置如图5-139所示，单击“保存”按钮。

图 5-138

图 5-139

在色彩通道图中没有任何材质和灯光信息，仅根据不同物体的外形轮廓进行分区块纯色填充。这些色块在Photoshop中可以利用魔棒工具快速选择，以对局部画面进行更加灵活、高效的精细调整。由于色彩通道图不需要计算材质和灯光，在渲染出图时可将品质调到最低，以节省渲染时间。

注意：色彩通道图的分辨率必须与原图像的分辨率保持一致，否则在Photoshop中无法准确选择并进行调整。

任务四　效果图精修

1. 打开文件

1）启动Adobe Photoshop软件。

2）执行“文件”→“打开”命令，在弹出的“打开”对话框中同时选择“初始.jpg”和“色彩通道.jpg”文件，如图5-140所示，单击“打开”按钮。

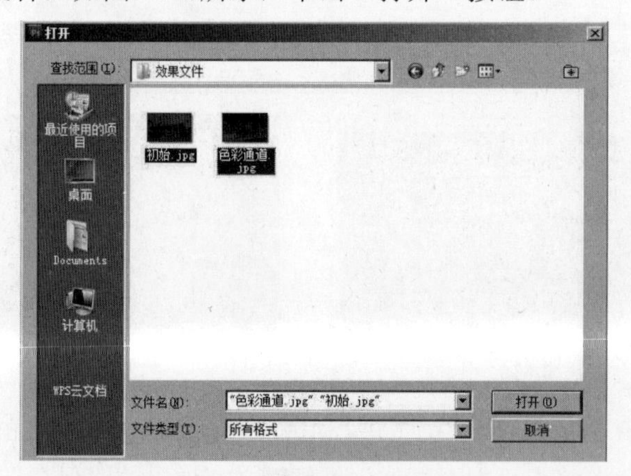

图 5-140

3）选择“移动工具”，按住Shift键，将“色彩通道.jpg”文件中的图像拖动复制到“初始.jpg”文件中，效果如图5-141所示。

图 5-141

4）将“图层1”重命名为“通道”。选择“背景”图层，将其拖动至“图层”面板下方的“创建新图层”按钮上，得到“背景副本”图层，如图5-142所示。

图 5-142

2. 局部细节调整

1）选择“魔棒工具”，在工具选项栏中设置“容差”为20，取消“连续”复选框的选中状态。选择“通道”图层，在表示建筑的绿色块上单击，选区效果如图5-143所示。

图 5-143

2）发现此时选区有多选的情况，选择“套索工具”，按住Alt键，对选区进行减选，将一些比较细碎、不易观察的选区取消，选区效果如图5-144所示。

图 5-144

3）选择“背景副本”图层，按快捷键Ctrl＋J（命令：通过拷贝的图层），复制选区内的图像内容，得到“图层1”。单击“通道”图层左侧的“指示图层可见性”按钮，将“通道”图层暂时隐藏，如图5-145所示。

图 5-145

4）激活“图层1”，按快捷键Ctrl＋M弹出“曲线”对话框，在此可以根据自己对色彩的理解和制图习惯进行调整，参数设置如图5-146所示，单击“确定”按钮。

可以选中“预览”复选框，以进行前后效果的对比观察。

5）按快捷键Ctrl＋L弹出“色阶”对话框，按自己的调整习惯进行进一步的调整，参数设置如图5-147所示，单击“确定”按钮。

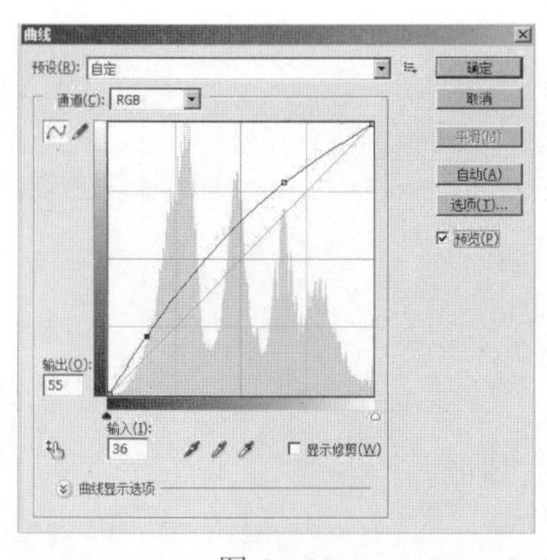

图 5-146

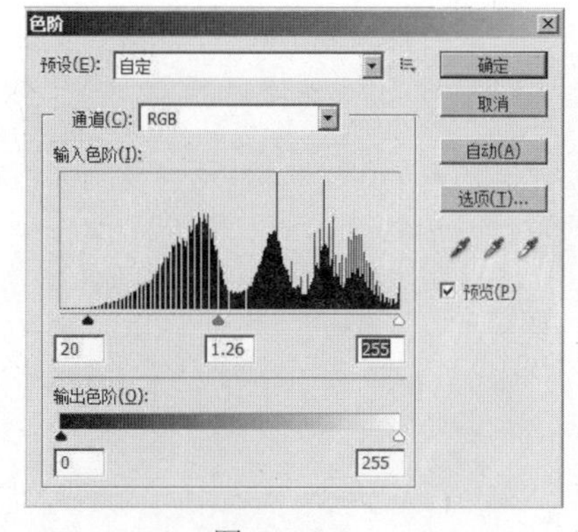

图 5-147

常用的调整命令包括Ctrl+M（命令：曲线）、Ctrl+L（命令：色阶）、Ctrl+B（命令：色彩平衡）、Ctrl+U（命令：色相/饱和度）等，读者可以根据自己对色彩对比及明暗关系的把握来进行后期处理，不要求每一次调整必须全部使用这些命令，根据实际情况酌情使用即可。

画面中各区域的调整方法和思路同上述步骤，效果满意的区域可以不调整，效果不满意的区域可以进行一些调整。限于篇幅在此不逐一展开讲解，请读者参考上述步骤自己完成。

6）利用相同的调整方法，对图像中的不满意之处逐一进行调整，参考效果如图5-148所示。

图 5-148

7）选择“通道”图层，按Delete键将其删除。按快捷键Shift+Ctrl+E（命令：合并可见图层），将所有图层合并为“背景”图层，如图5-149所示。

图 5-149

至此，本项目案例“售楼部”全部完成，最终参考效果如图5-150所示。

图 5-150

视频文件

视频文件

宁静水乡

项目目标

本项目案例是一个中式水乡院落效果图的表现方案，难点在于灯光氛围的营造。由于本项目案例的时间节点为傍晚，可以直接利用球天来制作这一时段的天光环境，而室内的灯光布置才是烘托场景氛围的重点；在本项目案例中布置了很多补光，读者可以通过观察补光的位置，仔细体会它们的作用；此外，本项目案例采用了冷暖对比的色彩变化，不仅提升了画面的层次，也为质感的表现增添了更为丰富的环境细节。

技能要点

◎ 衰减控制：掌握利用衰减贴图控制反射通道和折射通道的强度的方法。

◎ 印花玻璃：掌握通过在折射通道中添加黑白贴图来模拟印花玻璃效果的方法。

◎ 光域网文件：掌握利用目标点光源表现射灯的方法及相关参数设置。

◎ 穹顶灯光：掌握利用穹顶光源模拟天光照明的方法。

◎ 后期处理：巩固利用色彩通道进行后期处理的基本方法。

效果欣赏

配套文件

任务一　设置测试渲染参数

1. 创建摄影机

1）打开“项目六\场景文件\初始.max”场景文件，效果如图6-1所示。

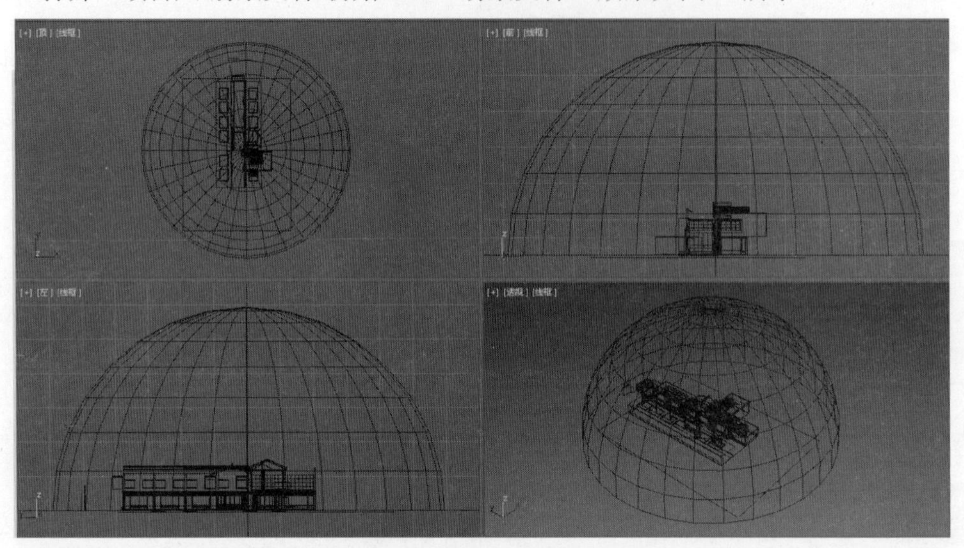

图 6-1

2）按快捷键T激活顶视图，按快捷键Alt＋W将视图最大化显示，效果如图6-2所示。

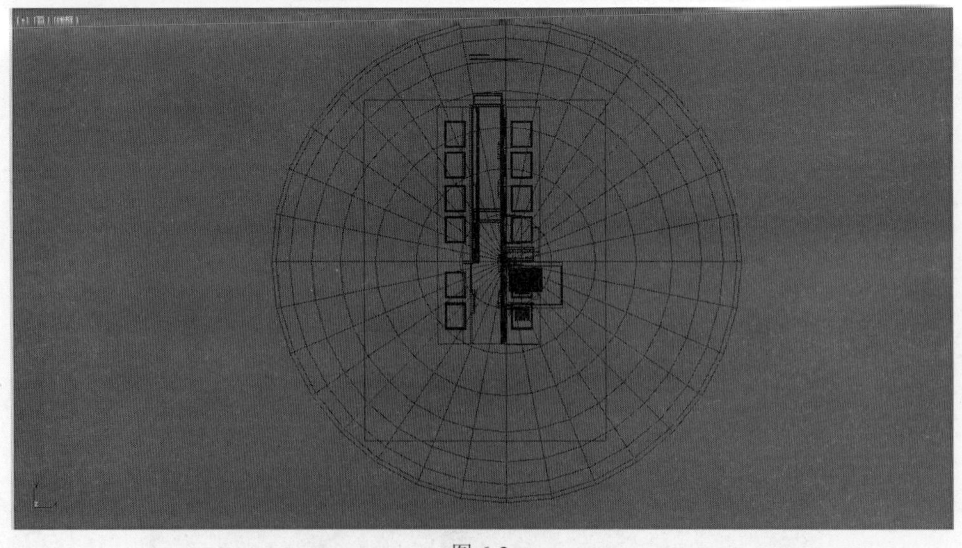

图 6-2

3）进入“创建”面板，切换到“摄影机”选项卡，在其下拉列表框中选择“标准”选项，单击“目标”按钮，在视图中创建一架目标摄影机，效果如图6-3所示。

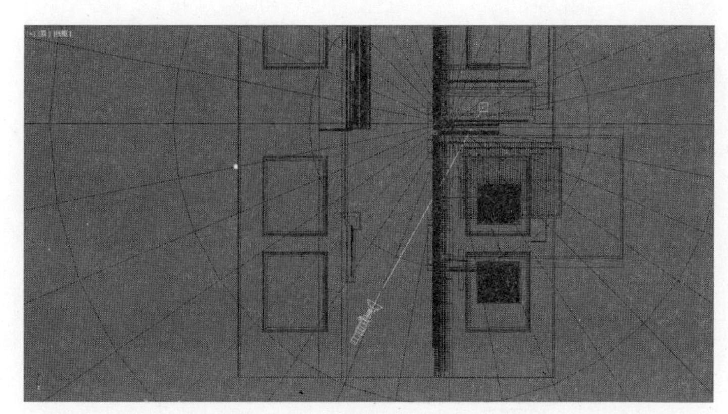

图 6-3

4）按快捷键F激活前视图，单击主工具栏中的“选择并移动”按钮，选择刚才创建的摄影机，将其沿y轴向上提升一定的高度，按快捷键G取消栅格显示，效果如图6-4所示。

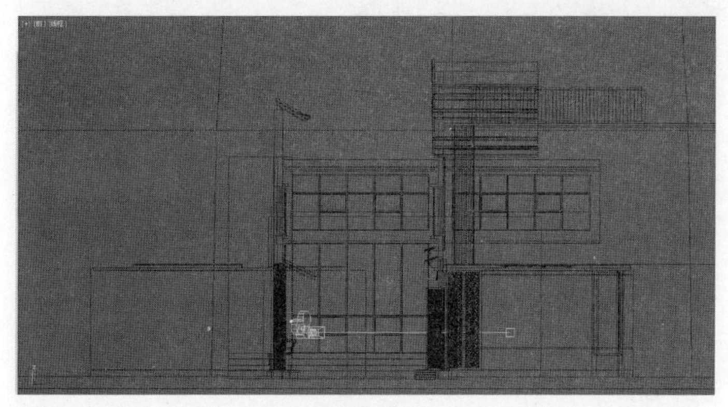

图 6-4

5）选择摄影机的目标点，将其沿y轴再向上提升一定的高度，以营造仰视效果，如图6-5所示。

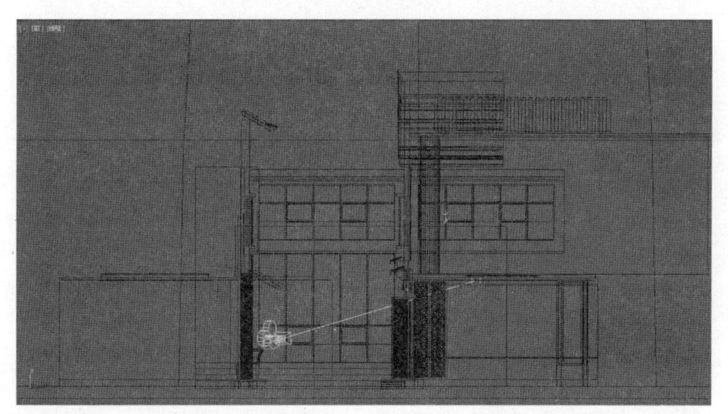

图 6-5

6）选择摄影机，进入“修改”面板。展开“参数”卷展栏，设置“镜头”为20.0mm，参数设置如图6-6所示。

7）执行“修改器”→“摄影机”→“摄影机校正”命令，启用2点透视校正，参数设置如图6-7所示。

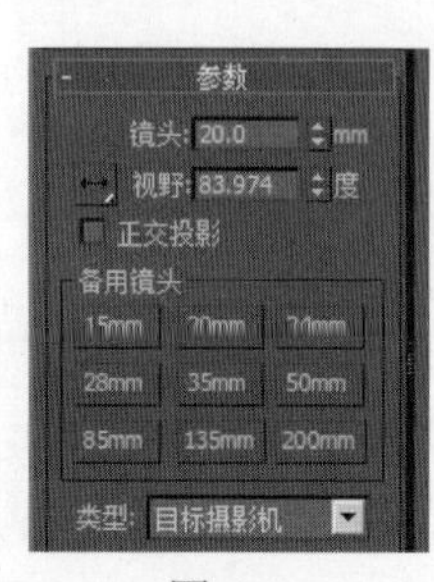

图 6-6

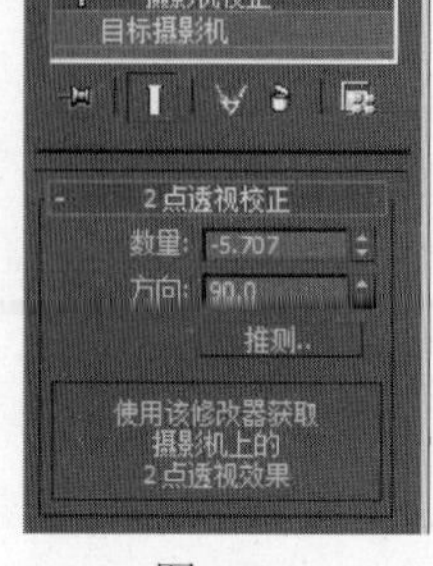

图 6-7

8）按快捷键C激活摄影机视图，场景效果如图6-8所示。

图 6-8

2 设置测试渲染参数

1）按快捷键F10弹出“渲染设置”面板，如图6-9所示。

2）在“公用”选项卡中展开“公用参数”卷展栏，在“输出大小”选项组中设置“宽度”为600，“高度”为387，单击锁定“图像纵横比”，参数设置如图6-10所示。

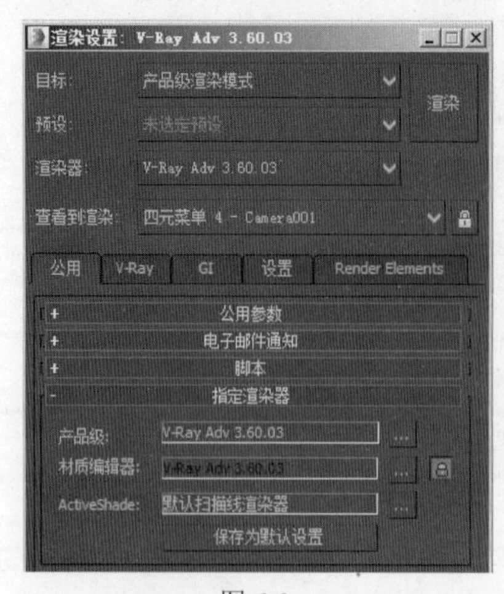

图 6-9

图 6-10

3）切换到“V-Ray”选项卡，展开“全局开关”卷展栏，参数设置如图6-11所示。

4）展开“图像采样（抗锯齿）”卷展栏、“图像过滤”卷展栏和“块图像采样器”卷展栏，参数设置如图6-12所示。

图 6-11

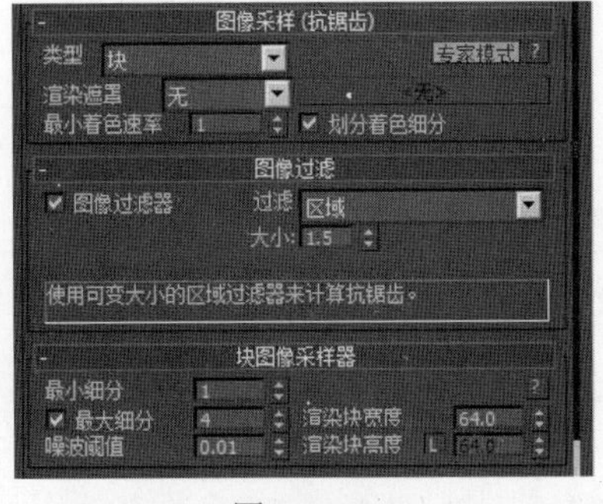

图 6-12

5）展开“全局DMC”卷展栏和“颜色贴图”卷展栏，参数设置如图6-13所示。

6）切换到“GI”选项卡，展开“全局光照”卷展栏、“发光贴图”卷展栏和“灯光缓存”卷展栏，参数设置如图6-14所示。至此，测试渲染参数设置完毕。

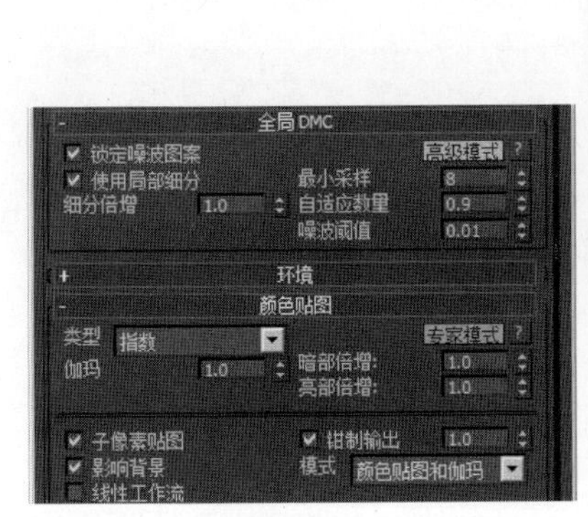

图 6-13

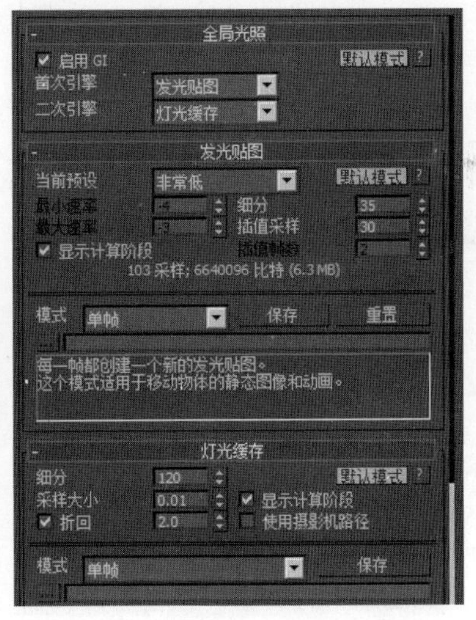

图 6-14

任务二　设置场景的主要材质

1. 设置窗框瓦片材质

1）在“材质编辑器”面板中激活窗框瓦片材质，展开“基本参数”卷展栏，单击

“漫反射”右侧的色块，在弹出的“颜色选择器”对话框中设置颜色为灰色，参数设置如图6-15所示，单击“确定”按钮。

2）单击“反射”右侧的按钮■，在弹出的“材质/贴图浏览器”对话框中选择“标准”卷展栏中的“衰减”贴图，如图6-16所示，单击“确定”按钮。

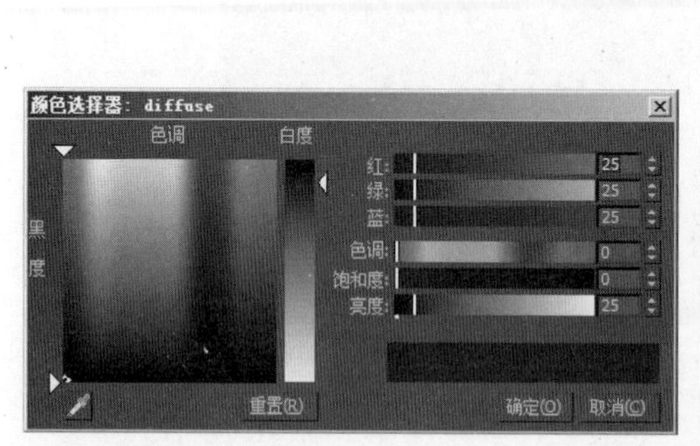
图 6-15

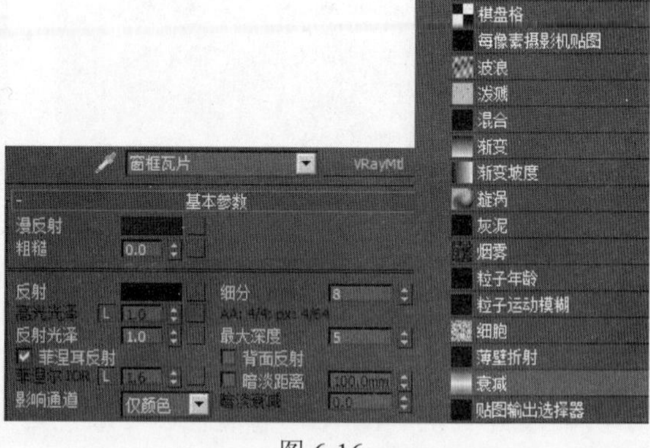
图 6-16

3）展开“衰减参数”卷展栏，在“前：侧”选项组中单击上方的黑色色块，在弹出的“颜色选择器”对话框中设置颜色为墨蓝色，参数设置如图6-17所示，单击“确定”按钮。

4）在“前：侧”选项组中单击下方的白色色块，在弹出的“颜色选择器”对话框中设置颜色为较浅的蓝灰色，参数设置如图6-18所示，单击“确定”按钮。

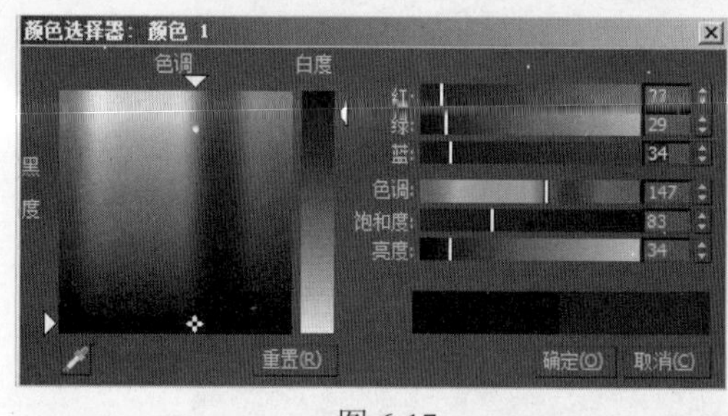
图 6-17

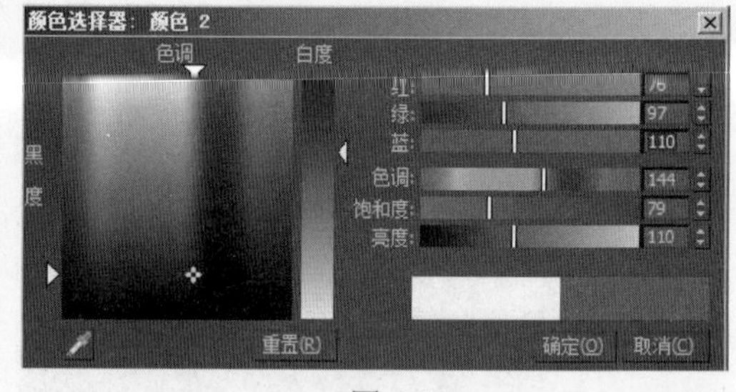
图 6-18

5）展开“衰减类型”下拉列表框，选择“Fresnel”（菲涅耳）选项；在“模式特定参数”选项组中设置“折射率”为2.4，参数设置如图6-19所示。

6）单击“转到父对象”按钮■，回到上级面板。单击“高光光泽”右侧的按钮■解除锁定状态，设置“高光光泽”为0.5，“反射光泽”为0.85，取消“菲涅耳反射”复选框的选中状态，设置“细分”为24，参数设置如图6-20所示。

7）调整完成的窗框瓦片材质的最终效果如图6-21所示。

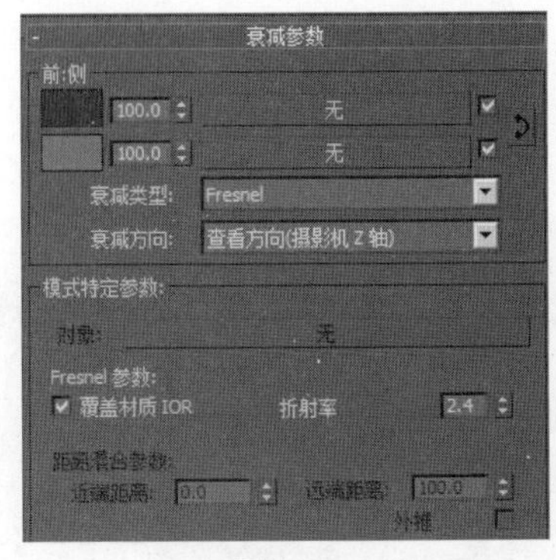

图 6-19

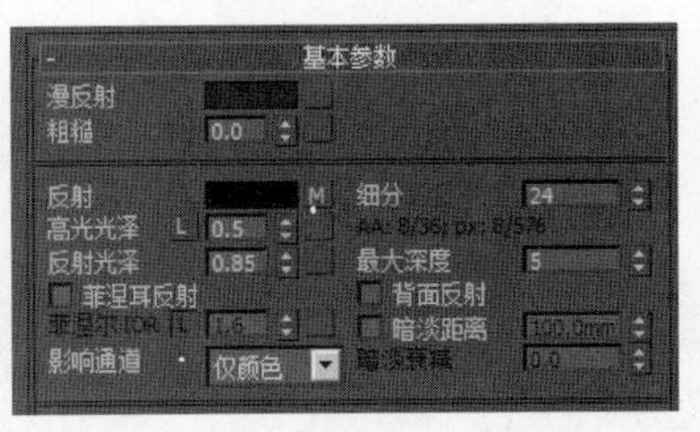

图 6-20

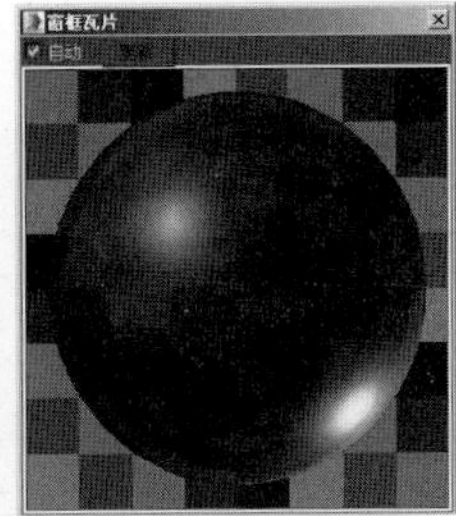

图 6-21

关于“菲涅耳”反射的概念在前面项目案例中已详细讲解过，这里仅对在衰减贴图中指定彩色的作用再次强调。

将“衰减类型”设置为“Fresnel”后，将表现出较为真实的菲涅耳反射效果，即对象表面的反射强度会随着用户观察角度的变化而变化。彩色中的“亮度”数值表示反射强度；“色调”数值表示对象在兼具反射特性的同时其表面所呈现的颜色信息。

“折射率”参数在此处的翻译并不准确，其实此处表示的是“反射强度”。以1为参考值，当数值>1时，数值越大，反射强度越强；当数值<1时，数值越小，反射强度越强。请读者认真体会。

2. 设置玻璃材质

1）在“材质编辑器”面板中激活玻璃材质，展开“基本参数”卷展栏，单击“漫反射”右侧的色块，在弹出的“颜色选择器”对话框中设置颜色为蓝黑色，参数设置如图6-22所示，单击“确定”按钮。

2）单击“反射”右侧的色块，在弹出的“颜色选择器”对话框中设置颜色为灰色，参数设置如图6-23所示，单击“确定”按钮。

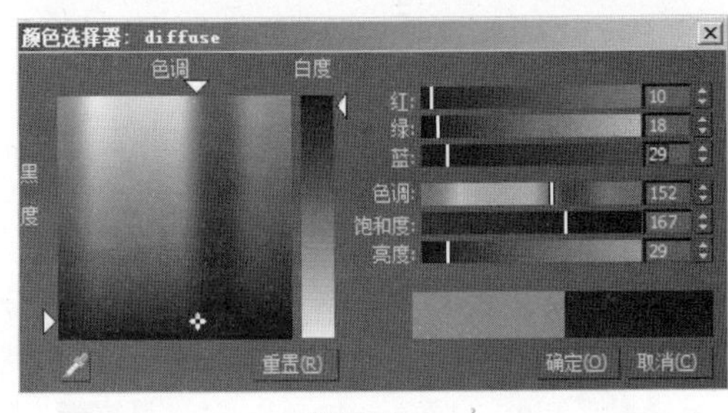

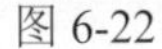
图 6-22

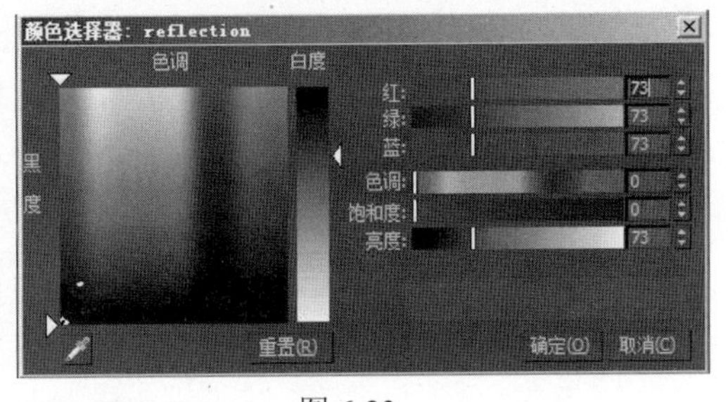

图 6-23

3）取消“菲涅耳反射”复选框的选中状态，单击“折射”右侧的按钮■，在弹出的“材质/贴图浏览器”对话框中选择“标准”卷展栏中的“衰减”贴图，如图6-24所示，单击“确定”按钮。

4）展开“衰减参数”卷展栏，在“前：侧”选项组中单击上方的黑色色块，在弹出的“颜色选择器”对话框中设置颜色为灰色，参数设置如图6-25所示，单击“确定”按钮。

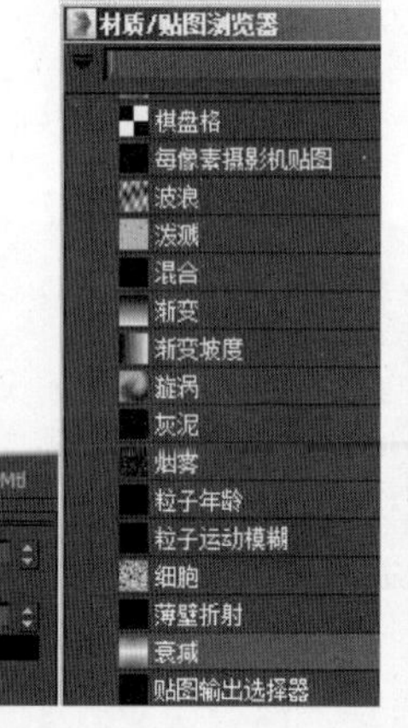

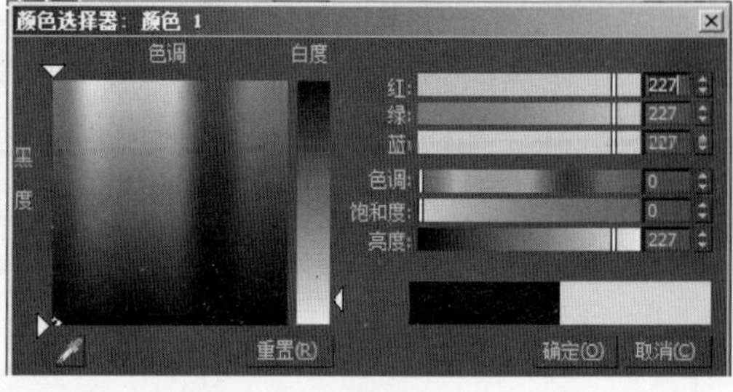

图 6-24　　　　　图 6-25

5）在“前：侧”选项组中单击下方的白色色块，在弹出的“颜色选择器”对话框中设置颜色为灰色，参数设置如图6-26所示，单击“确定”按钮。

6）调整完成的玻璃材质的最终效果如图6-27所示。

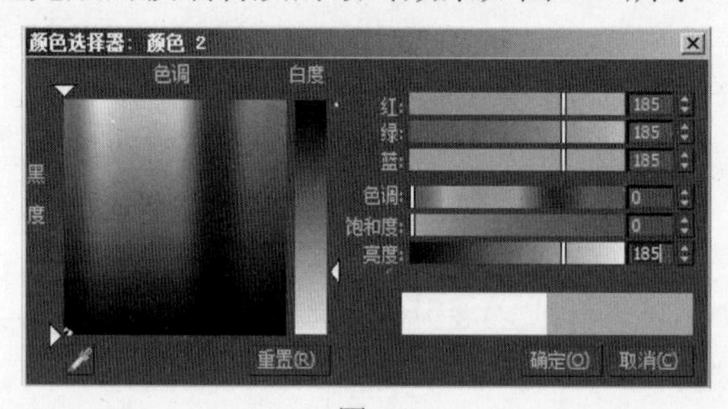

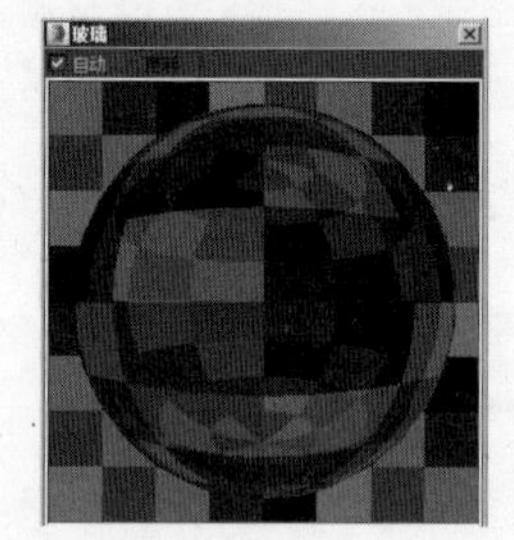

图 6-26　　　　　图 6-27

3. 设置木板材质

1）在“材质编辑器”面板中激活木板材质，展开“基本参数”卷展栏，单击“漫反射”右侧的按钮■，在弹出的“材质/贴图浏览器”对话框中选择“标准”卷展栏中的“位图”贴图，如图6-28所示，单击“确定”按钮。

2）在弹出的“选择位图图像文件”对话框中选择“项目六\贴图\木板.jpg”文件，如图6-29所示，单击“打开”按钮。

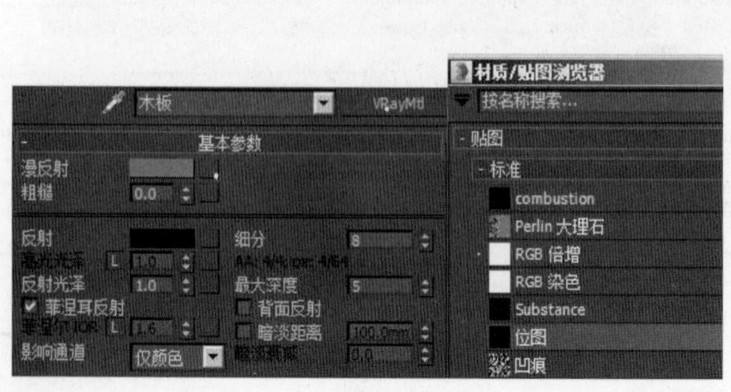

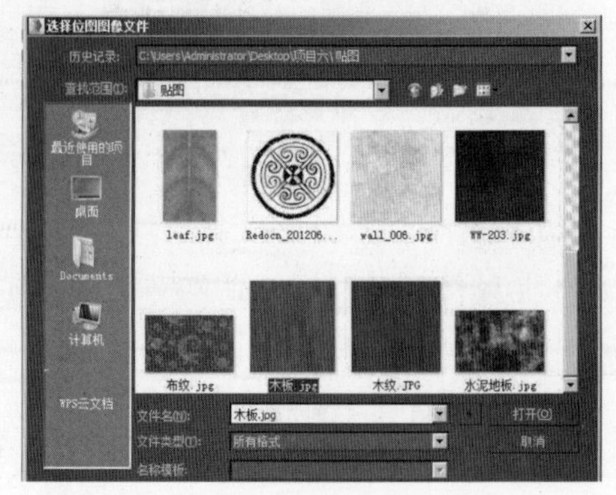

图 6-28　　　　　图 6-29

3）单击“视口中显示明暗处理材质”按钮▧，使贴图在场景中正确显示。单击“转到父对象”按钮▧，回到上级面板。单击“反射”右侧的按钮▧，在弹出的“材质/贴图浏览器”对话框中选择“标准”卷展栏中的“衰减”贴图，如图6-30所示，单击“确定”按钮。

4）展开“衰减参数”卷展栏，在“前：侧”选项组中单击下方的白色色块，在弹出的“颜色选择器”对话框中设置颜色为深蓝色，参数设置如图6-31所示，单击“确定”按钮。

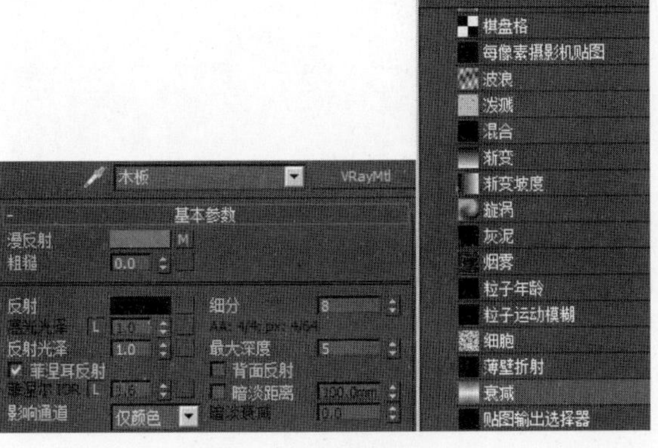

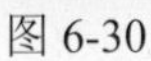

图 6-30

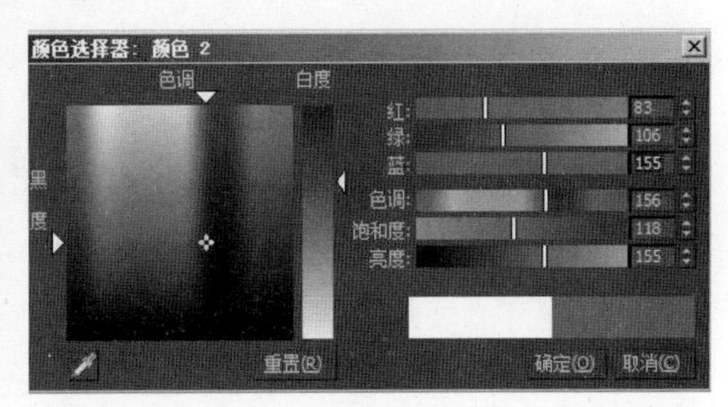

图 6-31

5）在“衰减类型”下拉列表框中选择“Fresnel”（菲涅耳）选项；在“模式特定参数”选项组中设置“折射率”为2.4，参数设置如图6-32所示。

6）单击“转到父对象”按钮▧，回到上级面板。单击“高光光泽”右侧的按钮▧解除锁定状态，设置“高光光泽”为0.75，“反射光泽”为0.85，取消“菲涅耳反射”复选框的选中状态，设置“细分”为24，参数设置如图6-33所示。

7）调整完成的木板材质的最终效果如图6-34所示。

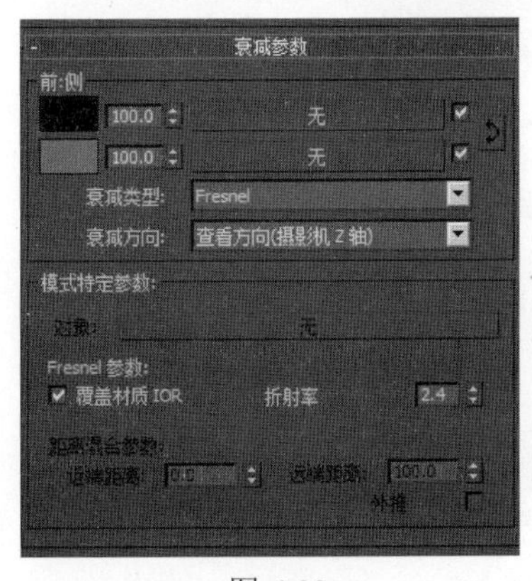

图 6-32

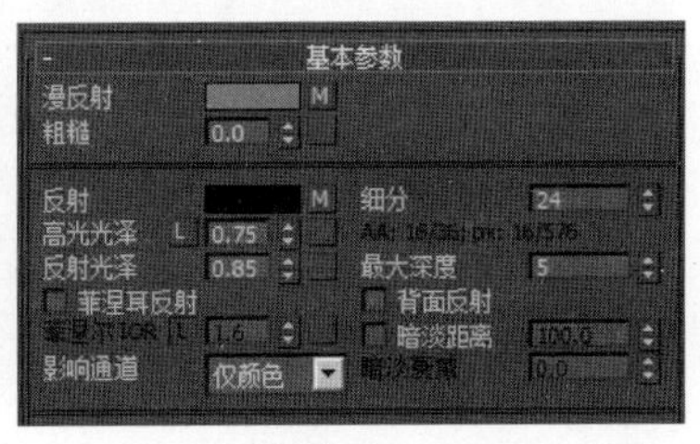

图 6-33

图 6-34

4. 设置红色涂料材质

1）在“材质编辑器”面板中激活红色涂料材质，展开“基本参数”卷展栏，单击

“漫反射”右侧的色块，在弹出的“颜色选择器”对话框中设置颜色为暗红色，参数设置如图6-35所示，单击“确定”按钮。

2）单击“反射”右侧的按钮■，在弹出的“材质/贴图浏览器”对话框中选择“标准”卷展栏中的“衰减”贴图，如图6-36所示，单击“确定”按钮。

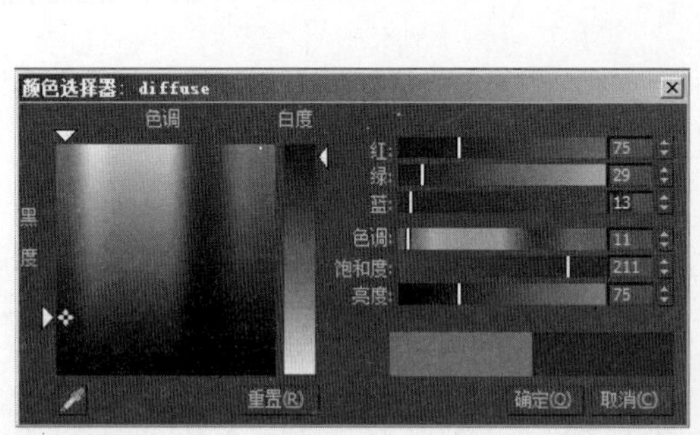

图 6-35

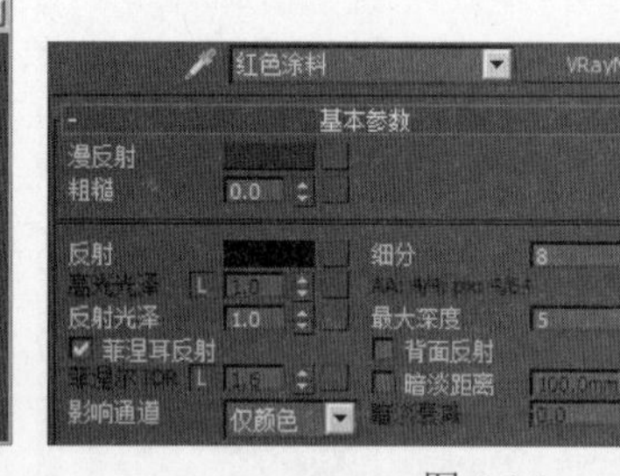

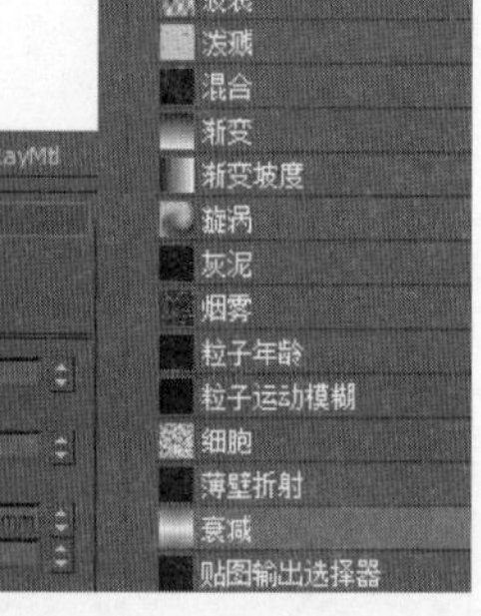

图 6-36

3）展开“衰减参数”卷展栏，在“前：侧”选项组中单击上方的黑色色块，在弹出的“颜色选择器”对话框中设置颜色为墨蓝色，参数设置如图6-37所示，单击“确定”按钮。

4）在“前：侧”选项组中单击下方的白色色块，在弹出的“颜色选择器”对话框中设置颜色为蓝黑色，参数设置如图6-38所示，单击“确定”按钮。

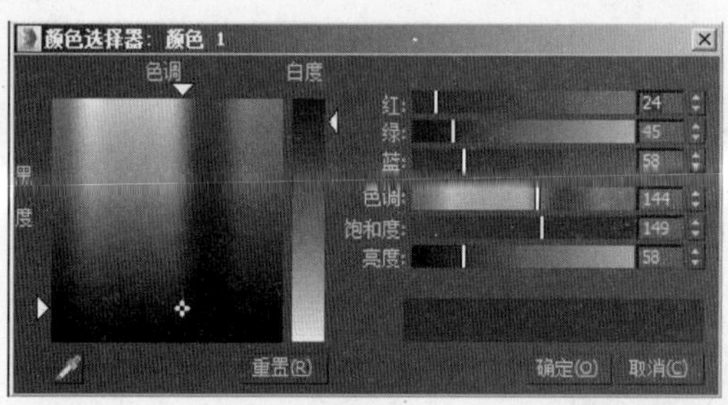

图 6-37

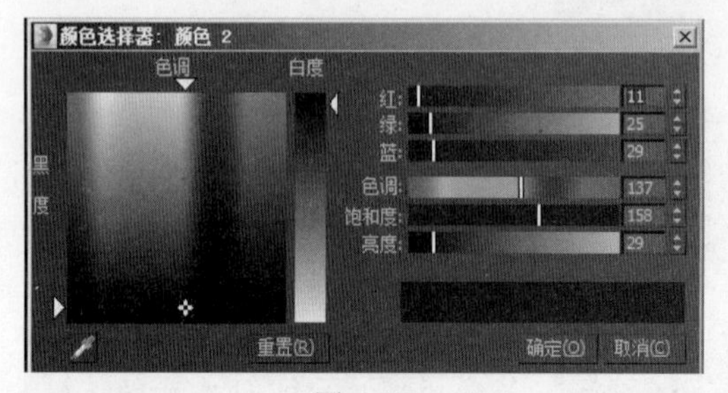

图 6-38

5）在“衰减类型”下拉列表框中选择“Fresnel”（菲涅耳）选项；在“模式特定参数”选项组中设置“折射率”为2.4，参数设置如图6-39所示。

6）单击“转到父对象”按钮，回到上级面板。单击“高光光泽”右侧的按钮解除锁定状态，设置“高光光泽”为0.55，“反射光泽”为0.65，取消“菲涅耳反射”复选框的选中状态，设置“细分”为24，参数设置如图6-40所示。

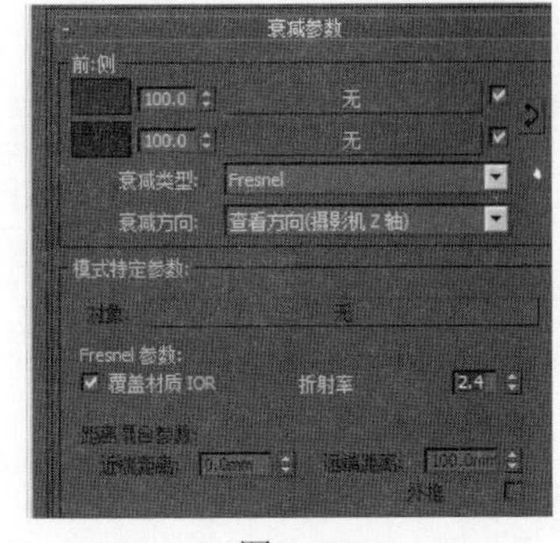

图 6-39

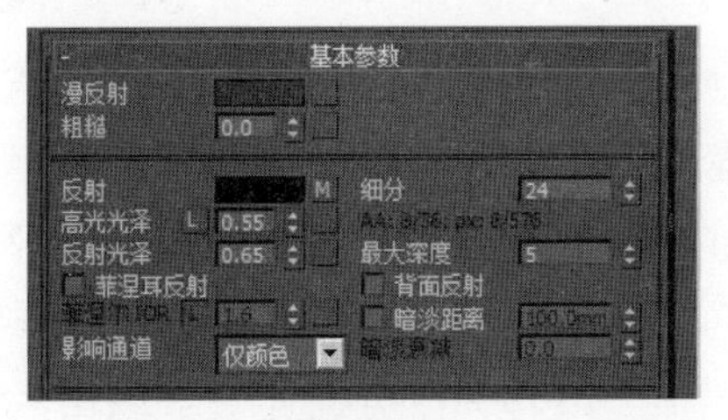

图 6-40

7）展开“BRDF”卷展栏，在其下方的下拉列表框中选择“Blinn”选项，设置高光类型以使材质的高光分散，避免在渲染时产生曝光效果，参数设置如图6-41所示。

8）调整完成的红色涂料材质的最终效果如图6-42所示。

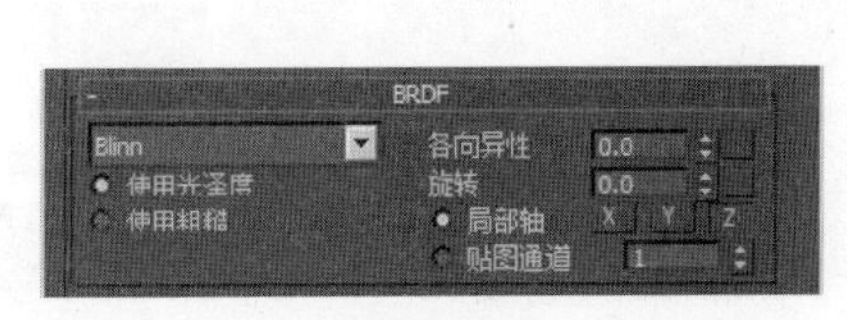

图 6-41

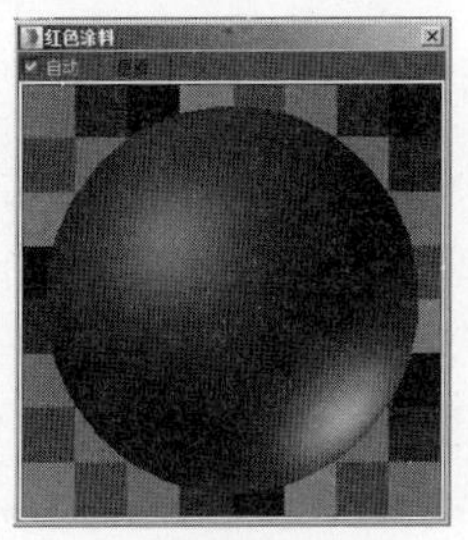

图 6-42

5. 设置金属材质

1）在“材质编辑器”面板中激活金属材质，展开“基本参数”卷展栏，单击“漫反射”右侧的色块，在弹出的“颜色选择器”对话框中设置颜色为深咖啡色，将其作为金属的表面色，参数设置如图6-43所示，单击“确定”按钮。

2）单击“反射”右侧的色块，在弹出的“颜色选择器”对话框中设置颜色为暗黄色，参数设置如图6-44所示，单击“确定”按钮

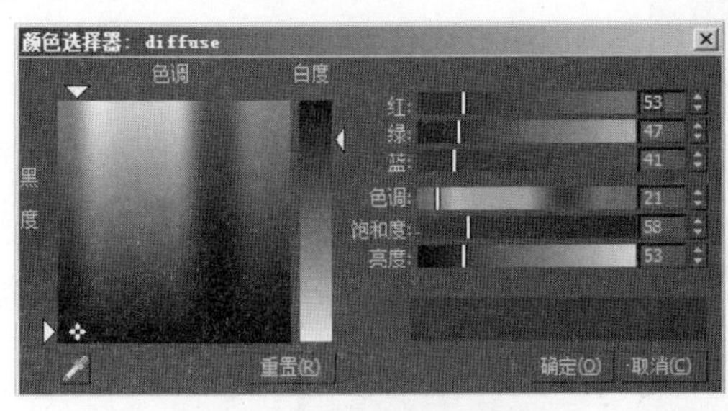

图 6-43

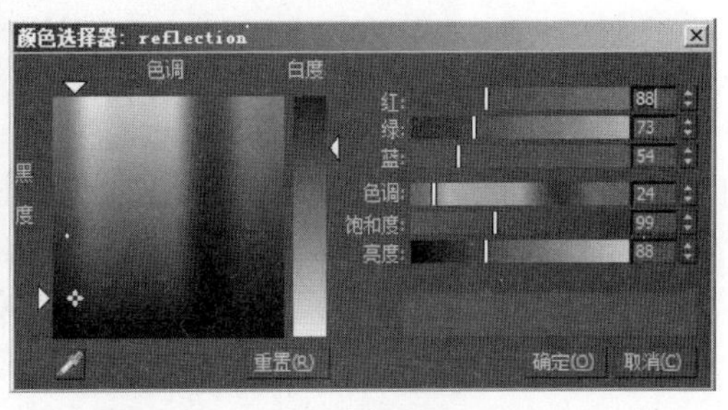

图 6-44

3）调整完成的金属材质的最终效果如图6-45所示。

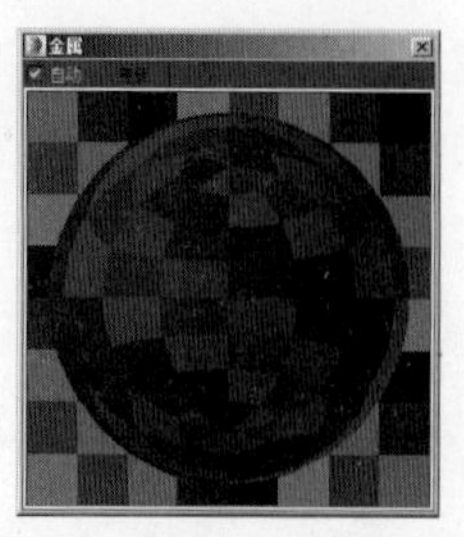

图 6-45

6. 设置青石板材质

1）在“材质编辑器”面板中激活青石板材质，展开“基本参数”卷展栏，单击“漫反射”右侧的按钮■，在弹出的“材质/贴图浏览器”对话框中选择“标准”卷展栏中的“位图”贴图，如图6-46所示，单击“确定”按钮。

2）在弹出的“选择位图图像文件”对话框中选择“项目六\贴图\青石板.jpg”文件，如图6-47所示，单击“打开”按钮。

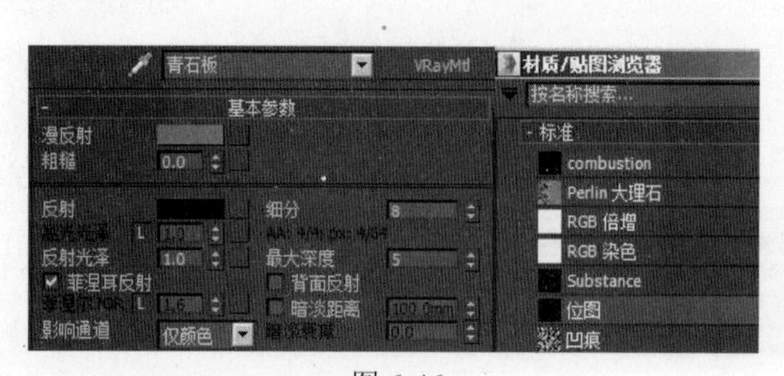

图 6-46

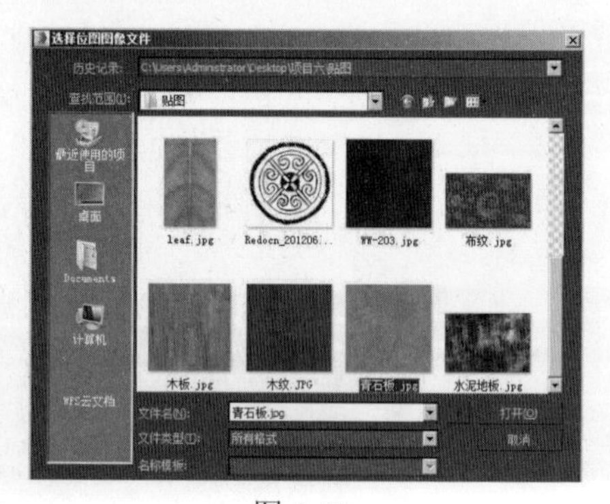

图 6-47

3）单击“视口中显示明暗处理材质”按钮▣，使贴图在场景中正确显示。单击“转到父对象”按钮▣，回到上级面板。展开“贴图”卷展栏，将“漫反射”通道右侧的贴图拖动复制到“凹凸”通道右侧的按钮［无］上，在弹出的“复制（实例）贴图”对话框中单击“实例”单选按钮，单击“确定”按钮，参数设置如图6-48所示。

4）调整完成的青石板材质的最终效果如图6-49所示。

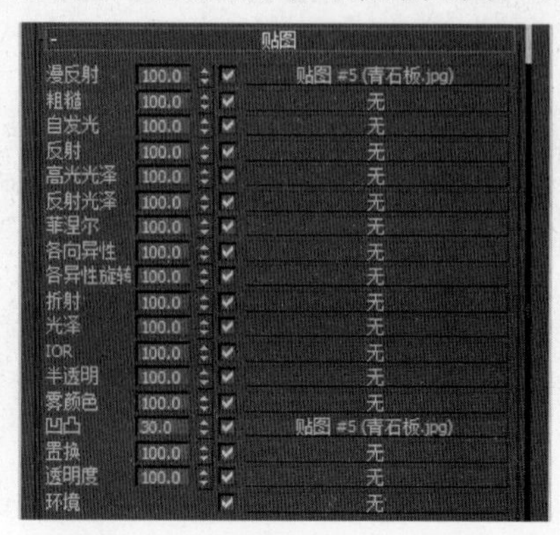

图 6-48

图 6-49

7. 设置木纹材质

1）在“材质编辑器”面板中激活木纹材质，展开“基本参数”卷展栏，单击“漫反射”右侧的按钮■，在弹出的“材质/贴图浏览器”对话框中选择“标准”卷展栏中的“位图”贴图，如图6-50所示，单击“确定”按钮。

2）在弹出的“选择位图图像文件”对话框中选择“项目六\贴图\木纹.jpg”文件，如图6-51所示，单击“打开”按钮。

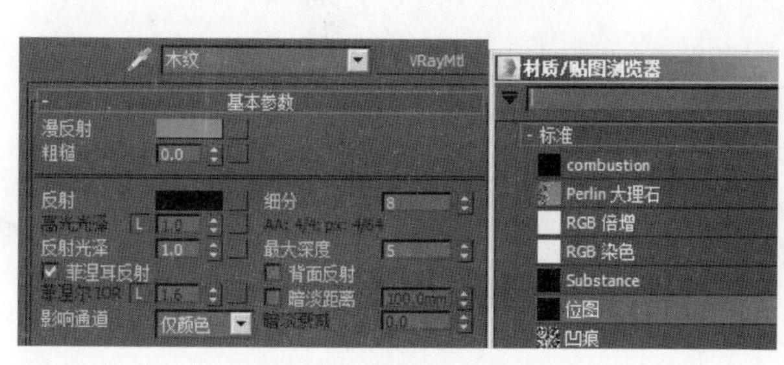

图 6-50

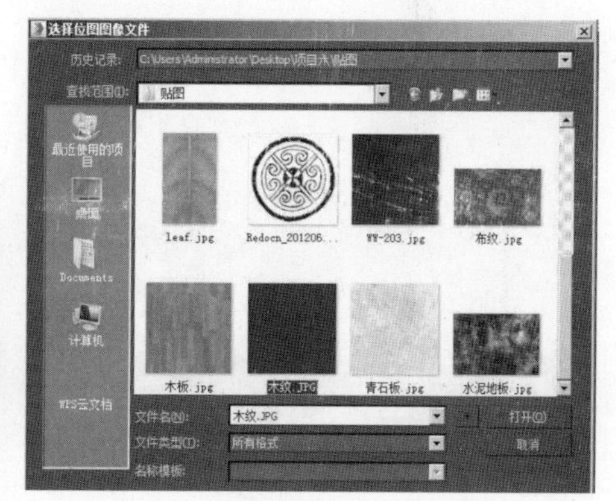

图 6-51

3）单击“视口中显示明暗处理材质”按钮■，使贴图在场景中正确显示。单击“转到父对象”按钮■，回到上级面板。单击“反射”右侧的按钮■，在弹出的“材质/贴图浏览器”对话框中选择“标准”卷展栏中的“衰减”贴图，如图6-52所示，单击“确定”按钮。

4）展开“衰减参数”卷展栏，在“前：侧”选项组中单击上方的黑色色块，在弹出的“颜色选择器”对话框中设置颜色为蓝绿色，参数设置如图6-53所示，单击“确定”按钮。

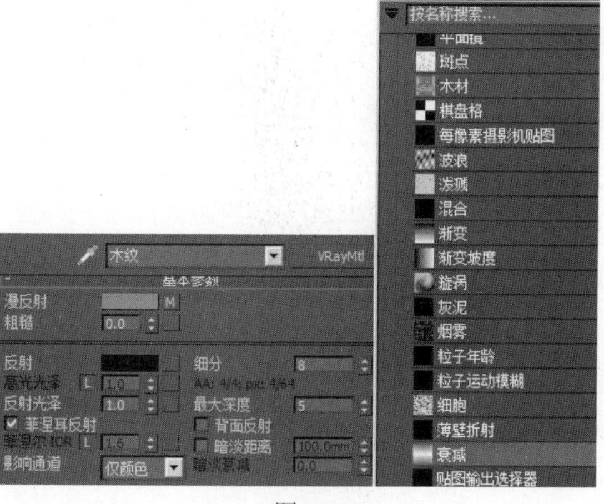

图 6-52

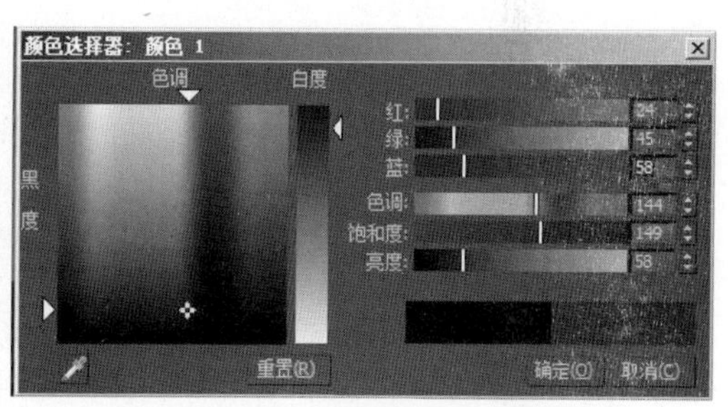

图 6-53

5）在“前：侧”选项组中单击下方的白色色块，在弹出的“颜色选择器”对话框中设置颜色为蓝黑色，参数设置如图6-54所示，单击“确定”按钮。

6）在“衰减类型”下拉列表框中选择“Fresnel”（菲涅耳）选项；在“模式特定参数”选项组中设置“折射率”为2.4，参数设置如图6-55所示。

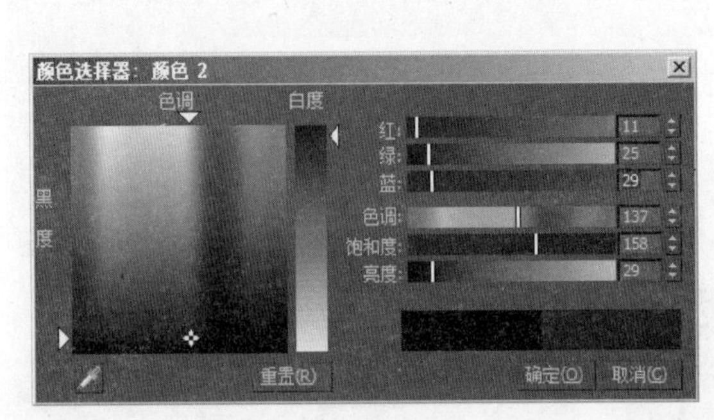

图 6-54

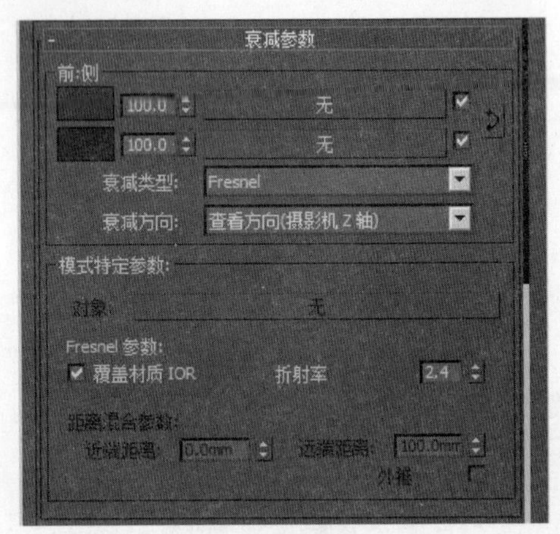

图 6-55

7）单击“转到父对象”按钮，回到上级面板。单击“高光光泽”右侧的按钮解除锁定状态，设置“高光光泽”为0.55，“反射光泽”为0.65，取消“菲涅耳反射”复选框的选中状态，设置“细分”为24，参数设置如图6-56所示。

8）展开“BRDF”卷展栏，在其下方的下拉列表框中选择“Blinn”选项，参数设置如图6-57所示。

9）调整完成的木纹材质的最终效果如图6-58所示。

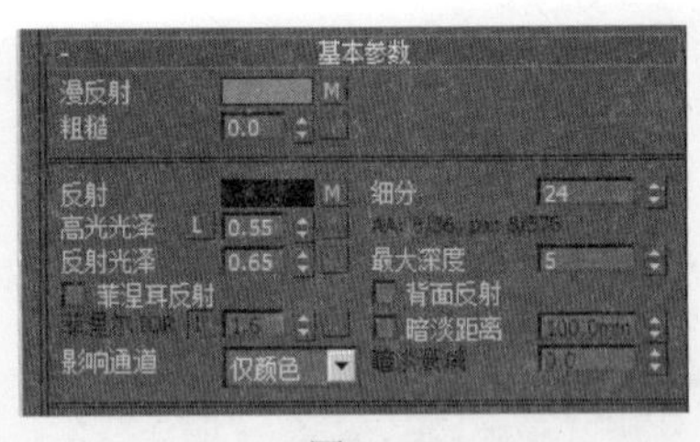

图 6-56

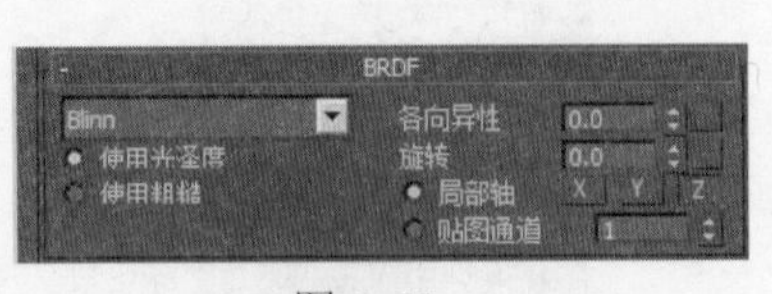

图 6-57

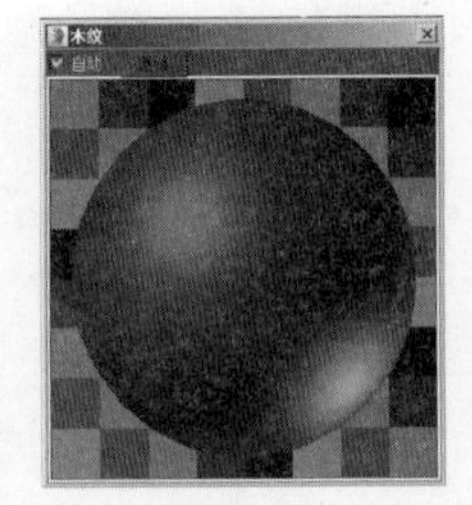

图 6-58

8. 设置水面材质

1）在“材质编辑器”面板中激活水面材质，展开“基本参数”卷展栏，单击“漫反射”右侧的色块，在弹出的“颜色选择器”对话框中设置颜色为灰绿色，将其作为水体的表面颜色，参数设置如图6-59所示，单击“确定”按钮。

2）单击“反射”右侧的按钮，在弹出的“材质/贴图浏览器”对话框中选择“标准”卷展栏中的“衰减”贴图，如图6-60所示，单击“确定”按钮。

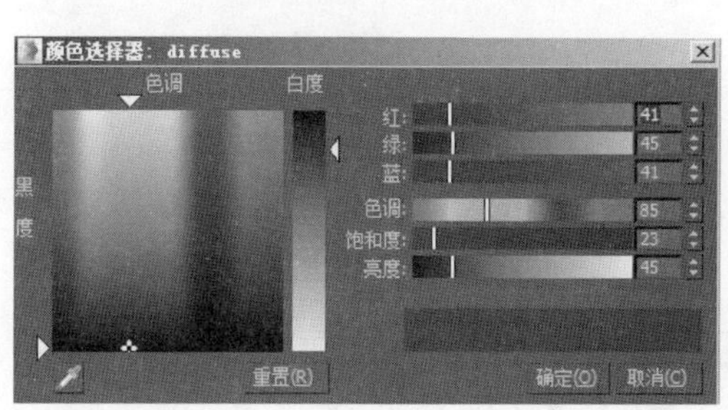

图 6-59

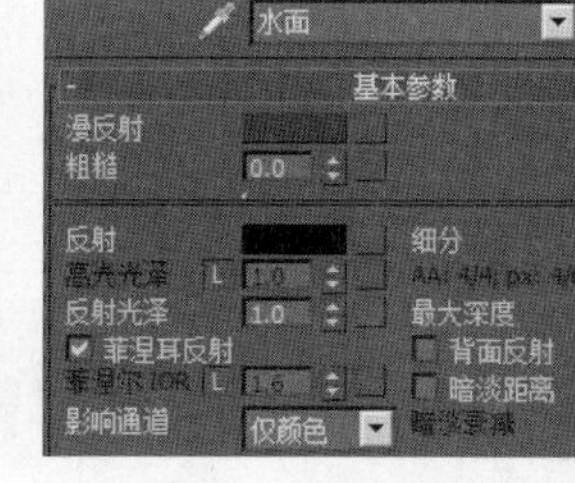
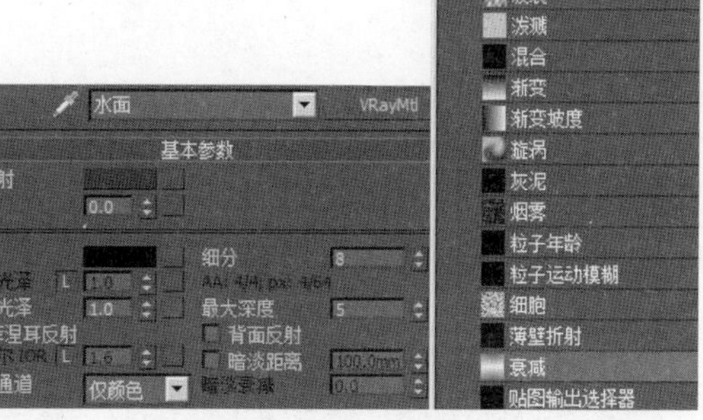

图 6-60

3）展开“衰减参数”卷展栏，在“前：侧”选项组中单击上方的黑色色块，在弹出的“颜色选择器”对话框中设置颜色为灰色，参数设置如图6-61所示，单击“确定”按钮。

4）在“前：侧”选项组中单击下方的白色色块，在弹出的“颜色选择器”对话框中设置颜色为另一种灰色，参数设置如图6-62所示，单击“确定”按钮。

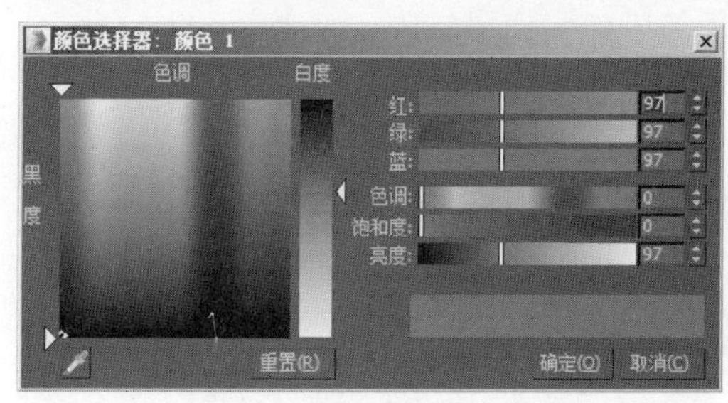

图 6-61

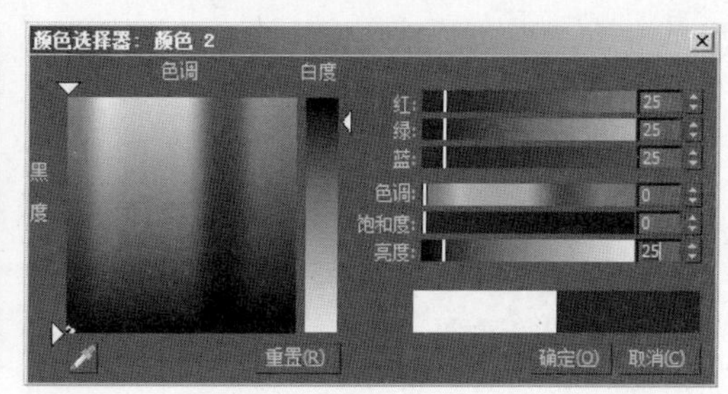

图 6-62

5）在“衰减类型”下拉列表框中选择“Fresnel”（菲涅耳）选项；在“模式特定参数”选项组中设置“折射率”为2.4，参数设置如图6-63所示。

图 6-63

6）单击“转到父对象”按钮，回到上级面板。取消“菲涅耳反射”复选框的选中状态，设置“细分”为15，参数设置如图6-64所示。

7）单击“折射”右侧的按钮，在弹出的“材质/贴图浏览器”对话框中选择“标准”卷展栏中的“衰减”贴图，如图6-65所示，单击“确定”按钮。

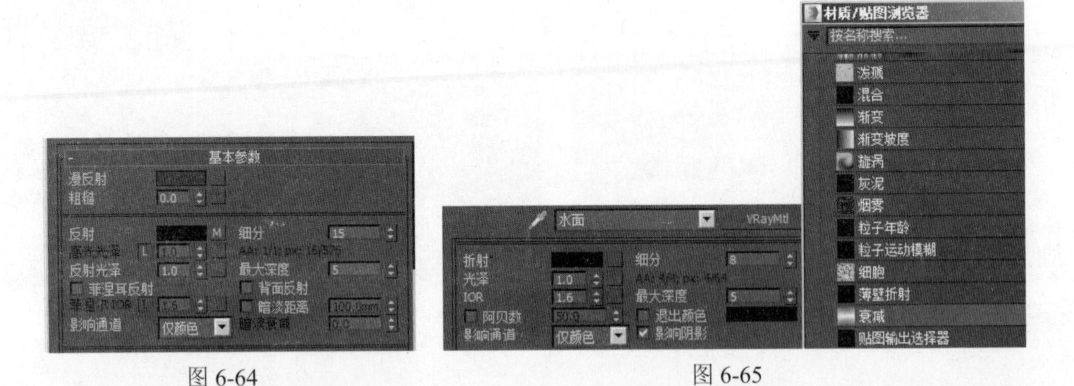

图 6-64　　　　　　　　图 6-65

8）展开“衰减参数”卷展栏，在“前：侧”选项组中单击上方的黑色色块，在弹出的“颜色选择器”对话框中设置颜色为浅蓝色，参数设置如图6-66所示，单击“确定”按钮。

9）在“前：侧”选项组中单击下方的白色色块，在弹出的“颜色选择器”对话框中设置颜色为灰色，参数设置如图6-67所示，单击“确定”按钮。

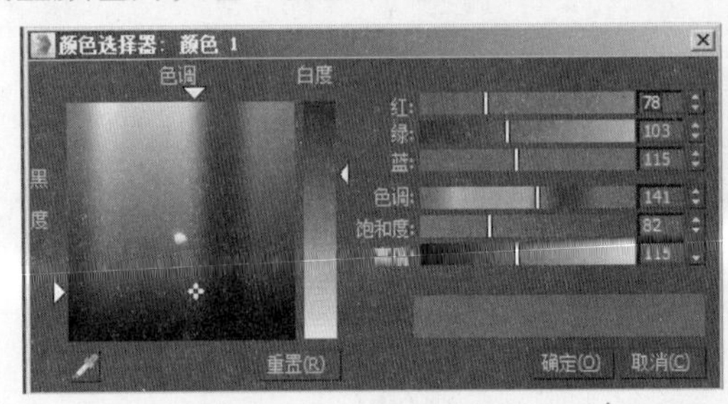

图 6-66

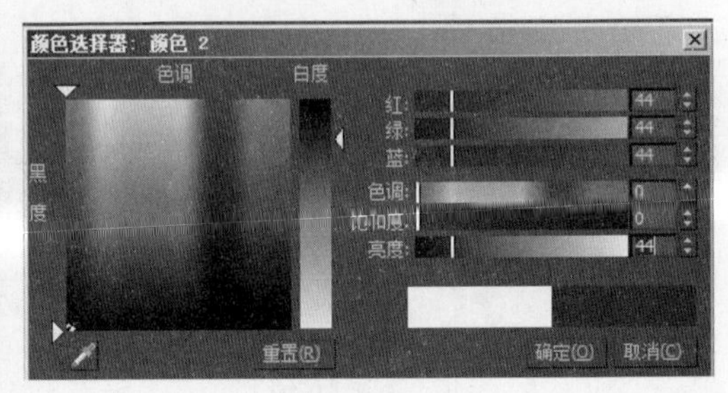

图 6-67

10）单击“转到父对象”按钮，回到上级面板。设置“IOR”（折射率）为1.33，参数设置如图6-68所示。

11）调整完成的水面材质的最终效果如图6-69所示。

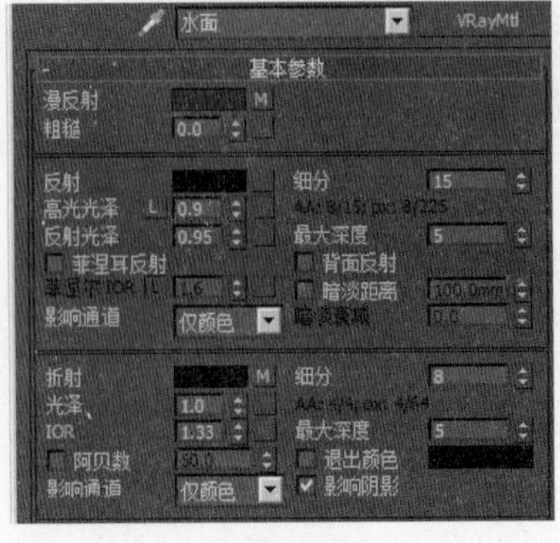

图 6-68

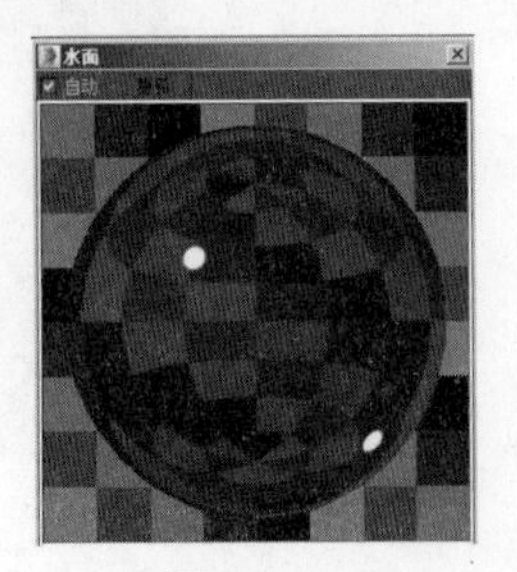

图 6-69

9. 设置屏风玻璃材质

1）在“材质编辑器”面板中激活屏风玻璃材质，展开“基本参数”卷展栏，单击“反射”右侧的色块，在弹出的“颜色选择器”对话框中设置颜色为灰色，参数设置如图6-70所示，单击“确定”按钮。

2）取消“菲涅耳反射”复选框的选中状态；单击“折射”右侧的按钮■，在弹出的“材质/贴图浏览器”对话框中选择“标准”卷展栏中的“位图”贴图，如图6-71所示，单击“确定”按钮。

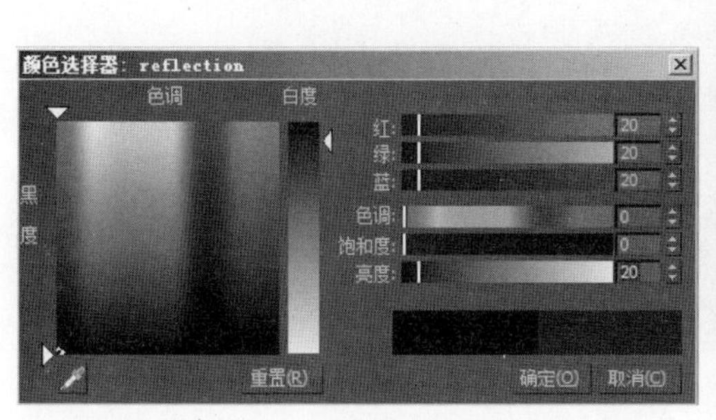

图 6-70

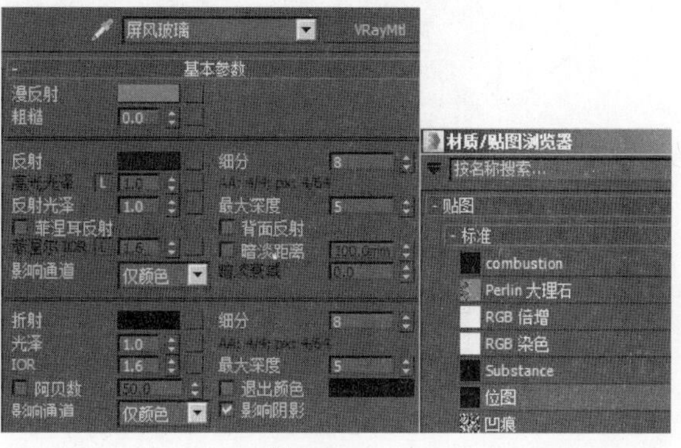

图 6-71

3）在弹出的“选择位图图像文件”对话框中选择“项目六\贴图\蒙版.jpg”文件，如图6-72所示，单击“打开”按钮。

4）单击“视口中显示明暗处理材质”按钮■，使贴图在场景中正确显示。单击“转到父对象”按钮■，回到上级面板。在“折射”参数中，设置“光泽”为0.95，“细分”为24，参数设置如图6-73所示。

5）调整完成的屏风玻璃材质的最终效果如图6-74所示。

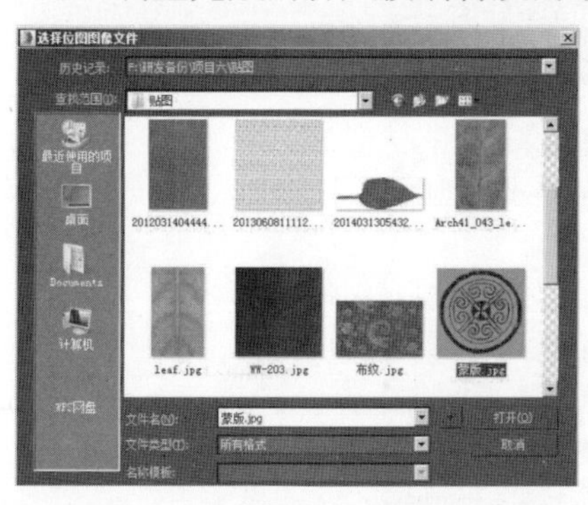

图 6-72

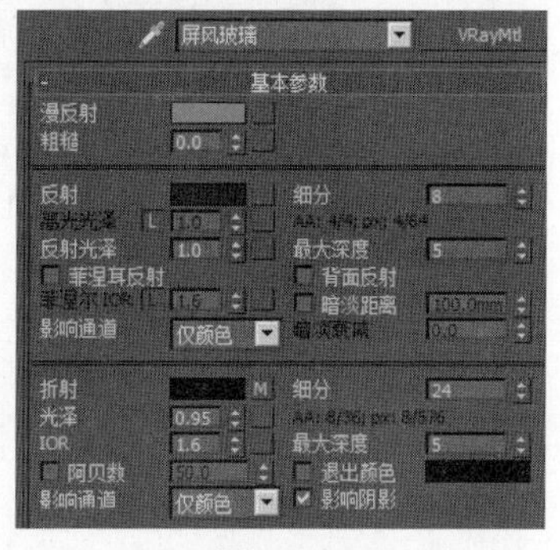

图 6-73

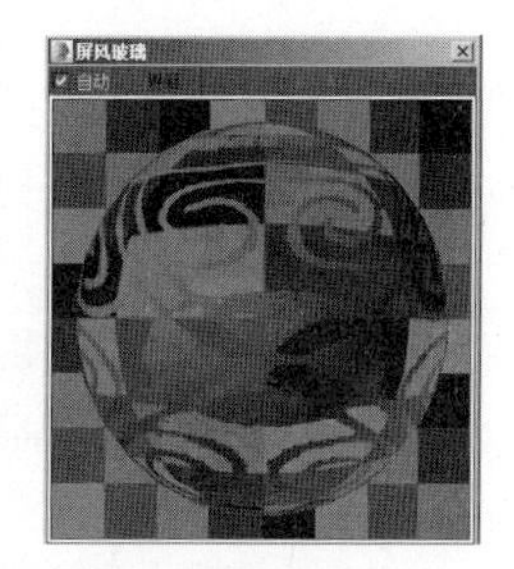

图 6-74

在“折射”参数中设置“光泽”的作用是模拟磨砂玻璃的质感。“光泽”的取值范围为0～1：数值为0时，模糊程度最大，表现为磨砂玻璃的质感；数值为1时，没有模糊效果，表现为清玻璃的质感。

原则上，在“折射”通道中应添加黑白位图：其中，白色像素区域完全透明；黑色像素区域完全不透明；灰色像素区域，系统会根据其灰度值自动在透明与不透明之间自然过渡。如果误贴入了彩色图像也没关系，系统会自动将其转化为灰度图像。

10. 设置地面材质

1）在“材质编辑器”面板中激活地面材质，展开“基本参数”卷展栏，单击“漫反射”右侧的按钮■，在弹出的“材质/贴图浏览器”对话框中选择“标准”卷展栏中的“混合”贴图，如图6-75所示，单击“确定”按钮。

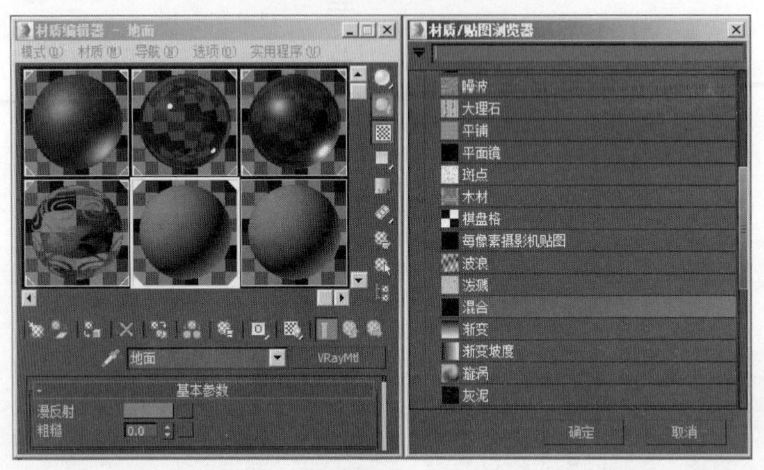

图 6-75

2）展开“混合参数”卷展栏，单击“颜色#1”右侧的黑色色块，在弹出的“颜色选择器”对话框中设置颜色为青绿色，参数设置如图6-76所示，单击“确定”按钮。

3）单击“颜色#2”右侧的白色色块，在弹出的“颜色选择器”对话框中设置颜色为浅绿色，参数设置如图6-77所示，单击“确定”按钮。

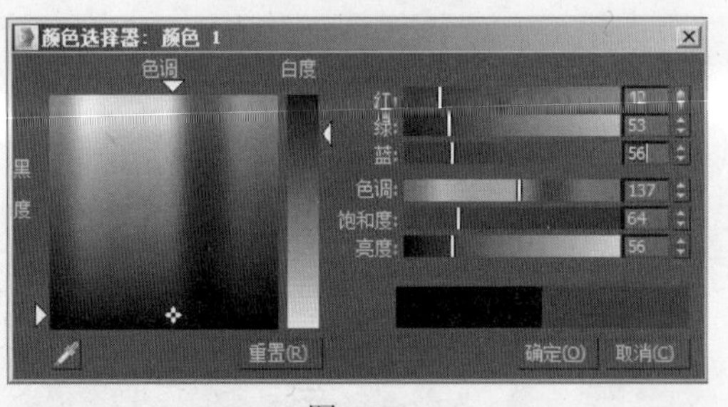

图 6-76

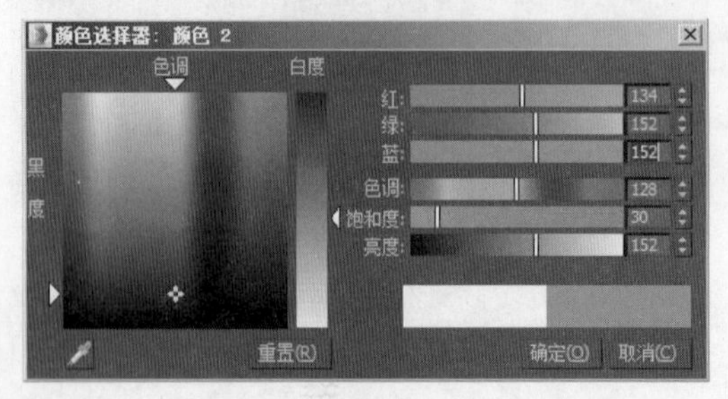

图 6-77

4）单击“混合量”右侧的按钮 无 ，在弹出的“材质/贴图浏览器”对话框中选择“标准”卷展栏中的“位图”贴图，如图6-78所示，单击“确定”按钮。

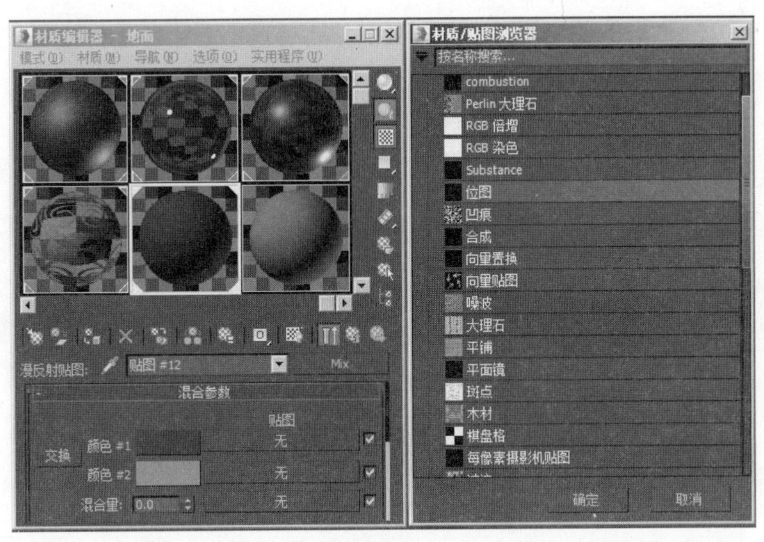

图 6-78

5）在弹出的“选择位图图像文件”对话框中选择“项目六\贴图\水泥地.jpg”文件，如图6-79所示，单击“打开”按钮。

6）单击“视口中显示明暗处理材质”按钮，使贴图在场景中正确显示。单击“转到父对象”按钮，回到上级面板。单击“高光光泽”右侧的按钮解除锁定状态，设置“高光光泽”为0.55，“反射光泽”为0.65，取消“菲涅耳反射”复选框的选中状态，设置“细分”为24，参数设置如图6-80所示。

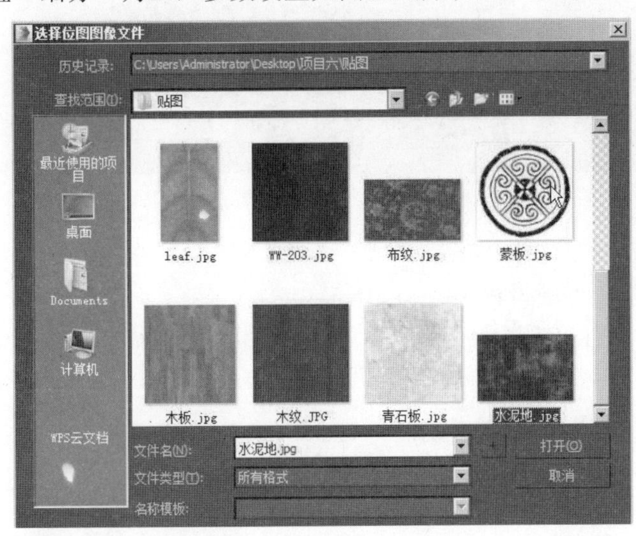

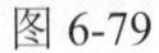
图 6-79

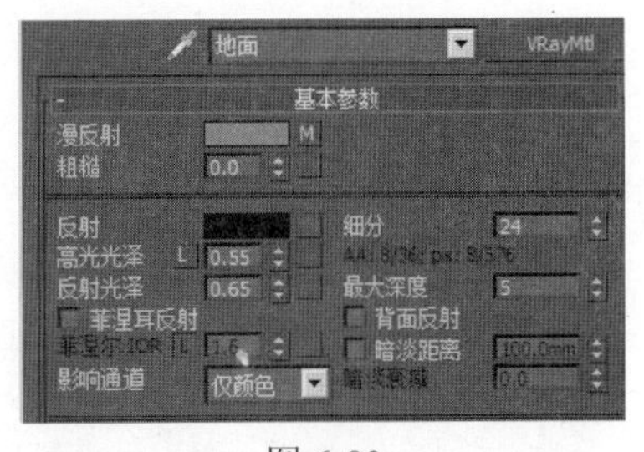

图 6-80

7）单击“反射”右侧的按钮，在弹出的“材质/贴图浏览器”对话框中选择“标准”卷展栏中的“衰减”贴图，如图6-81所示，单击“确定”按钮。

图 6-81

8）展开“衰减参数”卷展栏，在“前：侧”选项组中单击上方的黑色色块，在弹出的“颜色选择器”对话框中设置颜色为蓝黑色，参数设置如图6-82所示，单击“确定”按钮。

9）在“前：侧”选项组中单击下方的白色色块，在弹出的“颜色选择器”对话框中设置颜色为深蓝色，参数设置如图6-83所示，单击“确定”按钮。

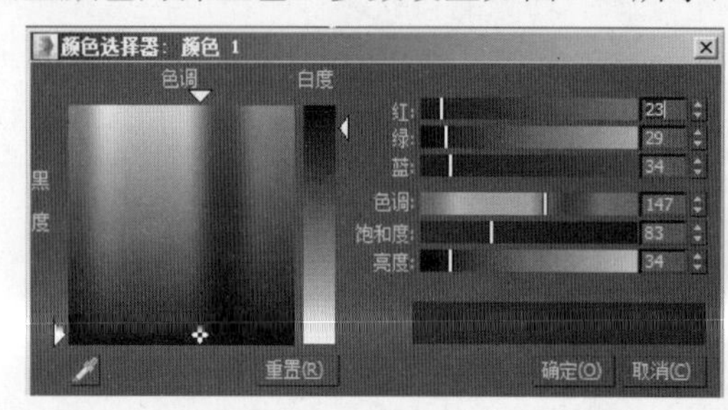

图 6-82

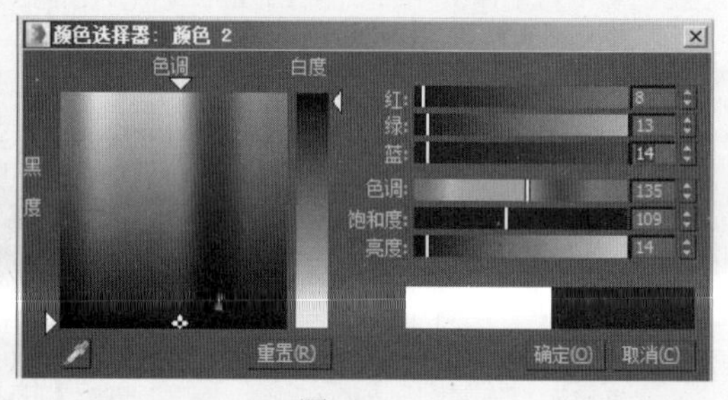

图 6-83

10）展开“衰减类型”下拉列表框，选择“Fresnel”（菲涅耳）选项；在“模式特定参数”选项组中设置“折射率”为2.4，参数设置如图6-84所示。

11）展开“BRDF”卷展栏，在其下方的下拉列表框中选择“Blinn”选项，参数设置如图6-85所示。

12）调整完成的地面材质的最终效果如图6-86所示。

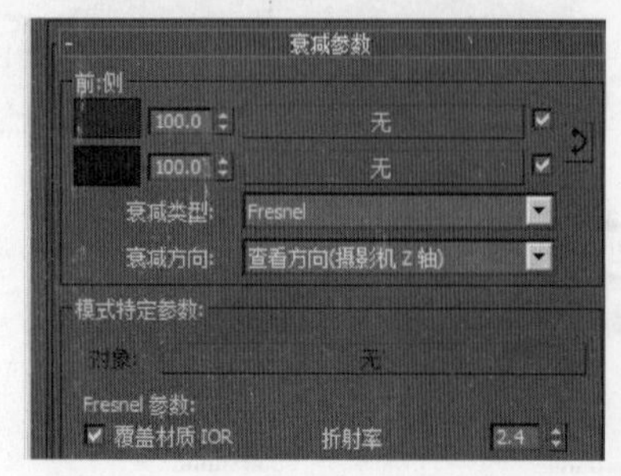

图 6-84

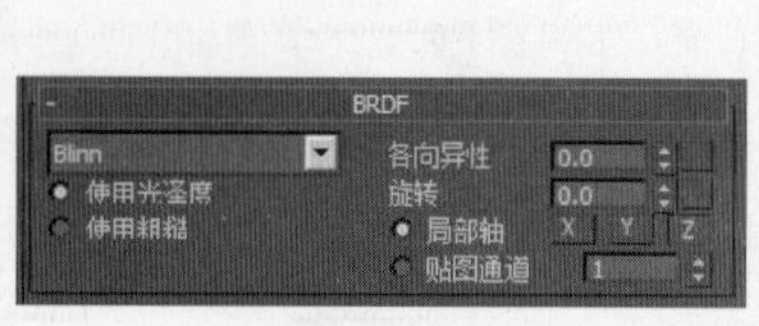

图 6-85

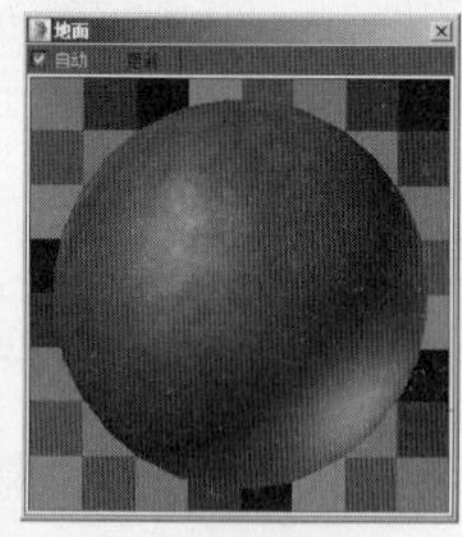

图 6-86

11. 设置球天材质

1）在“材质编辑器”面板中激活球天材质，展开“参数”卷展栏，单击“颜色”右侧的按钮 无 ，在弹出的“材质/贴图浏览器”对话框中选择“标准”卷展栏中的“位图”贴图，如图6-87所示，单击“确定”按钮。

2）在弹出的“选择位图图像文件”对话框中选择“项目六\贴图\球天.jpg”文件，如图6-88所示，单击“打开”按钮。

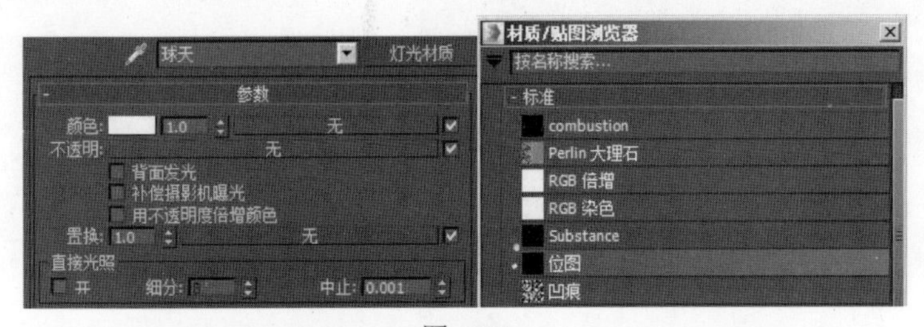

图 6-87

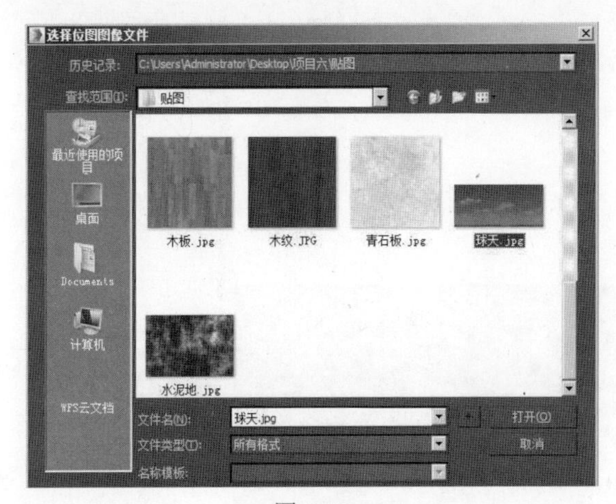

图 6-88

3）展开“位图参数”卷展栏，在“裁剪/放置”选项组中单击“查看图像”按钮，在弹出的“指定裁剪/放置”面板中拖动鼠标指针确定贴图的裁剪范围，如图6-89所示。

4）选中“应用”复选框，完成贴图的裁剪，参数设置如图6-90所示。

图 6-89

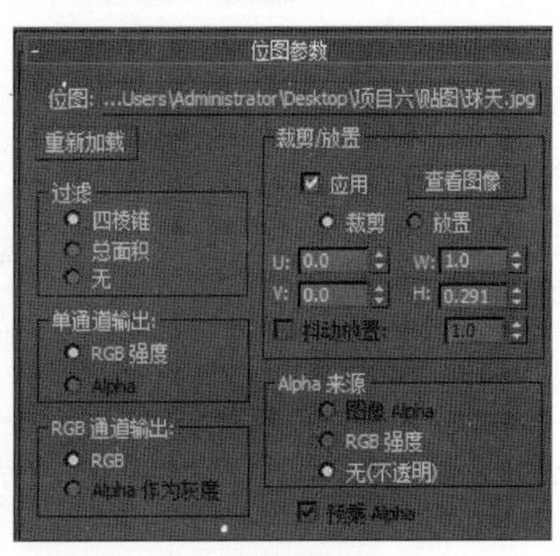

图 6-90

5）单击“视口中显示明暗处理材质”按钮，使贴图在场景中正确显示。单击“转到父对象”按钮，回到上级面板。单击“颜色”右侧的色块，在弹出的“颜色选择器”对话框中设置颜色为黑色，以方便在场景中正确观察贴图效果，如图6-91所示，单击“确定”按钮。

6）设置“颜色”右侧的数值为2.0，参数设置如图6-92所示。

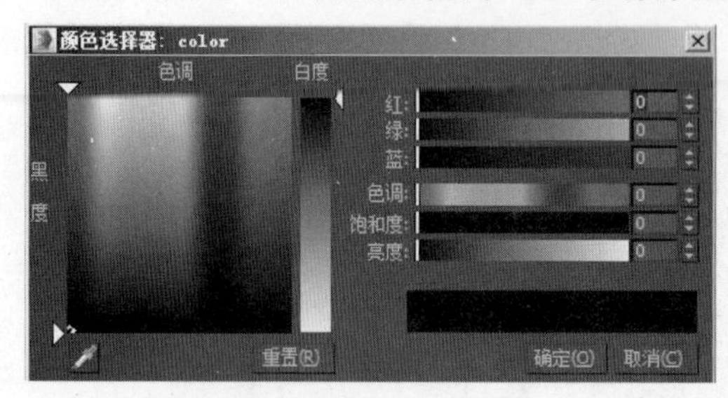

图 6-91

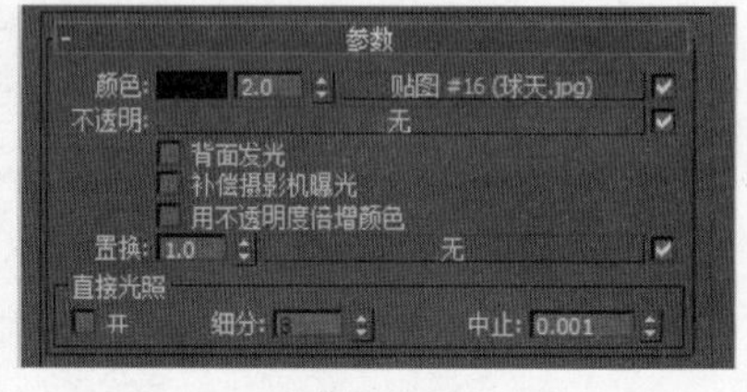

图 6-92

7）选择球天对象，进入“修改”面板，在“修改器列表”下拉列表框中选择添加“UVW贴图”修改器。展开“参数”卷展栏，在“贴图”选项组中单击“柱形”单选按钮；在“对齐”选项组中单击“Z”单选按钮，单击“适配”按钮完成贴图坐标的指定，参数设置如图6-93所示。

8）调整完成的球天材质的最终效果如图6-94所示。至此，本场景中的所有主要材质调整完毕。

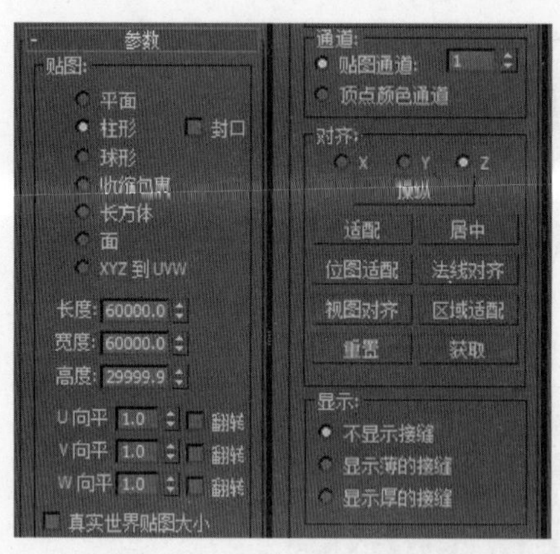

图 6-93

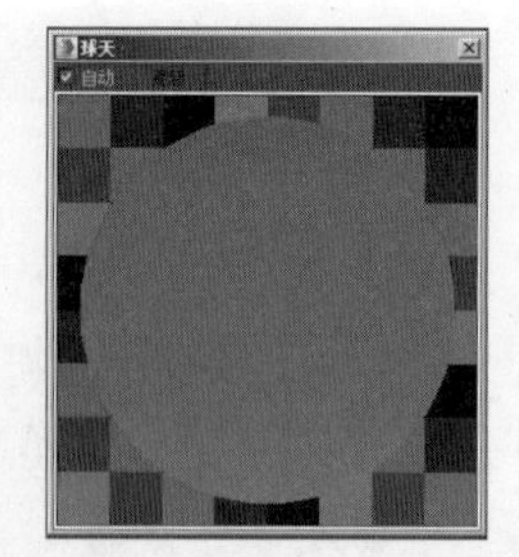

图 6-94

任务三　设置灯光及完善场景环境

1. 设置室内吊顶灯池效果

1）按快捷键P激活透视视图。按快捷键H弹出“从场景选择”对话框，如图6-95所

示，在对话框中选择“白墙”对象，单击“确定”按钮。

2）按快捷键Alt+Q，将白墙对象在场景中孤立显示，调整观察角度，效果如图6-96所示。

图 6-95

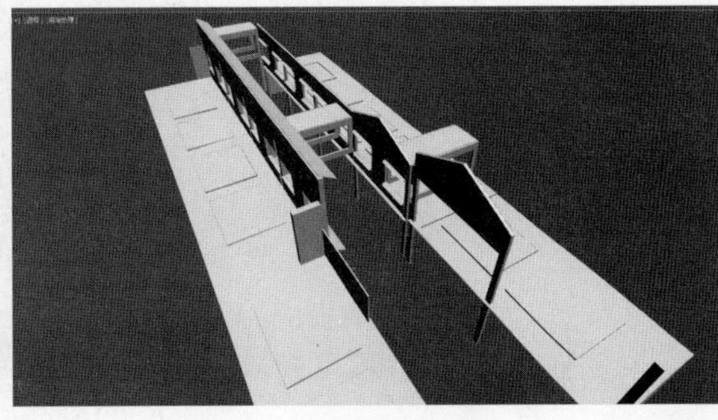

图 6-96

为方便布光，需要调整透视视图的观察视野。

3）执行“视图”→“视口配置”命令，弹出“视口配置”对话框，如图6-97所示。

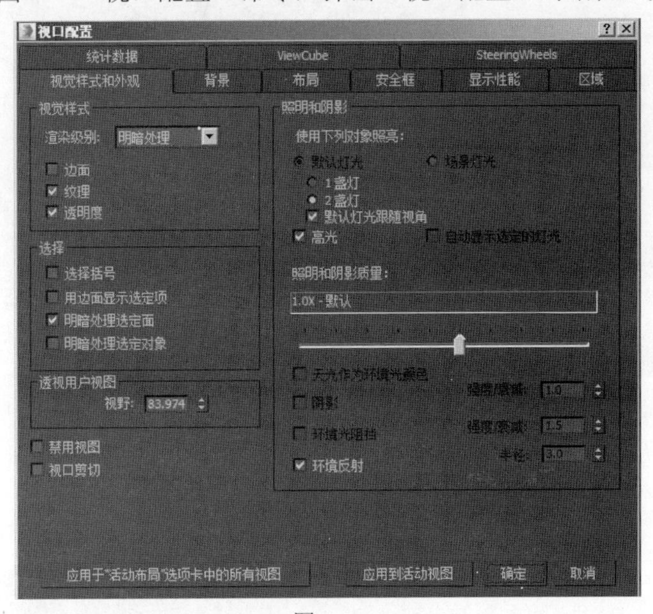

图 6-97

4）切换到“视觉样式和外观”选项卡，在“透视用户视图”选项组中设置“视野”为45.0，如图6-98所示，单击“确定”按钮。

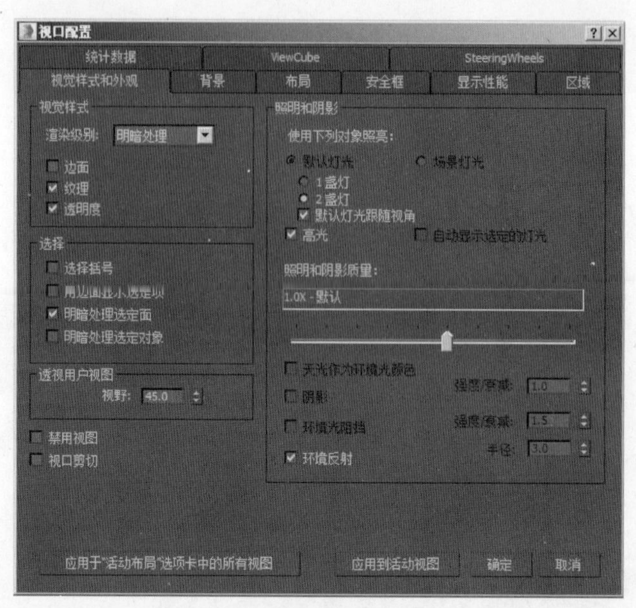

图 6-98

5）确认白墙对象处于选中状态，进入“修改”面板，进一步调整观察角度，效果如图6-99所示。

图 6-99

6）进入“多边形”子层级，在视图中单击白墙对象的顶部表面，效果如图6-100所示。

图 6-100

7）展开“编辑几何体”卷展栏，单击“隐藏选定对象”按钮，隐藏后的效果如图6-101所示。

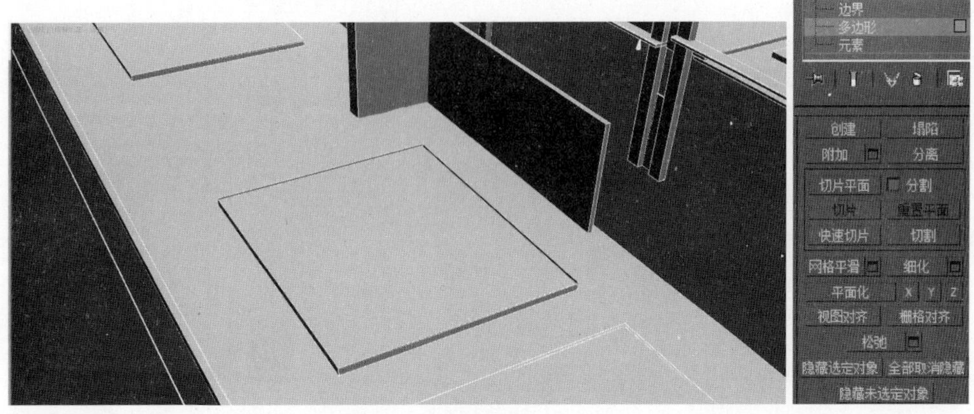

图 6-101

8）此时观察到白墙对象的底部还有一个面，将其选择，效果如图6-102所示。

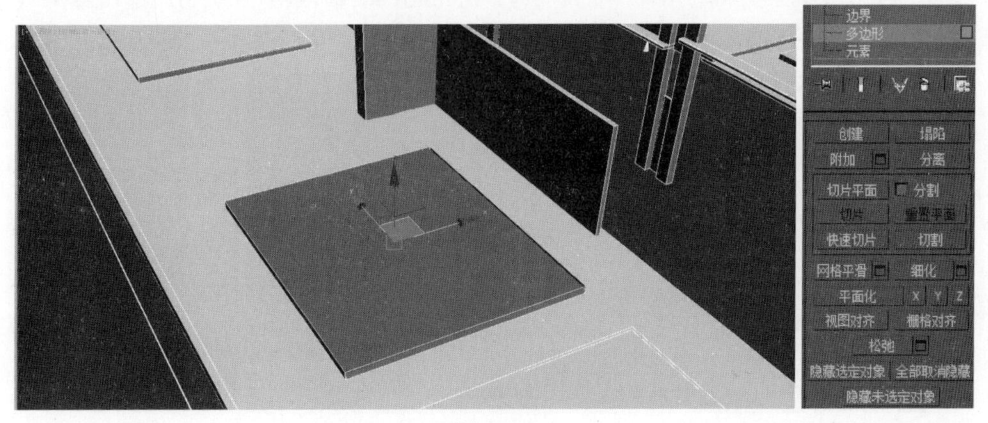

图 6-102

9）再次单击“隐藏选定对象”按钮将其隐藏，此时可以观察到吊顶的内部结构。调整合适的观察角度，效果如图6-103所示。

图 6-103

10）进入“创建”面板，切换到“灯光”选项卡，在其下拉列表框中选择“VRay”选项，单击“VRayLight”按钮，在透视视图中随意创建一个VRay片光源，效果如图6-104所示。

图 6-104

11）按快捷键T激活顶视图。选择灯光，进入“修改”面板。展开“一般”卷展栏，设置“半长”为2415.0mm，“半高”为140.0mm，“倍增器”为5.0。单击主工具栏中的“选择并移动”按钮，将灯光移动到正确的灯槽位置，效果如图6-105所示。

图 6-105

12）单击主工具栏中的“选择并移动”按钮，配合Shift键，沿水平x轴将灯光向右进行复制，在弹出的“克隆选项”对话框中单击“实例”单选按钮，单击“确定”按钮，灯光复制完成的效果如图6-106所示。

图 6-106

13）按快捷键A激活角度捕捉，在主工具栏中的“角度捕捉切换”按钮上单击鼠标右键，弹出“栅格和捕捉设置”面板，如图6-107所示。

14）在“通用”选项组中设置“角度”为90.0°，参数设置如图6-108所示。

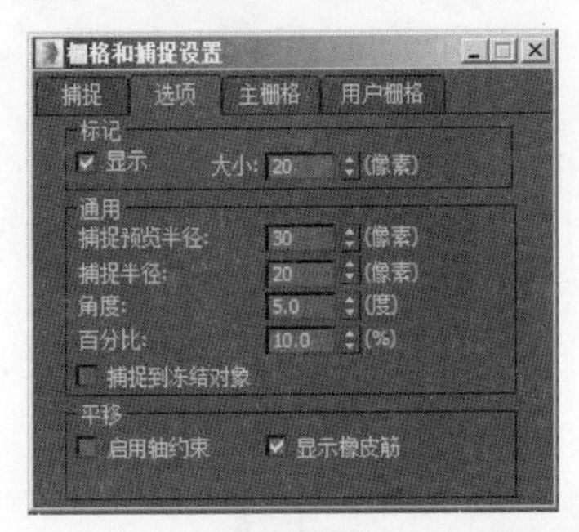

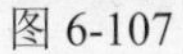
图 6-107

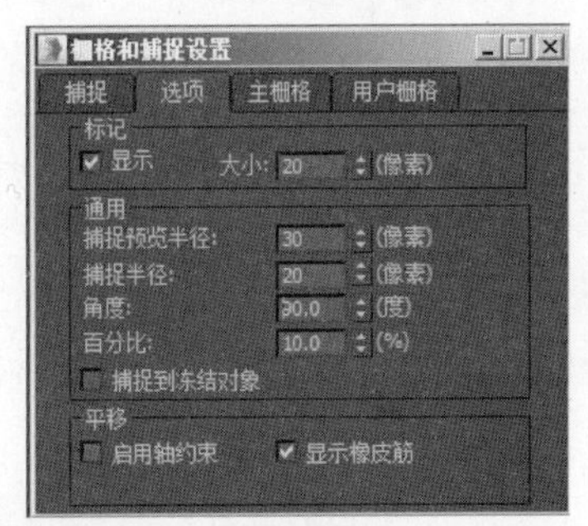

图 6-108

在布置吊顶灯池的光源时，经常需要对灯光进行旋转复制，提前将角度捕捉设置为90°，可以更好地提高工作效率。此外，必须开启角度捕捉功能，否则无法正常捕捉。

15）按住Ctrl键的同时选择吊顶灯池的这两个灯光，单击主工具栏中的“选择并旋转”按钮，配合Shift键，对场景灯光进行旋转复制，在弹出的“克隆选项”对话框中单击“实例”单选按钮，单击“确定”按钮，灯光复制完成的效果如图6-109所示。

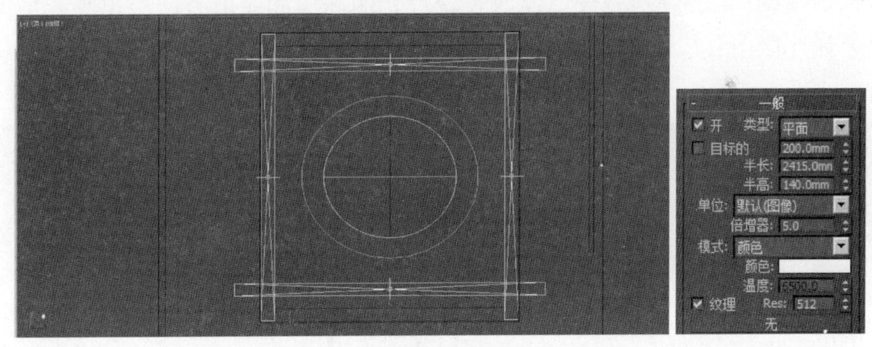

图 6-109

16）单击主工具栏中的“选择并移动”按钮，配合“选择并均匀缩放”按钮，调整灯光的位置和长宽比例，效果如图6-110所示。

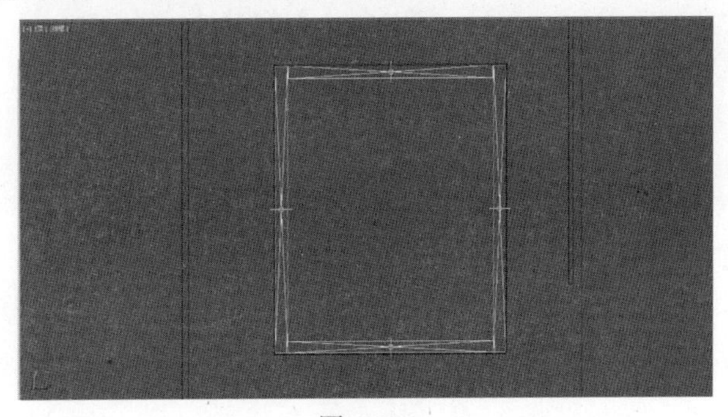

图 6-110

为了便于统一调整灯光的参数，通常在复制灯光时将功能相同或类似的灯光设置为“实例”复制，这样后期在调整灯光时只需调整其中任意一个，其他呈“实例”关联关系的灯光就会同步发生变化。

如果出现灯光大小不同的情形，则不能直接在“修改”面板中修改灯光的参数，因为灯光之间存在关联关系，此时可以使用“选择并均匀缩放”按钮完成灯光大小比例的调整，这一操作不会对关联对象产生影响。

17）选择任意一个灯光，进入“修改”面板。展开“一般”卷展栏，单击“颜色”右侧的色块，在弹出的“颜色选择器”对话框中设置颜色为暖黄色，参数设置如图6-111所示，单击“确定”按钮。

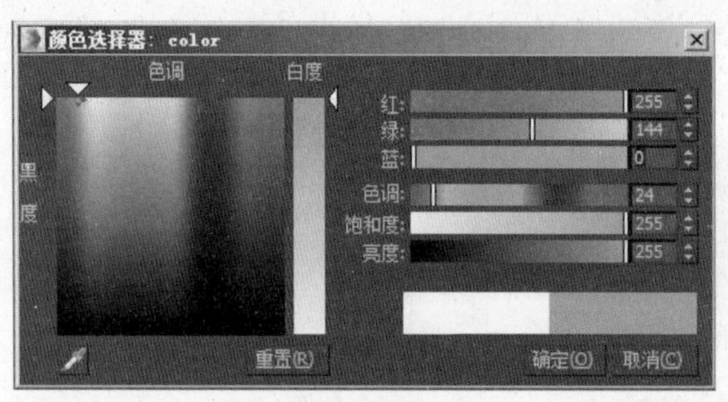

图 6-111

18）按快捷键F切换到前视图，此时发现灯光的高度和照射方向不正确。单击主工具栏中的“选择并移动”按钮，将刚才创建的四个灯光沿y轴向上移动到正确的灯槽位置，效果如图6-112所示。

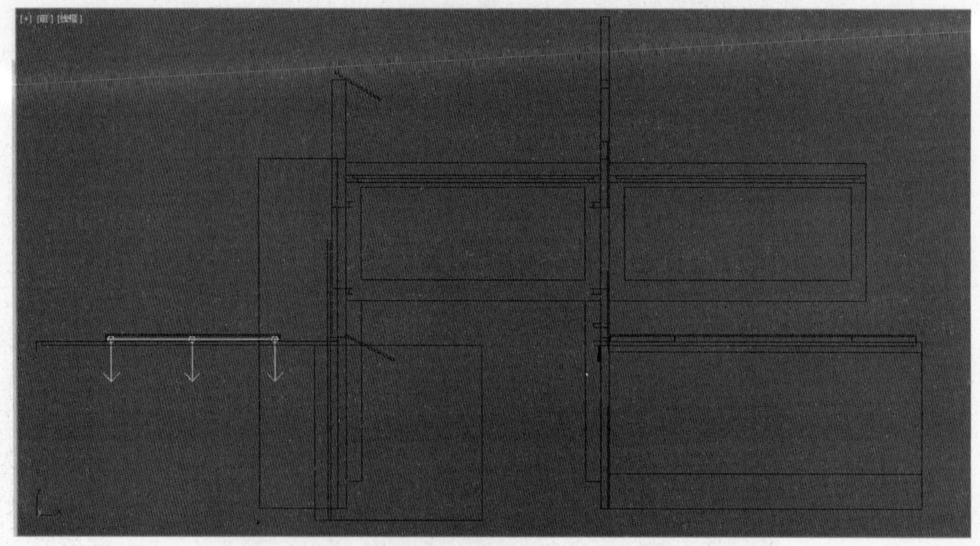

图 6-112

19）保持四个灯光的选中状态，单击主工具栏中的“镜像”按钮，在弹出的“镜像：屏幕坐标”对话框中单击“Y”单选按钮，参数设置如图6-113所示，单击“确定”按钮完成镜像操作。

20）单击主工具栏中的“选择并移动”按钮，重新调整镜像后灯光的高度，效果如图6-114所示。

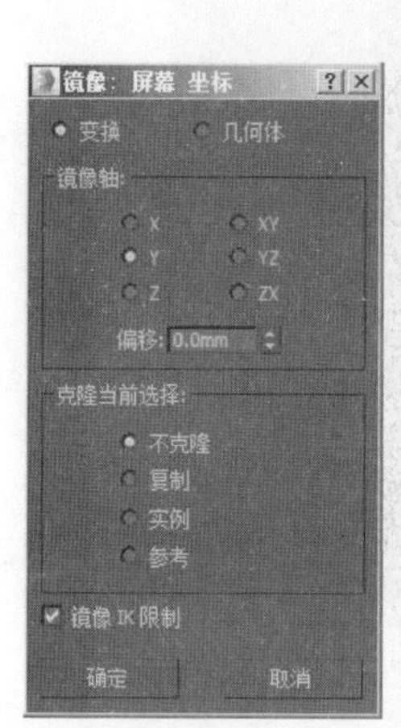

图 6-113

图 6-114

21）按快捷键P激活透视视图。此时观察到灯光虽然布置完毕，但吊顶表面仍处于隐藏状态，这样不利于后续灯光的渲染测试，如图6-115所示。

22）选择白墙对象，进入“修改”面板。进入“多边形”子层级，展开“编辑几何体”卷展栏，单击“全部取消隐藏”按钮，参数设置如图6-116所示。

图 6-115

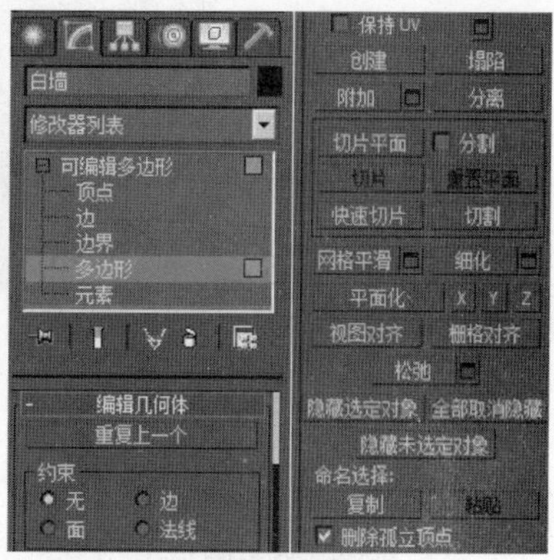

图 6-116

由于本场景中的房间数较多，限于篇幅不能将每一个房间中的灯光布置逐一进行讲解。

其实所有灯池灯光的布置与前面讲解的步骤完全一致，读者可以直接利用已有灯光进行移动复制，但在复制过程中必须注意将灯光放置于正确的位置。全部灯池灯光“实例”复制完成后，再将前期隐藏的表面整体取消隐藏。其余灯光的布置请读者结合提供的“项目六\场景文件\完成.max”文件进行练习。

23）按快捷键C激活摄影机视图，按快捷键Alt＋Q退出孤立显示模式，场景中所有室内灯池灯光布置完成后的效果如图6-117所示。

图 6-117

24）按快捷键Shift＋Q，对当前视图进行渲染，测试效果如图6-118所示。

图 6-118

2. 设置室内照明

1）按快捷键P激活透视视图，调整观察角度，效果如图6-119所示。

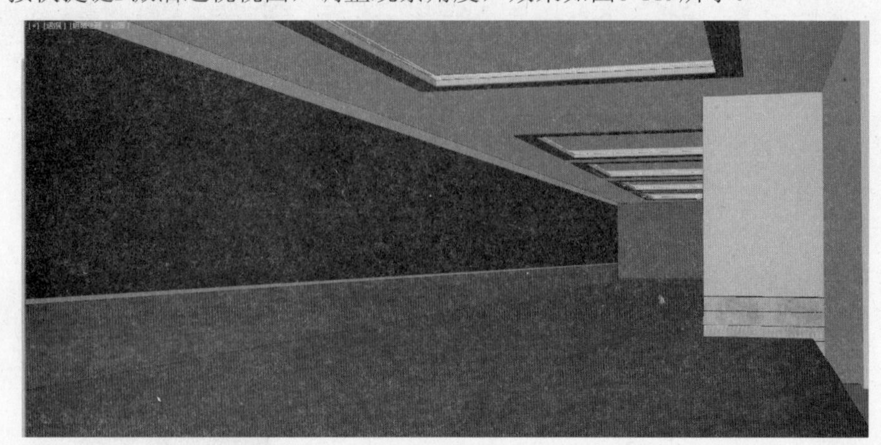

图 6-119

2）进入“创建”面板，切换到“灯光”选项卡，在其下拉列表框中选择“标准”选项，单击“泛光”按钮，在透视视图中创建一个泛光灯，灯光位置如图6-120所示。

图 6-120

3）选择创建的泛光灯，进入“修改”面板。展开“常规参数”卷展栏，在“阴影”选项组中选中“启用”复选框，在其下方的下拉列表框中选择“VRayShadow”（VRay阴影）选项，参数设置如图6-121所示。

4）展开“强度/颜色/衰减”卷展栏，单击“倍增”右侧的色块，在弹出的“颜色选择器”对话框中设置颜色为橙黄色，参数设置如图6-122所示，单击“确定”按钮。

5）设置“倍增”为0.5；在“衰退”选项组中展开“类型”下拉列表框，选择“平方反比”选项，设置“开始”为3000.0mm，参数设置如图6-123所示。

图 6-121

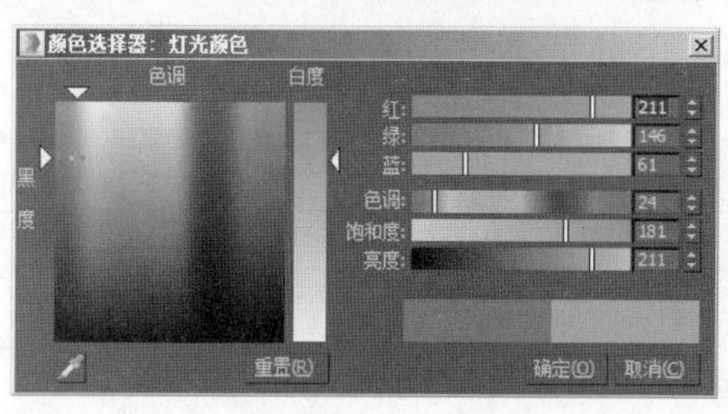

图 6-122

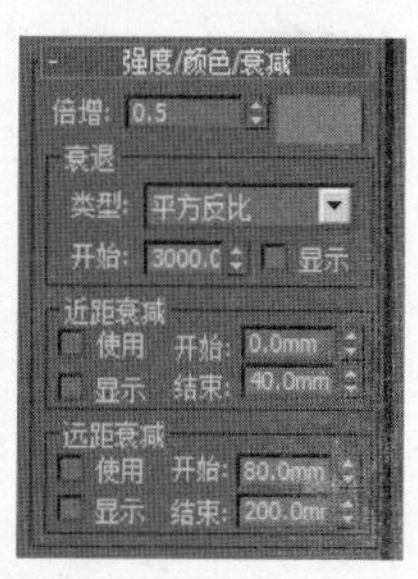

图 6-123

“衰退”选项组用于控制灯光的真实物理衰减。

• 类型：倒数，表示数学上的反比例函数关系，即灯光的强度与传播距离呈反比；平方反比，表示自然界中灯光的真实衰减方式，即灯光的强度与传播距离的平方呈反比，这种方式更为真实，但强度衰减也最快。

• 开始：表示光线距离光源中心处多远距离开始进行衰减。

6）按快捷键T激活顶视图。单击主工具栏中的“选择并移动”按钮，配合Shift键，将创建的泛光灯分别沿x轴方向和y轴方向进行复制，在弹出的“克隆选项”对话框中单击“实例”单选按钮，单击“确定”按钮，灯光复制完成的参考效果如图6-124所示。

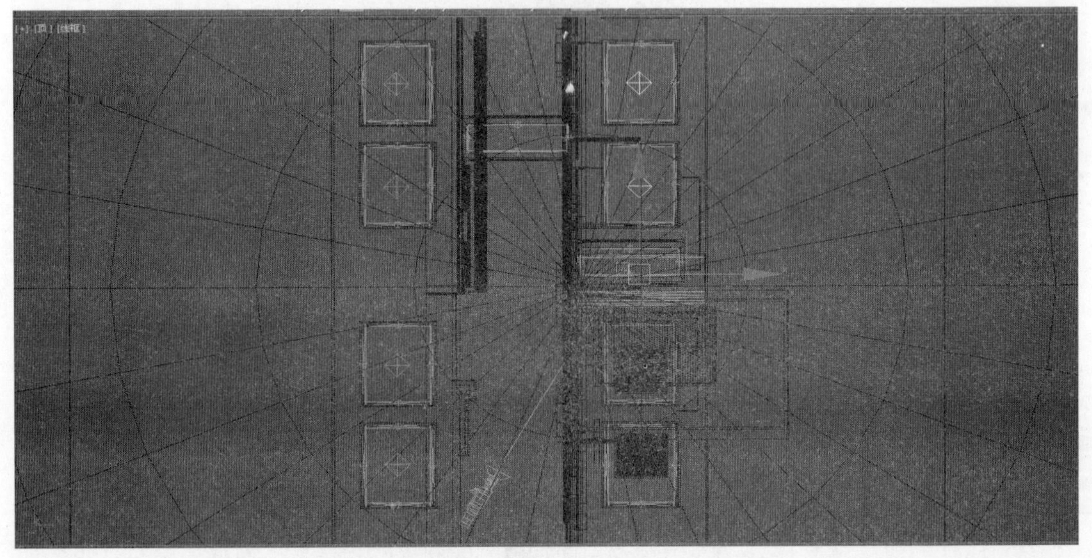

图 6-124

7）按快捷键P激活透视视图，调整观察角度，效果如图6-125所示。

图 6-125

8）单击主工具栏中的“选择并移动”按钮，配合Shift键，对泛光灯进行“实例”复制，泛光灯复制完成的参考效果如图6-126所示。

需要在每两根立柱之间复制一个，共计三个，以提供对立柱的补充照明。

图 6-126

9）按快捷键H弹出“从场景选择”对话框，在其中选择“红色涂料”对象，如图6-127所示，单击“确定”按钮。

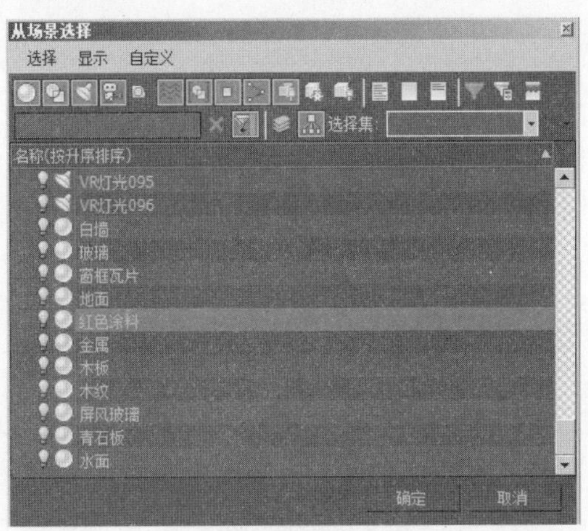

图 6-127

10）按快捷键T激活顶视图，按快捷键Alt＋Q，对红色涂料对象进行孤立显示，场景效果如图6-128所示。

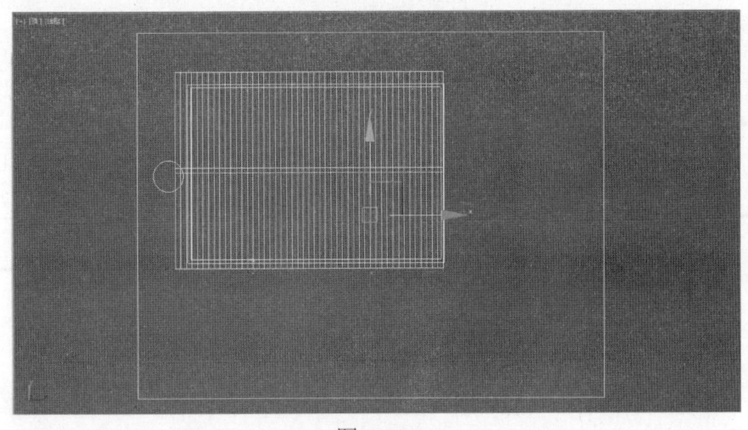

图 6-128

11）进入“创建”面板，切换到“灯光”选项卡，在其下拉列表框中选择“标准”选项，单击“泛光”按钮，在顶视图中创建一个泛光灯，灯光位置如图6-129所示。

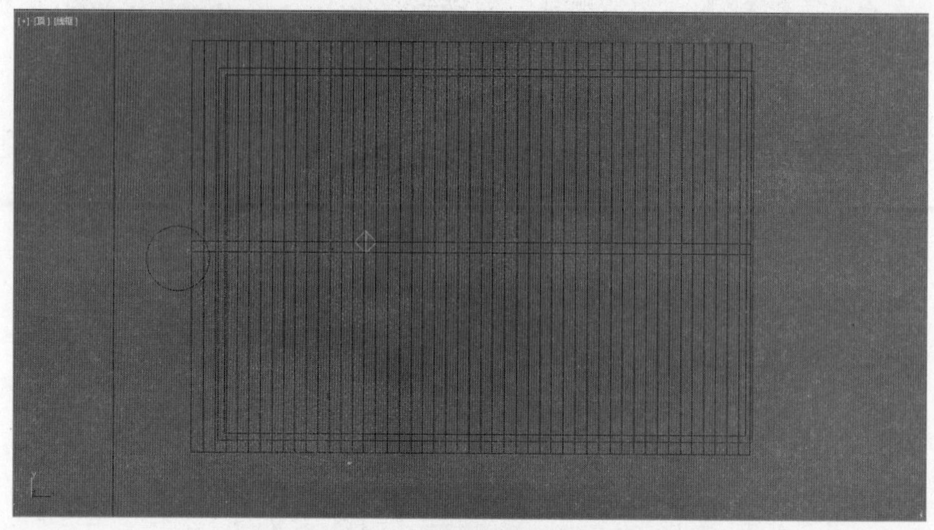

图 6-129

12）单击主工具栏中的“选择并移动”按钮，配合Shift键，将该灯光沿x轴向右进行复制，在弹出的“克隆选项”对话框中单击“实例”单选按钮，设置“副本数”为2，单击“确定”按钮完成灯光的复制，效果如图6-130所示。

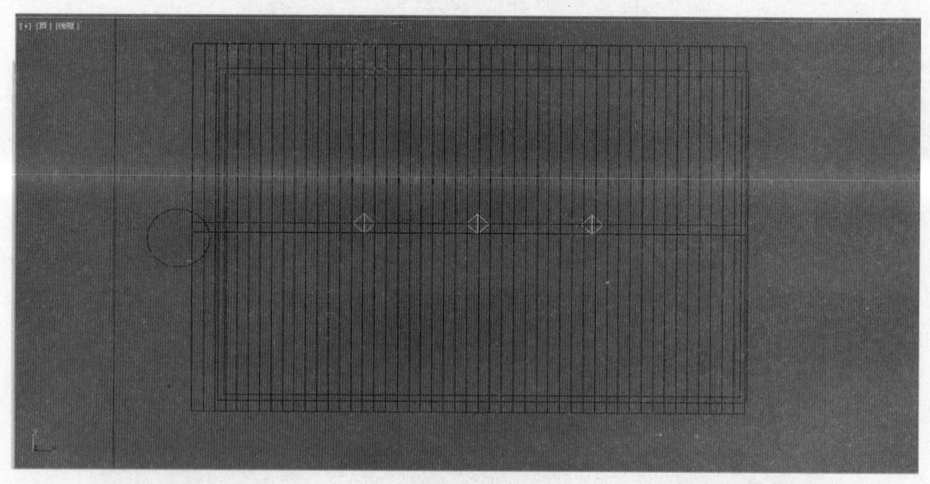

图 6-130

13）选择任意一个灯光，进入“修改”面板。展开“常规参数”卷展栏，在“阴影”选项组中选中“启用”复选框，在其下方的下拉列表框中选择“VRayShadow”（VRay阴影）选项，参数设置如图6-131所示。

14）展开“强度/颜色/衰减”卷展栏，单击“倍增”右侧的色块，在弹出的“颜色选择器”对话框中设置颜色为橘红色，参数设置如图6-132所示，单击“确定”按钮。

15）设置“倍增”为6.0；在“衰退”选项组中展开“类型”下拉列表框，选择“平方

反比”选项，设置“开始”为500.0mm，参数设置如图6-133所示。

图 6-131

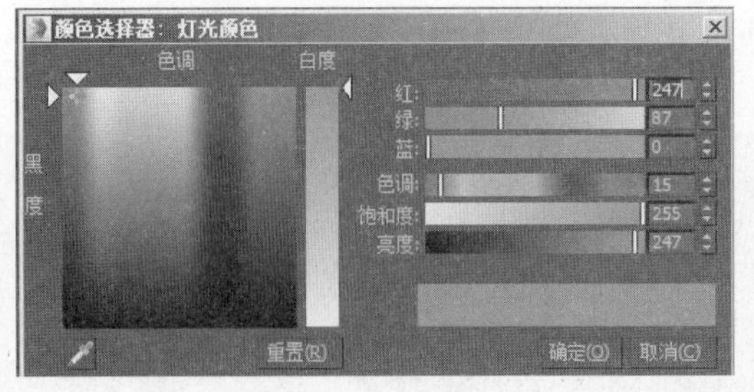

图 6-132

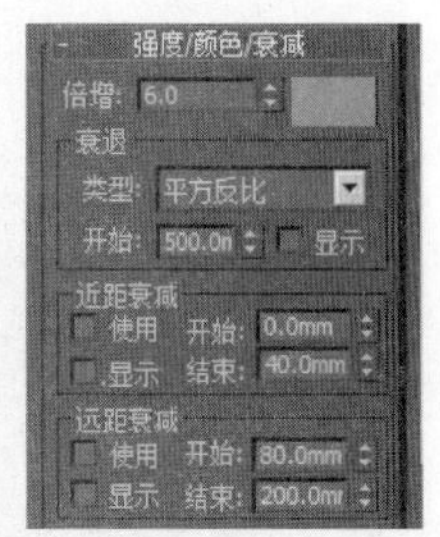

图 6-133

16）按快捷键Alt+Q退出孤立显示模式。按快捷键C激活摄影机视图，单击主工具栏中的“渲染产品”按钮，对场景进行阶段性测试渲染，效果如图6-134所示。

图 6-134

3. 添加光域网照明

1）按快捷键F激活前视图，按照前面讲解的方法，将木纹对象暂时隐藏。调整局部观察角度，效果如图6-135所示。

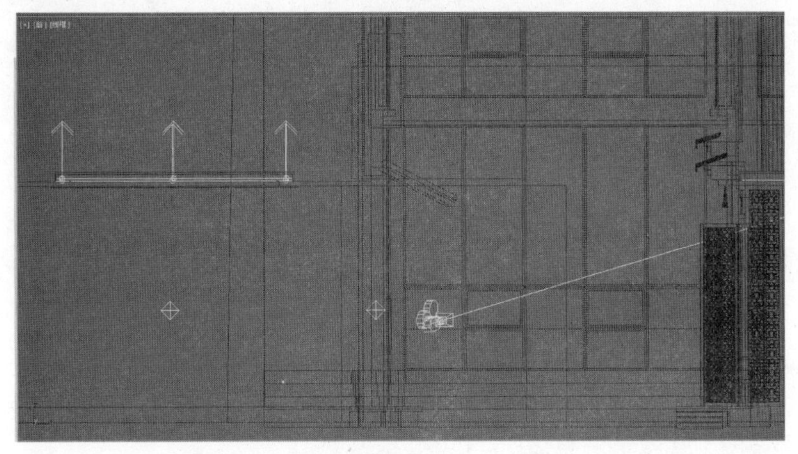

图 6-135

2）进入“创建”面板，切换到“灯光”选项卡，在其下拉列表框中选择“光度学”选项，单击“目标灯光”按钮，在前视图中创建一个目标点光源，位置如图6-136所示。

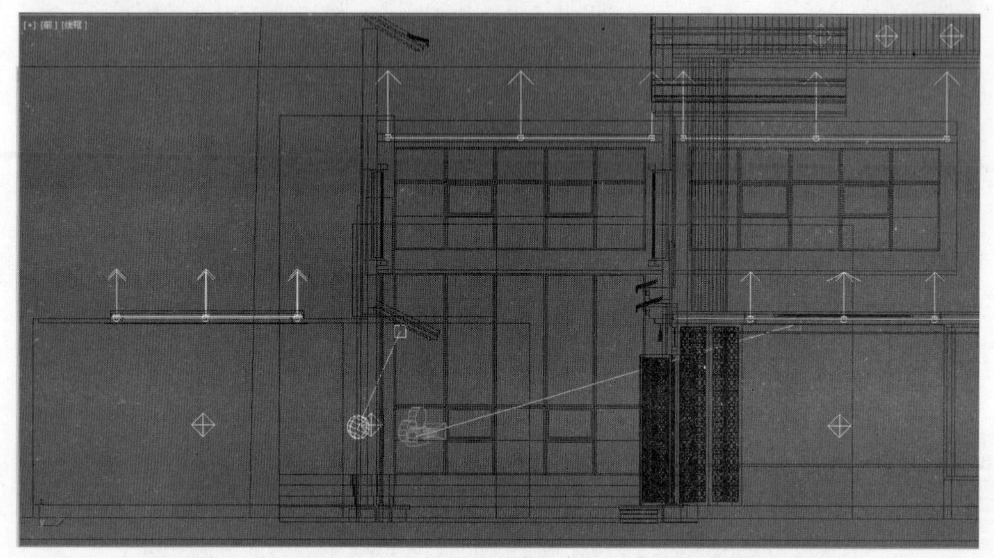

图 6-136

3）按快捷键P激活透视透图。按住Shift键，配合主工具栏中的“选择并移动”按钮，将该灯光沿y轴向右进行复制，在弹出的“克隆选项”对话框中单击“实例”单选按钮，设置“副本数”为1，单击“确定”按钮，效果如图6-137所示。

图 6-137

4）同时选择这两个目标点光源，按住Shift键，将该组灯光继续沿y轴向右进行复制，在弹出的“克隆选项”对话框中单击“实例”单选按钮，设置“副本数”为4，单击“确定”按钮，灯光复制完成的效果如图6-138所示。

图 6-138

5）选择其中任意一个灯光，进入“修改”面板。展开“常规参数”卷展栏，在“阴影”选项组中选中“启用”复选框，在其下方的下拉列表框中选择 “VRayShadow”（VRay阴影）选项；在“灯光分布（类型）”选项组中展开其下方的下拉列表框，选择“光度学Web”选项，参数设置如图6-139所示。

6）展开“分布（光度学Web）”卷展栏，单击“<选择光度学文件>”按钮，在弹出的“打开光域Web文件”对话框中选择“项目六\贴图\7.ies”文件，如图6-140所示，单击“打开”按钮。

图 6-139

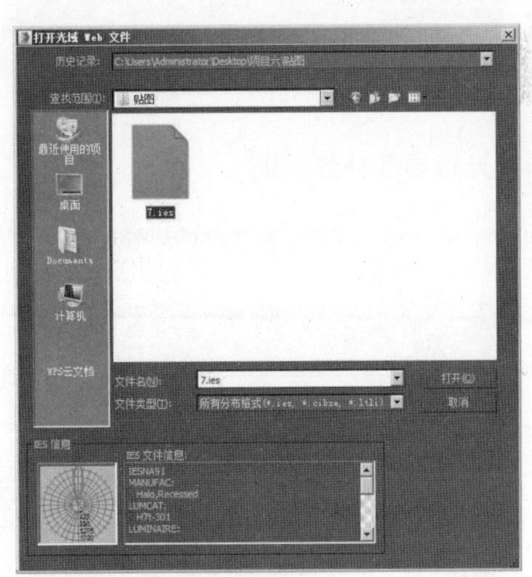

图 6-140

7）展开“强度/颜色/衰减”卷展栏，单击“过滤颜色”右侧的色块，在弹出的“颜色选择器”对话框中设置颜色为橘黄色，参数设置如图6-141所示，单击“确定”按钮。

8）在“强度”选项组中单击“cd”单选按钮，设置强度为2500.0，参数设置如图6-142所示。

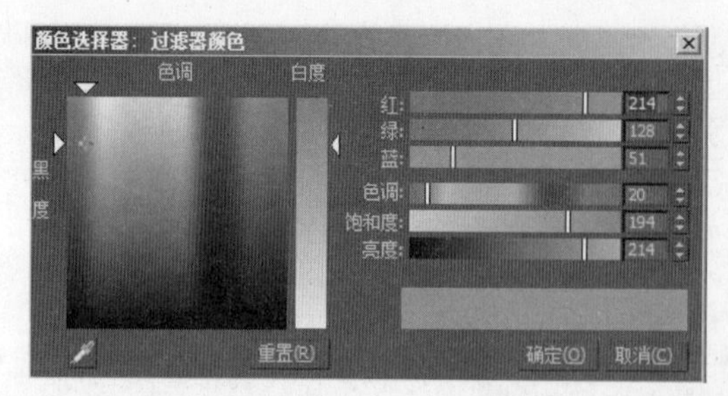

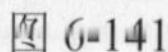
图 6-141

图 6-142

9）按快捷键C激活摄影机视图，单击主工具栏中的“渲染产品”按钮，对场景进行渲染，效果如图6-143所示。

图 6-143

4. 添加天光和局部补光照明

1）进入“创建”面板，切换到“灯光”选项卡，在其下拉列表框中选择“VRay”选项，单击“VRayLight”按钮，在摄影机视图中创建一个VRay光源，效果如图6-144所示。

图 6-144

2）进入“修改”面板。展开“一般”卷展栏，在“类型”下拉列表框中选择“穹顶”选项，设置“倍增器”为1.0，参数设置如图6-145所示。

3）单击“颜色”右侧的色块，在弹出的“颜色选择器”对话框中设置颜色为蓝色，参数设置如图6-146所示，单击“确定”按钮。

图 6-145

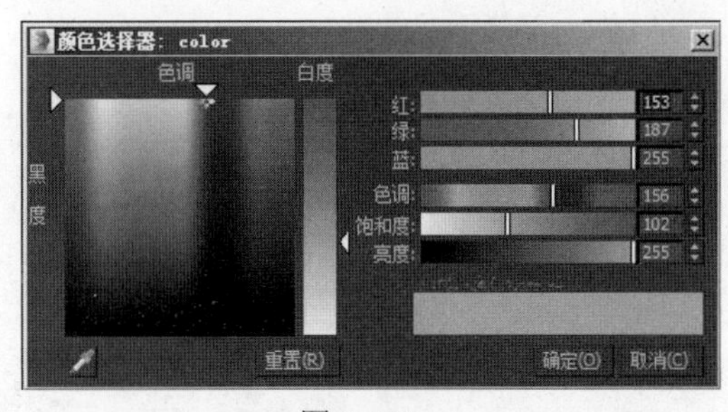

图 6-146

4）展开“穹顶灯光”卷展栏、“选项”卷展栏和“采样”卷展栏，参数设置如图6-147所示。

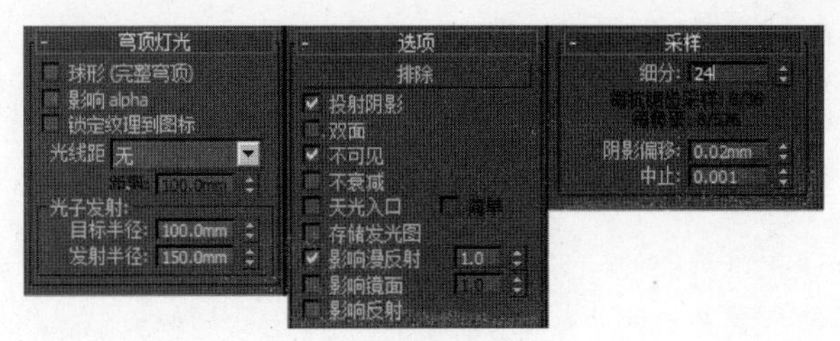

图 6-147

5）单击3ds Max界面中的按钮，在弹出的面板中执行“导入”→“合并”命令，如图6-148所示。

6）在弹出的“合并文件”对话框中选择“项目六\场景文件\补光.max”文件，如图6-149所示，单击“打开”按钮。

图 6-148

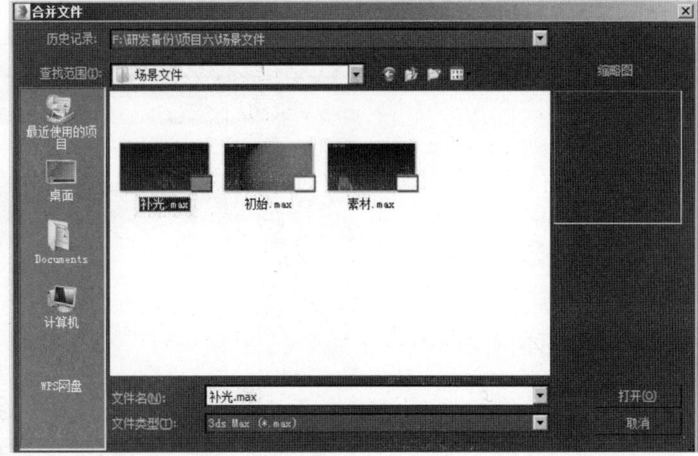

图 6-149

7）在弹出的“合并”对话框中选择全部灯光，如图6-150所示，单击“确定”按钮。

8）至此，场景中的所有灯光和材质设置完毕，效果如图6-151所示。

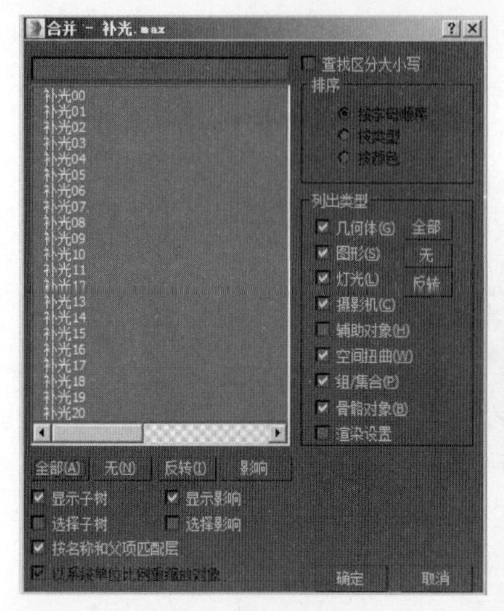

图 6-150

图 6-151

所谓“补光”，可将其理解为布置完成场景中的所有主要光源后，渲染效果仍然不够理想，为此布置的辅助光源。它既可以是对已有灯光亮度不足的补充，也可以是对局部细节不满意时的点缀和强调，方式多样，用法灵活。

由于本项目案例所用补光的数量较多，限于篇幅不能在此逐一展开讲解，请读者结合提供的“项目六\场景文件\完成.max”文件进行练习，可根据每个补光的位置理解其作用。

5. 合并其余素材模型

1）单击3ds Max界面中的按钮，在弹出的面板中执行“导入”→“合并”命令，如图6-152所示。

2）在弹出的“合并文件”对话框中选择“项目六\场景文件\素材.max”文件，如图6-153所示，单击“打开”按钮。

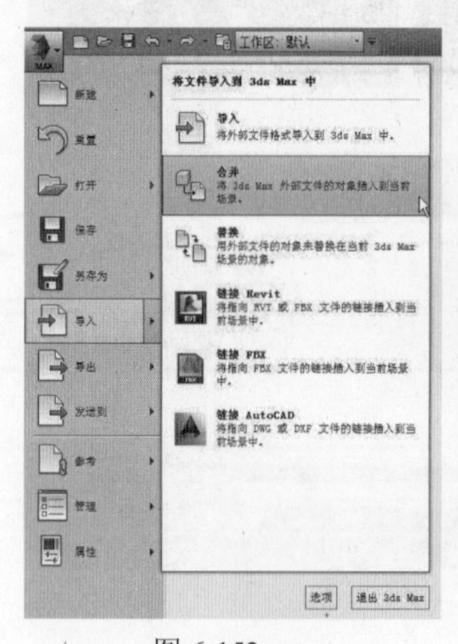

图 6-152

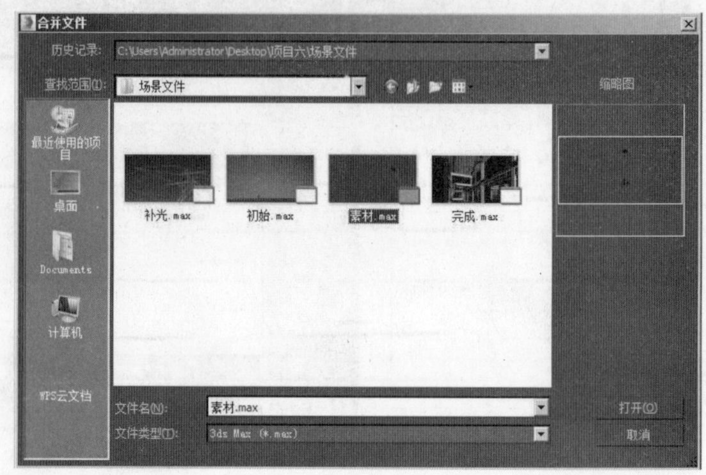

图 6-153

3）在弹出的“合并”对话框中选择全部模型，在“列出类型”选项组中取消“辅助对象”复选框的选中状态，如图6-154所示，单击“确定”按钮。

4）在弹出的“重复材质名称”对话框中，选中“应用于所有重复情况”复选框，如图6-155所示，再单击“自动重命名合并材质”按钮，完成素材模型的合并，未出现重名情况可跳过此步。

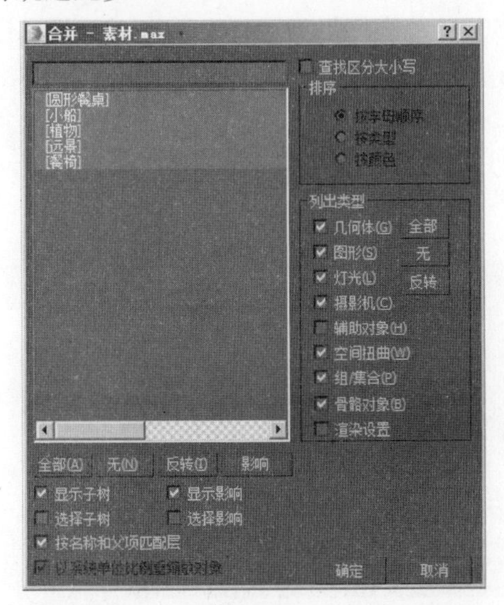

图 6-154

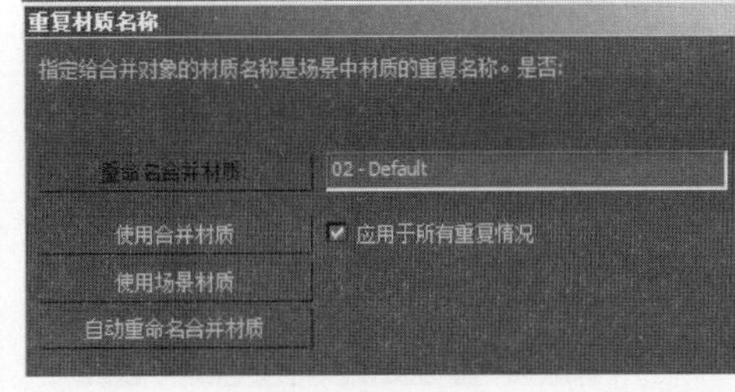

图 6-155

5）按快捷键C激活摄影机视图，场景最终完成效果如图6-156所示。

图 6-156

任务四　最终渲染设置

1. 设置渲染输出参数

1）按快捷键F10弹出“渲染设置”面板。在“公用”选项卡中展开“公用参数”卷展栏，在“输出大小”选项组中设置“宽度”为2500，“高度”为1614，单击锁定“图像纵横比”，参数设置如图6 157所示。

2）设置“图像采样（抗锯齿）”卷展栏、“图像过滤”卷展栏、“块图像采样器”卷展栏中的参数，如图6-158所示。

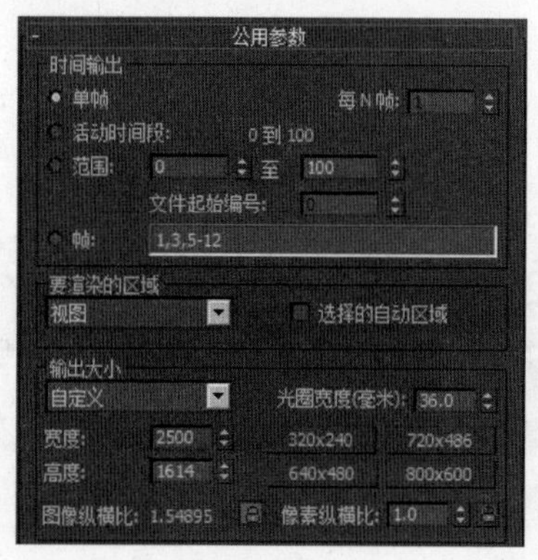

图 6-157

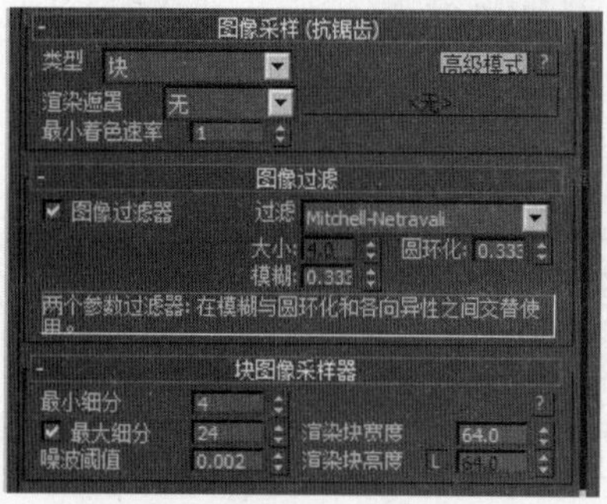

图 6-158

3）设置“全局DMC”卷展栏、“颜色贴图”卷展栏中的参数，如图6-159所示。

4）切换到“GI”选项卡，设置“全局光照”卷展栏、“灯光缓存”卷展栏、“发光贴图”卷展栏中的参数，如图6-160所示。至此，正式渲染输出参数设置完毕。

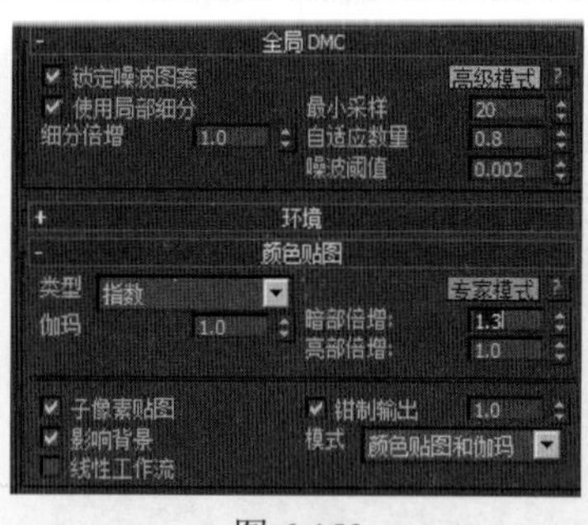

图 6-159

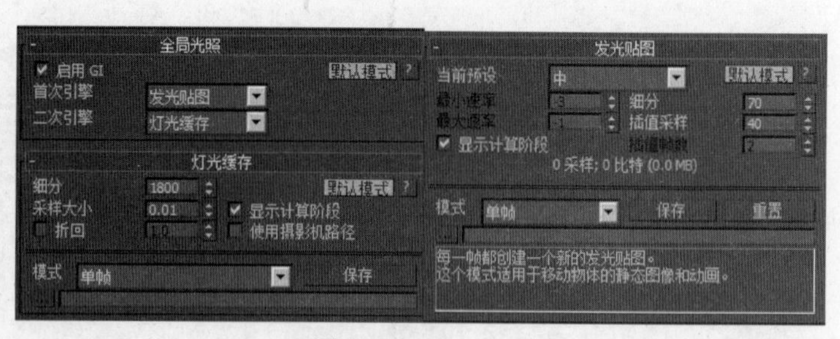

图 6-160

2. 渲染成品效果图

确认当前视图为摄影机视图，按快捷键Shift＋Q，对当前场景进行渲染。经过一段时间的渲染，最终效果如图6-161所示。保存该文件，将其命名为“项目六\效果文件\初始.jpg”。

图 6-161

3. 渲染色彩通道图

1）单击3ds Max界面中的按钮，在弹出的面板中执行“另存为”→“另存为”命令，弹出“文件另存为”对话框，设置文件为“项目六\场景文件\色彩通道.max”，如图6-162所示，单击“保存”按钮。

2）将场景中的灯光全部删除，执行“脚本”→“运行脚本”命令，在弹出的“选择编辑器文件”对话框中选择“项目六\场景文件\材质通道.mse”文件，如图6-163所示，单击“打开”按钮。

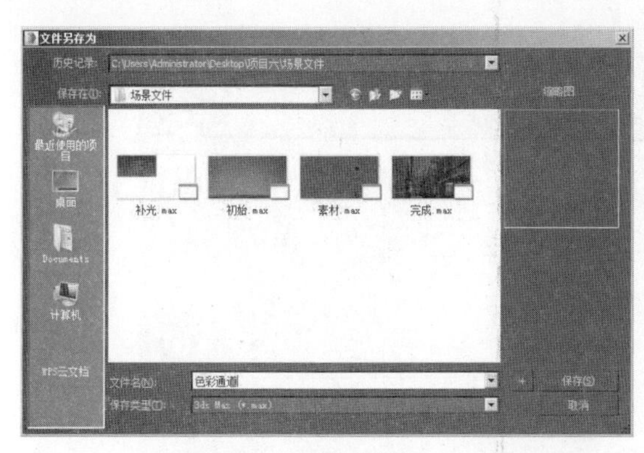

图 6-162

图 6-163

3）在弹出的“莫莫多维材质通道转换小工具V1.2”面板中单击“开始转换场景中的多维材质及非多维材质→”按钮，如图6-164所示。

4）按快捷键F10弹出“渲染设置”面板。展开“块图像采样器”卷展栏，设置“最小细分”为1，“最大细分”为4。展开“全局DMC”卷展栏，设置“最小采样”为6，“自适应数量”为0.9。展开“颜色贴图”卷展栏，在“类型”下拉列表框中选择“线性叠加”选项，参数设置如图6-165所示。

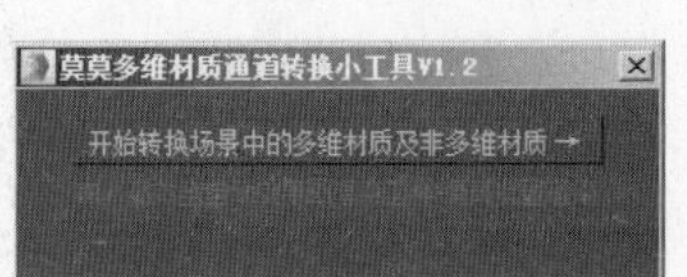

图 6-164

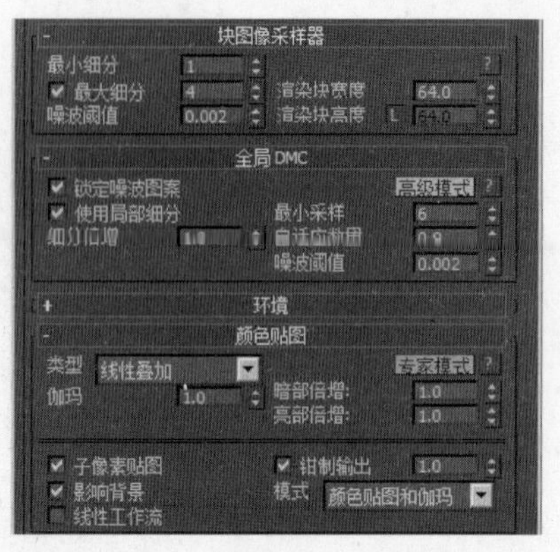

图 6-165

5）切换到“GI”选项卡，展开“全局光照”卷展栏，取消“启用GI”复选框的选中状态，参数设置如图6-166所示。

6）按快捷键Shift＋Q，对当前场景进行渲染，色彩通道图效果如图6-167所示。在渲染帧窗口中单击“保存图像”按钮，将其存储为“项目六\效果文件\色彩通道.jpg”。

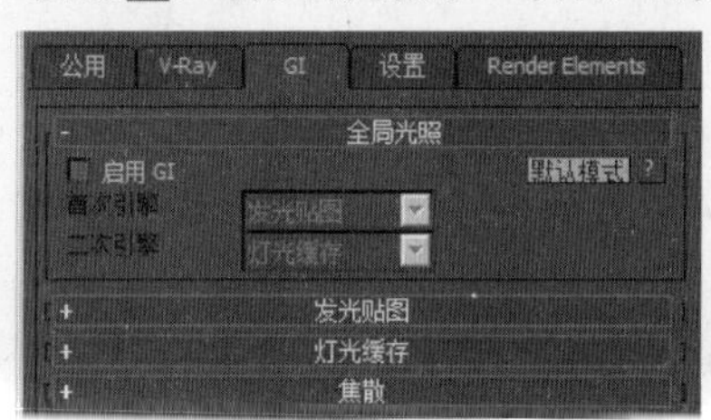

图 6-166

图 6-167

任务五　效果图精修

1. 打开文件

1）启动Adobe Photoshop软件。

2）执行“文件”→“打开”命令，在弹出的“打开”对话框中同时选择“初始.jpg”和“色彩通道.jpg”文件，如图6-168所示，单击“打开”按钮。

3）选择“色彩通道.jpg”文件，选择“移动工具”，按住Shift键，将图像拖动复制到“初始.jpg”文件中，效果如图6-169所示。

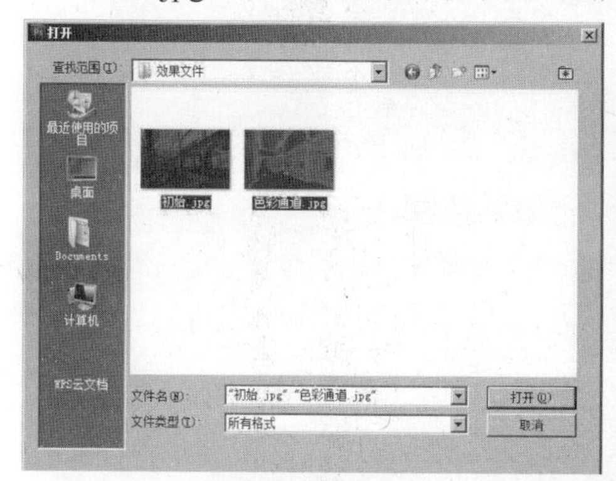

图 6-168

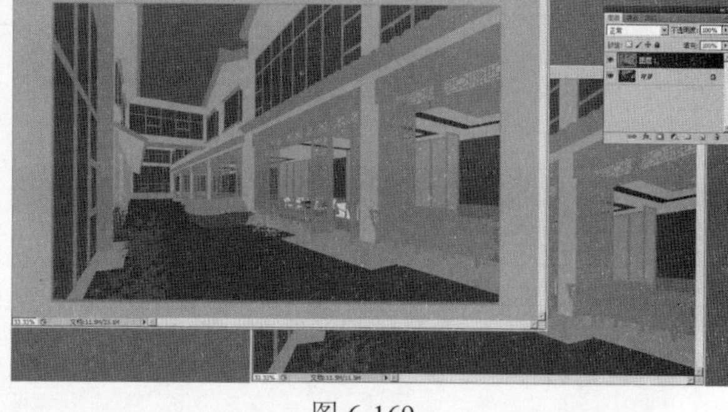

图 6-169

4）将“图层1”重命名为“通道”。将“背景”图层拖动到“图层”面板下方的“创建新图层”按钮上，得到“背景副本”图层，如图6-170所示。

图 6-170

2. 局部细节调整

1）选择“魔棒工具”，在工具选项栏中设置“容差”为20。选择“通道”图层，在表示墙体的橙色色块上单击，选区效果如图6-171所示。

图 6-171

2）此时发现多选了部分不需要的区域（如光域网所照射的区域），选择“套索工具”，配合Alt键，对选区进行减选，减选效果如图6-172所示。

图 6-172

3）选择“背景副本”图层，按快捷键Ctrl＋J，复制选区内的图像内容，得到“图层1”。单击“通道”图层左侧的“指示图层可见性”按钮，将“通道”图层暂时隐藏，如图6-173所示。

4）选择“图层1”，按快捷键Ctrl+U，弹出“色相/饱和度”对话框，参数设置如图6-174所示，使白墙对象的饱和度降低、明度提高，看上去与周边环境的效果更加协调，单击“确定”按钮。

图 6-173

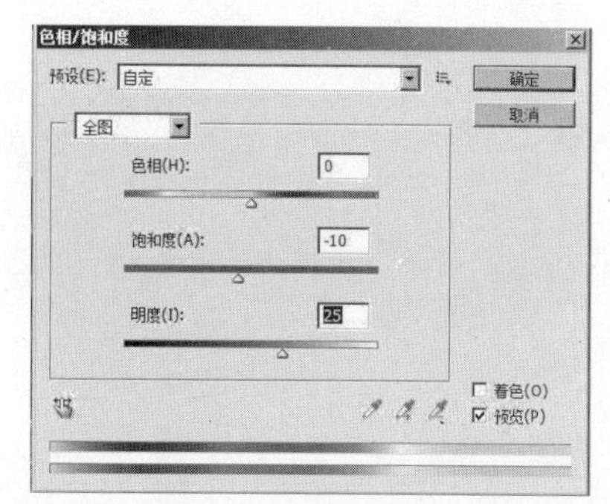

图 6-174

5）重新显示“通道”图层，选择“魔棒工具”，在“通道”图层中表示水面的蓝色色块上单击，选区效果如图6-175所示。

图 6-175

6）选择“背景副本”图层，按快捷键Ctrl+J，复制选区内的图像内容，得到“图层2”。单击“通道”图层左侧的“指示图层可见性”按钮，将“通道”图层再次隐藏，如图6-176所示。

图 6-176

7）选择“图层2”，按快捷键Ctrl＋M，弹出“曲线”对话框，调整色彩曲线，参数设置如图6-177所示，单击“确定”按钮。

图 6-177

8）按快捷键Ctrl＋B，弹出“色彩平衡”对话框，参数设置如图6-178所示，单击“确定”按钮，在水面的整体色调中融入一些绿色。

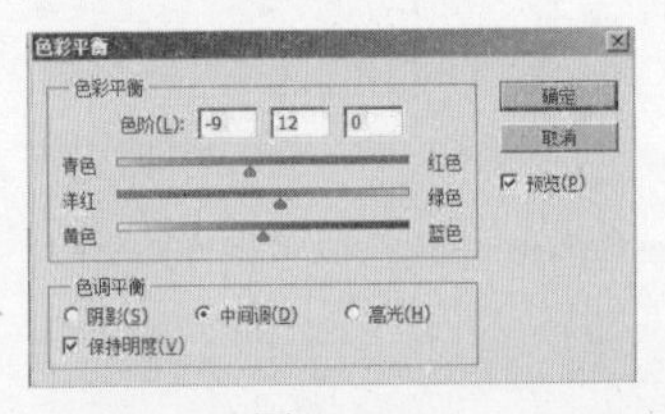

图 6-178

9）执行“滤镜”→“杂色”→“添加杂色”命令，弹出“添加杂色”对话框，参数设置如图6-179所示，单击“确定”按钮。

图 6-179

10）执行“滤镜”→“模糊”→“高斯模糊”命令，弹出“高斯模糊”对话框，参数设置如图6-180所示，单击“确定”按钮。

图 6-180

11）执行“滤镜”→“扭曲”→“水波”命令，弹出“水波”对话框，参数设置如图6-181所示，单击“确定”按钮，使平静的水面产生一些自然波动。

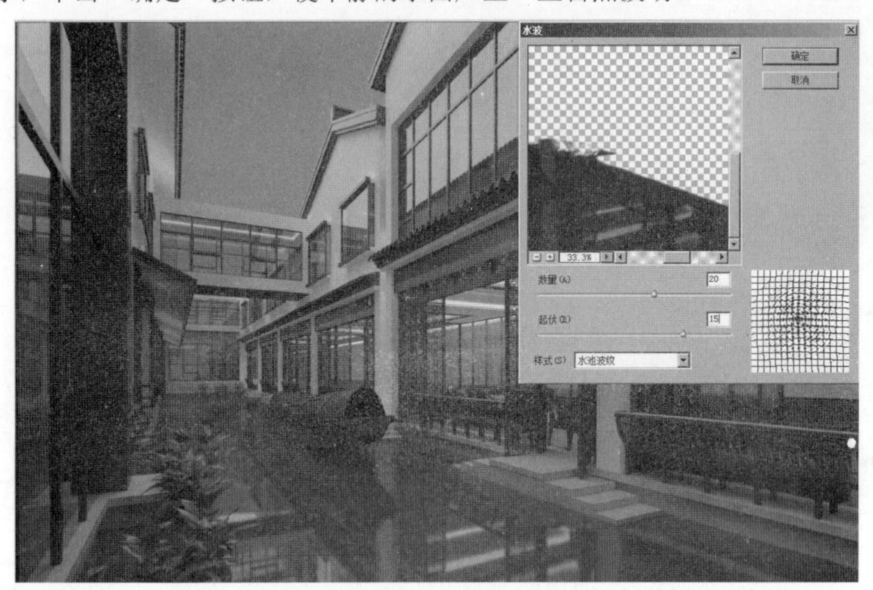

图 6-181

12）在“图层”面板中设置“图层2”的“不透明度”为40%，水面材质调整完成，效果如图6-182所示。

图 6-182

13）选择“通道”图层，重新显示“通道”图层，选择“魔棒工具”，在工具选项栏中选中“连续”复选框，在表示天空的青色色块上单击，选区效果如图6-183所示。

图 6-183

14）按快捷键Ctrl＋O，在弹出的“打开”对话框中选择“项目六\贴图\天空.jpg”文件，如图6-184所示，单击“打开”按钮。

15）按快捷键Ctrl＋A，选择“天空.jpg”文件中的所有像素内容，选区效果如图6-185所示，按快捷键Ctrl＋C进行复制。

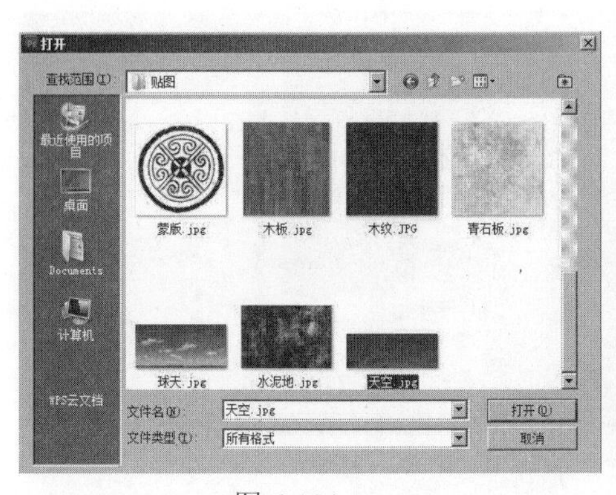

图 6-184

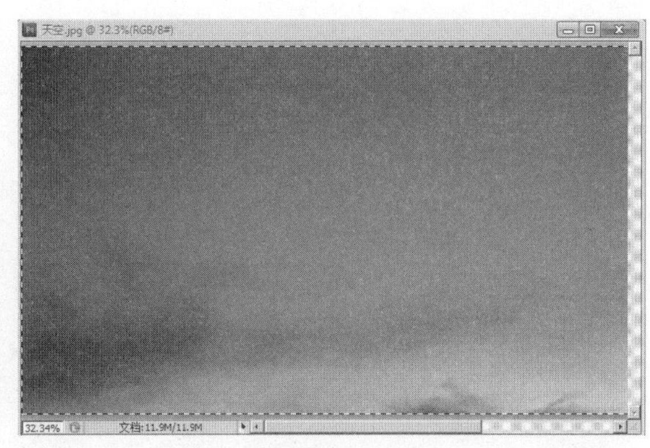

图 6-185

16）按快捷键Ctrl＋W关闭“天空.jpg”文件。切换回“初始.jpg”文件，执行“编辑”→“选择性粘贴”→“贴入”命令，将刚才在“天空.jpg”文件中复制的内容以图层蒙版的形式粘贴进来，效果如图6-186所示，得到“图层3”。

图 6-186

17）选择“移动工具”，调整“图层3”中的图像内容至合适位置，参考效果如图6-187所示。

Photoshop后期处理的基本流程非常简单，只需将通道图中不同颜色的色块分别选择出来，分析图像中存在哪些不足和缺陷，有针对性地添加一些滤镜或执行一些调整命令进行调整即可。所有图层调整完毕后，还可以将其重新拼合为一个图层，再进行整体画面的把握，如修正亮度、对比度、主色调，添加颜色滤镜，等等。限于篇幅，其余内容请读者参考上述步骤自行练习。

图 6-187

本项目案例的最终参考效果如图6-188所示。

图 6-188

视频文件

视频文件

视频文件

视频文件

鸟瞰图

项目目标

本项目案例主要讲解了室外建筑效果图表现中一种常用的处理手法——鸟瞰图。鸟瞰图是根据透视原理，利用高视点透视法，从高处某一点俯视地面起伏绘制而成的立体图，与平面图相比更有真实感。本项目案例涉及的灯光及材质表现并不复杂，主要目的是讲解一个完整的表现流程，在渲染方面讲解了光子图的保存和调用技巧，在后期处理方面除了之前讲解的色彩通道图之外，还引入了AO（阴影）通道图的概念及处理手法。

技能要点

◎ 摄影机：掌握在鸟瞰图表现中摄影机的布置方法。

◎ 光子图：理解并掌握光子图的制作方法及使用技巧。

◎ VRaySky（天空贴图）：理解并掌握VRaySky（天空贴图）的常用参数设置。

◎ AO通道：理解AO（阴影）通道图的概念并掌握其制作方法。

◎ 后期处理：掌握利用原效果图、色彩通道图和AO通道图进行后期处理的方法。

效果欣赏

配套文件

任务一　设置测试渲染参数

1. 创建摄影机

1）打开“项目七\场景文件\初始.max”场景文件，效果如图7-1所示。

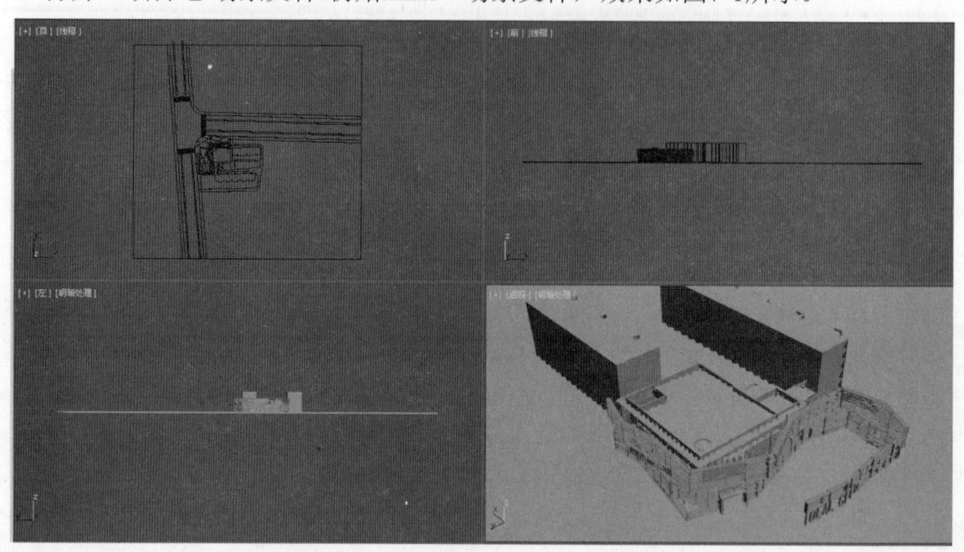

图 7-1

2）按快捷键T激活顶视图，按快捷键Alt＋W将视图最大化显示，效果如图7-2所示。

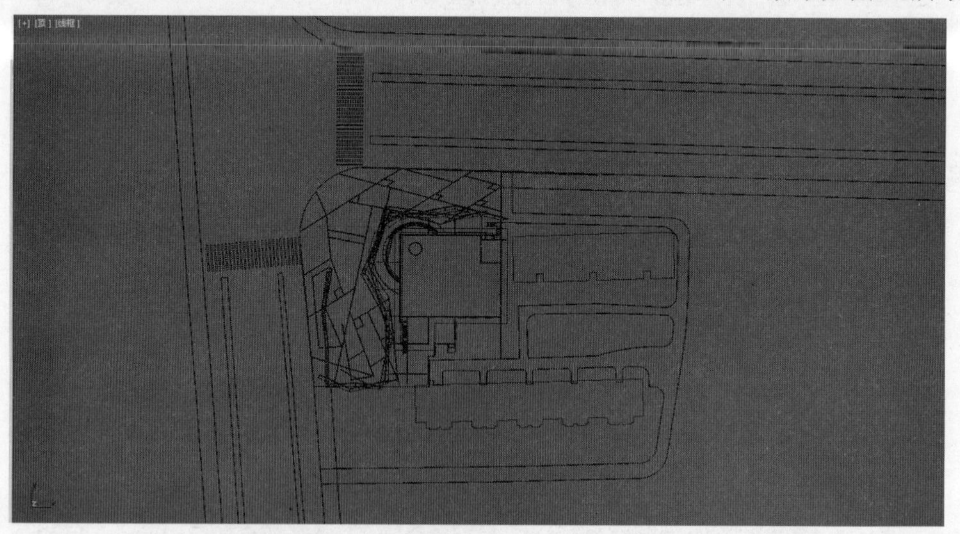

图 7-2

3）进入“创建”面板，切换到“摄影机”选项卡，在其下拉列表框中选择“标准”选项，单击“目标”按钮，在顶视图中创建一架目标摄影机，效果如图7-3所示。

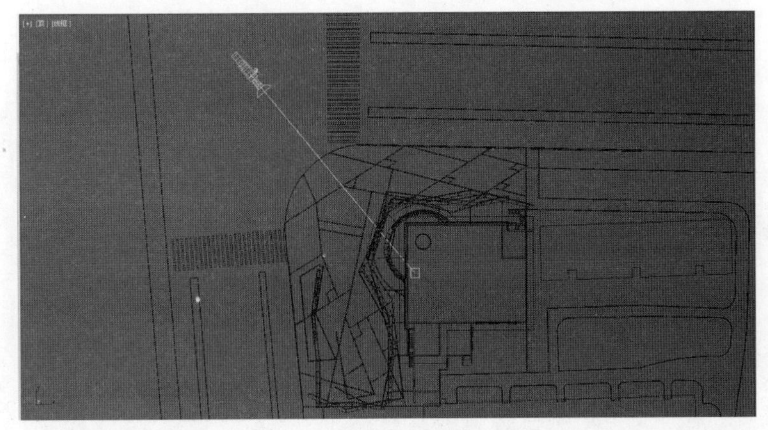

图 7-3

4）按快捷键F激活前视图，单击主工具栏中的“选择并移动”按钮，选择刚才创建的摄影机，将其沿y轴向上提升一定的高度，按快捷键G取消栅格显示，效果如图7-4所示。

图 7-4

5）选择摄影机的相机点，将其沿y轴继续向上提升一定的高度，相机位置如图7-5所示。

图 7-5

6）选择摄影机，进入“修改”面板。展开“参数”卷展栏，设置“镜头”为28.0mm。按快捷键C激活摄影机视图，鸟瞰图观察效果如图7-6所示。

图 7-6

2. 设置测试渲染参数

1）按快捷键F10弹出“渲染设置”面板，如图7-7所示。

2）在“公用”选项卡中展开“公用参数”卷展栏，在“输出大小”选项组中设置“宽度”为700，“高度”为450，参数设置如图7-8所示。

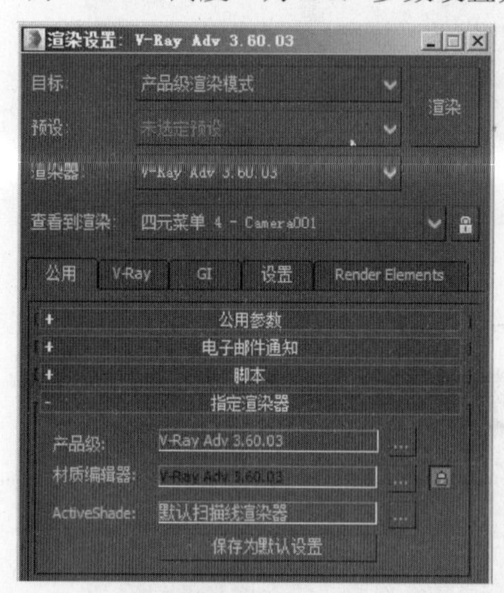

图 7-7

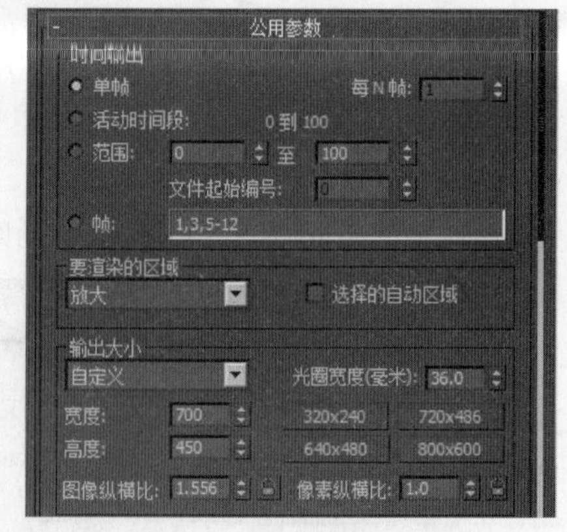

图 7-8

3）切换到“V-Ray”选项卡，展开“全局开关”卷展栏，参数设置如图7-9所示。

4）展开“图像采样（抗锯齿）”卷展栏、“图像过滤”卷展栏和“块图像采样器”卷展栏，参数设置如图7-10所示。

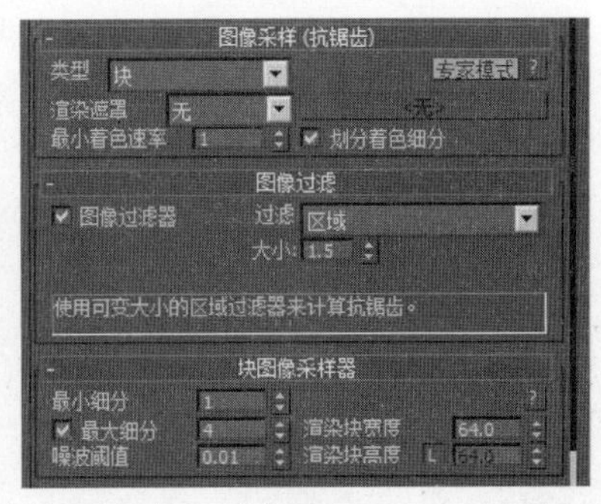

图 7-9　　　　图 7-10

5）展开“全局DMC”卷展栏和“颜色贴图”卷展栏，参数设置如图7-11所示。

6）切换到“GI”选项卡，展开“全局光照”卷展栏、“发光贴图”卷展栏和“灯光缓存”卷展栏，参数设置如图7-12所示。至此，测试渲染参数设置完毕。

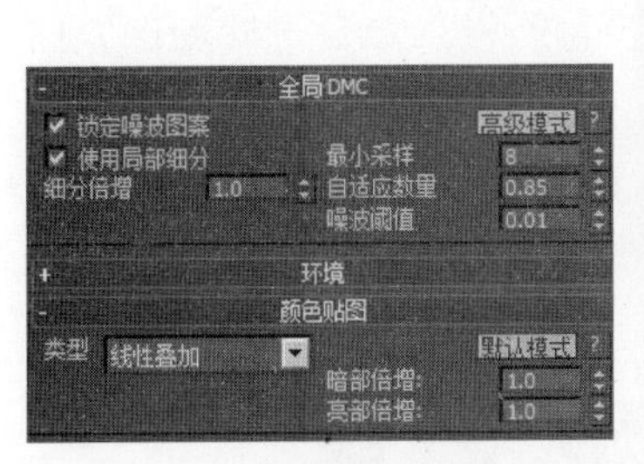

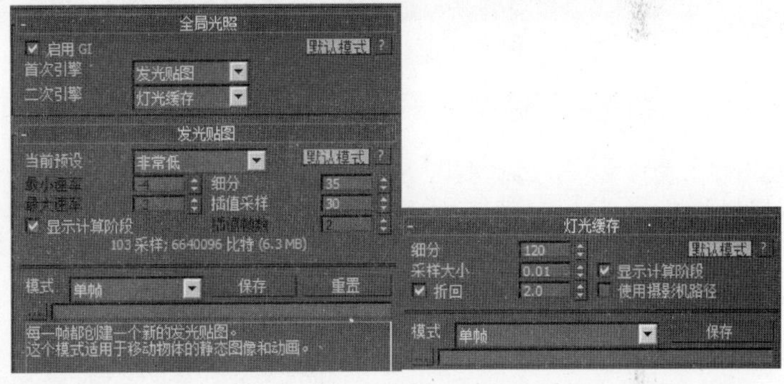

图 7-11　　　　图 7-12

3. 设置场景中的灯光和环境

1）按快捷键T激活顶视图。进入“创建”面板，切换到“灯光”选项卡，在其下拉列表框中选择“标准”选项，单击“目标平行光”按钮，在顶视图中创建一个目标平行光，以模拟太阳光的照射效果，灯光位置如图7-13所示。

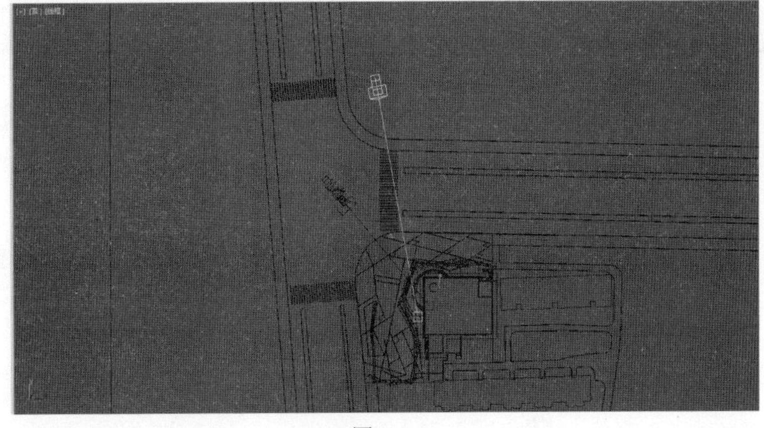

图 7-13

2）按快捷键F激活前视图，单击主工具栏中的“选择并移动”按钮，将光源点沿y轴向上提升到一定的高度，灯光位置如图7-14所示。

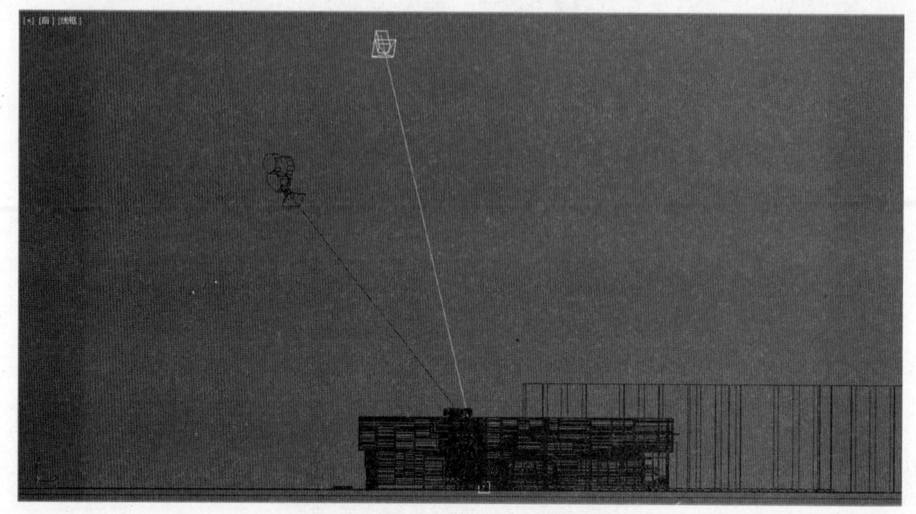

图 7-14

3）选择光源，进入“修改”面板。展开“常规参数”卷展栏，参数设置如图7-15所示。

4）展开“强度\颜色\衰减”卷展栏，设置“倍增”为1.3，单击其右侧的色块，在弹出的“颜色选择器”对话框中设置颜色为暖黄色，将其作为太阳光的颜色，参数设置如图7-16所示，单击“确定”按钮。

图 7-15

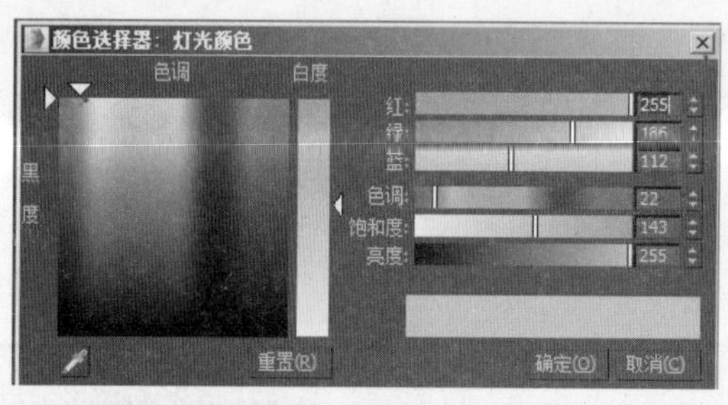

图 7-16

5）展开“平行光参数”卷展栏，参数设置如图7-17所示。

6）展开“VRayShadows params”（VRay阴影参数）卷展栏，参数设置如图7-18所示。

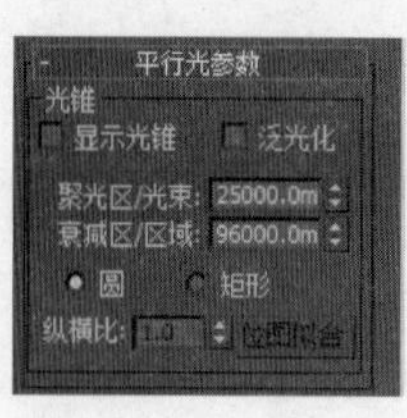

图 7-17

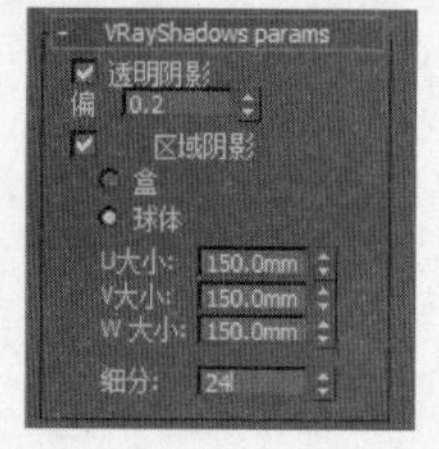

图 7-18

7）按快捷键Shift＋F显示安全框，单击主工具栏中的“渲染产品”按钮，对场景进行测试渲染，效果如图7-19所示。

图 7-19

观察效果，发现太阳光的感觉基本符合要求，但场景中的色调过于偏暖，需要补充一些冷色的天光信息予以平衡。

8）按快捷键F10弹出“渲染设置”面板，如图7-20所示。

9）切换到“V-Ray”选项卡，展开“环境”卷展栏。选中“GI环境”复选框，单击“贴图”右侧的按钮 无 ，在弹出的“材质/贴图浏览器”对话框中选择“V-Ray”卷展栏中的“天空”贴图，如图7-21所示，单击“确定”按钮。

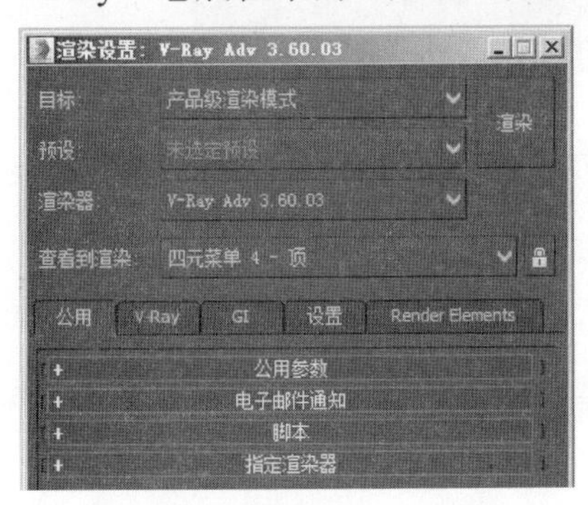

图 7-20

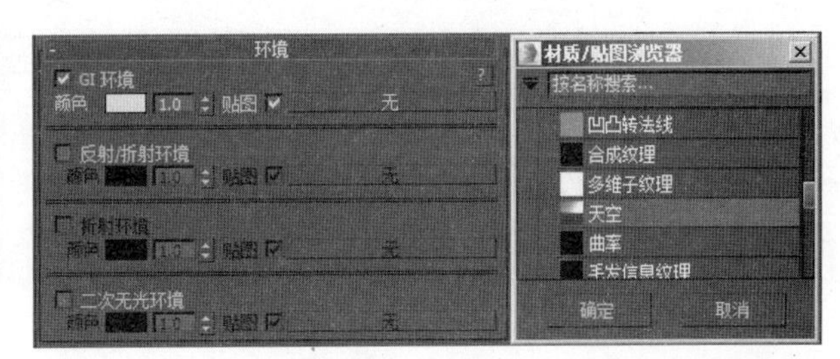

图 7-21

10）按快捷键M弹出“材质编辑器”面板，将刚才创建的“天空”贴图拖动复制到任意一个空白的材质示例球上，在弹出的“实例（副本）贴图”对话框中单击“实例”单选按钮，如图7-22所示，单击“确定”按钮。

11）展开“VRay天空参数”卷展栏，选中“指定太阳节点”复选框，设置“太阳浊度”为3.5，“太阳强度倍增”为0.03，其他参数保持默认设置，参数设置如图7-23所示。

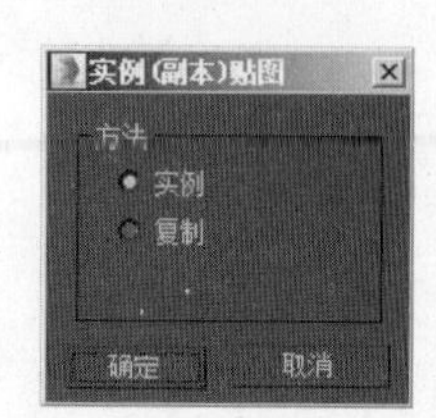

图 7-22

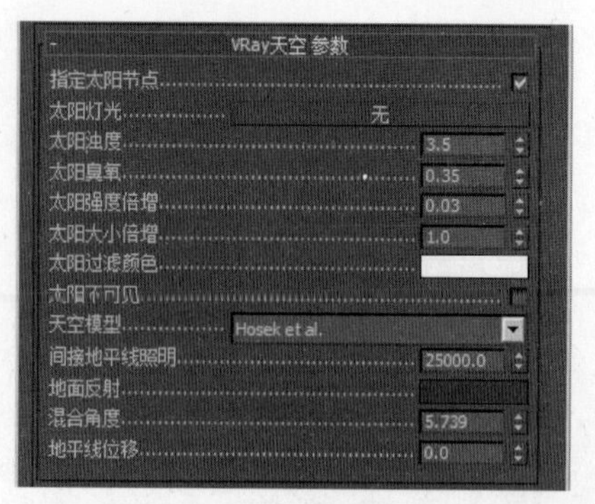

图 7-23

12）再次按快捷键Shift＋Q，对当前场景进行渲染，效果如图7-24所示。

图 7-24

VRay天空的参数与之前讲解的VRay太阳的参数大同小异，常用参数仍然为“太阳浊度”“太阳强度倍增”“太阳大小倍增”。关于它们的作用，请读者参考项目2中的相关讲解。

至此，场景灯光设置完毕。其实读者不难发现，室外日景灯光的表现总体来说比较简单，主体光源使用太阳光配合天光即可；至于局部点缀光源，可以根据项目案例的实际情况进行添加。

任务二　设置场景的主要材质

1. 设置草地材质

1）在“材质编辑器”面板中激活草地材质，展开“Blinn基本参数”卷展栏，单击

“漫反射”右侧的按钮，在弹出的“材质/贴图浏览器”对话框中选择“标准”卷展栏中的“位图”贴图，如图7-25所示，单击“确定”按钮。

2）在弹出的“选择位图图像文件”对话框中选择“项目七\贴图\草地.jpg”文件，如图7-26所示，单击“打开”按钮。

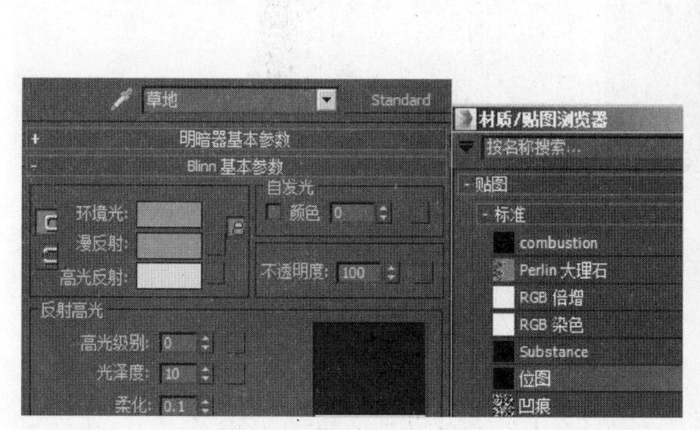

图 7-25

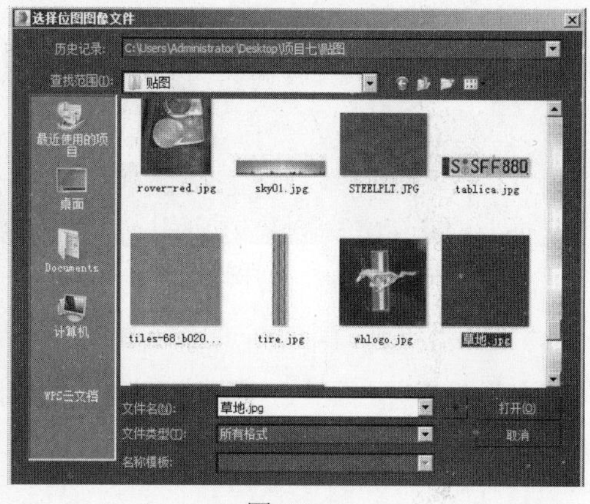

图 7-26

3）单击“视口中显示明暗处理材质”按钮，使贴图在场景中正确显示。单击“转到父对象”按钮，返回上级面板。在“反射高光”选项组中设置“高光级别”为15，“光泽度”为10，参数设置如图7-27所示。

4）选择草地对象，进入“修改”面板，在“修改器列表”下拉列表框中选择添加“UVW贴图”修改器。展开“参数”卷展栏，在“贴图”选项组中单击“长方体”单选按钮，设置“长度”“宽度”“高度”均为1000.0mm，参数设置如图7-28所示。

5）调整完成的草地材质的最终效果如图7-29所示。

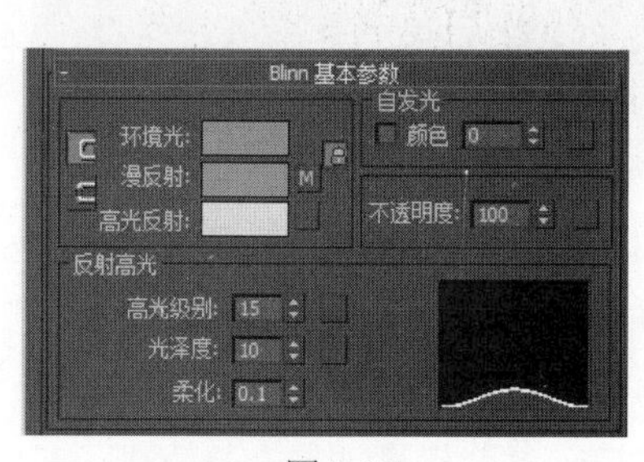

图 7-27

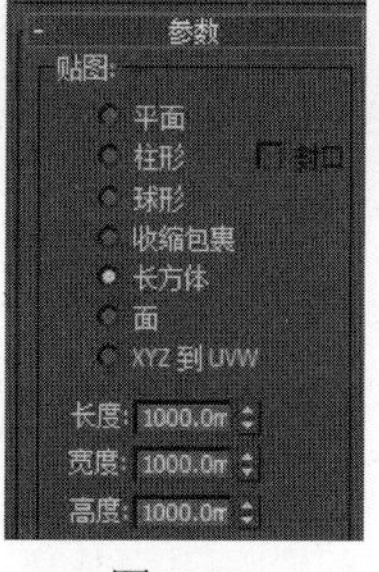

图 7-28

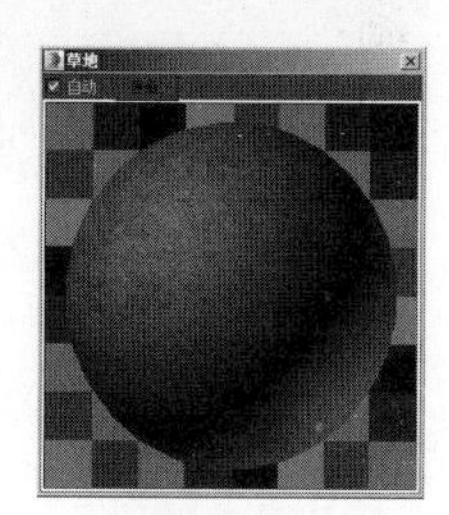

图 7-29

2. 设置地面材质

1） 在“材质编辑器”面板中激活地面材质，展开“Blinn基本参数”卷展栏，单击“漫反射”右侧的按钮，在弹出的“材质/贴图浏览器”对话框中选择“标准”卷展栏中的“位图”贴图，如图7-30所示，单击“确定”按钮。

2）在弹出的“选择位图图像文件”对话框中选择“项目七\贴图\地面.jpg”文件，如图7-31所示，单击“打开”按钮。

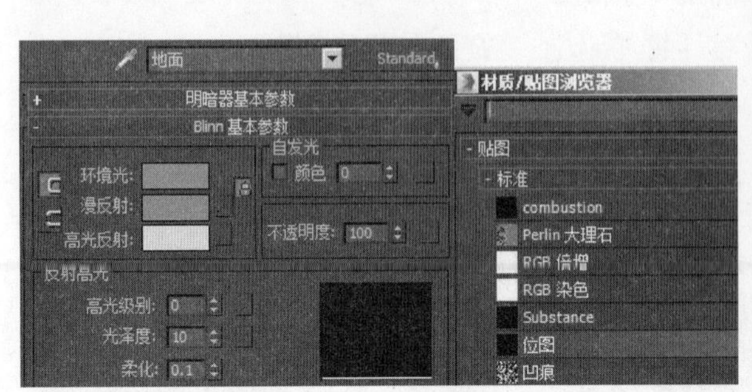

图 7-30

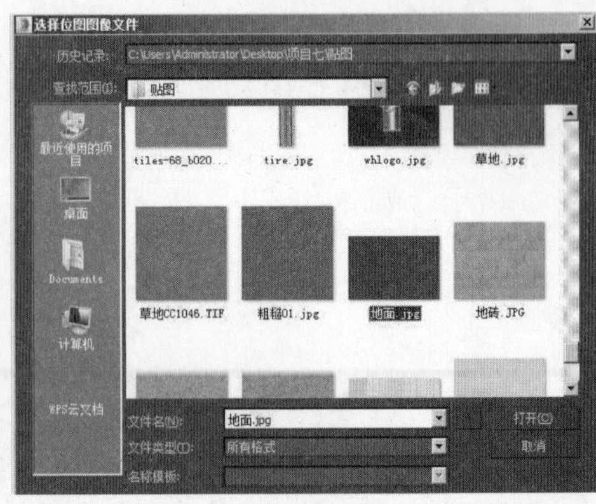

图 7-31

3）单击“视口中显示明暗处理材质”按钮，使贴图在场景中正确显示。单击“转到父对象”按钮，返回上级面板。在“反射高光”选项组中设置“高光级别”为20，“光泽度”为15，参数设置如图7-32所示。

4）展开“贴图”卷展栏，将“漫反射颜色”通道右侧的贴图拖动复制到“凹凸”通道右侧的按钮无上，在弹出的“复制（实例）贴图”对话框中单击“实例”单选按钮，单击“确定”按钮完成贴图的复制。设置“凹凸”的“数量”为40，参数设置如图7-33所示。

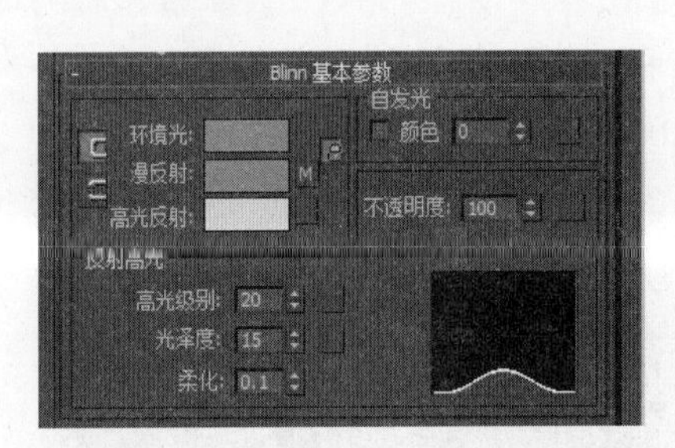

图 7-32

图 7-33

5）选择地面对象，进入“修改”面板，在“修改器列表”下拉列表框中选择添加“UVW贴图”修改器。展开“参数”卷展栏，在“贴图”选项组中单击“长方体”单选按钮，设置“长度”“宽度”“高度”均为1000.0mm，参数设置如图7-34所示。

6）调整完成的地面材质的最终效果如图7-35所示。

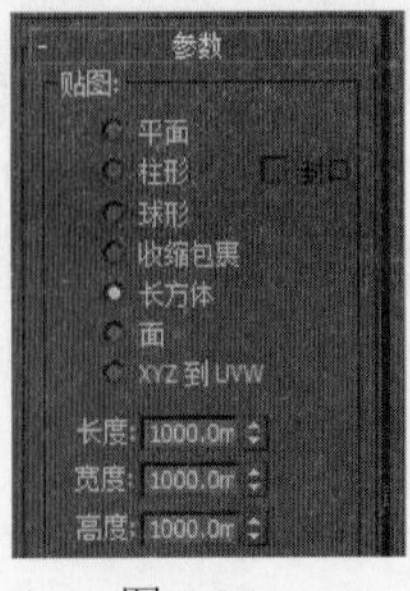

图 7-34

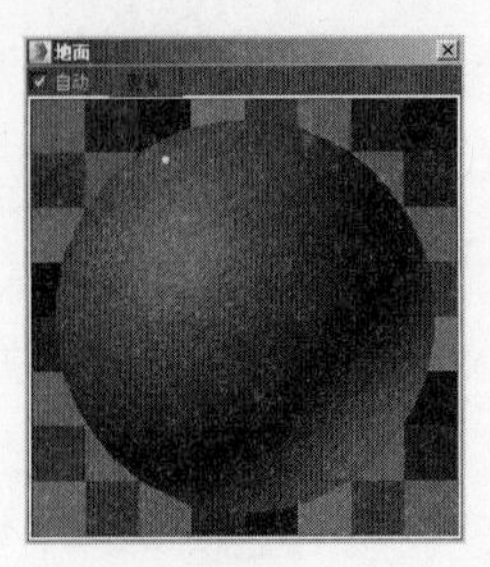

图 7-35

3. 设置人行道材质

1） 在“材质编辑器”面板中激活人行道材质，展开“Blinn基本参数”卷展栏，单击“漫反射”右侧的按钮，在弹出的“材质/贴图浏览器”对话框中选择“标准”卷展栏中的“位图”贴图，如图7-36所示，单击“确定”按钮。

2）在弹出的“选择位图图像文件”对话框中选择“项目七\贴图\方砖.jpg”文件，如图7-37所示，单击“打开”按钮。

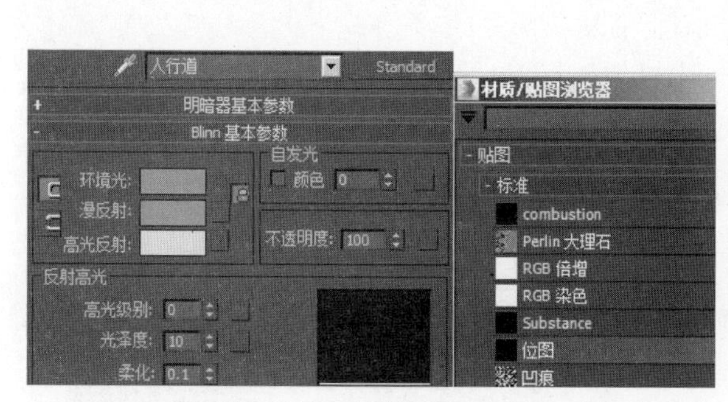

图 7-36

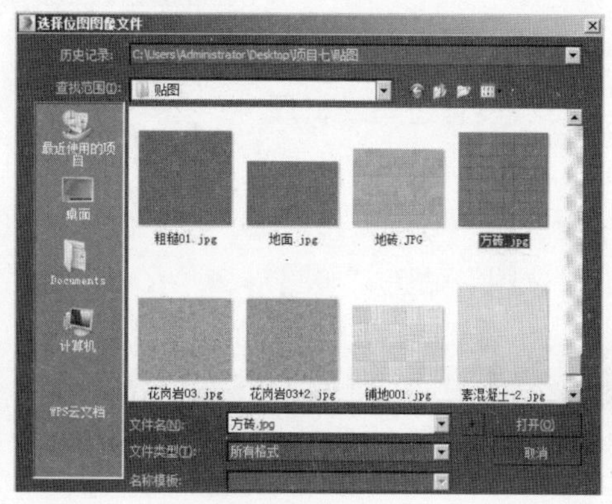

图 7-37

3）单击“视口中显示明暗处理材质”按钮，使贴图在场景中正确显示。单击“转到父对象”按钮，返回上级面板。在“反射高光”选项组中设置“高光级别”为15，“光泽度”为12，参数设置如图7-38所示。

4）展开“贴图”卷展栏，将“漫反射颜色”通道右侧的贴图拖动复制到“凹凸”通道右侧的按钮 无 上，在弹出的“复制（实例）贴图”对话框中单击“实例”单选按钮，单击“确定”按钮完成贴图的复制。设置“凹凸”的“数量”为20，参数设置如图7-39所示。

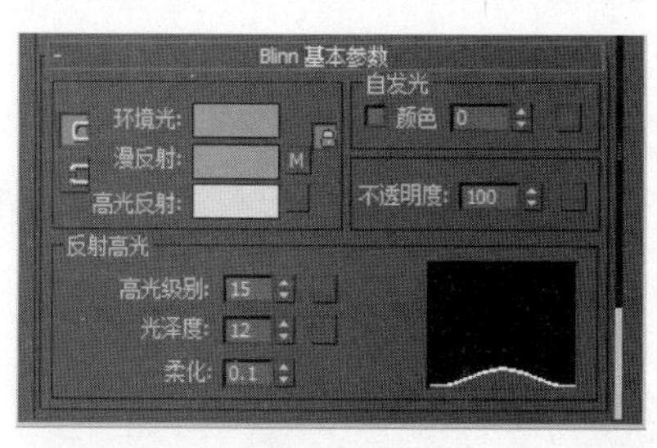

图 7-38

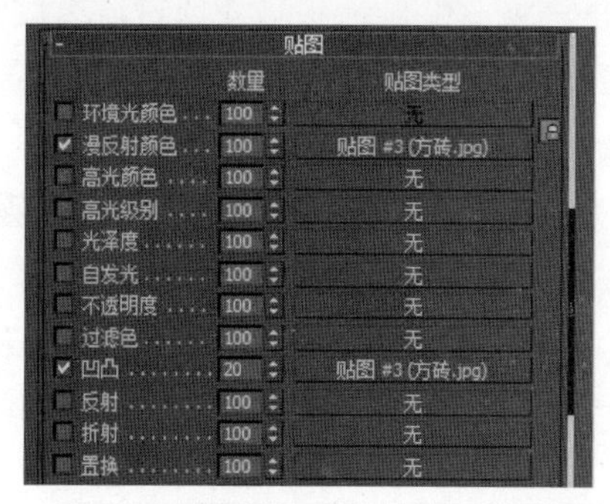

图 7-39

5）选择人行道对象，进入“修改”面板，在“修改器列表”下拉列表框中选择添加“UVW贴图”修改器。展开“参数”卷展栏，在“贴图”选项组中单击“长方体”单选按钮，设置“长度”“宽度”“高度”均为2000.0mm，参数设置如图7-40所示。

6）调整完成的人行道材质的最终效果如图7-41所示。

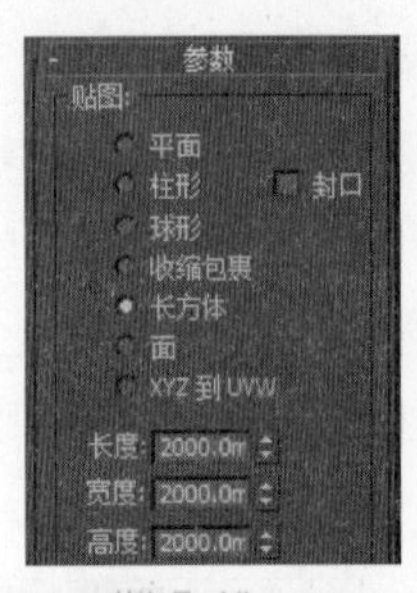

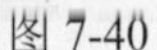
图 7-40

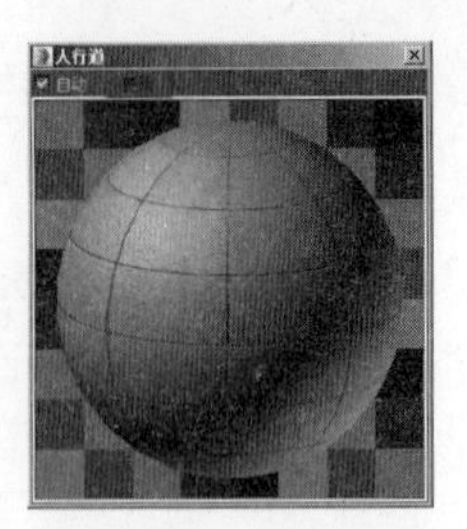
图 7-41

4. 设置斑马线材质

1） 在“材质编辑器”面板中激活斑马线材质，展开“Blinn基本参数”卷展栏，单击“漫反射”右侧的按钮■，在弹出的“材质/贴图浏览器”对话框中选择“标准”卷展栏中的“位图”贴图，如图7-42所示，单击“确定”按钮。

2）在弹出的“选择位图图像文件”对话框中选择“项目七\贴图\灰泥.jpg”文件，如图7-43所示，单击“打开”按钮。

图 7-42

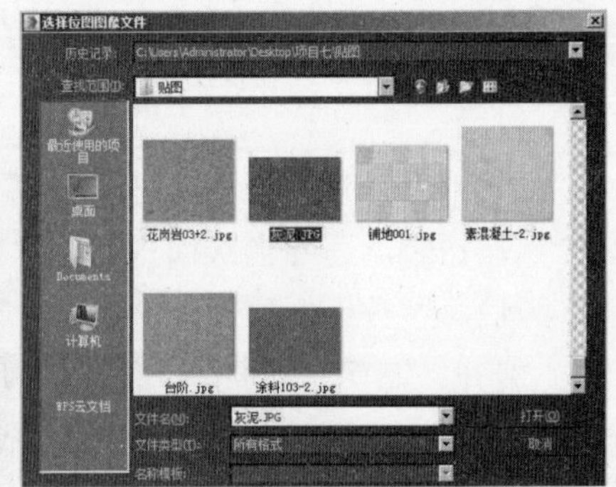

图 7-43

3）单击“视口中显示明暗处理材质”按钮■，使贴图在场景中正确显示。单击“转到父对象”按钮■，返回上级面板。在“反射高光”选项组中设置“高光级别”为20，“光泽度”为10，参数设置如图7-44所示。

4）展开“贴图”卷展栏，将“漫反射颜色”通道右侧的贴图拖动复制到“凹凸”通道右侧的按钮 无 上，在弹出的“复制（实例）贴图”对话框中单击“实例”单选按钮，单击“确定”按钮完成贴图的复制。设置“凹凸”的“数量”为35，参数设置如图7-45所示。

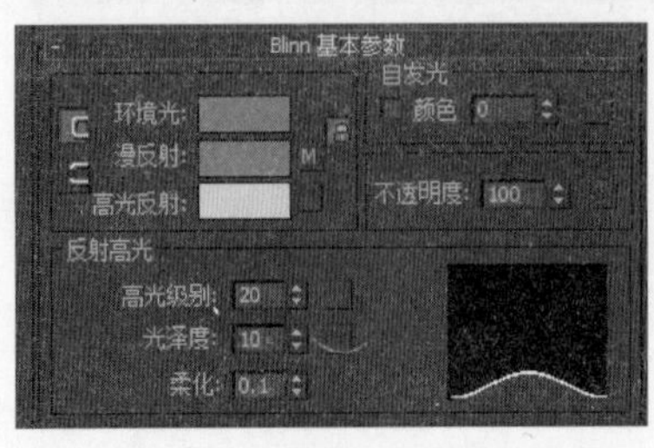

图 7-44

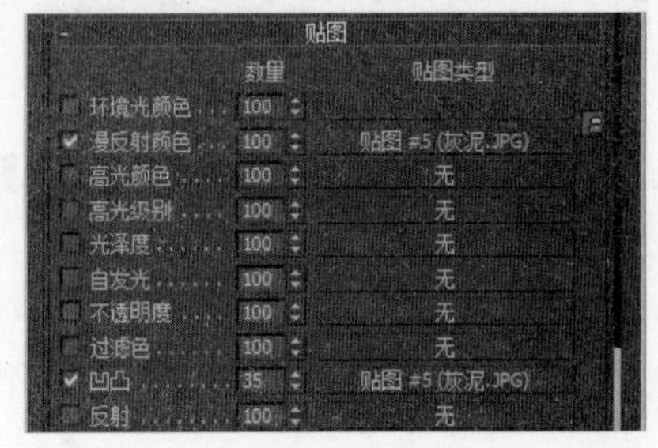

图 7-45

5）选择斑马线对象，进入“修改”面板，在“修改器列表”下拉列表框中选择添加“UVW贴图”修改器。展开“参数”卷展栏，在“贴图”选项组中单击“长方体”单选按钮，设置“长度”“宽度”“高度”均为1000.0mm，参数设置如图7-46所示。

6）调整完成的斑马线材质的最终效果如图7-47所示。

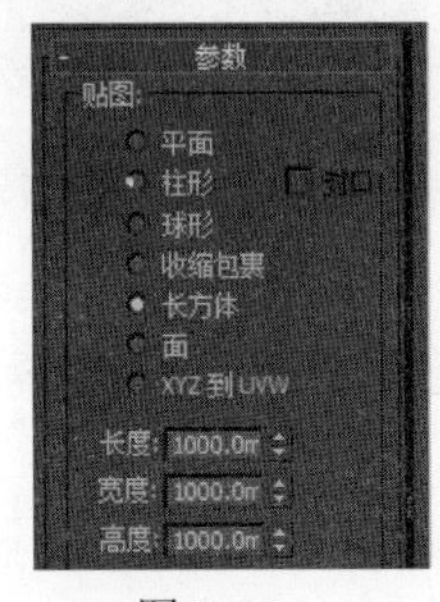

图 7-46

图 7-47

5. 设置碎石砖材质

1） 在“材质编辑器”面板中激活碎石砖材质，展开“Blinn基本参数”卷展栏，单击“漫反射”右侧的按钮，在弹出的“材质/贴图浏览器”对话框中选择“标准”卷展栏中的“位图”贴图，如图7-48所示，单击“确定”按钮。

2）在弹出的“选择位图图像文件”对话框中选择“项目七\贴图\碎石.jpg”文件，如图7-49所示，单击“打开”按钮。

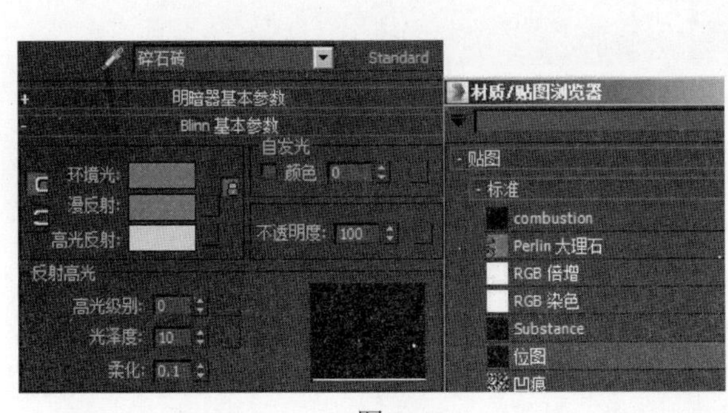

图 7-48

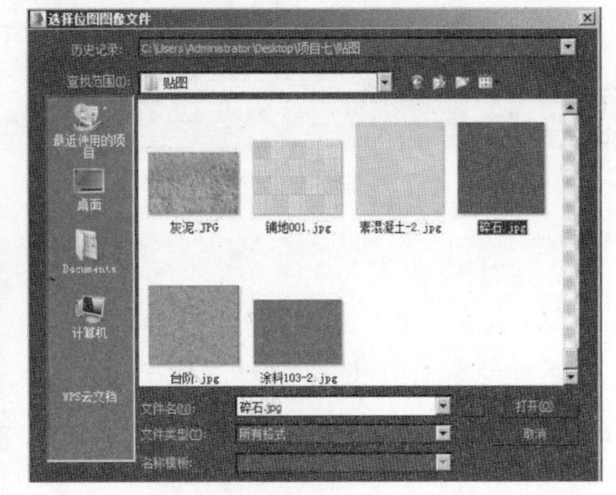

图 7-49

3）单击“视口中显示明暗处理材质”按钮，使贴图在场景中正确显示。单击“转到父对象”按钮，返回上级面板。在“反射高光”选项组中设置“高光级别”为15，“光泽度”为10，参数设置如图7-50所示。

4）展开“贴图”卷展栏。单击“反射”通道右侧的按钮 无 ，在弹出的“材质/贴图浏览器”对话框中选择“V-Ray”卷展栏中的“VRayMap”贴图，如图7-51所示，单击“确定”按钮。

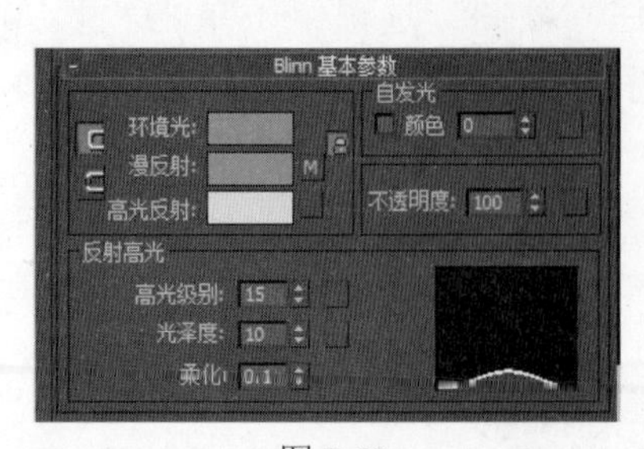

图 7-50

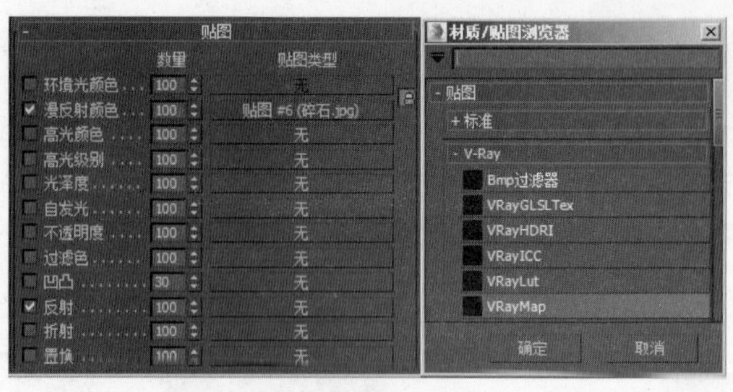

图 7-51

5）展开“参数”卷展栏，选中“光泽”复选框，设置“光泽度”为200.0，“细分”为20，参数设置如图7-52所示。

6）单击“转到父对象”按钮，回到上级面板。设置“反射”的“数量”为20，参数设置如图7-53所示。

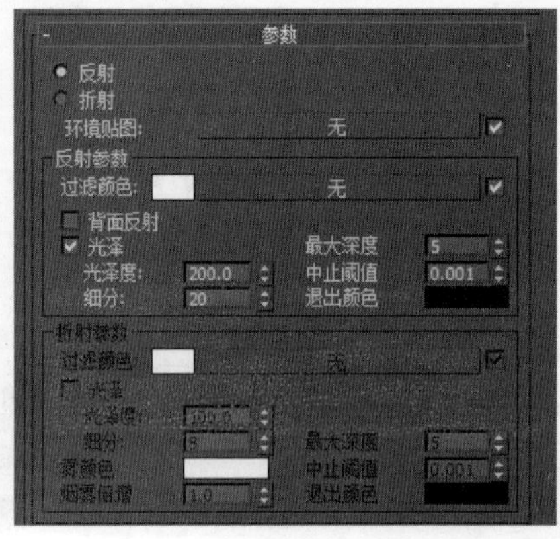

图 7-52

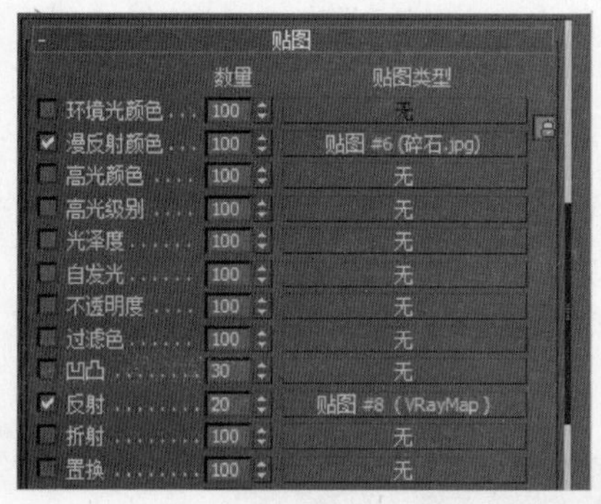

图 7-53

通常使用VRayMtl材质来表现物体的反射、折射及相应的反射（折射）模糊效果，但也可以使用标准材质配合在“反射”通道中添加VRayMap贴图来实现。

- 光泽：选中该复选框，开启反射模糊效果。
- 光泽度：数值越小，模糊效果越明显；数值越大，模糊效果越不明显。
- 细分：在设置了较大的模糊效果后，通常提高该数值来对产生的噪点进行平衡改善。

7）选择碎石砖对象，进入“修改”面板，在“修改器列表”下拉列表框中选择添加“UVW贴图”修改器。展开“参数”卷展栏，在“贴图”选项组中单击“长方体”单选按钮，设置“长度”“宽度”“高度”均为10000.0mm，参数设置如图7-54所示。

8）调整完成的碎石砖材质的最终效果如图7-55所示。

图 7-54

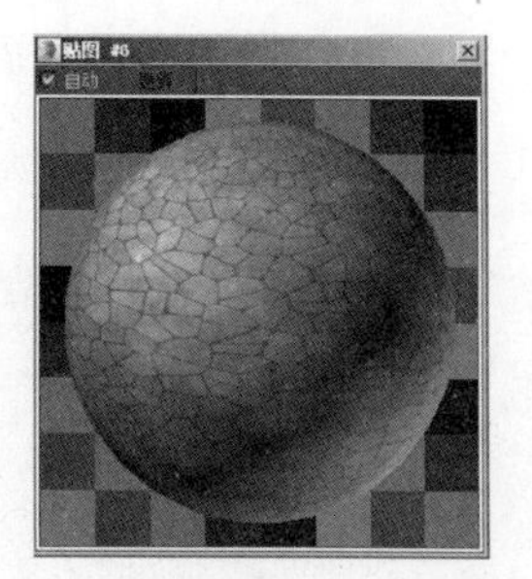

图 7-55

6. 设置水面材质

1）在“材质编辑器”面板中激活水面材质，展开“Blinn基本参数”卷展栏，单击“漫反射”右侧的色块，在弹出的“颜色选择器”对话框中设置颜色为蓝黑色，参数设置如图7-56所示，单击“确定”按钮。

2）在“反射高光”选项组中设置“高光级别”为55，“光泽度”为35；“不透明度”为55，参数设置如图7-57所示。

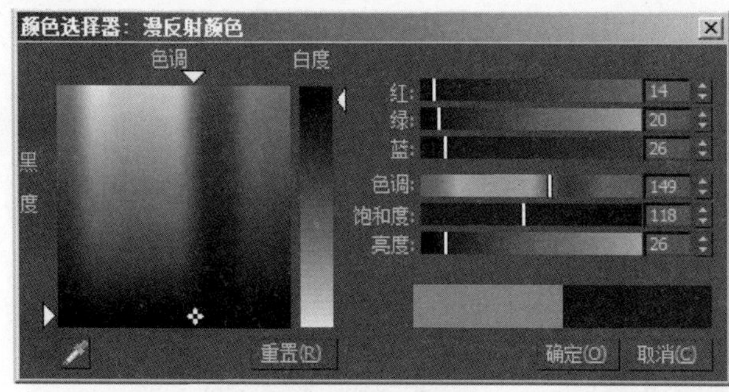

图 7-56

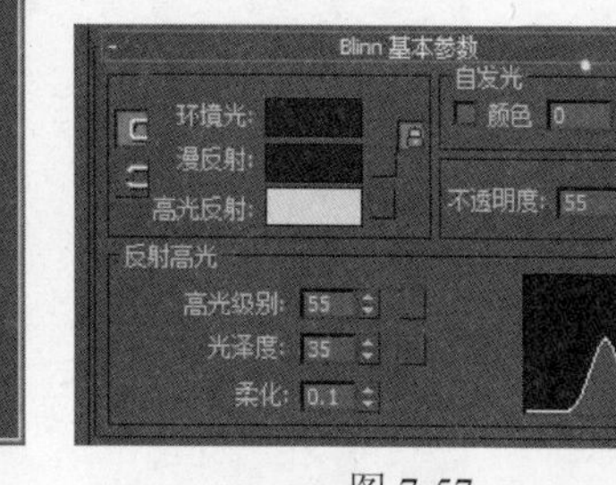

图 7-57

3）展开“贴图”卷展栏，单击“凹凸”通道右侧的按钮 无 ，在弹出的“材质/贴图浏览器”对话框中选择“标准”卷展栏中的“噪波”贴图，如图7-58所示，单击“确定”按钮。

4）展开“噪波参数”卷展栏，设置“大小”为400.0，参数设置如图7-59所示。

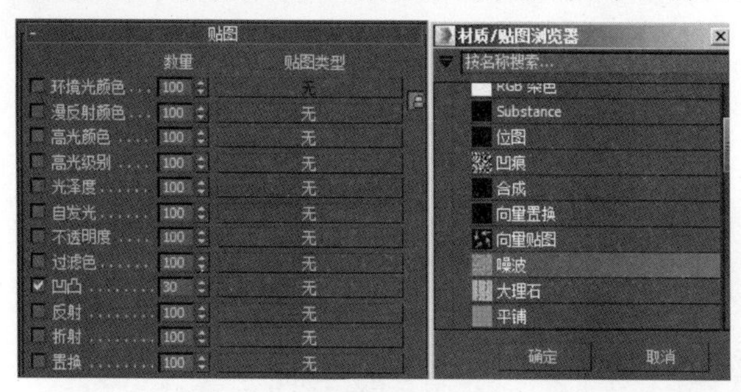

图 7-58

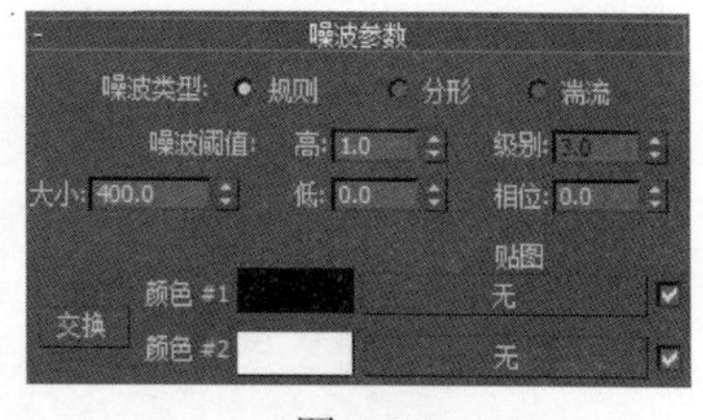

图 7-59

5）单击“转到父对象”按钮，回到上级面板。设置“凹凸”的“数量”为10。单击“反射”通道右侧的按钮 无 ，在弹出的“材质/贴图浏览器”对话框中选择

“V-Ray”卷展栏中的“VRayMap”贴图，如图7-60所示，单击“确定”按钮。

6）展开“参数”卷展栏，设置“细分”为30，参数设置如图7-61所示。

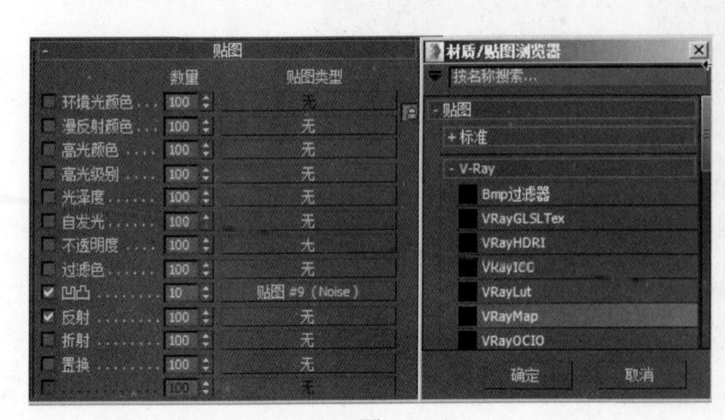

图 7-60

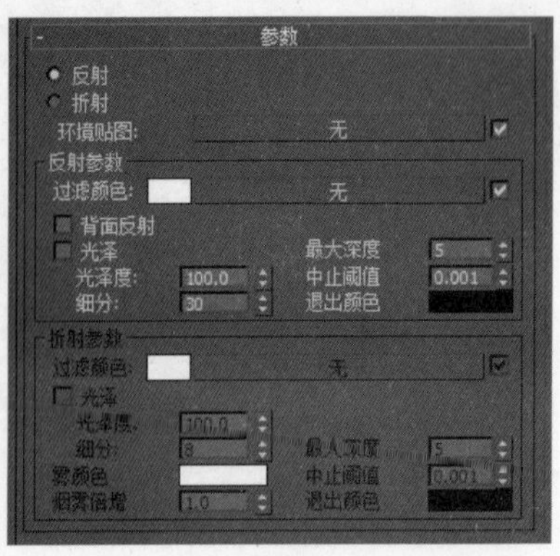

图 7-61

7）单击“转到父对象”按钮，回到上级面板。设置“反射”的“数量”为50，参数设置如图7-62所示。

8）调整完成的水面材质的最终效果如图7-63所示。

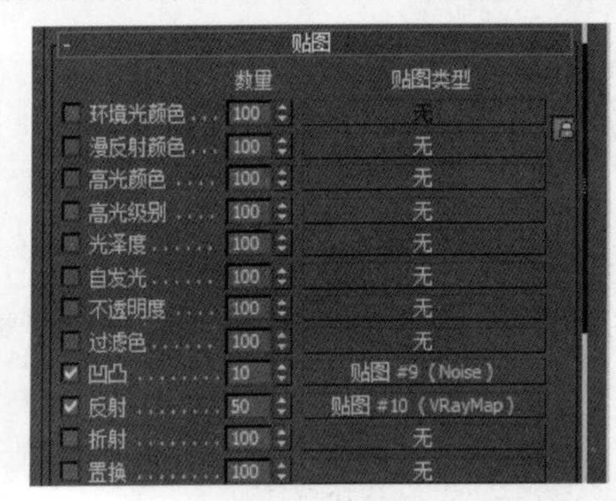

图 7-62

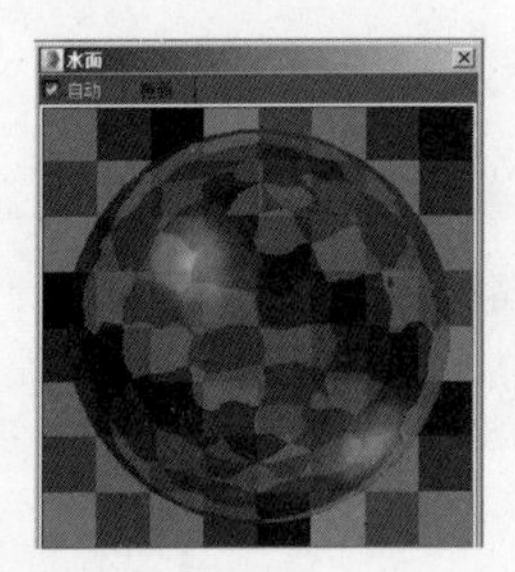

图 7-63

7. 设置玻璃材质

1）在“材质编辑器”面板中激活玻璃材质，展开“Blinn基本参数”卷展栏，单击“漫反射”右侧的色块，在弹出的“颜色选择器”对话框中设置颜色为蓝黑色，参数设置如图7-64所示，单击“确定”按钮。

2）在“反射高光”选项组中设置“高光级别”为100，“光泽度”为55；“不透明度”为40，参数设置如图7-65所示。

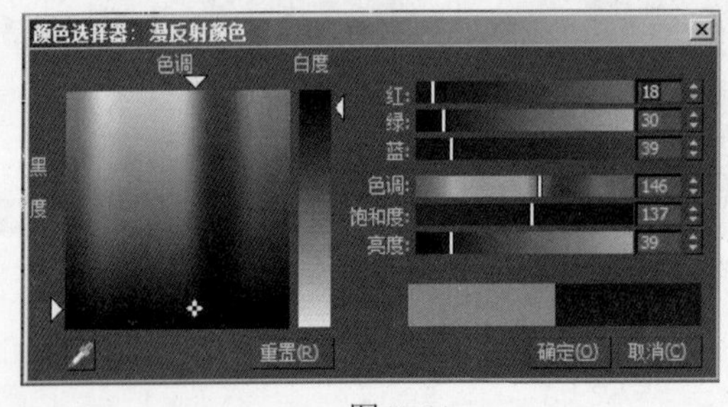

图 7-64

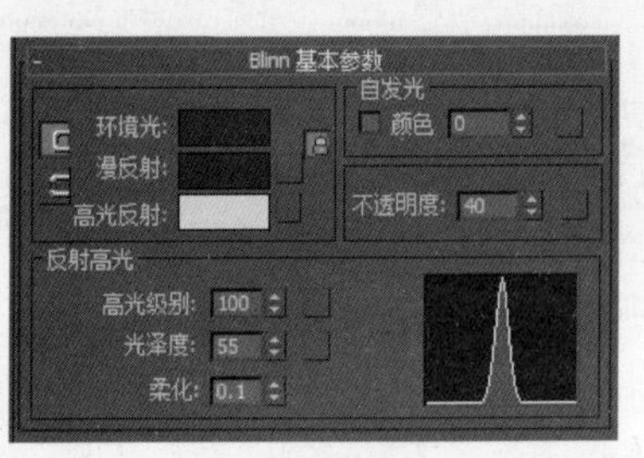

图 7-65

3）展开“扩展参数”卷展栏，在“高级透明”选项组中单击“过滤”右侧的色块，在弹出的“颜色选择器”对话框中设置颜色为浅绿色，参数设置如图7-66所示，单击“确定”按钮，“扩展参数”卷展栏中的参数设置如图7-67所示。

可以将过滤的颜色理解为当光线穿透玻璃对象时所折射出的颜色。

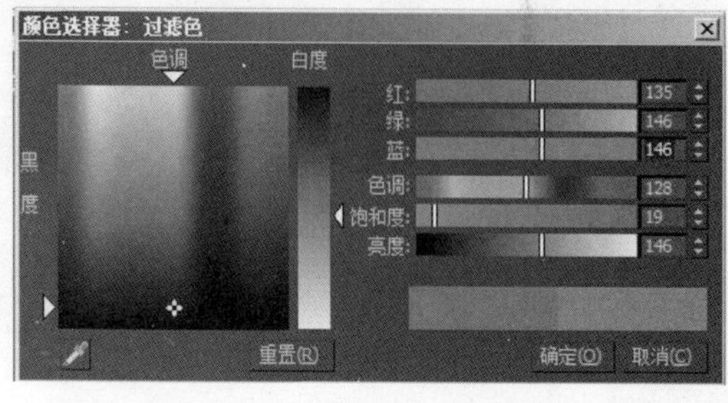

图 7-66

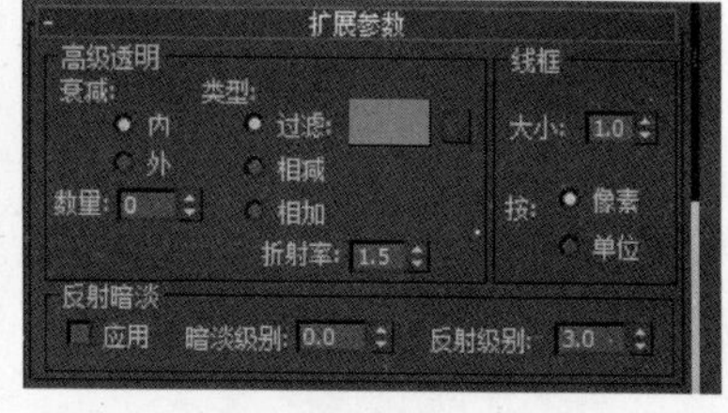

图 7-67

4）展开“贴图”卷展栏，单击“反射”通道右侧的按钮 无 ，在弹出的“材质/贴图浏览器”对话框中选择“V-Ray”卷展栏中的“VRayMap”贴图，如图7-68所示，单击“确定”按钮。

5）展开“参数”卷展栏，设置“细分”为30，参数设置如图7-69所示。

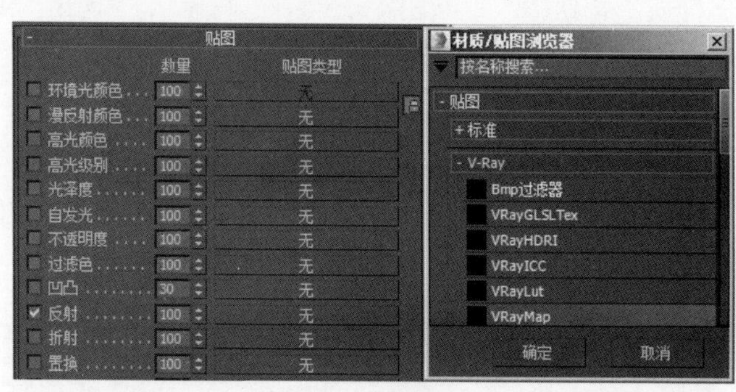

图 7-68

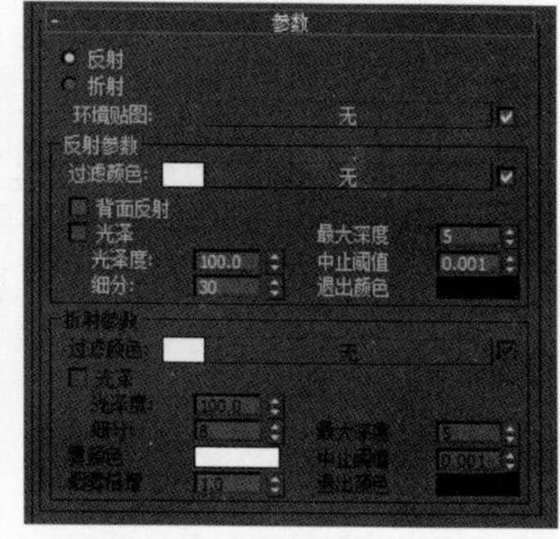

图 7-69

6）单击“转到父对象”按钮，回到上级面板。设置“反射”的“数量”为50，参数设置如图7-70所示。

7）调整完成的玻璃材质的最终效果如图7-71所示。

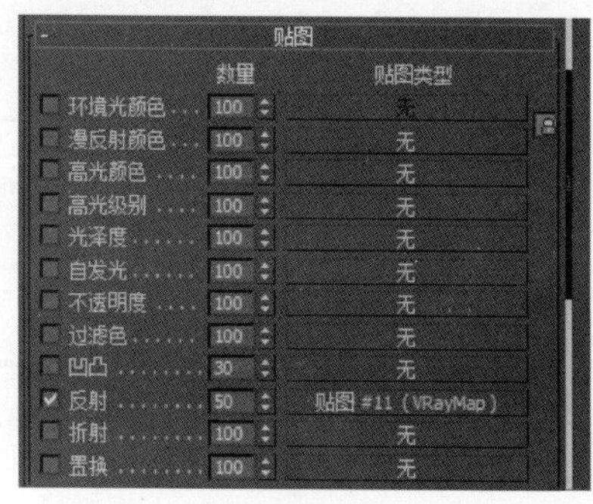

图 7-70

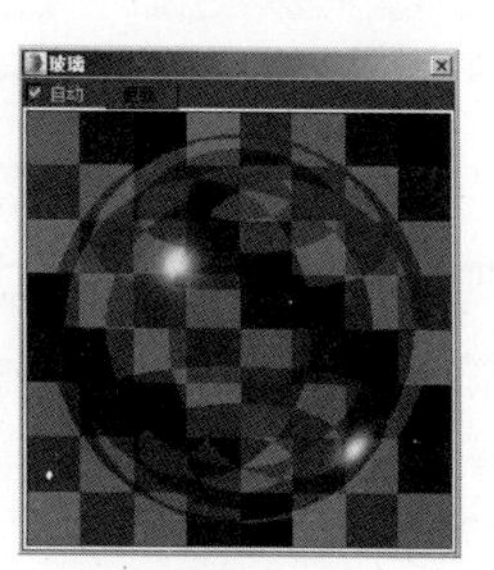

图 7-71

8. 设置方块砖材质

1）在“材质编辑器”面板中激活方块砖材质，展开“Blinn基本参数”卷展栏，单击“漫反射”右侧的按钮■，在弹出的“材质/贴图浏览器”对话框中选择“标准”卷展栏中的“位图”贴图，如图7-72所示，单击“确定”按钮。

2）在弹出的“选择位图图像文件”对话框中选择“项目七\贴图\灰方块.jpg”文件，如图7-73所示，单击“打开”按钮。

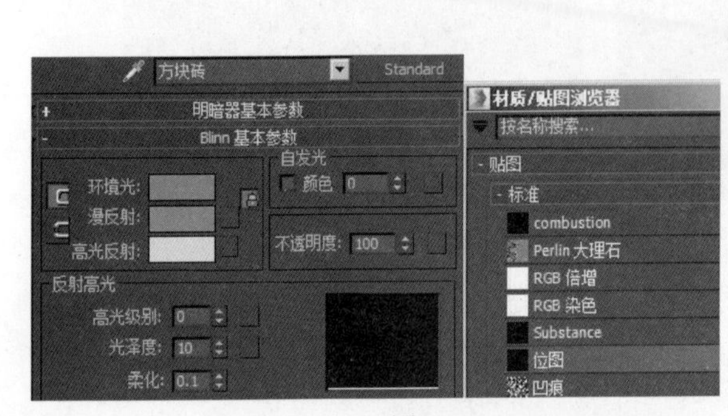

图 7-72

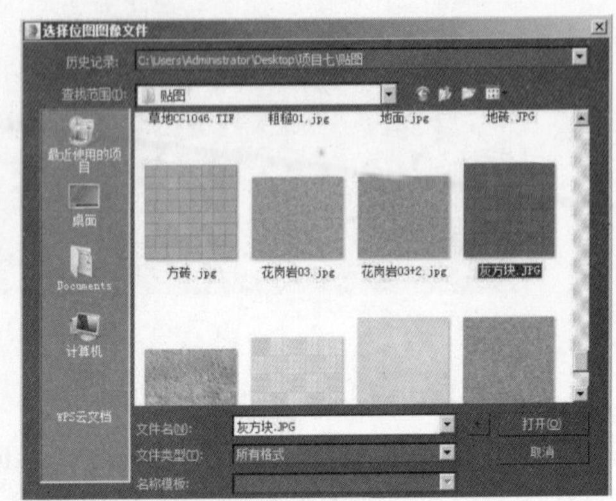

图 7-73

3）单击“视口中显示明暗处理材质”按钮■，使贴图在场景中正确显示。单击“转到父对象”按钮■，回到上级面板。在“反射高光”选项组中设置“高光级别”为15，“光泽度”为10，参数设置如图7-74所示。

4）展开“贴图”卷展栏。单击“反射”通道右侧的按钮 无 ，在弹出的“材质/贴图浏览器”对话框中选择“V-Ray”卷展栏中的“VRayMap”贴图，如图7-75所示，单击“确定”按钮。

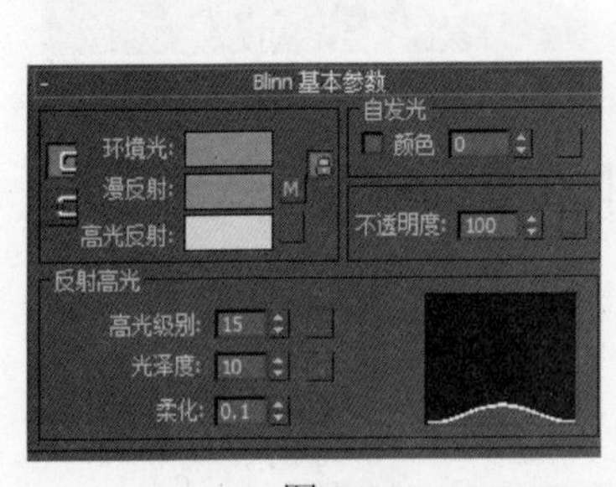

图 7-74

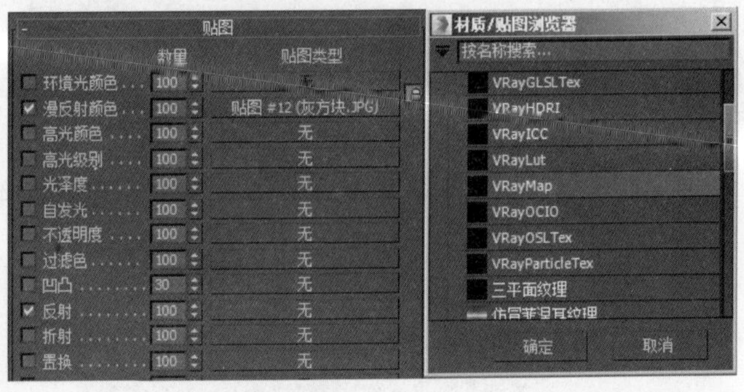

图 7-75

5）展开“参数”卷展栏，选中“光泽”复选框，设置“光泽度”为200.0，“细分”为20，参数设置如图7-76所示。

6）单击“转到父对象”按钮■，回到上级面板。设置“反射”的“数量”为20，参数设置如图7-77所示。

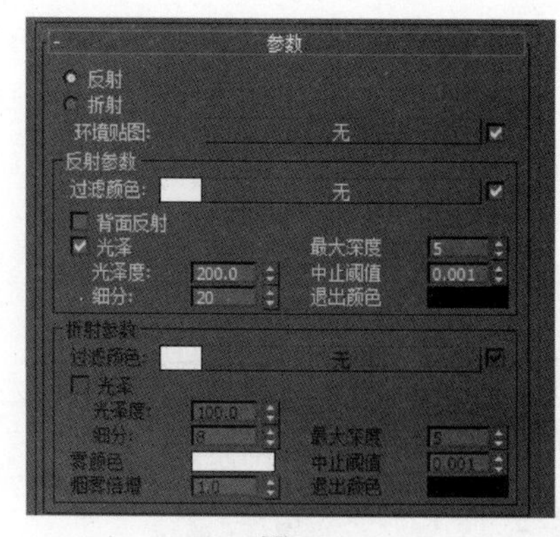

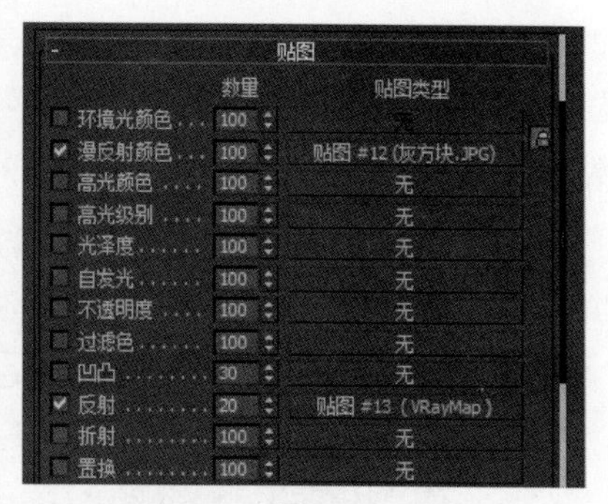

图 7-76　　图 7-77

7）选择方块砖对象，进入“修改”面板，在“修改器列表”下拉列表框中选择添加“UVW贴图”修改器。展开“参数”卷展栏，在“贴图”选项组中单击“长方体”单选按钮，设置“长度”“宽度”“高度”均为3000.0mm，参数设置如图7-78所示。

8）调整完成的方块砖材质的最终效果如图7-79所示。

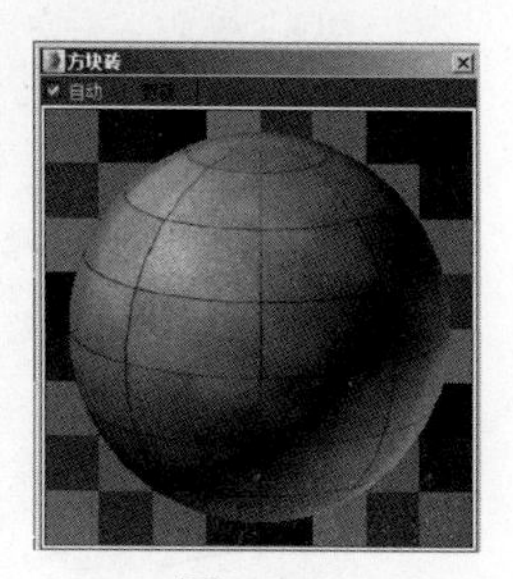

图 7-78　　图 7-79

9. 设置塑钢材质

1）在“材质编辑器”面板中激活塑钢材质，展开“Blinn基本参数”卷展栏，单击“漫反射”右侧的色块，在弹出的“颜色选择器”对话框中设置颜色为蓝灰色，参数设置如图7-80所示，单击“确定”按钮。

2）在“反射高光”选项组中设置“高光级别”为48，“光泽度”为15，参数设置如图7-81所示。

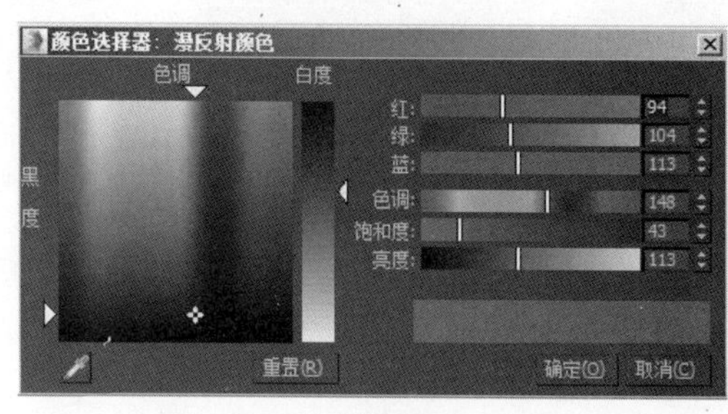

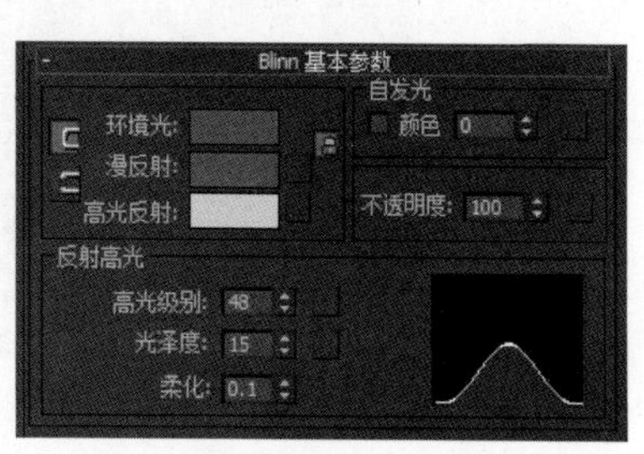

图 7-80　　图 7-81

3）展开“贴图”卷展栏。单击“反射”通道右侧的按钮 无 ，在弹出的

“材质/贴图浏览器”对话框中选择“V-Ray”卷展栏中的“VRayMap”贴图，如图7-82所示，单击“确定”按钮。

4）展开“参数”卷展栏，选中“光泽”复选框，设置“光泽度”为200.0，“细分”为20，参数设置如图7-83所示。

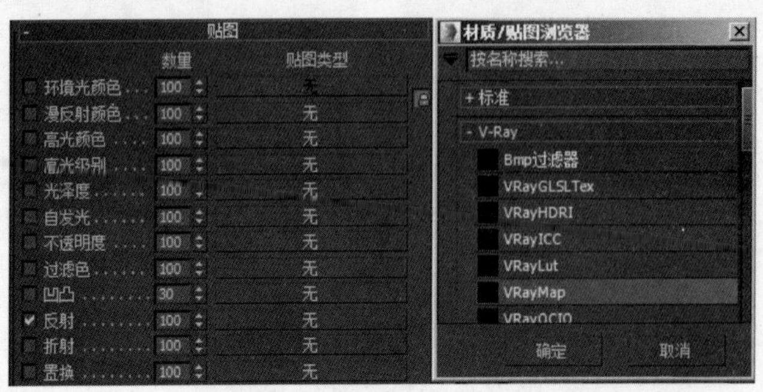

图 7-82

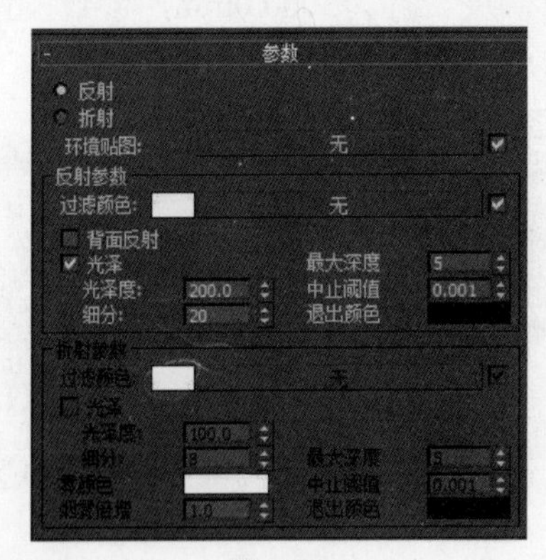

图 7-83

5）单击“转到父对象”按钮，回到上级面板。设置“反射”的“数量”为15，参数设置如图7-84所示。

6）调整完成的塑钢材质的最终效果如图7-85所示。

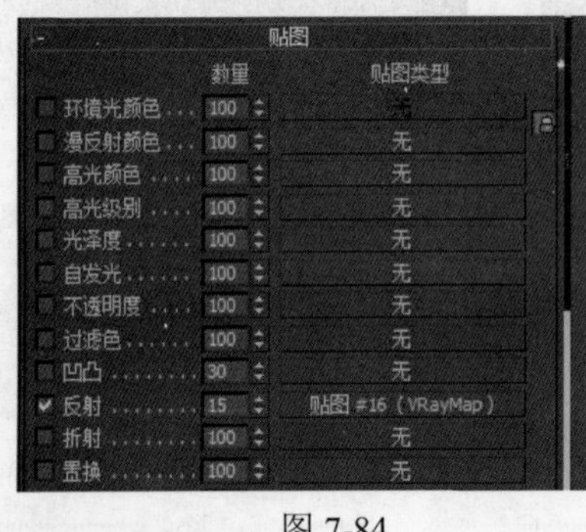

图 7-84

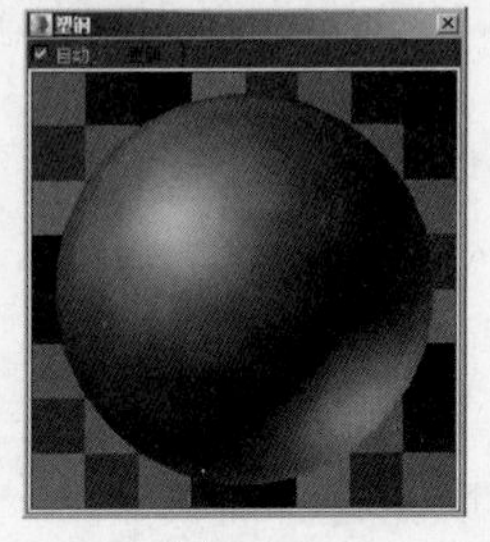

图 7-85

10. 设置橘红色涂料材质

1）在“材质编辑器”面板中激活橘红色涂料材质，展开“Blinn基本参数”卷展栏，

单击“漫反射”右侧的按钮■，在弹出的“材质/贴图浏览器”对话框中选择“标准”卷展栏中的“位图”贴图，如图7-86所示，单击“确定”按钮。

2）在弹出的“选择位图图像文件”对话框中选择“项目七\贴图\涂料.jpg”文件，如图7-87所示，单击“打开”按钮。

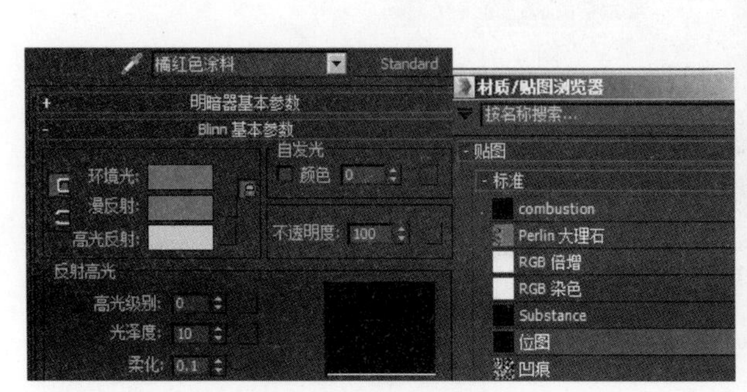

图 7-86

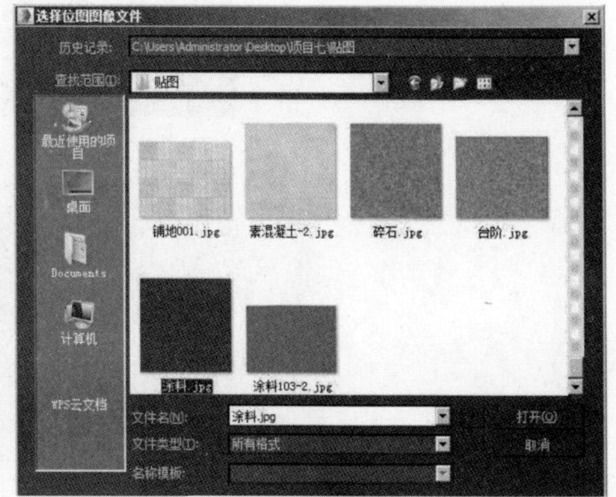

图 7-87

3）单击“视口中显示明暗处理材质”按钮■，使贴图在场景中正确显示。单击“转到父对象”按钮■，回到上级面板。在“反射高光”选项组中设置“高光级别”为15，“光泽度”为20，参数设置如图7-88所示。

4）展开“贴图”卷展栏，将“漫反射颜色”通道右侧的贴图拖动复制到“凹凸”通道右侧的按钮［无］上，在弹出的“复制（实例）贴图”对话框中单击“实例”单选按钮，单击“确定”按钮。设置“凹凸”的“数量”为25，参数设置如图7-89所示。

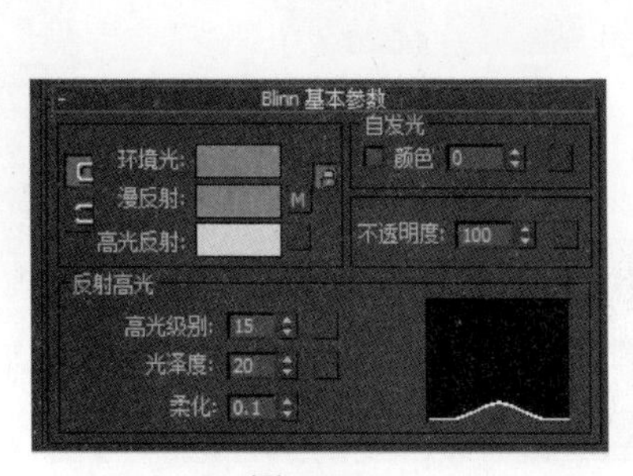

图 7-88

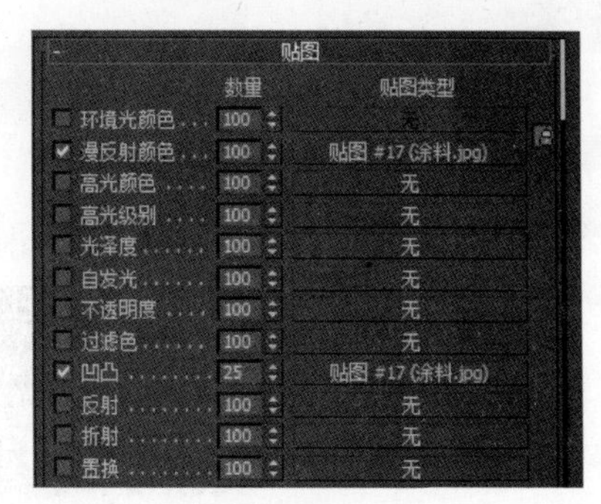

图 7-89

5）选择橘红色涂料对象，进入“修改”面板■，在“修改器列表”下拉列表框中选择添加“UVW贴图”修改器。展开“参数”卷展栏，在“贴图”选项组中单击“长方体”单选按钮，设置“长度”“宽度”“高度”均为1000.0mm，参数设置如图7-90所示。

6）调整完成的橘红色涂料材质的最终效果如图7-91所示。

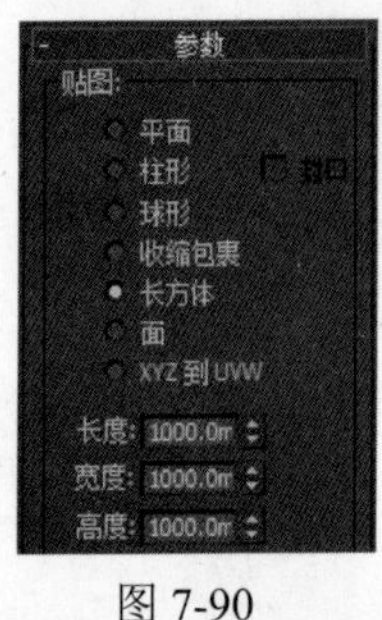

图 7-90

图 7-91

场景中其他材质的调整方法基本类似，请读者参考“项目七\场景文件\完成.max”文件进行练习。

其实对于大部分室外材质而言，并不需要设置太多复杂的参数，因为很多对象距离摄影机较远，观察效果并不是很清楚。如果一味增加细节的表现，可能会出现渲染时间大幅增加而视觉效果并没有明显改善的情况，得不偿失。

因此，只需要尽量完善场景中的重点材质，其他材质简单设置即可。

11. 合并素材模型并完善场景环境

1）单击3ds Max界面中的按钮，在弹出的面板中执行“导入”→“合并”命令，如图7-92所示。

2）在弹出的“合并文件”对话框中选择“项目七\场景文件\素材.max”文件，如图7-93所示，单击“打开”按钮。

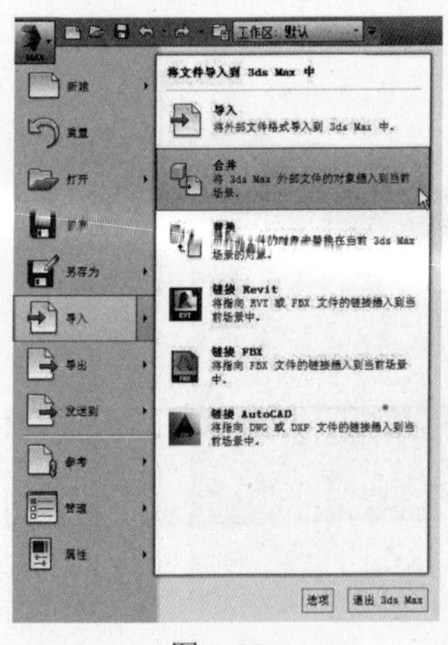

图 7-92

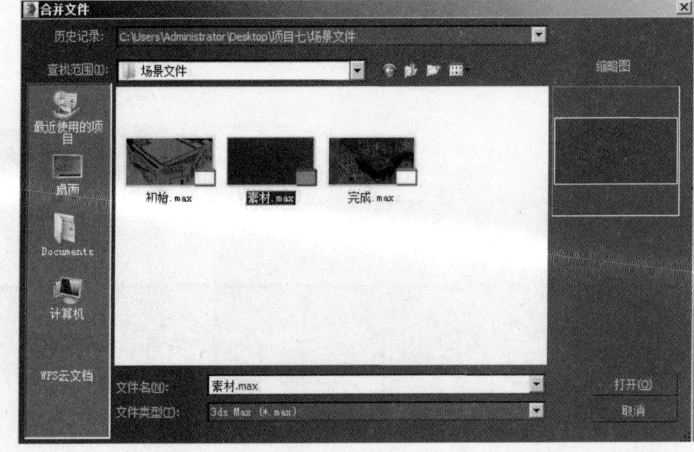

图 7-93

3）在弹出的“合并”对话框中选择全部模型，如图7-94所示，单击“确定”按钮。

4）在合并模型过程中如果出现“对象重名”或“材质重名”现象，只需在“重复名称”对话框中选中“应用于所有重复情况”复选框，如图7-95所示，再单击“自动重命名”按钮即可。如果没有出现重名情况，则忽略此步骤。

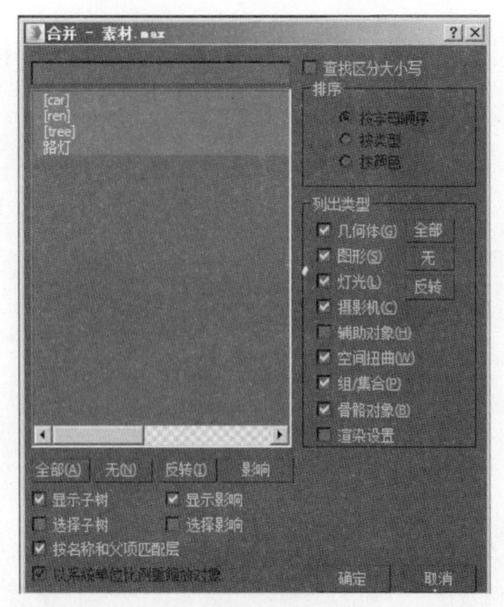

图 7-94

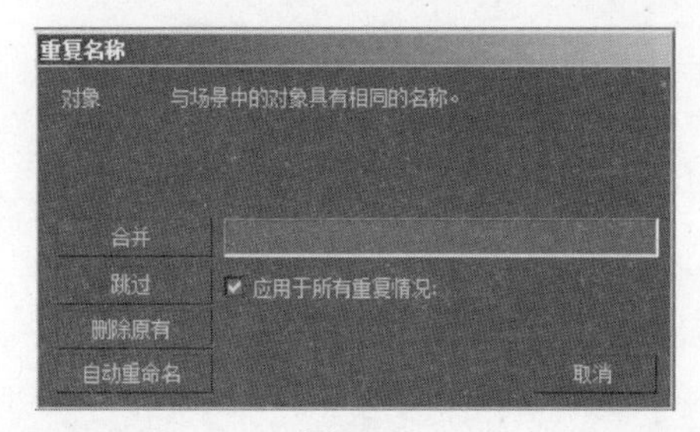

图 7-95

5）按快捷键C激活摄影机视图，场景的最终完成效果如图7-96所示。

图 7-96

由于三维模型树的点、面数较多，虽然采用了VRay代理模式，但系统负荷仍然较重，影响操作。为节省资源，可将其设置为“外框”显示模式，步骤如下。

（1）选择“tree”组，单击鼠标右键，在弹出的快捷菜单中选择“对象属性”命令，如图7-97所示。

（2）在弹出的“对象属性”对话框中切换到“常规”选项卡，在“显示属性”选项组中选中“显示为外框”复选框，参数设置如图7-98所示，单击“确定”按钮。

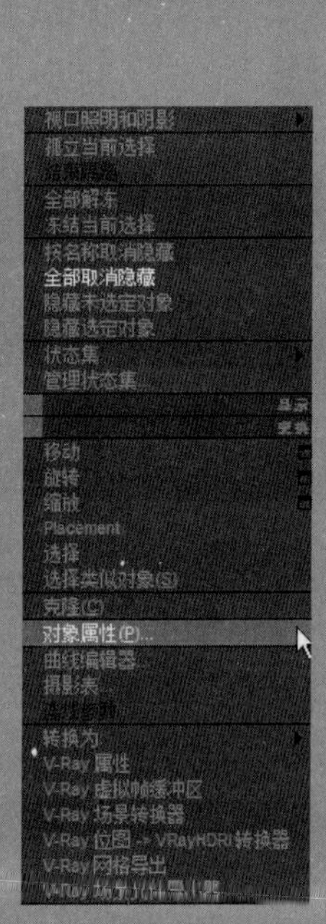

图 7-97

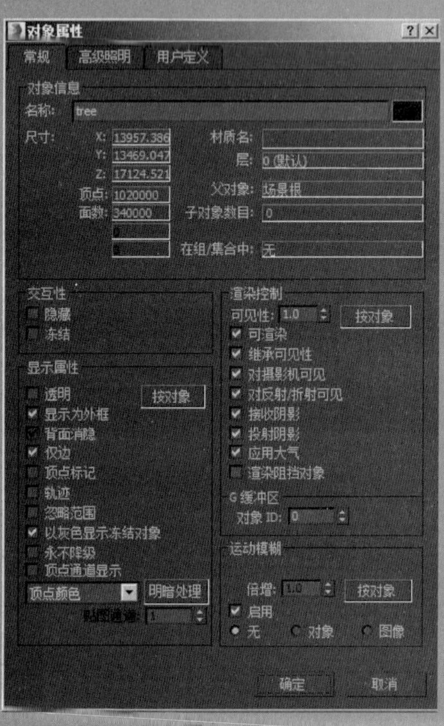

图 7-98

任务三　最终渲染设置

1. 设置光子图出图参数

1）按快捷键F10弹出“渲染设置”面板。在“公用”选项卡中展开“公用参数”卷展栏，在“输出大小”选项组中设置“宽度”为600，“高度”为386，单击锁定“图像纵横比”，参数设置如图7-99所示。

2）切换到“V-Ray”选项卡，展开“全局开关”卷展栏，选中“覆盖材质”复选框，单击其右侧的按钮 无 ，在弹出的“材质/贴图浏览器”对话框中选择“V-Ray”卷展栏中的“VRayMtl”材质，参数设置如图7-100所示，单击“确定”按钮。

图 7-99

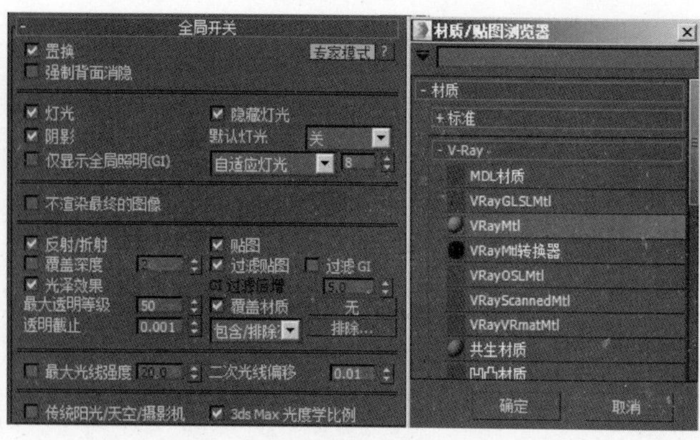

图 7-100

3）按快捷键M弹出“材质编辑器”面板，将刚才创建的材质拖动到任何一个空白的材质示例球上，在弹出的“实例（副本）材质”对话框中单击“实例”单选按钮，如图7-101所示，单击“确定”按钮。

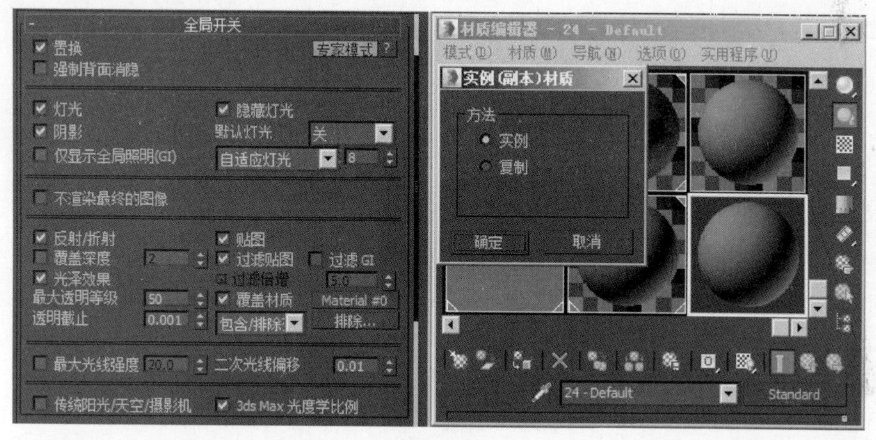

图 7-101

4）将材质命名为“白模”。展开“基本参数”卷展栏，单击“漫反射”右侧的色块，在弹出的“颜色选择器”对话框中设置颜色为灰色，参数设置如图7-102所示，单击“确定”按钮。

5）调整完成的覆盖材质的效果如图7-103所示。

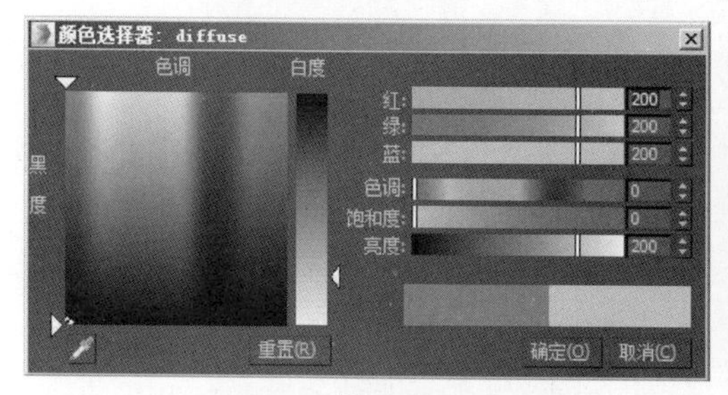

图 7-102

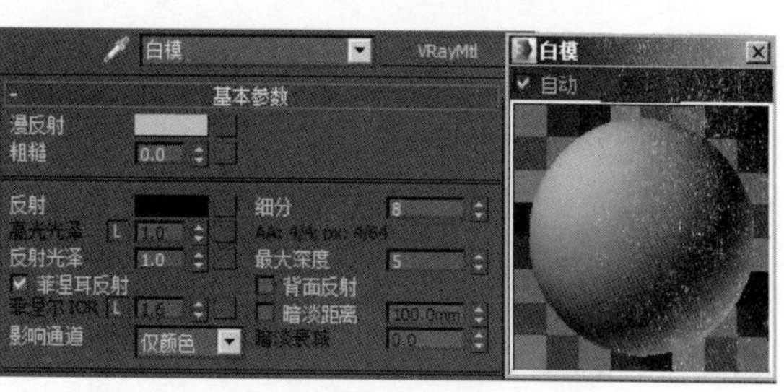

图 7-103

使用光子图是一种常见的快速出图的手法，通常配合“全局开关”卷展栏中的覆盖材质实现。当启用覆盖材质后，场景中所有的材质效果暂时失效，统一被该材质所覆盖替换。但必须注意，如果灯光从室外穿透玻璃射入室内，玻璃对象一定不能被覆盖替换。因为一旦玻璃对象被覆盖材质所覆盖替换，则其便不再具有透明属性，光线会由于无法穿透玻璃对象而不能产生正确的照明效果。出现这种情况时，可以通过设置“排除”来解决。

光子图的原理如下。

先利用小分辨率图像来进行灯光计算，然后将计算产生的光子信息保存为特殊的文件格式（光子图），后期在渲染大图时无需再重复“跑光”，可直接调用光子图文件渲染出图，以提高出图速度。

使用光子图时的注意事项如下。

（1）光子图仅涉及光子计算，不涉及材质计算，因此，不需要为覆盖材质指定任何反射、折射或其他属性。同理，在渲染光子图时所有与灯光品质无关的参数应适当调低，而对可以直接提升灯光品质的参数应调高，所布置的灯光其自身细分参数也应加强（默认时为8，出图时建议将其设置为25～30）。

（2）通常将覆盖材质的漫反射颜色设置为灰色（参数值在200左右）。颜色太趋向于白色，会导致场景曝光；太趋向于黑色，会导致场景偏暗。

（3）通常将小图和大图的比例设置为1：4。例如，需要输出的大图的分辨率为2000×1500像素，则小图的分辨率应至少为500×375像素。如果小图和大图的换算比例过大，会导致最终出图效果不理想。

（4）计算光子图的根本目的是得到光照信息，不需要将图像渲染出来，因此，可以在“全局开关”卷展栏中选中“不渲染最终的图像”复选框。

6）在“全局开关”卷展栏中选中“不渲染最终的图像”复选框，参数设置如图7-104所示。

7）切换到“GI”选项卡，设置“全局光照”卷展栏、“发光贴图”卷展栏、“灯光缓存”卷展栏中的参数，如图7-105所示。至此，光子图出图参数设置完毕。

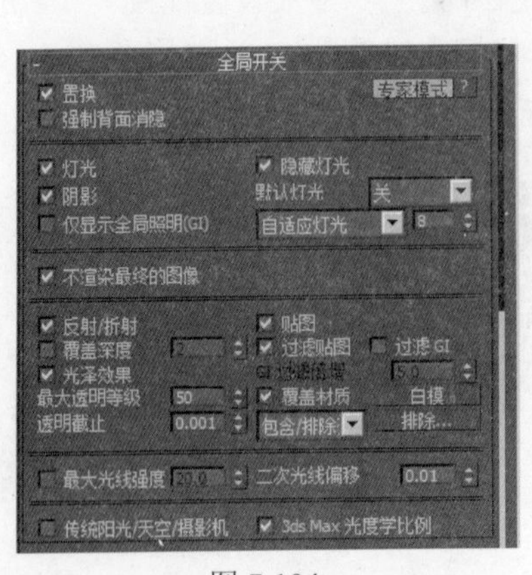

图 7-104

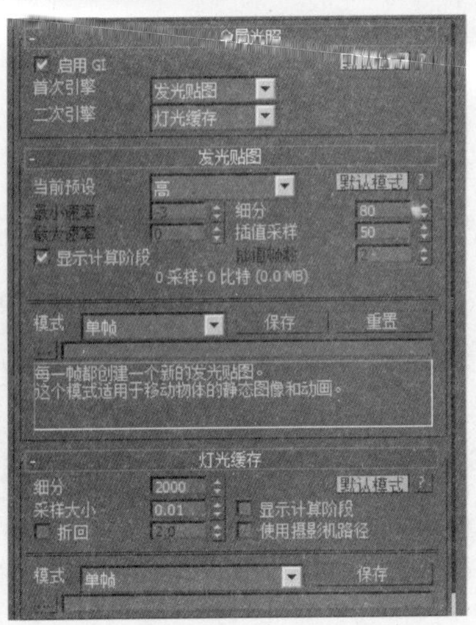

图 7-105

2. 渲染及保存光子图

1）按快捷键Shift＋Q，对当前摄影机视图进行渲染，效果如图7-106所示。

图 7-106

2）按快捷键F10弹出“渲染设置”面板。切换到“GI”选项卡，展开“发光贴图”卷展栏，单击“模式”右侧的“保存”按钮，在弹出的“保存发光贴图”对话框中设置文件为“项目七\效果文件\01.vrmap”，如图7-107所示，单击“保存”按钮。

3）展开“灯光缓存”卷展栏，单击“模式”右侧的“保存”按钮，在弹出的“保存灯光缓存”对话框中设置文件为“项目七\效果文件\02.vrlmap”，如图7-108所示，单击“保存”按钮。

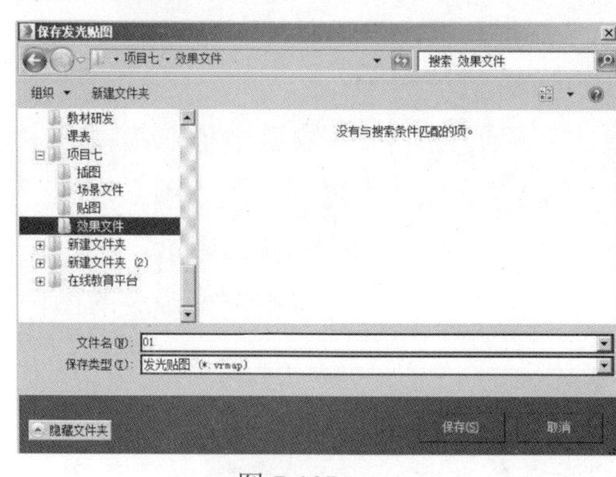

图 7-107

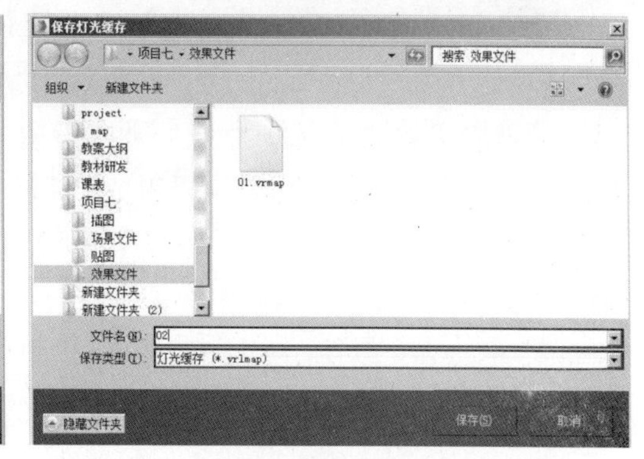

图 7-108

3. 调用光子图并正式出图

1）展开“发光贴图”卷展栏，在“模式”下拉列表框中选择“从文件”选项，如图7-109所示。

2）单击“模式”下方的按钮[...]，在弹出的“载入发光贴图”对话框中选择“项目七\效果文件\01.vrmap”文件，如图7-110所示，单击“打开”按钮。

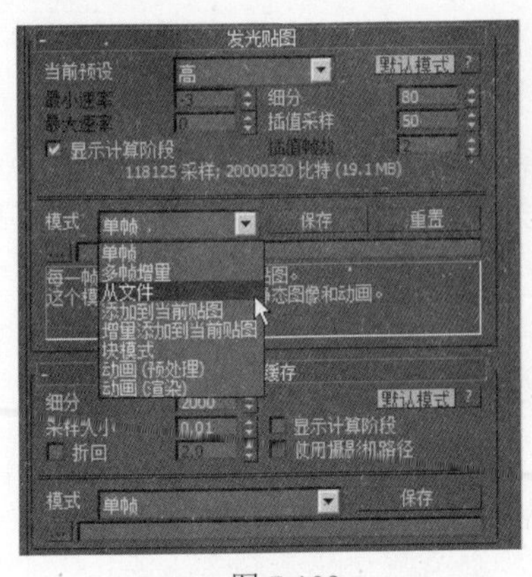

图 7-109

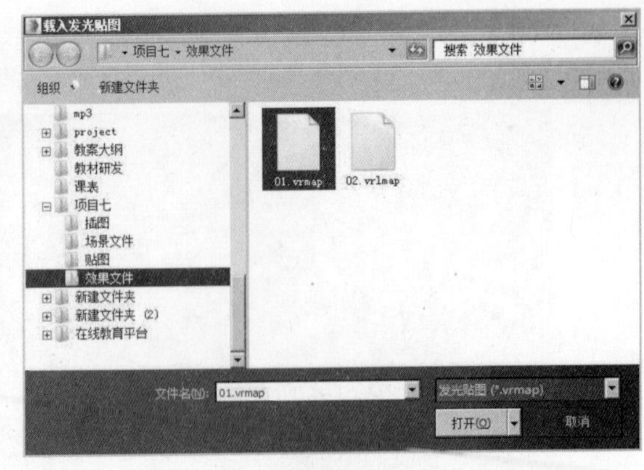

图 7-110

3）展开“灯光缓存”卷展栏，在“模式”下拉列表框中选择“从文件”选项，如图7-111所示。

4）单击“模式”下方的按钮■，在弹出的“选择灯光贴图”对话框中选择“项目七\效果文件\02.vrlmap”文件，如图7-112所示，单击“打开”按钮。

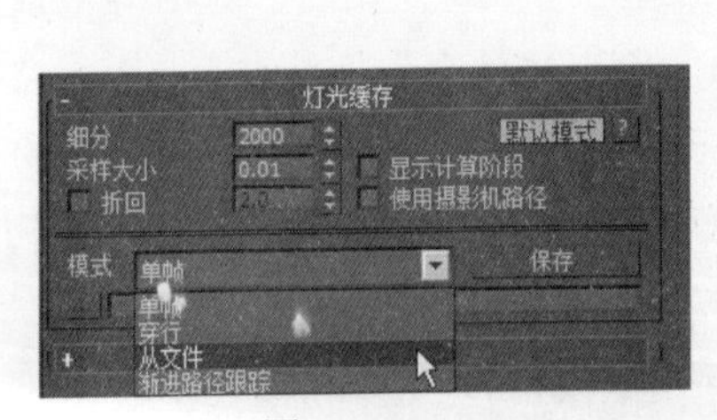

图 7-111

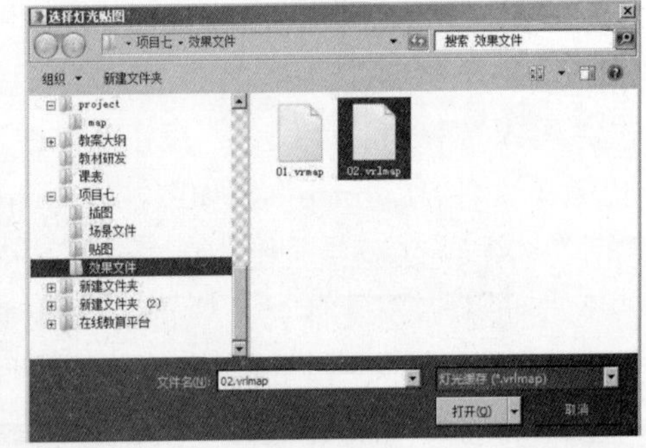

图 7-112

5）切换到“公用”选项卡，展开“公用参数”卷展栏。在“输出大小”选项组中设置“长度”为2400，“宽度”为1544，单击锁定“图像纵横比”■，出图分辨率与光子图分辨率（600×386像素）保持正确的1∶4的比例关系，参数设置如图7-113所示。

6）切换到“V-Ray”选项卡，展开“全局开关”卷展栏，取消“不渲染最终的图像”复选框的选中状态，取消“覆盖材质”复选框的选中状态，参数设置如图7-114所示。

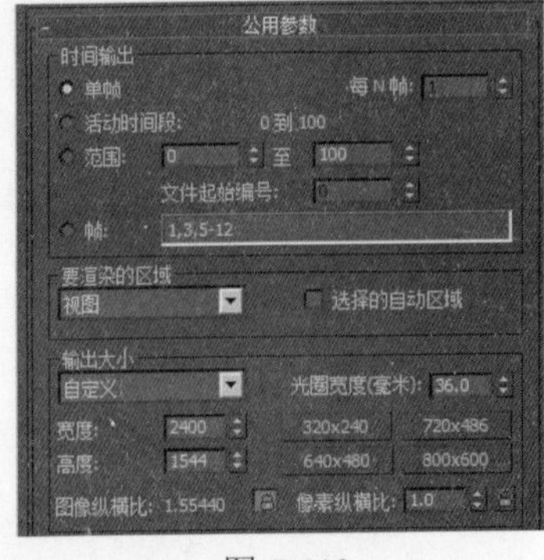

图 7-113

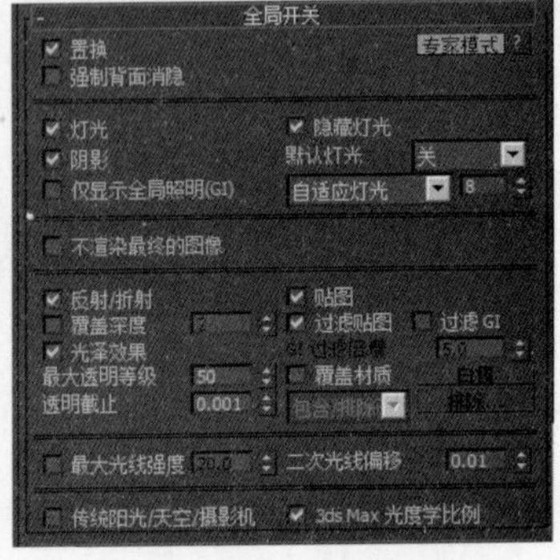

图 7-114

7）设置“图像采样（抗锯齿）”卷展栏、“图像过滤”卷展栏、“块图像采样器”卷展栏中的参数，如图7-115所示。

8）设置“全局DMC”卷展栏、“环境”卷展栏、“颜色贴图”卷展栏中的参数，如图7-116所示。

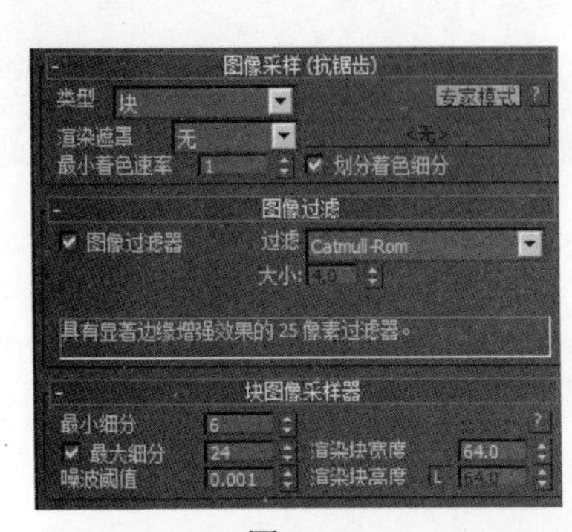

图 7-115

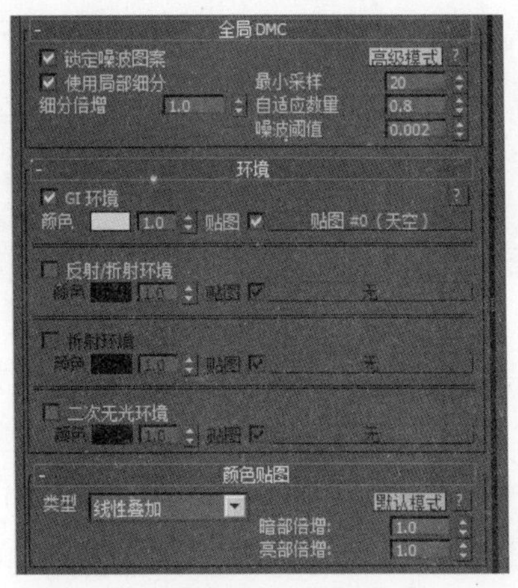

图 7-116

9）按快捷键Shift＋Q，对当前摄影机视图进行最终渲染，效果如图7-117所示。保存该文件，将其命名为“项目七\效果文件\初始.jpg”。

图 7-117

4. 渲染色彩通道图

1）单击3ds Max界面中的按钮，在弹出的面板中执行“另存为”→“另存为”命令，弹出“文件另存为”对话框，设置文件为“项目七\场景文件\色彩通道.max”，如图7-118所示，单击“保存”按钮。

2）将场景中的灯光全部删除。按快捷键F10弹出“渲染设置”面板，切换到“V-Ray”选项卡，展开“环境”卷展栏，取消“GI环境”复选框的选中状态，参数设置如图7-119所示。

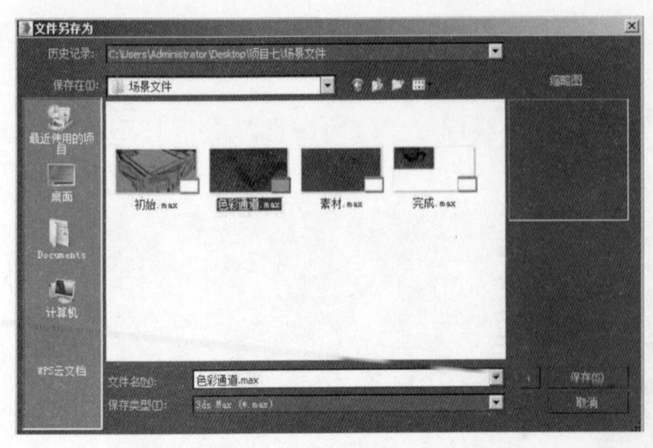

图 7-118

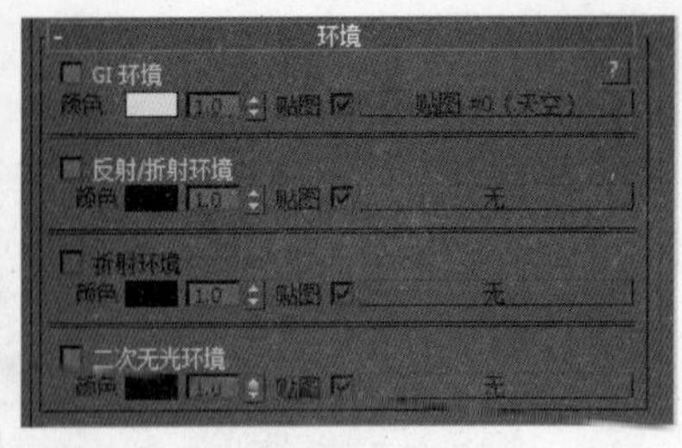

图 7-119

3）展开“块图像采样器”卷展栏，设置“最小细分”为1，“最大细分”为4，“噪波阈值”为0.01。展开“全局DMC”卷展栏，设置“最小采样”为6，“自适应数量”为0.9，“噪波阈值”为0.01，参数设置如图7-120所示。

4）切换到“GI”选项卡，展开“全局光照”卷展栏，取消“启用GI”复选框的选中状态，参数设置如图7-121所示。

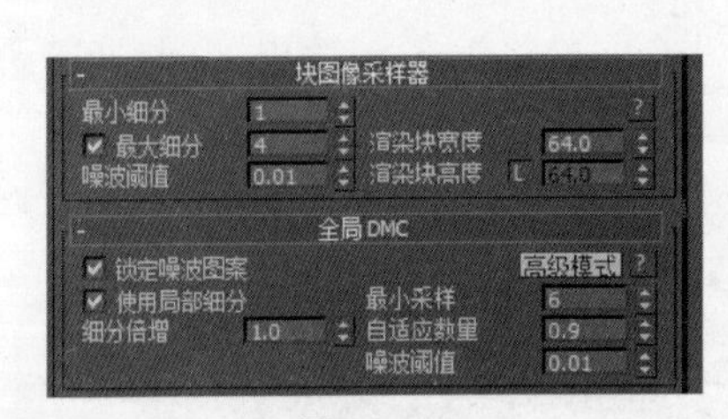

图 7-120

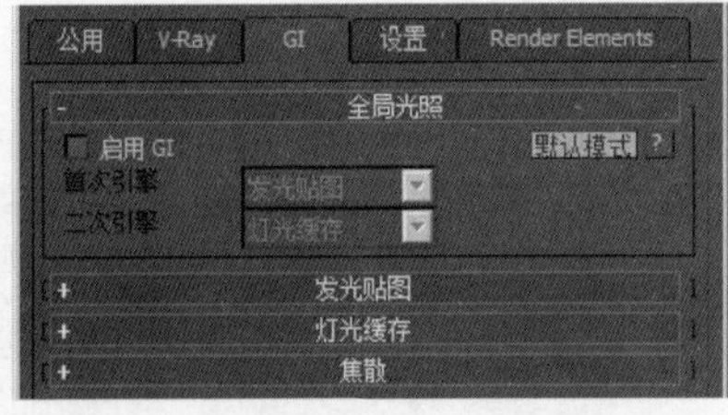

图 7-121

5）执行“脚本”→“运行脚本”命令，在弹出的“选择编辑器文件”对话框中选择“项目七\场景文件\材质通道.mse”文件，如图7-122所示，单击“打开”按钮。

6）在弹出的“莫莫多维材质通道转换小工具V1.2”面板中单击“开始转换场景中的多维材质及非多维材质→”按钮，如图7-123所示。

图 7-122

图 7-123

7）按快捷键Shift＋Q，对当前场景进行渲染，色彩通道图效果如图7-124所示。

8）在渲染帧窗口中单击“保存图像”按钮，设置文件为“项目七\效果文件\色彩通道.jpg”，如图7-125所示，单击“保存”按钮。

图 7-124

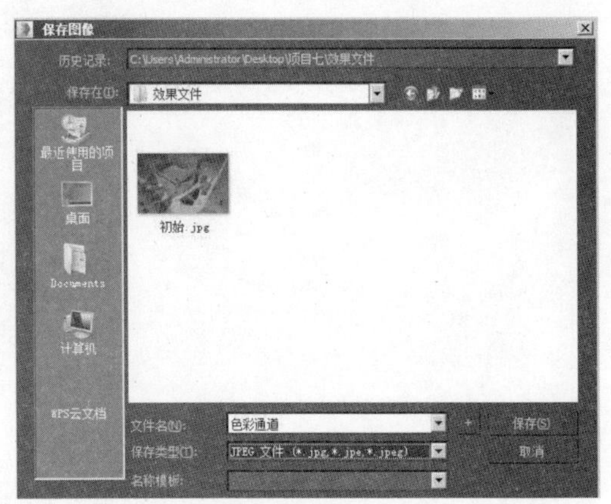

图 7-125

5. 渲染AO（阴影）通道图

1）执行“脚本”→“运行脚本”命令，在弹出的“选择编辑器文件”对话框中选择“项目七\场景文件\AO通道.mzp”文件，如图7-126所示，单击“打开”按钮。

2）在弹出的“VRay AO渲染通用版”面板中找到“VR污垢选项”选项组，设置“半径”为600.0mm，“细分”为24，其他参数保持默认设置，参数设置如图7-127所示，单击“渲染”按钮。

图 7-126

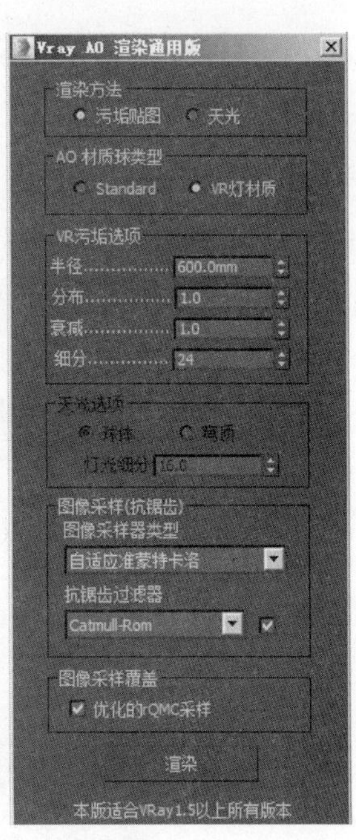

图 7-127

3）经过一段时间的渲染，AO阴影通道图效果如图7-128所示。

4）在渲染帧窗口中单击“保存图像”按钮，设置文件为“项目七\效果文件\AO通道.jpg”，如图7-129所示，单击“保存”按钮。

图 7-128

图 7-129

AO通道俗称“物体阻光通道”，也被称为“阴影通道”，是用来表示场景中对象阴影层次及明暗关系的一种通道，通过在Photoshop中进行正确合成，可以使场景中对象的层次显得更加清晰，边角显得更加分明。

• 半径：该参数的设置与图像的最终输出分辨率有关。出图的尺寸越大，则该参数的数值应相应越大。

• 细分：提高该参数的数值，可以得到更加细腻的阴影通道效果。

任务四　效果图精修

1. 打开文件

1）启动Adobe Photoshop软件。

2）执行“文件”→“打开”命令，在弹出的“打开”对话框中同时选择“初始.jpg”“色彩通道.jpg”和“AO通道.jpg”三个文件，如图7-130所示，单击“打开”按钮。

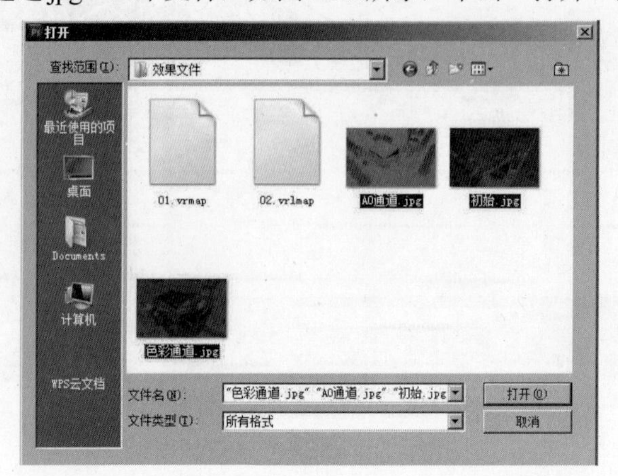

图 7-130

3）依次选择“色彩通道.jpg”文件和“AO通道.jpg”文件，选择“移动工具”，按住Shift键，将两个文件中的图像内容分别拖动到“初始.jpg”文件中，效果如图7-131所示。

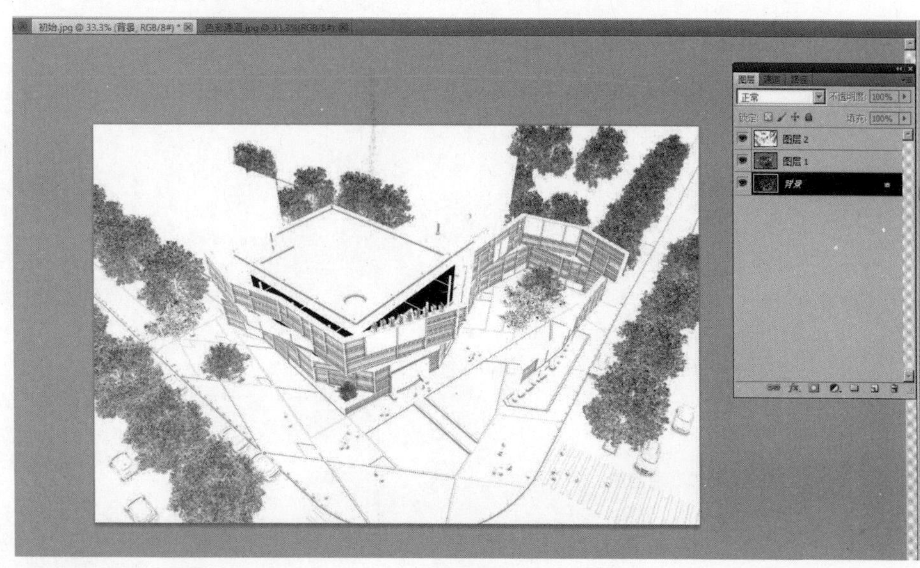

图 7-131

4）两次按快捷键Ctrl＋W，将“色彩通道.jpg”文件和“AO通道.jpg”关闭。激活“初始.jpg”文件，将“图层1”重命名为“色彩通道”，将“图层2”重命名为“AO通道”，将“背景”图层拖动到“图层”面板下方的“创建新图层”按钮上，得到“背景副本”图层，如图7-132所示。

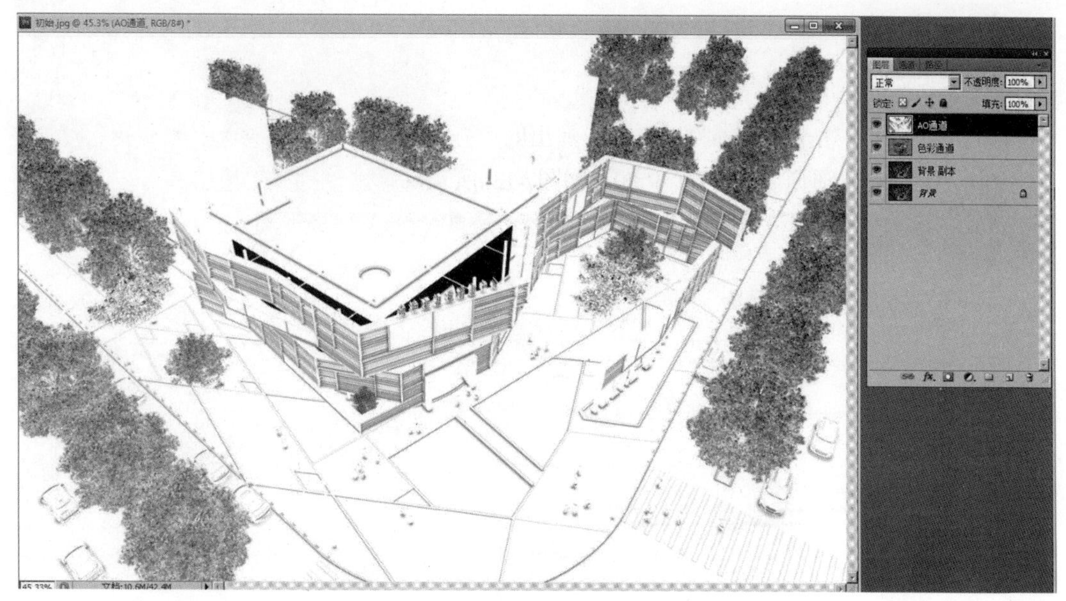

图 7-132

2. 局部细节调整

1）单击“AO通道”图层左侧的“指示图层可见性”按钮，将该图层暂时隐藏。选择“魔棒工具”，在工具选项栏中设置“容差”为20。选择“色彩通道”图层，在画面中间表示水面的绿色色块上单击，选区效果如图7-133所示。

图 7-133

2）观察“初始.jpg”文件，发现画面中间有两块水面的渲染效果偏黑、偏暗，按住Shift键，配合“魔棒工具”加选另一块水面选区，选区效果如图7-134所示。

图 7-134

3）选择“背景副本”图层，按快捷键Ctrl＋J，复制选区内的图像内容，得到“图

层1”。单击“色彩通道”图层左侧的“指示图层可见性”按钮，将该图层隐藏，如图7-135所示。

图 7-135

4）选择“图层1”，按快捷键Ctrl＋U，弹出“色相/饱和度”对话框，参数设置如图7-136所示，单击“确定”按钮。

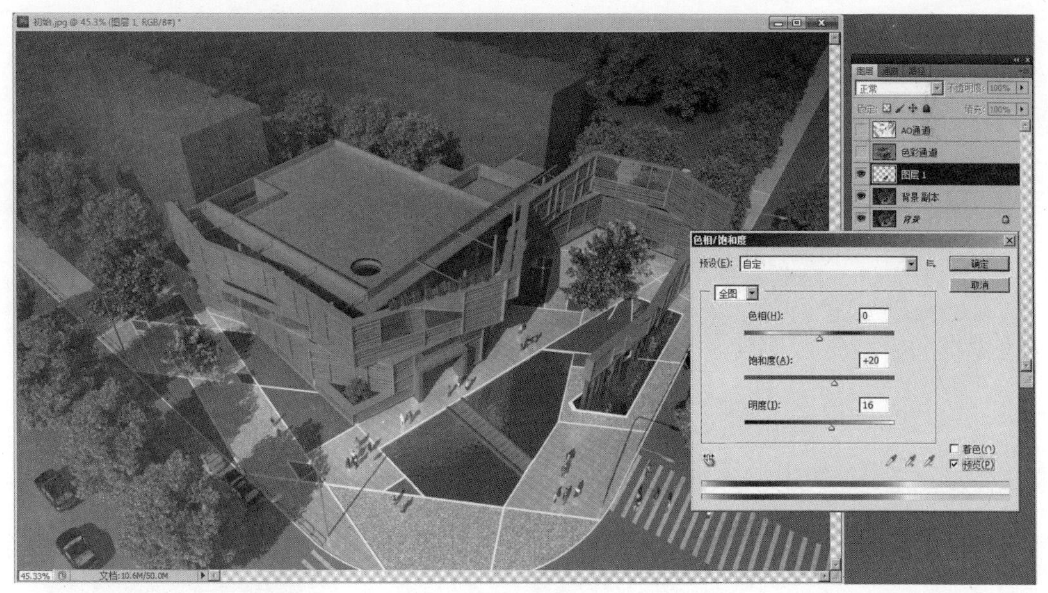

图 7-136

关于如何利用色彩通道图进行后期处理，在前面的项目案例中已经有所涉及，限于篇幅在此不再逐一讲解。读者可以根据自己的调整经验，对图像中不满意的地方进行相应处理，参考效果如图7-137所示。

图 7-137

5）按快捷键Shift＋Ctrl＋S，在弹出的“存储为”对话框中对已完成的调整效果进行保存，设置文件为“项目七\效果文件\色彩调节.psd”，如图7-138所示，单击“保存”按钮。

6）选择“色彩通道”图层，按Delete键进行删除。选择除“AO通道”图层外的其他所有图层，如图7-139所示。

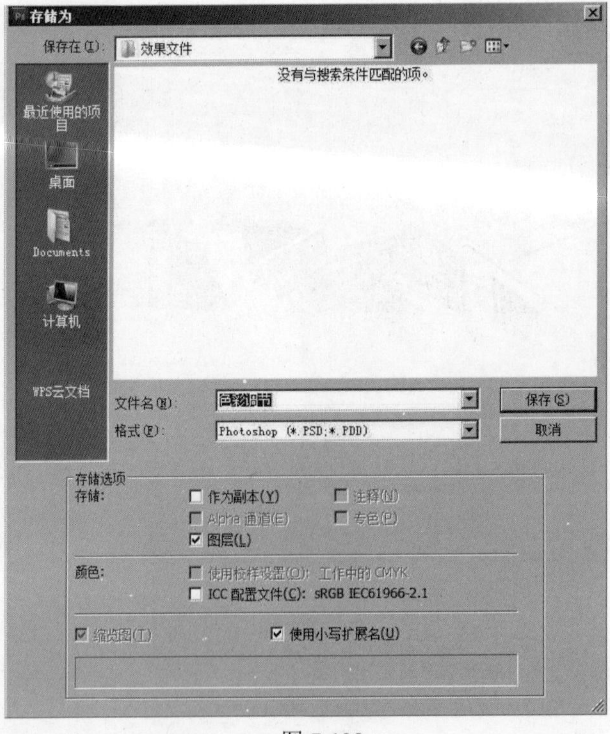

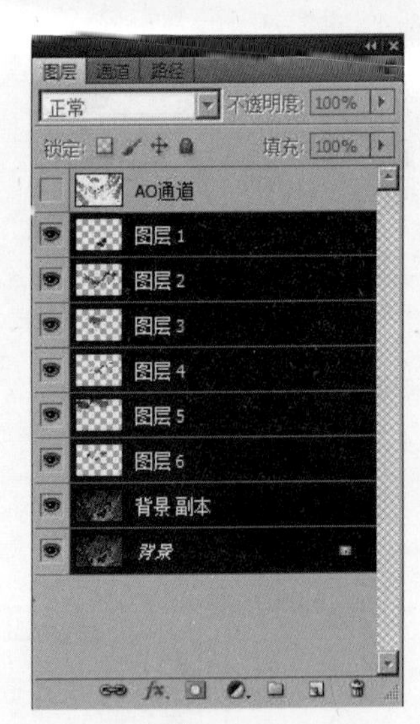

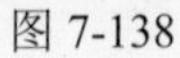
图 7-138

图 7-139

7）按快捷键Shift＋Ctrl＋E（命令：合并可见图层），将所有可见图层重新拼合为“背景”图层。将“背景”图层拖动到“图层”面板下方的“创建新图层”按钮上，得到“背景副本”图层。保持“背景副本”图层为选中状态，单击“图层”面板下方的“添加图层蒙版”按钮，为该图层添加图层蒙版，如图7-140所示。

图 7-140

8）选择并重新显示“AO通道”图层，按快捷键Ctrl＋A，选择该图层中的所有内容，如图7-141所示，按快捷键Ctrl＋C进行复制。

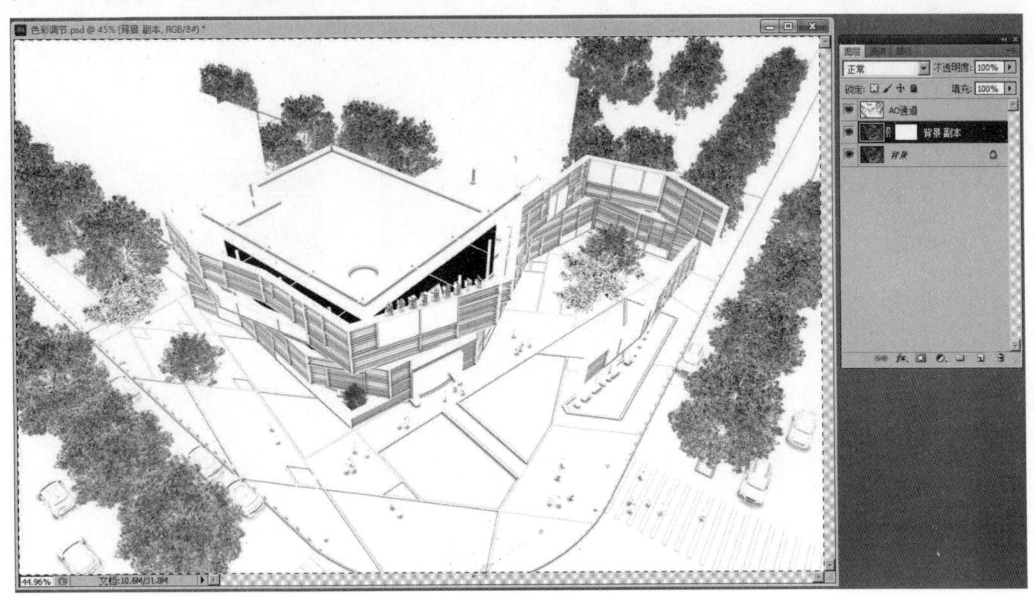

图 7-141

9）按住Alt键单击“背景副本”图层的图层蒙版，使其处于激活状态，按快捷键Ctrl＋V进行粘贴，再按快捷键Ctrl＋I进行反相，效果如图7-142所示。

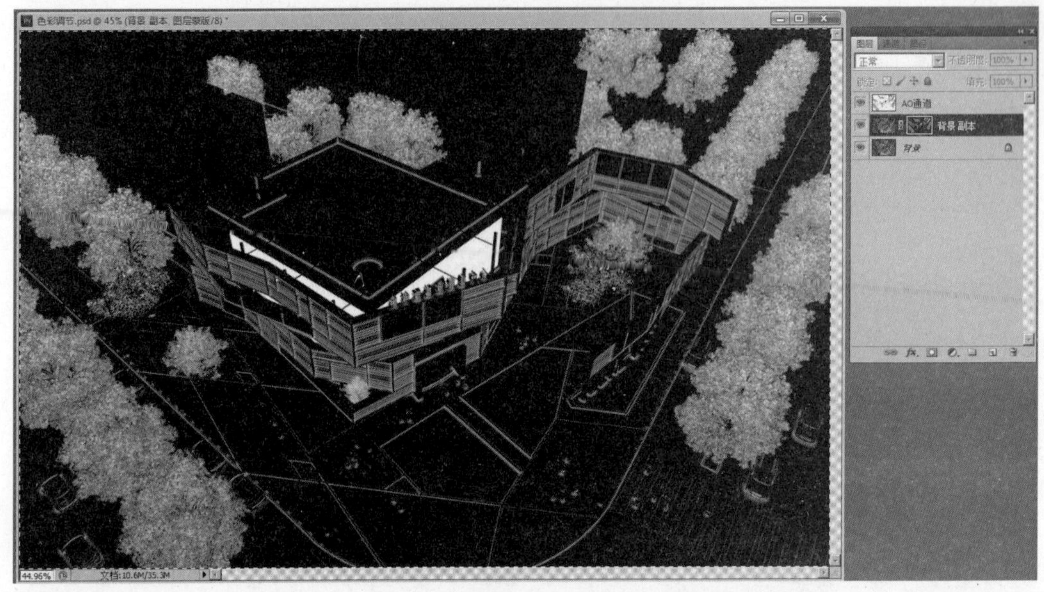

图 7-142

10）按快捷键Ctrl＋D取消选区。选择“AO通道”图层，按Delete键将其删除，效果如图7-143所示。

图 7-143

11）设置“背景副本”图层的“混合模式”为“正片叠底”，“不透明度”为60%，效果如图7-144所示。

图 7-144

12）按快捷键Ctrl＋E，将图层向下合并为“背景”图层。按快捷键Shift＋Ctrl＋S，在弹出的“存储为”对话框中将最终效果保存为“项目七\效果文件\完成.jpg”。

至此，本项目案例“鸟瞰图”制作完成，最终完成效果如图7-145所示。

图 7-145

视频文件

视频文件

视频文件